黑龙江省肇东市
耕地地力评价

汪君利　郑宏伟　主编

中国农业科学技术出版社

图书在版编目（CIP）数据

黑龙江省肇东市耕地地力评价／汪君利，郑宏伟主编．—北京：中国农业科学技术出版社，2017.6
ISBN 978－7－5116－3103－9

Ⅰ．①黑…　Ⅱ．①汪…②郑…　Ⅲ．①耕作土壤－土壤肥力－土壤调查－肇东②耕作土壤－土壤评价－肇东　Ⅳ．①S159.235.4②S158

中国版本图书馆 CIP 数据核字（2017）第 122093 号

责任编辑　徐　毅
责任校对　杨丁庆

出 版 者　中国农业科学技术出版社
北京市中关村南大街 12 号　邮编：100081
电　　话　（010）82106631（编辑室）（010）82109702（发行部）
（010）82109709（读者服务部）
传　　真　（010）82106631
网　　址　http://www.castp.cn
经 销 者　各地新华书店
印 刷 者　北京富泰印刷有限责任公司
开　　本　787mm×1 092mm　1/16
印　　张　17.75
字　　数　450 千字
版　　次　2017 年 6 月第 1 版　2017 年 6 月第 1 次印刷
定　　价　100.00 元

《黑龙江省肇东市耕地地力评价》

编 委 会

前　言

土地是人们赖以生存的基石，是一切生命活动和物质生产的基础。耕地是土地的精华，是人类社会可持续发展不可替代的生产资料。新中国成立以来，我国曾进行过2次土壤普查，这2次普查的成果，在农业区划、中低产田改良和科学施肥等方面，都得到了广泛应用，为基本农田建设、农业综合开发、农业结构调整、农业科技研究、新型肥料的开发等各项工作提供了科学依据。但第二次土壤普查至今，又经历了30多年。在这30多年中，我国农村经营管理体制、耕作制度、作物布局、种植结构、产量水平、有机肥和化肥使用总量以及农药使用等诸多方面都发生了巨大变化，这些变化必然会对耕地土壤肥力及质量状况产生巨大的影响。

一、项目背景

为了切实加强耕地质量保护，贯彻落实好《中华人民共和国基本农田保护条例》，农业部决定在“十五”期间组织开展全国耕地地力调查与质量评价工作，并印发《2003年耕地地力调查与质量评价工作方案》的通知（农办发〔2003〕25号）。2006年根据农业部的要求，肇东市结合测土配方施肥项目开展了耕地地力评价工作。我国盲目施肥和过量施肥现象较为严重，不仅造成肥料资源严重浪费，农业生产成本增加，而且影响农产品品质，污染环境。党中央、国务院领导已多次作出批示，要加强对农民合理施肥的指导，提高肥料利用率，降低环境污染。国务院原总理温家宝曾要求把科学施肥技术作为农业科技革命的一项重要措施来抓。2006—2016年连续11年中共中央国务院一号文件（简称中央一号文件，全书同）中都明确提出，要大力推广测土配方施肥技术，增加测土配方施肥补贴。开展测土配方施肥有利于推进农业节本增效，有利于促进耕地质量建设，有利于促进农业技术的发展，是维护农民切身利益的具体体现，是促进粮食稳定增产、农民持续增收、生态环境不断改善的重大举措。

肇东市是农业大市，现有耕地271 276.5hm^2。是黑龙江省的粮食主产区之一。自“六五”计划以来，一直是国家重点商品粮基地县。在国家的支持下，农业生产发展很快，全市粮食总产已经达到25亿kg的阶段性水平。在我国已加入WPO和国内的农业市场经济已逐步确立的新形势下，肇东市的农业生产已经进入了一个新的发展阶段。近几年来，肇东市的种植业结构调整已稳步开始，无公害生产基地建设已开始启动，特别是2004年中央一号文件的贯彻执行，“一免三补”政策的落实，极大地调动了广大农民种粮的积极性。大力发展农业生产，促进农村经济繁荣，提高农民收入，已经变成了肇东市广大干部和农民的共同愿望。但无论是进一步增加粮食产量，提高农产品质量，还是进一步优化种植业结构，建立无公害农产品生产基地以及各种优质粮生产基地，都离不开农作物赖以生长发育的耕地，都必须了解耕地的地力状况及其质量状况。

二、目的意义

（一）耕地地力评价是深化测土配方施肥项目的必然要求

测土配方施肥不仅是一项技术，而是从根本上提高施肥效益、实现肥料资源优化配置的基础性工作。不论是面对千家万户还是面对规模化的生产模式，为生产者施肥指导都是一项繁重的工作，现在的技术推广服务模式从范围和效果上都难以适应。必须利用现代技术，多种形式为农业生产者提供方便、有效的咨询、指导服务。以县域耕地资源管理信息系统为基础，可以全面、有效地利用第二次土壤普查、肥料田间试验和这次项目的大量数据，建立测土配方施肥指导信息系统，从而达到科学划分施肥分区、提供因土因作物的合理施肥建议，通过网络等方式为农业生产者提供及时有效的技术服务。因此，开展耕地地力评价是测土配方施肥不可缺少的技术平台。

（二）耕地地力评价是掌握耕地资源质量状态的迫切需要

第二次土壤普查结束都30多年了，耕地质量状态的全局情况不是十分清楚，对农业生产决策造成了影响。通过耕地地力评价这项工作，充分发掘整理第二次土壤普查资料，获得的大量养分监测数据和肥料试验数据，建立县域的耕地资源管理信息系统，可以有效地掌握耕地质量状态，逐步建立和完善耕地质量的动态监测与预警体系，系统摸索不同耕地类型土壤肥力演变与科学施肥规律，为加强耕地质量建设提供依据。

（三）耕地地力评价是加强耕地质量建设的基础

耕地地力评价结果，可以很清楚地揭示不同等级耕地中存在的主导障碍因素及其对粮食生产的影响程度。因此，可以说也是一个决策服务系统。对耕地质量状态的全面把握，我们就能够根据改良的难易程度和规模，做出先易后难的正确决策。同时，也能根据主导的障碍因素，提出更有针对性的改良措施，决策更具科学性。

耕地质量建设对保证粮食安全具有十分重要的意义。没有高质量肥沃的耕地质量，就不可能全面提高粮食单产。耕地数量下降和粮食需求总量增长，决定了我们必须提高单产。从长远看，随着工业化、城镇化进程的加快，耕地减少的趋势仍难以扭转。受人口增长、养殖业发展和工业需求拉动，粮食消费快速增长，近10年我国粮食需求总量一直呈刚性增长，尤其是工业用粮增长较快，并且对粮食的质量提出新的更高要求。

随着测土配方施肥项目的常规化，我们就能不断地获得新的数据，不断更新耕地资源管理信息系统，使我们及时掌握耕地质量状态。因此，耕地地力评价是加强耕地质量建设的必不可少的基础工作。

（四）耕地地力评价是促进农业资源优化配置的现实需求

耕地地力评价因素都是影响耕地生产能力的土壤性状和土壤管理等方面的自然要素，如耕地的土壤养分含量、立地条件、剖面性状、障碍因素和灌溉、排水条件（这些一经建成，也是一种自然状况）。这些因素本身就是我们决定种植业布局时需要考虑的因素。耕地地力评价为我们调整种植业布局，实现农业资源的优化配置提供了便利的条件和科学的手段，使不断促进农业资源的优化配置成为可能。

肇东市在20世纪80年代初进行过第二次土壤普查，在这30多年的过程中，农村经营管理体制，耕作制度、使用品种、肥料使用数量和品种、种植结构、产量水平、病虫害防治手段等许多方面都发生了巨大的变化。这些变化对耕地的土壤肥力以及环境质量必然会产生巨大的影响。然而，自第二次土壤普查以来，在这30多年的过程中，对肇东市的耕地土壤却没有进行过全面调查，只是在20世纪90年代进行了测土配方施肥，因此，开展耕地地力评价工作，对肇东市优化种植业结构，建立各种专用农产品生产基地，开发无公害农产品和绿色农产品，推广先进的农业技术，不仅是必要的，而且是迫切的。这对于促进肇东市农业生产的进一步发展，粮食产量的进一步提高，在农业生产中落实科学发展观都具有现实意义。

三、主要成果及预期目标

肇东市的耕地地力评价工作，得到了黑龙江省土肥站和肇东市政府的高度重视，省、市两级动用专业技术人员58人，肇东市农业技术推广中心全体员工，从2007年3月开始，经多年努力、不断完善与修改，圆满地完成了农业部项目所规定的各项任务。这次调查工作，共采集测试耕地土壤样本32 000个，其中，旱田28 000个，水田4 000个，耕地地力监测点960个。完成“肇东市耕地地力等级图”“土壤养分图”等数字化成果图件20余份；并建立了“肇东市耕地质量管理信息系统”。在文字材料方面，除完成“工作报告”“技术报告”任务以外，我们还根据农业部的要求，结合这次调查和评价的结果，对肇东市的黑土退化成因作了深入的调查和研究，对黑土的现状，退化的原因、解决的办法和建议都作了详尽的简述；并撰写了《肇东市耕地地力评价与土壤改良利用》《肇东市耕地质量评价与平衡施肥》《肇东市耕地地力与作物适宜性评价》等多篇具有当地特点的专题报告；发表耕地地力评价相关技术论文8篇。这些成果得到了黑龙江省土肥站、肇东市政府、肇东市农业局的高度重视和认可。这次调查工作也为黑龙江省继续搞好其他县、市的耕地地力评价工作，积累了一些经验。

这次调查工作，得到了黑龙江省农业科学院、东北农业大学、中国科学院东北地理研究所、肇东市农业局、肇东市国土资源局、肇东市统计局、肇东市档案局、肇东市水利局、肇东市市志办公室、文史资料办公室、各个乡镇政府等单位和有关领导、专家、农业系统老同志的大力支持和帮助。在此一并致谢。

我们对涉及耕地地力评价的主要事件都在《大事记》中一一记载。由于这项技术是一项较新的技术，在评价应用方面尚处于起步阶段，工作经验不足，不当之处在所难免。恳请各位同人和广大读者批评指正。

目　　录

第一部分　肇东市耕地地力评价工作报告

第二部分　肇东市耕地地力评价技术报告

第三部分　肇东市耕地地力评价专题报告

第四部分　肇东市（县）区域耕地地力评价系统应用报告

第一部分

肇东市耕地地力评价工作报告

肇东市位于黑龙江省南部，属松嫩平原，区域条件优越，公路、铁路便捷。改革开放30多年来，肇东经济快速发展，综合实力显著增强，社会各业全面进步，是黑龙江省唯一进入全国县域社会经济综合发展百强县（市）之一。农业生产的发展更是日新月异，一直是国家和黑龙江省重要的粮食生产大县（市）。2012年粮食总产已实现了47亿kg。现有耕地面积271 276.5hm^2，年化肥投入总量达166 280t。主要土壤类型有9个，其中，黑钙土和草甸土面积占总耕地面积的85%，土壤盐碱化程度较高，pH值多在7.5～8.9。施用有机肥和化肥对耕地土壤及作物影响较大。多年来，肇东市耕地质量经历了从盲目开发到科学可持续利用的过程，适时开展耕地地力评价是发展效益农业、绿色生态农业、可持续发展农业的有力举措。

一、目的意义

（一）耕地地力评价是深化测土配方施肥项目的必然要求

测土配方施肥不仅是一项技术，而是从根本上提高施肥效益、实现肥料资源优化配置的基础性工作。不论是面对千家万户还是面对规模化的生产模式，为生产者施肥指导都是一项繁重的工作，现在的技术推广服务模式从范围和效果上都难以适应。必须利用现代技术，多种形式为农业生产者提供方便、有效的咨询、指导服务。以县域耕地资源管理信息系统为基础，可以全面、有效地利用第二次土壤普查、肥料田间试验和这次项目的大量数据，建立测土配方施肥指导信息系统，从而达到科学划分施肥分区、提供因土因作物的合理施肥建议，通过网络等方式为农业生产者提供及时有效的技术服务。因此，开展耕地地力评价是建立测土配方施肥不可缺少的技术平台。

（二）耕地地力评价是掌握耕地资源质量状态的迫切需要

第二次土壤普查结束都30多年了，耕地质量状态的全局情况不是十分清楚，对农业生产决策造成了影响。通过耕地地力评价这项工作，充分发掘整理第二次土壤普查资料，结合这次测土配方施肥项目所获得的大量养分监测数据和肥料试验数据，建立县域的耕地资源管理信息系统，可以有效地掌握耕地质量状态，逐步建立和完善耕地质量的动态监测与预警体系，全面摸索不同耕地类型土壤肥力演变与科学施肥规律，为加强耕地质量建设提供依据。

（三）耕地地力评价是加强耕地质量监测建设的基础

耕地地力评价结果，可以很清楚地揭示不同等级耕地中存在的主导障碍因素及其对粮食生产的影响程度。因此，可以说也是一个决策服务系统。对耕地质量状态的全面把握，我们就能够根据改良的难易程度和规模，作出先易后难的正确决策。同时，也能根据主导的障碍因素，提出更有针对性的改良措施，决策更具科学性。

耕地质量建设对保证粮食安全具有十分重要的意义。没有高质量肥沃的耕地质量，就不可能全面提高粮食单产。耕地数量下降和粮食需求总量增长，决定了我们必须提高单产。1996年，我国耕地总面积为1.3亿hm^2，2006年年底降为1.218亿hm^2，10年净减少0.08亿hm^2。从长远看，随着工业化、城镇化进程的加快，耕地减少的趋势仍难以扭转。受人口增长、养殖业发展和工业需求拉动，粮食消费快速增长，近10年我国粮食需求总量一直呈刚性增长，尤其是工业用粮增长较快，并且对粮食的质量提出新的更高要求。

随着测土配方施肥项目的常态化，我们就能不断地获得新的数据，不断更新耕地资源管理信息系统，使我们及时掌握耕地质量状态。因此，耕地地力评价是加强耕地质量建设的必不可少的基础工作。

(四) 耕地地力评价是促进农业资源优化配置的现实需求

耕地地力评价因素都是影响耕地生产能力的土壤性状和土壤管理等方面的自然要素，如耕地的土壤养分含量、立地条件、剖面性状、障碍因素和灌溉、排水条件（这些一经建成，也是一种自然状况）。这些因素本身就是我们决定种植业布局时需要考虑的因素。耕地地力评价为我们调整种植业布局，实现农业资源的优化配置提供了便利的条件和科学的手段，使不断促进农业资源的优化配置成为可能。

肇东市是农业大市，现有耕地 271 276. 5 hm^2，是黑龙江省的粮食主产区之一。自“六五”计划以来，一直是国家重点商品粮基地县。在国家的支持下，农业生产发展很快，全市粮食总产已经达到 250 万 t 的阶段性水平。在我国已加入 WPO 和国内的农业市场经济已逐步确立的新形势下，肇东市的农业生产已经进入了一个新的发展阶段。近几年来，肇东市的种植业结构调整已稳步开始，无公害生产基地建设已开始启动，特别是 2004 年以来，历年的中央一号文件的贯彻执行，“一免三补”政策的落实，极大地调动了广大农民种粮的积极性。大力发展农业生产，促进农村经济繁荣，提高农民收入，已经变成了肇东市广大干部和农民的共同愿望。但无论是进一步增加粮食产量，提高农产品质量，还是进一步优化种植业结构，建立无公害农产品生产基地以及各种优质粮生产基地，都离不开农作物赖以生长发育的耕地，都必须了解耕地的地力状况及其质量状况。

肇东市在 20 世纪 80 年代初进行过第二次土壤普查，在这 30 多年的过程中，农村经营管理体制，耕作制度、使用品种、肥料使用数量和品种、种植结构、产量水平、病虫害防治手段等许多方面都发生了巨大的变化。这些变化对耕地的土壤肥力以及环境质量必然会产生巨大的影响。然而，自第二次土壤普查以来，在这 30 多年的过程中，对肇东市的耕地土壤却没有进行过全面调查，只是在 20 世纪 90 年代进行了测土配方施肥，因此，开展耕地地力评价工作，对肇东市优化种植业结构，建立各种专用农产品生产基地，开发无公害农产品和绿色农产品，推广先进的农业技术，不仅是必要的，而且是迫切的。这对于促进肇东市农业生产的进一步发展，粮食产量的进一步提高，在农业生产中，落实科学发展观都具有现实意义。

二、工作组织

开展耕地地力评价工作，是肇东市在农业生产进入新阶段的一项带有基础性的工作。根据国家农业部制定的《全国耕地地力调查与质量评价总体工作方案》和《全国耕地地力调查与质量评价技术规程》的要求。我们接受任务后，从组织领导、方案制定、资金协调等方面都做了周密的安排，做到了组织领导有力度，每一步工作有计划，资金提供有保证。

(一) 加强组织领导

1. 成立领导小组

这次耕地地力评价工作按照黑龙江土肥总站的统一部署，肇东市政府高度重视，成立了肇东市“耕地地力评价”工作领导小组，由肇东市政府副市长闫德久为组长，由肇东市农业局局长张彦杰和肇东市农业技术推广中心主任郑宏伟为副组长。领导小组负责组织协调，制订工作计划，落实人员，安排资金，指导全面工作。在领导小组的领导下，成立了“肇东市耕地地力评价”工作办公室，由肇东市农业技术推广中心主任郑宏伟任主任，办公室成员由肇东市农业技术推广中心的有关人员组成。办公室按照领导小组的工作安排具体组织实施。办公室制定了“肇东市耕地地力评价工作方案”，编排了“肇东市耕地地力评价工作日程”。

为了把该项工作真正抓好，肇东市也成立了项目工作技术专家组，由肇东市农业技术推广中心副主任汪君利任组长，成员由全体技术人员和职工组成，负责耕地地力评价、测土配方施肥、耕地质量监测的具体工作。

2. 组建野外调查专业队

野外调查包括入户调查、实地调查，并采集土样、水样以及填写各种表格等多项工作，调查范围广，项目多，要求高，时间紧。为保证工作进度和质量，组织了野外调查专业队。这个野外调查专业队中，有土肥站的专业技术人员 5 名，肇东市农业技术推广中心 20 人，有关乡镇的农业技术人员 25 人。

（二）严把质量关

1. 精心准备

在省会议结束后，从 2005 年 1 月开始，肇东市农业技术推广中心着手开始准备工作。首先，确定了骨干技术人员，这些骨干技术人员集中之后，提前进入工作状态。主要是收集各种资料，其中，包括图件资料、有关文字资料、数字资料；其次是对这些资料进行整理、分析，如土种图的编绘、录入，一些文字资料的整理，数字资料的统计分析；随后对野外调查和室内化验工作进行了安排和准备。

2. 专家指导

聘请省土肥总站土壤研究员辛洪生为组长的专家指导小组，同时，聘请了东北农业大学、黑龙江省农业科学院、中国科学院东北地理研究所等有关学科的教授、专家共计 4 人组成了专家顾问组，专家指导小组帮助拟定了“耕地地力评价工作方案”“耕地地力评价技术方案”“野外调查及采样技术规程”。并确定了“肇东市耕地地力评价指标体系”。在土样化验基本完成之后，又请有关专家帮助我们建立了各参评指标的隶属函数。此外，在数据库的建立和应用等方面，我们还请了相关专业的专家进行指导，或进行咨询。

3. 强化技术培训

培训主要是针对肇东市、乡两级参加外业调查和采样的人员进行的。培训共进行 2 次。第一次是在 2005 年 3 月 15 日，即在外业工作正式开始之前进行。主要是以入户调查工作为主要内容，规范了表格的填写；第二次是在 2005 年 9 月 3 日进行，以土样的采集为主要内容，规范采集方法。

4. 跟踪检查指导

在野外调查阶段，省里技术指导小组的有关专家和市领导亲临现场检查指导，发现问题就地纠正解决。外业工作共分两个阶段进行，在每一个阶段工作完成以后，都进行检查验收。在化验室化验期间，技术指导小组对化验结果进行抽检，以保证数据的准确性。

5. 省市密切配合

评价工作期间，在省土肥站的统一指导下，中科院东北地理所的大力支持，对图件进行数字化，建立了数据库。土样的分析化验、基本资料的收集整理、外业的全部工作，包括入户调查和土样的采集等由市里负责。在明确分工的基础上，进行密切合作，保证各项工作的有序衔接。

三、主要工作成果

通过实施耕地地力评价，建立起来的现代化农业信息平台，对当前和今后一个时期农业生产的快速、科学发展，产生积极广泛而深远的影响。

（一）文字报告

（1）肇东市耕地地力评价工作报告。

（2）肇东市耕地地力评价技术报告。

（3）肇东市耕地地力评价专题报告。

①肇东市耕地评价与土壤改良利用。

②肇东市耕地评价与平衡施肥。

③肇东市耕地土壤存在的问题与土壤改良的主要途径。

④黑土退化成因分析。

⑤肇东市耕地评价及作物适宜性评价。

（二）黑龙江省肇东市耕地质量管理信息系统

（略）

（三）数字化成果图

（1）肇东市耕地地力等级图。

（2）肇东市耕地土壤养分图。

①肇东市土壤有机质分布图。

②肇东市全氮分布图。

③肇东市全磷分布图。

④肇东市全钾分布图。

⑤肇东市碱解氮分布图。

⑥肇东市有效磷分布图。

⑦肇东市速效钾分布图。

⑧肇东市有效铁分布图。

⑨肇东市有效锰分布图。

⑩肇东市有效铜分布图。

⑪肇东市有效锌分布图。

⑫肇东市有效硫分布图。

（3）肇东市土地利用现状图。

（4）肇东市行政区规划图。

（5）发表相关论文9篇。

四、主要做法与成效

（一）主要做法

1. 因地制宜，分段进行

肇东市各种农作物的收获时间都在“十一”以后才能陆续开始，到10月中旬才能陆续结束。一般在11月5日前后土壤冻结。从秋收结束到土壤封冻仅有20天左右，在这20天左右的时间内完成所有外业的任务，比较困难。根据这一实际情况，我们把外业的所有任务分为入户调查和采集土壤两部分。入户调查安排在秋收前进行。而采集土壤则集中在秋收后土壤封冻前进行，这样，即保证了外业的工作质量，又使外业工作在土壤封冻前顺利完成。

2. 统一计划，分工协作

耕地地力调查与质量评价是由多项任务指标组成的，各项任务又相互联系成一个有机的整体。任何一个具体环节出现问题都会影响整体工作的质量。因此，在具体工作中，根据农业部制定的总体工作方案和技术规程，我们采取了统一计划，分工协作的做法。省里制定了统一的工作方案，按照这一方案，对各项具体工作内容、质量标准、起止时间都提出了具体而明确的要求，并做了详尽的安排。承担不同工作任务的同志都根据这一统一安排分别制订了各自的工作计划和工作日程，并注意到了互相之间的协作和各项任务的衔接。

（二）主要成效

1. 全面安排，突出重点

耕地地力调查与质量评价这一工作的最终目的是要对调查区域内的耕地地力和环境质量进行科学的实事求是的评价，这是开展这项工作的重点。所以，今年我们在努力保证全面工作质量的基础上，突出了耕地地力评价和土壤环境质量评价这一重点。除充分发挥专家顾问组的作用外，我们还多方征求意见，对评价指标的选定、各参评指标的权重等进行了多次研究和探讨，提高了评价的质量。

2. 强化组织领导，搞好各部门的协作

进行耕地地力评价，需要多方面的资料图件，包括历史资料和现状资料，涉及国土、统计、农机、水利、畜牧、气象等各个部门，在市域内进行这一工作，单靠农业部门很难完成，必须得到市级政府及主管领导的支持，来协调各部门的工作，以保证在较短的时间内，把资料搞全搞准。为此，我们成立了肇东市耕地地力评价领导小组以及相关的专业调查组织，保证耕地地力评价各项工作顺利进行。

3. 紧密联系当地农业生产实际，为当地农业生产服务

开展耕地地力调查和土壤质量评价，本身就是与当地农业生产实际联系十分紧密的工作，特别是专题报告的选定与撰写，要符合地农业生产的实际情况，反映当地农业生产发展的需求，所以，我们在调查过程中，对技术规程要求以外的一些生产和销售情况，如粮食销售渠道、生产基地的建设、农产品的质量等方面的情况，也进行了一些调查。并根据这次对耕地地力的调查结果，联系肇东市农业生产的实际，撰写了《肇东市耕地质量评价与种植业结构调整》等4篇专题报告，使这次调查成果得到了初步的运用。

4. 勇于创新实践，提高农业科技队伍整体素质

面对全新的测土配方施肥及耕地地力评价和耕地质量监测项目，肇东市作为全国首批项目试点单位，对科技人员是技术的挑战。先进的农业地理信息系统，运用的都是3S技术。肇东市农业中心全体技术人员克服各种困难，努力学习新技术，相关人员先后去扬州、北京、南京、云南等地学习考察。严格按国家耕地地力评价大纲要求，认真研究各项技术环节，严把技术质量关，出色完成了项目的大纲要求。在2009年的全国首批试点项目县测土施肥、耕地地力评价数据库建设考核验收中，获得黑龙江省第一名，在全国名列前茅。几年的工作实践，锻炼了我们的技术队伍。在耕地地力评价数据库系统建设中，肇东市耕地地力评价、测土施肥、耕地质量监测建设、耕地有机质提升等技术，先后获黑龙江省科技进步三

等奖，绥化市科技进步一等奖，黑龙江省农业委员会一等奖和二等奖。在农业部2012年出版的耕地地力评价专注发表了“肇东市耕地地力评价专题调查报告”3篇，在农业部2009年出版的第二届全国测土配方施肥专注发表相关技术论文3篇，在国家级学术期刊上发表技术论文10余篇。汪君利同志被黑龙江省土肥站聘任为“测土施肥及耕地地力评价项目”指导专家。

五、资金使用分析

严格按着国家科技项目资金使用的相关规定，做到专款专用，不挪用、不挤占，并且精打细算每一笔资金支出，实行账目公开，做到笔笔资金发挥最大作用。确保项目顺利进行。

此次试点资金使用主要包括物质准备及资料收集费、野外调查交通差旅补助费、会议及技术培训费、分析化验费、资料汇总费、专家咨询及活动费、技术指导与组织管理费、图件数字化制作费、项目验收及专家评审费九大部分，详见下表。

资金使用情况汇总表

支　　出	金额（万元）	构成比例（%）
物质准备及资料收集	6	12.0
野外调查交通差旅补助费	6	12.0
会议及技术培训费	4	8.0
分析化验费	10	20.0
资料汇总及编印费	6	12.0
专家咨询及活动费	4	8.0
技术指导与组织管理费	4	8.0
图件数字化及制作费	10	20.0
合计	50	100

六、存在的突出问题与建议

（1）此项调查工作要求技术性很高，如图件的数字化、经纬坐标与地理坐标的转换、采样点位图的生成、等高线生成高程、坡度、坡向图等技术及评价信息系统与属性数据、空间数据的挂接、插值等技术都要请地理信息系统的专业技术人员帮助才能完成。

（2）关于评价单元图生成。本次调查评价工作是在第二次土壤普查的基础上开展的，也是为了掌握2次调查之间土壤地力的变化情况。因此，应该充分利用已有的土壤普查资料开展工作。应该看到本次土壤调查的对象是在土壤类型的基础上，由于人为土地利用的不同，土壤性状发生了一系列的变化，因此，土壤类型和土地利用状况，应该是生成调查单元底图的核心。

基本农田保护区图对于土壤本身的性状以及变化的影响不大。各地基本农田保护区的划定保持在80%以上，因此，对于确定本次土壤调查范围的意义不大。

建议：以2次土壤普查的土壤图和土地利用现状图作为基础图件叠加，完全能够满足工作需要。

（3）土壤是由5大成土因素及人类的综合作用形成的，它的分布不可能是均一的，因此用Rigging空间插值来推测未知区域的数据可能不妥。如果评价中单纯采用数学插值，容易将一些随机偶然因素，混淆入土壤分布规律之中，势必打破土壤类型的界限，不能科学地表示土壤的变化。

（4）调查表填写问题、编号应严格统一。大田和蔬菜采样点农户调查表表格绘制应该更细化，把应该分开的全部分开，例如，氮肥有多少种类型、同一类型是底肥还是追肥，以此类推。以免在调查中缺项。

（5）评价因子的隶属函数的确定方面：使用的软件没有统一要求，各个市、县自己收集的资料，软件、版本都不同，对全省的汇总及各县的交流造成很多困难。

建议：全省统一耕地地力调查与质量评价的标准，尤其是各种养分“丰缺指标”的标准都是20世纪60年代制定的，与现实的农业生产实际差距很大。

附：肇东市耕地地力评价工作大事记

（1）2005年9月20日，召开测土配方施肥协调会，海城、向阳、黎明、五站、昌五等5个乡镇的主管农业领导和农业服务中心主任参加，会议由市农业技术推广中心主任邢东光主持，市农委主任陆景林作了讲话，市农业技术推广中心副主任汪君利讲解了采样技术方案。

（2）2005年10月5日，开始了测土配方施肥“秋季行动”即第一次外业采样工作，此次行动采样4 000个，历时20天。肇东市电视台做了报道。

（3）2006年8月10日，省土肥站辛洪生科长带有关专家到中心检查项目落实和执行情况。

（4）2006年9月27日，肇东市土肥站长姚彩杰、冯陆明等同志到北京学习。

（5）2006年月10月5日，开始第二次外业调查采样工作，历时20天。

（6）2006年11月3日，全面开始室内的土样化验工作。

（7）2006年12月17日，在省土肥总站召开了项目对接会。省土肥总站站长胡瑞轩就耕地地力评价工作做了全面部署，与会专家对耕地地力评价技术工作进行了技术培训。

（8）2006年12月23日，肇东市“耕地地力评价”工作领导小组到肇东市农业技术推广中心与有关同志共同研究工作方案。

（9）2007年3月25日，肇东市土肥站的同志到肇东市土地局、统计局、水利局等单位收集有关资料和图件。

（10）2007年5月15日，汪君利、姚彩杰、冯陆明等到扬州、北京、石家庄参加由农业部农技中心组织的培训会，重点培训地理信息系统。

（11）2007年5月19日，在省土肥总站站长胡瑞轩、副站长王国良检查指导“耕地地力评价”落实和土样化验工作。

（12）2007年9月10日，肇东市研究第一次外业的准备工作。

（13）2007年9月18日，开始第一次项目外业调查工作。外业工作开始前，首先进行了培训。参加培训的有肇东市土肥站的所有技术人员和22个乡镇抽调上来的技术人员。会议市农委主任闫德久同志主持，政府副市长李沛濡作了重要讲话。市农业技术推广中心主任邢东光同志就项目的主要技术路线、GPS 的使用方法、外业工作需要注意的事项等内容进行了培训。肇东市电视台作了报道。会后，分组进行了外业调查，总共历时 16 天。

（14）2007 年 10 月 10 日，第三次外业调查和土样采集工作，历时 21 天。

（15）2007 年 12 月 4 日，黑龙江省土肥站长胡瑞轩、肇东市农业技术推广中心副主任汪君利代表黑龙江省到桂林参加全国有机质提升技术研讨会。

（16）2008 年 2 月 9 日，土样化验工作全部结束。

（17）2008 年 3 月 25 日，在省土肥站召开第二次专家联席会议，主要研究指标体系的打分、数据筛选等，并在会上明确了项目的工作报告、技术报告和各个专题报告撰写任务。参加会议的有省土肥总站站长胡瑞轩及相关领导，首批 14 个项目县土肥站，肇东市土肥站姚彩杰，中国科学院东北地理所赵军教授等。

（18）2008 年 4 月 5 日，所有图件数字化结束。

（19）2008 年 4 月 10 日，完成耕地地力评价图。

（20）2008 年 4 月 10 日，省土肥站副站长王国民带省有关专家到中心进行该项目检查验收。

（21）人民日报 2008 年 4 月 13 日，9 亿耕地大体验——肇东市电脑开处方，土地吃“套餐”。

（22）2008 年 5 月 13 日，项目工作报告、技术报告、各个专题报告的初稿完成，并进行了统稿。

（23）2008 年 8 月 26 日，请黑龙江省土肥站、中国科学院东北地理所进行了项目的预检验收工作。

（24）2008 年 9 月 20 日，黑龙江省土肥站刘德志带队，肇东、双城、五常、林甸四个典型县（市）到北京参加全国测土配方施肥指标体系研讨会。

（25）2008 年 10 月 12 日，第四次外业调查和土样采集工作，历时 20 天。

（26）2009 年 5 月，田间检验测土数据库及地力等级调查点工作会议。

（27）2009 年 10 月，地力等级调查点数据汇总。数据库数据修订。

（28）2009 年 10 月，肇东地力评价数据库相关论文 3 篇，在全国第二次测土配方施肥论文集出版。

（29）2010 年 8 月，数据库评价修订工作方案确定。

（30）2011 年 4 月，新确定的评价方案共定点 2 000个，以村为单位，按面积不少于 10 个点。

（31）2011 年 8 月，肇东地力评价专题调查报告等两篇在全国《耕地地力专题研究》出版。

（32）2011 年 9—11 月，野外调查、田间采点 2 000个全面开展。

（33）2012 年 3—8 月，第二次评价制图。修订土地利用、土壤图。

（34）2013 年 3 月，新修订的数据库数据处理，建立新的评价数据库。

（35）2013 年 12 月，第二次数据库评价。

（36）2014 年 3 月，新增 310 个耕地质量监测调查点。

（37）2014 年 12 月，肇东农业中心主任郑宏伟提议并经肇东地力评价专家组讨论决定，将耕地质量调查点数据纳入评价单元，建立最新肇东耕地信息管理系统。

第二部分

肇东市耕地地力评价技术报告

第一章　自然与农业生产概况

第一节　自然与农村经济概况

一、地理位置与行政区划

肇东市位于黑龙江省中南部，是绥化市所属的县级市。地处东经 125°20′～126°20′，北纬 45°30′～46°25′，是松嫩平原的末梢。松花江从市界南端流过，与双城市、哈尔滨市隔江相望，西部毗邻肇洲、肇源两县，北依安达市，东接兰西、呼兰两县。全市南北长 103km，东西宽 76km。全境土地总面积 4 323km^2。滨洲铁路穿越我市中部，境内铁路线 65km，途经肇东市里木店、姜家、肇东、尚家、宋站 5 个镇，市内主要公路有哈大高速公路、肇兰路、肇肇路、102 国道，与境内乡间路、乡村路、油田路构成了现代公路网，总长达 1 742. 179 km。是兰西、青岗、肇洲、肇源 4 个县重要的交通枢纽和商品流通集散地（图 2－1）。

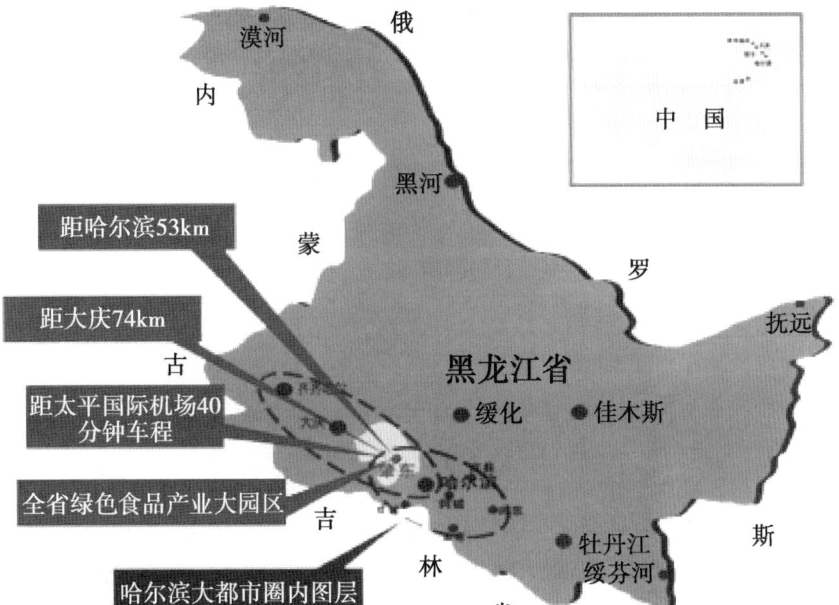

图 2－1　肇东市地理位置

全市现设 10 个镇、11 个乡、4 个办事处、186 个行政村和沈阳军区四方山农场。总土地面积 432 312hm²。其中，耕地面积 271 276.5hm²，草原 60 249.8hm²，总人口 93.7 万，其中，非农业人口 286 554，人口密度每平方千米 212.2 人。

肇东市属工、农、牧大市，全市工业主要有石油、酒精、乳业、制药等国内外知名企业。农、林、牧、副、渔各业齐全，全市粮食总产已达 300 万 t，是国家重要的粮食生产基地；畜牧业发达，大牲畜存栏近 45 万头（其中，黄牛存栏 28.8、奶牛 14.5 万头）、羊 20 万只、禽存栏 2 000万只。地区生产总值 5 040 196万元，农民人均收入 12 058元，城镇人均收入 36 046元。经济与社会协调发展，是全国百强县（市）之一。

二、土地资源概况

肇东市土地总面积 432 312hm²，按照国土资源局最新统计数字，各类土地面积及构成，如表 2－1，图 2－2 所示。

表 2－1 肇东各类土地面积及构成

序号	土地利用类型	面积（hm²）	占总面积（%）
1	耕地	271 655.7	62.5
2	园地	292.7	2.4
3	林地	21 847.7	0.1
4	牧草地	60 249.8	15.8
5	居工用地	25 248.4	9.0
6	交通用地	10 544.7	4.2
7	水域	30 768.2	0.03
8	未利用地	11 704.79	5.1
	合计	432 312	

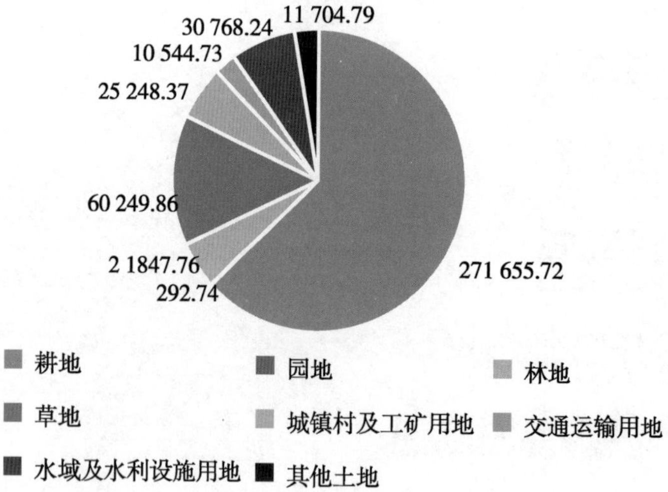

图 2－2 土地利用现状

肇东市土壤按照第二次土壤普查结果，土壤类型及面积统计，如表2－2所示。

表2－2　肇东市土壤类型及面积

序号	土类名称	亚类数量	土属数量	土种数量	土壤面积（hm^2）	占总土壤（%）
1	黑钙土	3	3	10	192 631.14	51.9
2	黑土	2	4	10	18 963.99	5.1
3	草甸土	5	7	17	133 327.29	36.0
4	新积土	1	1	1	16 237.75	4.4
5	沼泽土	1	1	1	2 528.99	0.68
6	风沙土	1	2	3	6 954.51	1.87
7	水稻土	1	1	1	202.87	0.01
合计	7个	14	19	43	370 846.5	

肇东市土地自然类型齐全，利用程度较高（利用率94.9%），垦殖率达到65.8%，工业发达，居工业用地面积也较大，占总面积的9.9%，但存在宏观调控和微观管理不到位，供给与需求失衡，“四荒”面积较大，中低产田面积较大（占总耕地面积的68.24%）等问题。在后备土地资源开发、中低产田改造、土地整理、城镇国有存量土地、农村居民点存量土地等方面还有一定的潜力可挖。

三、自然气候与水文地质条件

（一）气候条件

肇东市属于北寒温带大陆性季风型气候，四季分明。冬季，受蒙古冷高压控制，寒冷、少雪、多西北风；春季，气旋活动频繁，短暂多风，低温易旱；夏季，受西太平洋副热带高压影响，盛行西南暖湿气流，温热多雨；秋季，西南风南撤，冷暖交替，多秋高气爽天气，早霜，农作物生长期短。

1. 日照和太阳辐射

年平均日照2 518.7h，日照率59%。5—9月日照时数为1 303h，太阳辐射率总量为118.5kcal/cm^2，全年日照时数以春、夏、秋三季最多，冬季最少。春秋日位虽低于夏季，但秋高气爽，大气透明度好，故日照时数不少于日位高、白昼长、雨水多的夏季，冬季太阳角度最低，昼短夜长，且多烟雾，大气浑浊，所以，日照时间最短（表2－3、表2－4）。

表2－3　1958—2012年各月日照平均数

月份	1	2	3	4	5	6	7	8	9	10	11	12	年总量
日照时数（h）	201.7	211.8	252.8	260.8	271.7	288.4	274.5	274.1	248.4	221.5	184.5	170.2	2 823
日照率（%）	64	66	65	59	58	55	51	54	64	61	60	58	59

表 2－4　太阳总辐射平均月总量与日总量

月份	1	2	3	4	5	6	7	8	9	10	11	12	年总量
月总量（kcal/cm²）	5. 7	7. 0	10. 6	12. 5	14. 3	14. 0	13. 1	12. 5	11. 3	7. 8	5. 4	4. 6	118. 5
日总量（cal/cm²）	180. 8	250. 0	341. 9	416. 7	461. 3	466. 7	419. 4	403. 2	376. 7	251. 6	180	135. 2	

2. 气温

年平均气温 4. 5℃，7 月平均气温最高，为 23℃，1 月平均气温最低，为－19. 3℃，极端最高气温为 38. 4℃，极端最低气温为－38. 2℃。1982 年属高温年，平均气温为 3. 6℃。1976 年为最低气温年，平均气温 2. 8℃。近 10 年 4—9 月，≥10℃活动积温 3 051. 2℃。无霜期为 154. 4 天，初霜期 9 月下旬，终霜期 4 月下旬，解冻期 3 月末，冻结期 11 月中旬。初霜出现最早时期为 9 月 3 日（2011 年），终霜出现最晚日期为 10 月 11 日（2006 年），见表 2－5。

表 2－5　2003—2012 年生育期各月平均气温

年份	年平均	4 月	5 月	6 月	7 月	8 月	9 月
2003	5. 5	9. 5	16. 5	21. 4	22. 2	20. 7	15. 5
2004	5. 2	7	15. 1	23. 2	22. 6	21. 7	16. 3
2005	4. 2	7. 4	14. 4	21. 4	22. 7	22. 1	16
2006	4. 3	5	16. 9	19. 9	22. 9	22. 2	15. 5
2007	5. 5	5. 8	14. 4	22. 8	23. 1	21. 9	15. 7
2008	5. 2	9. 6	13. 7	21. 8	23. 6	22. 2	15. 6
2009	3. 8	9	17. 8	18	22. 1	21. 6	14. 9
2010	3. 4	9. 5	16. 5	21. 4	22. 2	20. 7	15. 5
2011	4. 2	7	14. 3	21. 5	24. 2	22. 5	14. 2
2012	3. 9	7. 2	16. 3	21. 1	23. 9	21. 6	16. 3
10 年平均	4. 5	7. 7	15. 6	21. 3	23	21. 7	15. 6

3. 降水

常年平均降水量 464. 0mm，最大降水量 574. 2mm（2012 年），最少降水量 327. 4mm（2004 年），年降水量变率为 26. 6%。年平均蒸发量 1 484. 65mm（1970—2012 年），3—4 月蒸发量较大，1 月、12 月蒸发量较小，全年蒸发量是降水量的 3. 2 倍，见表 2－6。

表 2－6　2003—2012 年降水量分布　（单位：mm）

	1 月	2 月	3 月	4 月	5 月	6 月	7 月	8 月	9 月	10 月	11 月	12 月	全年
2012	0. 2	0. 7	12. 2	23. 2	11. 6	163	191	50. 3	59. 2	25. 6	28. 1	9. 1	574. 2
2011	1	2. 6	0	25. 7	102. 3	58. 3	147. 3	87. 4	20. 5	7. 8	5. 2	0. 1	458. 2
2010	3	4. 1	25. 7	31. 2	115. 1	49. 9	125. 8	50. 5	12. 3	4. 6	14. 8	18. 9	455. 9

（续表）

	1月	2月	3月	4月	5月	6月	7月	8月	9月	10月	11月	12月	全年
2009	2.9	2	12	17.5	19.7	162.9	104.8	58.6	38.8	19.1	4.2	8.3	450.8
2008	0.1	0	23.1	28.4	73.1	118.8	132.9	21.4	41.4	10.6	1.8	4.1	455.7
2007	4.4	3.6	26.3	24	65.5	58.6	45.4	93.5	78.3	19.8	1	5.2	425.6
2006	5.4	0.3	3.9	12	5.3	156.7	175.3	63.4	48	1.8	1.3	0.4	473.8
2005	7	0.3	1.5	47	23.8	166.1	151.8	44.6	36.2	8.2	2.7	3.9	493.1
2004	1.3	2.2	7.8	8.9	25.7	46.3	89.6	71.9	22.9	11.1	25	10.7	327.4
2003	0.9	0.6	5.7	18.9	14	72.9	199.5	135.3	59	13.7	9.2	1.6	531.3

由于季风影响，降水主要集中在6月、7月、8月，降水量为309.4mm，占全年降水量的66.6%，4—9月降水量为420.3mm，占全年降水量的90.5%，雨热同季，适宜作物生长（表2-7）。

表2-7　2003—2012年各月平均降水量

月份	1	2	3	4	5	6	7	8	9	10	11	12	全年
降水量（mm）	3.3	4.5	3.5	24.4	46.5	91.7	146.7	107.0	19.6	11.5	1.7	3.9	464.6

4. 风

全年大于或等于6级大风平均16次，最多年份27次（1986年），最少年份6次（1979年）。4—5月大风次数约占全年55.6%以上。

表2-8　历年各月大风（6级）次数

月份	1	2	3	4	5	6	7	8	9	10	11	12	平均
风次	0.5	0.4	2.5	4.7	4.2	0.7	0.3	0.3	0.4	0.6	0.8	0.6	16

主要气象数据与30年前第二次土壤普查比变化很大。年均温度由3.1℃上升到4.5℃；无霜期由140天增加到154.4天；≥10℃活动积温由2 850℃上升到3 051℃；降水量由445mm增加到464.6mm。这与温室效应导致的全球气候变暖息息相关。

（二）水文地质条件

1. 地表水资源

境内有松花江、肇兰河两条主要河流，河流总长37.6km，还有水库、泡塘等，水面面积共计58km^2。

松花江由西八里入境，经四站、涝洲、五站3个乡镇，流长62.5km。地下水资源：肇东地下水资源不丰富，且分布不均，灾水地带主要分布在漫岗冲积低平原，中部、西北部台地潜水量比较贫乏，南部地区风化裂隙中潜水量小，埋深不定，只有在构造断裂和接触带附近，在地层有利于地下水富集条件下，形成断裂富水带，可以打井开采。全市地下水资源总量为3.18亿m^3，其中，可开采量2.26亿m^3，占地下水资源总量的71%。

2. 水资源总量

肇东市不是富水区。扣除地表水补给地下水的重复量和田间灌溉补给地下水的重复量，全市天然水资源总量为3.8亿m^3，其中可利用水资源2.5亿m^3，占总水资源量的65.8%，人均占有水量269.7m^3，每公顷耕地摊水量675.7m^3。由于所处地质、地貌条件，境内大部分地区为重碳酸钙钠和钠钙型水，矿化度低，但普遍缺碘，有些地方含氟偏高水质硬。总体讲，境内水质较差，需净化处理方可以达到工农业生产和生活用水的要求。

四、行政区划

黑龙江省肇东市

肇东市行政区划代码：231282。邮编：151100。区号：0455。拼音：Zhaodong Shi。

肇东市辖4个办事处、11个镇、10个乡：朝阳区办事处、东升区办事处、西园区办事处、正阳区办事处；肇东镇、昌五镇、宋站镇、五站镇、尚家镇、姜家镇、里木店镇、四站镇、涝洲镇、五里明镇、黎明镇、太平乡、海城乡、向阳乡、洪河乡、跃进乡、西八里乡、德昌乡、宣化乡、安民乡、明久乡；东发办事处、四方山农场。

历史沿革 肇东开发于辽、金时代，始建于1735年（清雍正十三年）。

“肇东”名称，设治伊始，因其地位居肇州之东，故取名“肇东”。清代，系郭尔罗斯后旗游牧地。清光绪年间出放蒙荒，垦民渐稠。1906年2月1日（清光绪三十二年正月初八日），黑龙江将军奏准，设置肇州厅的同时，于昌五城（今昌五镇）设肇东分防经历。翌年委任至1908年（清光绪三十四年）肇东分防经历正式到任。“中华民国”成立后，1912年11月5日，裁撤肇东分防经历，改设肇东设治局。设治员贺良楫奉命于11月30日前往“昌五”，12月4日开办，启用关防。1914年7月1日，奉令将设治局改设肇东县，县公署驻昌五城。隶属龙江道。1929年2月，裁撤道制，由黑龙江省直辖。时为二等县。东北沦陷后，初隶黑龙江省，1934年12月改隶滨江省。1935年9月，将县境西南部的第三区大部（今四站、西八里、涝洲、德昌、五里明乡镇一带）划归郭尔罗斯后旗管辖。1937年12月3日，伪县公署由昌五城迁至满沟站（原名甜草岗，今肇东站），满沟成为县城，后称“满沟街”。为与县名统一，1940年5月1日，将满沟街改称肇东街。1945年“九三”抗日战争胜利后，同年12月，划归哈西专区管辖。专员公署驻肇东县城。1946年3月，划归吉江行政区。同年4月，将郭尔罗斯后旗的八里、四兴（今四站镇）、向阳、三星、同仁村和呼兰县的乐安、安居、长发、万宝村划归新设置的乐安县管辖；5月，撤销吉江行政区，划归嫩江省；7月，撤销乐安县，并入肇东县。1947年2月至9月，隶属黑嫩联合省第四专区管辖。黑嫩联合省分设后，肇东县隶属嫩江省。1949年5月，嫩、黑两省合并为黑龙江省，隶属黑龙江省管辖。1954年8月，松、黑两省合并后，由黑龙江省直辖。1958年8月，划归哈尔滨市管辖。1960年1月，将万宝公社划归哈尔滨市。同年5月，将肇东县划归松花江专区管辖。1965年6月，松花江专区更名为绥化专区，肇东县隶属绥化专区。1986年9月8日，国务院批准，撤销肇东县，设立肇东市（县级），以原肇东县的行政区域为肇东市的行政区域，隶属绥化地区管辖。

1992年，全市总面积4 323km^2，建成区面积20km^2。全市共辖10镇、16乡。1992年年末全市总人口80.4万人，其中，非农业人口18.8万人；少数民族有满、蒙古、回、达斡尔、朝鲜族等。

肇东县土名昌五城，以放荒丈地的昌字五井而得名。又称满沟，即“蒙古”二字的音转，其意表示此地居住的是蒙古族人。而县名肇东之称，以地处肇州县之东故名。

唐虞三代为肃慎地；周以后为秽貊地；汉时属秽地；后汉三国属北扶余地。晋仍为扶余的属境；后魏北齐属勿吉的北境；隋时属靺鞨黑水部；唐时属黑水靺鞨；辽为契丹地，归属泰州；金时归属肇州；元为斡赤斤分地；明为郭尔罗斯旗地；清初为郭尔罗斯后旗游牧地，光绪二十九年（1903 年）旗地开放，光绪三十四年（1908 年）于昌字五井置肇东分防厅，隶属肇州厅管辖。“民国”元年（1912 年）改分防厅为昌五城设治局，“民国”二年（1913 年）改肇东县，隶属黑龙江省龙江道，“民国”十八年（1929 年）东北政务委员会成立，废道制，县归省直辖，肇东县直隶黑龙江省为二等县，伪满大同二年（年）县治改组，成立伪肇东县公署，康德元年（1934 年）十二月一日伪满洲国改行帝制，实行地方行政机构改革，划东北为 14 省，肇东县划属新设的滨江省管辖，康德四年（1937）年将县城移至满沟。“民国”三十四年（1945 年）东北光复后，“民国”三十六年（1947 年）六月五日公布东北新省区方案，将伪省合并为 9 省，肇东县划归嫩江省所辖，全国解放后划东北为 3 省，肇东县隶属黑龙江省管辖。

1986 年 9 月 8 日，国务院批准（国函〔1996〕111 号）撤销肇东县，设立肇东市（县级），以原肇东县的行政区域为肇东市的行政区域。

2000 年，肇东市辖 10 个镇、16 个乡。根据第五次人口普查数据：全市总人口 832 657 人。肇东市，隶属于黑龙江省，由绥化市代管，是哈尔滨、大庆、齐齐哈尔黄金经济带上的一个重要城市，黑龙江省委、省政府确定的哈尔滨大都市圈中的城市之一。肇东经过近 100 年开发和 50 多年建设，特别是经过改革开放 30 多年的加速发展，经济社会发展取得了令人瞩目的辉煌成就。

2008 年，肇东市被评为首批国家可持续发展先进示范区、全国科普示范县、中国玉米综合开发利用之乡、全国粮食生产标兵县；荣获全国中小城市综合实力、最具投资潜力、最具区域带动力三项百强殊荣；跻身全国百强县行列（第 86 位），是黑龙江省唯一进入全国百强的市县。

全市城区规划面积 50km^2，建成区面积 23km^2。全市总人口 92 万人，其中，城区人口 26 万人，农村人口 67 万人。全市现辖 21 个乡镇，4 个社区，186 个行政村，1 228 个自然屯。

五、农村经济概况

伴随着 30 多年改革开放的春风，肇东市的农村改革和全国一样经历了四个阶段。第一阶段（1978—1984 年），是农村改革的突破阶段，以家庭承包经营为核心，建立农村基本经济制度和市场机制，保障农民生产经营自主权；第二阶段（1985—1991 年），是农村改革迈向市场化的阶段，确立了农村市场调节机制，逐步完善市场配置；第三阶段（1992—1998 年），是农村改革全面进入社会主义市场经济体制转轨阶段，以农村税费改革为核心，统筹城乡发展，调整国民收入分配关系；第四阶段（1999 年以来），是农村综合改革、建设社会主义新农村和发展现代农业阶段，以促进农村上层建筑变革为核心，实行农村综合改革，解决农村上层建筑与经济基础不相适应的一些深层次问题。30 多年来，在农村改革的推动下，农业和农村发展的体制和机制发生了彻底改变，从计划经济转变为市场经济，市场机制在农业和农村发展中发挥着日益重要的作用；农业和农村发展的手段和环境发生了彻底改变，农业和农村需要依靠现代科技和新型农民发展现代农业，积极参与国际竞争，提高农业的竞争力；农业和农村发展的阶段和目标发生了彻底改变，农业和农村发展已经进入新的阶段，建设社会主义新农村和全面建设小康社会成为农业和农村发展的首要目标。近年来，肇东市以提高农业生产效率、增加农民收入为出发点，用现代科学技术改造农业，用现代经营形式推进农业，促进了农业经济的又好又快发展。2007 年，全市粮食产量达到206.8 万 t，比 1978 年的43 万 t，年递增5.6%；蔬菜产量20.75 万 t，比1978 年增长3.4 倍；肉类产量15 万 t，牛奶产量23 万 t。全市273 587万 hm^2 耕地，10 万 hm^2 草原、1.74 万 hm^2 放养水面，全部进行了无公害产品产地认证，其中，绿色食品认证面积9.3 万 hm^2，无公害食品认证面积25.7 万 hm^2。绿色食品通过认证的产品 22 个，无公害食品通过认证的产品 44 个。绿色食品加工产值17.9 亿元，上缴税金1.5 亿元。在30 年的改革进程中，肇东市对农业结构进行了逐步调整。20 世纪 90 年代中后期，随着市场经济的完善，肇东市农业生产与市场接轨，适时提出了调整农村种植结构，大力发展“两高一优”粮食作物，积极引进新品种，大力推广设施农业，分别建立了玉米、水稻、马铃薯、花卉、菌类等生产基地，实现了“基地规模化、生产标准化、经营产业化”的生产方式转变，并通过发展订单农业保障了农民的种植收益，加之国家对粮油种植户实行补贴，使种植业的比较效益稳步增长。目前，在全市 232 887 hm^2 的农作物播种面积中，粮食作物占94.9%，比1978 年的77.8%增加17.1 个百分点；油料作物占0.54%、比1978 年的1.1%下降0.6 个百分点；蔬菜作物占1.66%，比1978 年的2.0%下降0.3 个百分点。在30 多年的改革进程中，肇东市畜牧业得到稳步发展。以前牲畜的饲养大都分散在农户家中，饲养规模很小，20 世纪 80 年代中后期，出现了一批大中型养殖场，农村也涌现出规模养殖户。进入20 世纪 90 年代中后期，市委、市政府积极探索农民增加收入的渠道，提出了主副换位、大力发展畜牧业的新思路。到 2008 年，全市优质成母奶牛群已达5.5 万头，交售商品奶15 万 t，畜牧业产值占农业总产值的65%，比1978 年的11.5%提高了53.5 个百分点，畜牧业已撑起肇东市农业生产半壁江山。近年来，肇东市根据粮畜资源量大质优、开发潜力巨大的市情实际，以工业化理念经营农业，坚定不移地深入推进农业产业化经营，全力做大做强龙头加工企业，依靠龙头牵动，推进农业区域化布局、专业化生产、规模化经营，着力构建以工促农、以农兴工、工农互促共进的发展格局。目前，全市已形成了玉米、乳品、肉类三大产业化经营体系，已发展大型粮畜深加工企业6 家，其中，国家级产业化龙头企业2 家，省级龙头企业2 家。年加工转化玉米125 万 t，其中，加工周边市县玉米30 万 t；加工鲜奶30 万 t。带动农户9.9 万户，占农户总数的66%，带动基地面积12.3 万 hm^2。

肇东市是典型的农业大市。2014 年统计局统计结果，全市总人口93.7 万人，其中，城镇居民26.0 万人，占总人口的28.3%，农业人口67.7 万人，占总人口的73.0%；农村劳动力21.23 万人，占农业人口的31.4%；财政总收入 15.6 亿元，在岗职工年平均工资36 046元；农业总产值 1 650 195万元，其中，农业产值 639 412万元，占农业总产值的38.75%；林业产值3 165万元，占农业总产值0.2%；牧业产值961 328万元，占农业总产值的58.3%；渔业地区生产总值 44 392 万元，占农业总值的 2.7%；地区生产总值5 040 196万元，其中，第一产业增加值992 586万元，占地区生产总值的19.7%；第二产业增加值2 163 141万元，占地区生产总值的42.91%；第三产业增加值1 884 469万元，占地区生产总值的37.4%；农村人均纯收入12 058元（表2－9）。

表2－9 2014年肇东农业总产值

	地区生产总值	农业总产值	农业产值	林业产值	牧业产值	渔业产值
产值（万元）	5 040 196	1 650 196	639 412	3 165	961 328	44 392
占地区生产总值（%）	100	32.74	12.7	0.06	19.1	0.9
占农业总产值（%）		100	38.75	0.2	58.4	2.7

肇东市交通十分便利，有哈大高速公路、102国道、肇兰公路、肇肇公路、肇昌公路、滨洲铁路等主要交通干线，乡乡通柏油路，村村通水泥路工程至2008年年底已经完成90%。90%的村通公交车。通信也十分发达，全市安装程控电话31万户，其中，农村用户10.5万户，移动电话达到78.66户。农村实现了屯屯通电，并于2004年全部完成了低压电网改造，全年农村用电量达到36 900万kw/h。

第二节 农业生产概况

一、农业发展历史

据日伪县志和有关资料记载，肇东市百余年前是一片荒无人烟，野草丛生的大荒原，1683年（康熙二十二年），清廷为了充实边防，在齐齐哈尔、呼兰、黑龙江爱辉三城驻防军旅，并设驿站配备驿丁，专门传递军事消息，在辖区设立四站、五站（现在的四站镇和五站镇）。1898年（光绪二十四年）帝俄与满清合伙修筑东清（现在的滨洲线）铁路告成，铁路沿线各车站皆为化成特别区，行政、司法、土地各权皆归铁路局管辖。1903年（光绪二十九年）经黑龙江将军奏准在哈尔滨铁路交涉局设荒务局，由总办周冕（音，胜）出发肇东一带之蒙荒（当时是郭尔罗斯后旗之牧地）按千字文编排字号，许可各省商民备价呈领，开始垦荒召户。从此，肇东居民开始增多。1908年（光绪三十四年）设肇东分厅于昌字五井（昌五镇），隶属肇州厅管辖。因其位于肇州之东部，故名为肇东。1915年（“民国”四年七月）奉令改称肇东县，县城设在昌五。1937年12月3日县公属由昌五迁到满沟（现肇东镇），改满沟站为肇东街。1945年“九三”光复时获得解放。1946年3月建立了人民民主政权——肇东县人民政府。

肇东农业生产以粮豆作物为主，经济作物、蔬菜等为辅。1937年粮豆作物面积为100 584hm^2，占总播种面积的91.7%；1949年，粮豆面积为151 481hm^2，占总播种面积的96%。以后一直稳在91%～95%。20世纪90年代末，蔬菜及其他经济作物面积有所上升，但粮豆面积仍然稳定在85%以上（图2－3）。

肇东市粮豆作物有玉米、水稻、高粱、谷子、小麦、糜子、稗子、陆稻、荞麦、大豆、小豆、绿豆等十余种。20世纪30—60年代，以高粱、谷子、大豆三大作物为主，占粮豆作物总播种面积的76%以上；70年代以来，为把资源优势转化为粮食产品优势，玉米、水稻面积逐年增加，形成了玉米、水稻、大豆新的三大作物，至1987年，新三大作物面积占农作物总播种面积的75%。在新三大作物中玉米面积呈增加趋势，水稻面积20世纪80年代增幅较大，以后趋于稳定，而大豆面积呈减少趋势。进入20世纪90年代，玉米面积达到了农作物总播种面积的70%以上，大豆下降到10%左右，水稻稳定在9%左右；90年代末至今，农作物种植结构有所调整，经济作物、蔬菜、杂粮播种面积有所上升，但玉米仍是肇东第一大作物（2008年播种面积19.8万 hm^2，占农作物总播种面积的84.4%）。随着玉米价格的逐年攀升，玉米面积上升到现在的25万 hm^2（图2-4）。

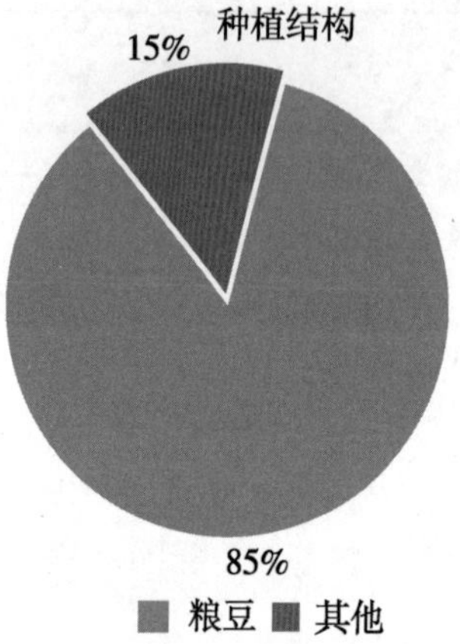

图2-3　粮豆和其他作物种植比例

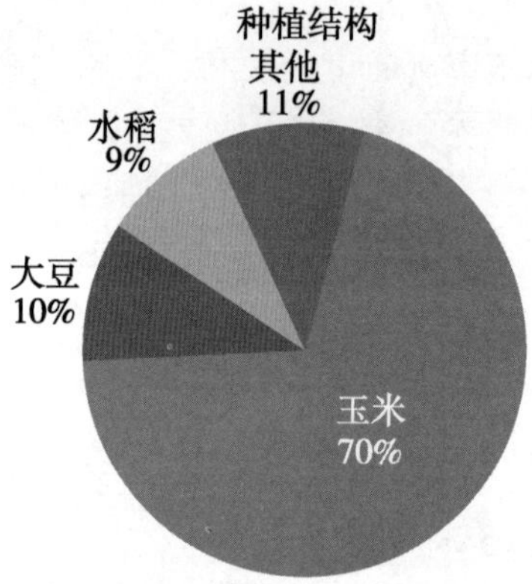

图2-4　20世纪90年代新三大作物种植比例

肇东从“六五”计划开始，一直是国家重点商品粮基地县，在国家及省、市的支持下，粮豆生产迅速发展，产量大幅度提高。1949年全市粮豆总产仅22.73万t；1950—1955年，6年平均达到28.30万t；1956—1962年，粮食生产出现滑坡，7年平均28.8万t；1963—1966年，4年平均23.8万t；1967—1976年，11年平均48.7万t；1978—1982年，5年平均56.85万t；1983年之后，粮豆总产连年跃上新台阶，2008年达230万t，是1949年的10.1倍，公顷单产达到10 710kg，是1949年（公顷单产1 126kg）的9.5倍。2011年突破了300万t（图2-5、图2-6）。

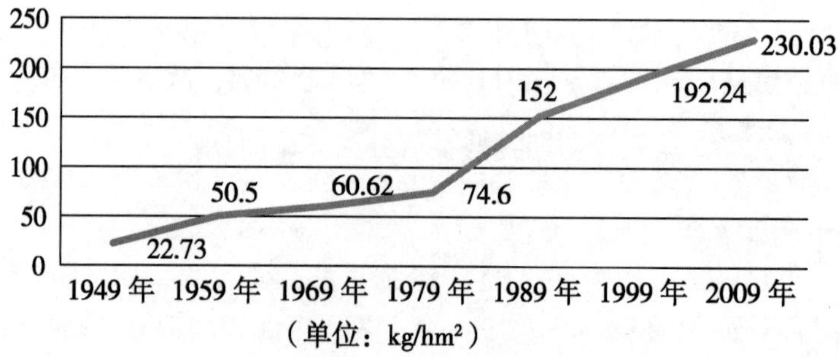

图2-5　粮豆总产变化

在种植业发展的同时，肇东牧业、林业、渔业也得到了长足发展。在伊利、蒙牛、金玉、成福、华富、福和、榆树林等大的龙头企业拉动下，2008年全市生猪发展到74.7万

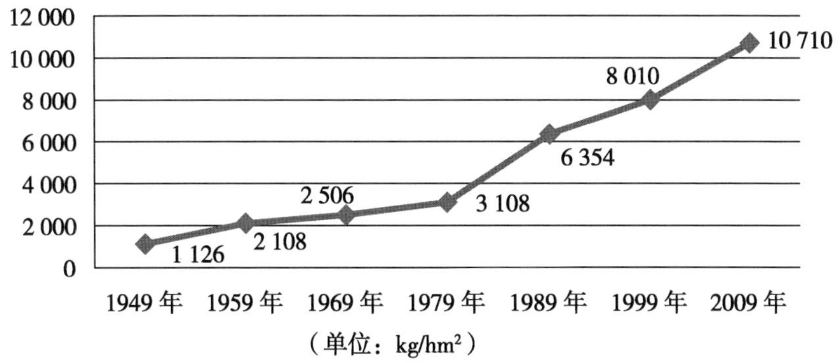

图 2-6　单产变化

头，黄牛发展到 28.8 万头，奶牛发展到 14.3 万头，家禽发展到 2 000万只，畜牧业总产值达到 96.1 亿元，是 1949 年的 60 倍。

二、耕地开发与利用

耕地是人类赖以生存的基本资源和条件。从第二次土壤普查以来，人口不断增多，耕地逐渐减少，人民生活水平不断提高，保持农业可持续发展首先要确保耕地的数量和质量。肇东市现有耕地总面积为 271 276.5hm^2，人均耕地 0.24hm^2。近几年来，我市土地政策稳定，加大了政策扶持力度和资金投入，提高了农民的生产积极性，使耕地利用情况日趋合理。表现在以下几个方面：一是耕地产出率高。肇东市人均粮食产量 2 080kg，比国际公认的人均粮食安全警戒线高 497kg 高 1 583kg。二是耕地利用率高。随着新品种的不断推广，间作、套作等耕作方式的合理运用，大棚生产快速发展，耕地复种指数不断提高。三是产业结构日趋合理。21 世纪以来市委、市政府多次调整种植结构，使肇东市的粮、经、饲作物的种植比例更加合理。四是农田基础设施进一步改善、水利化程度大幅度提高。近几年来，肇东市加大了农田基本建设力度，结合抗旱保收田项目、国家优质粮食产业工程项目的实施，使肇东市农田机电井、喷灌设备、排水工程都有了大幅度的提高，多数农田基本达到了旱能灌，涝能排，田成方，林成网，路相通的高产稳产农田。按照肇东市第十二个五年规划的要求，在国家第十二个五年计划内，完成“引松”等大型引水工程建设；还将实行中低产田改造，盐碱地综合治理等一系列工程措施。

三、耕作制度的变迁

农业耕作制度的改革，从开发初期到现在可分为 3 个时期。

（一）旧耕作制度时期

中华人民共和国成立前，主要农具是木制弯勾犁和耲耙。栽培方法为垄作，耕作方法为一扣二耲三搅地，压外犁眼和靠山耲等方式。轮作形式为玉米或大豆—高粱—谷子的 3 年轮作制，施肥为 3 年 1 茬粪，3 年耕翻 1 次。垄作栽培，增加土壤表面积，提高地温，便于灭草、排水、防涝。这种耕作制度一直延续到 1958 年。旧耕作制度时期，粮食产量基本是一低二稳。1949—1958 年，10 年间公顷产量平均为 1 126kg。

（二）新旧耕作制度交替变革时期

这个时期（1958—1973 年），由于新式农具和拖拉机的使用，改变了原来的垄作方法，机械整地逐步代替了蓄力整地，出现了平翻平作，垄平交替和垄平结合的方法。作物栽培方法不断改革，玉米由原来的大犁搅种，出现了平翻扣种、“羊拉稀”，发展为顶浆起垄刨埯种、踩埯种，后来又发展为等距刨埯、催芽坐水埯种，一埯双株或单株密植以及机械平播和引墒播种；高粱由原来的耲种，发展为大垄扣种、压大沟、耲趟、耪趟、垄上双条播，埯种一埯多株，直到机械窄行平播；谷子由原来的耲种，发展为耲种加宽苗眼，耲趟耪趟种，压沟种、三刀耲和垄上机播，直到全部机械平播；小麦由原来的大垄搅种，发展为大垄加宽，大垄压小沟、三犁川、马拉农具 15cm 平播和机械 7.5cm 平播；大豆由原来的一犁挤，发展为大垄扣种、满垄灌、耲趟和窄行平播。

从 1971 年开始推广化肥的使用技术，由单纯施用磷肥，发展到氮、磷配合施用，无机肥和有机肥混合施用。为抗春旱，确保一次播种抓全苗，采用了坐水种和旱田灌溉等措施，推广使用两杂种子，使产量明显提高。但在新旧交替的改革过程中，由于当时经验不足，春天不合理的耕作措施，造成土壤水分大量散失；超密度的密植，搞间、混、套、复、川，“二加一不等于三”等掠夺式的种植方法，破坏了土壤的用养结合，失去了地下与地上的平衡；一刀切的栽培方法，违背了因地种植的原则，打乱了作物的轮作和合理布局；形式主义的满地满肥，造成了粪肥质量低劣，使用分散，降低了肥效。这个时期的产量变化幅度较大，产量最低的 1960 年公顷产量只有 2 108kg。1959—1973 年公顷平均产量 2 506kg。

（三）新耕作制度的形成与完善时期

1974 年以来，总结了以前的经验和教训，采取和应用了以抗旱保墒为中心，以机械耕作为主体，实行翻、耙、松相结合的土壤耕作制；垄作和平播相结合的栽培制；粮食、油料、糖料相结合的三、五、七轮作制等一整套综合耕作栽培制。

近几年来，肇东市在玉米种植上又创造了立体通透、两垄一平台、并垄宽窄行和玉米膜下滴灌等一系列综合耕作模式，使玉米产量得到了大幅度提高。

四、粮食作物栽培技术的演变

（一）谷子（糜子）

1949—1978 年，30 年平均 941.25kg/hm^2，1961 年谷子公顷产只有 615kg。1979 年摘掉了谷子低产帽子，改进了栽培方法，由过去的耲种逐渐改为垄上 3 刀（条播）和 15cm、30cm 机械平播。加上选用良种、双肥下地，合理密植，单株管理等措施。1979 年谷子公顷产量达到了 2250kg，谷草每公顷增加 2 250kg。

2008 年以来，通过引进新品种，开展测土配方施肥，垄上机械精播等综合配套技术，使肇东市谷子公顷产量达到了 4 500kg 以上。与 1979 年相比公顷产量增加了 1 倍多。

（二）高粱

1957 年前高粱播种多数采用耲种、耪趟种，后来发展为埯种、双行拐子苗。到 1958 年有小面积平播高粱。1960—1983 年的 20 多年间，主要应用老品种，单位面积产量一直不高。到 20 世纪 80 年代中后期，高粱采用垄上机械播种，合理密植，引进优良杂交品种，使高粱的单位面积产量大幅度提高。

（三）玉米

从合作化以来，玉米播种方法，大体经历了 5 次变革。合作化时期采用大垄扣种，玉米和大豆、杂豆混作。人民公社时期改为小垄（50～60cm）栽培。20 世纪 70 年代初期改为大垄坐水埯种，一埯双株，玉米、大豆间作；80 年代初期由一埯双株改为单株密植，由间作改为清种，坐水种改为机械播种；90 年代至今玉米种植方法主要是机械整地施肥，机械开沟滤水，机械播种覆土，并垄宽窄行栽培，推广高产耐密品种，玉米膜下滴灌，测土施肥，生物防治等多项综合措施。

（四）大豆

1977 年前大豆播种方式为人工扣种，公顷产量只有 802. 5kg。1978 年开始推广大豆机械窄行平播技术，使大豆公顷产量提高到 1 057. 5kg。20 世纪 80 ~ 90 年代初，由于引进大豆优良品种和配套综合高产栽培技术，使大豆公顷产量达到了 2 250kg 左右。现阶段肇东市已经没有清种大豆的地块，种植大豆多数与地膜甜瓜、双膜拱棚西瓜套种，平均公顷产量达到了 2 250kg 以上。

（五）小麦

新中国成立初期至 20 世纪 80 年代后期，肇东市小麦面积较大，主要采用大垄扣种，后来发展到机械平播。小麦公顷产量由早期的 765kg，增长到 80 年代末的 4 500kg 左右。但是现在，肇东市已经不再种植小麦。

五、主要植被类型

肇东市天然植被基本上属于蒙古植物分布区，以羊草草甸草原植物为主。在波状平原的平地上以羊草群落为主，混生有柴胡、斜茎紫云英、蒿类、地榆、蔓委陵菜，在平原中较高的地方则有打针毛、兔毛蒿群落，有山杏灌木的分布。由于地形较高和土壤比较干燥，在植被中草原成分较多。在这类植被下常常有碳酸盐黑钙土和碳酸盐草甸黑钙土的分布。在低平地上往往是羊草群落向芦苇沼泽过度植被。混生有：碱蒿、西伯利亚蓼、虎尾草、红眼巴等，这类植被下有碳酸盐草甸土的分布。在低洼地和碱沟四周植被有：小叶章、沼柳、稗草、三棱草、芦苇等喜湿植物，还生有耐盐植物如碱蒿、碱蓬、星星草、剪刀股、扫帚草等，这类植被下则有盐渍化土壤分布。

肇东市草原面积大，植被生长比较繁茂。多年来，由于人类的经济活动和过度放牧，加上气候干旱，自然泡沼干枯，草原退化严重，特别是近几年来，草原面积剧减，草原退化和破坏更为严重，而且加重了盐碱，危害了农田，破坏了资源，破坏了生态系统的平衡，应引起人们足够的重视，采取相应的措施，保护、恢复和改良草原，这是发展畜牧业的当务之急，也是保持农业生产环境的重要举措。

第三节　农业生产现状

一、肇东市农业生产水平

据肇东农业统计资料，2014 年，肇东农业总产值 1 650 195万元，农村人均产值 12 058 元，其中，种植业产值 639 412万元，占农业总产值的 41. 47%。农作物总播种面积 25. 35 万 hm^2，粮豆总产 2 352 500t，其中，玉米 21. 75 万 hm^2，总产 217 000t；水稻 2. 46 万 hm^2，总产 175 000t（表 2 – 10）。

表 2-10　2014 年肇东农作物播种面积及产量

农作物	播种面积（万 hm^2）	占比例（%）	农作物	总产量（t）	占比例（%）	产量（kg/hm^2）
各类作物	25.36		粮豆作物	2 352 500		
玉　米	21.75	85.76	玉　米	2 170 000	92.20	9 976.5
水　稻	2.46	9.7	水　稻	175 000	7.4	7 143.75
其他	1.15	4.54	薯　类	59 070	0.4	5 136.5

肇东农业发展较快，与农业科技成果推广应用密不可分。

（1）化肥的应用大大提高了单产。目前，肇东市的二铵、尿素、硫酸钾及各种复混肥每年使用 18.4 万 t，平均公顷 0.67t。与 20 世纪 70 年代比，施用化肥平均可增产粮食 35% 以上。

（2）农家肥积造。1960 年起全市普遍开展积造农家肥工作，在哈尔滨设立了积造肥肇东办事处，以各种形式，广泛掀起了积造有机肥活动。一直持续到 20 世纪 90 年代中后期，1991 年开展了“四有”（村有公厕、家有厕所、畜禽有圈舍、户有沤肥坑）、“六定”（定任务、质量、抓运形式、费用、奖惩、清掏城粪场所）、“四结合”（集体专业组织积与农户分散相结合、常年积肥与城粪下乡相结合、有机肥与无机肥相结合、积造农家肥和高温堆沤相结合）积肥造肥活动。这个时期农田施有机肥面积 70% 以上，平均公顷施优质农家肥 19.5m^3。1995 年后，化肥市场的放开及化肥用量的增加，有机肥积造和施用数量逐年下降。目前，传统的积造有机肥方式基本被遗弃。尤其是农业机械化程度的大幅度提高，有机肥工厂化、商品化是今后的发展趋势。

（3）作物新品种的应用大大提高了单产。尤其是玉米杂交种、水稻、大豆新品种。与 20 世纪 70 年代比，新品种的更换平均可提高粮食产量 25% ~40%。

（4）农机具的应用提高了劳动效率和质量。肇东 90% 以上的旱田实现了机灭茬、机播种，部分旱田实现了机翻地，水田全部实现机整地。

（5）植保措施的应用，保证了农作物稳产、高产。20 世纪 80 年代末至今，肇东农作物没有遭受严重的病、虫、草、鼠为害。

（6）栽培措施的改进，提高了单产。水田全部实现旱育苗、合理密植、配方施肥，70% 的地块还应用了大棚钵盘育苗、抛摆秧技术。旱田基本实现因地选种、施肥、科学间作，有些地方还应用了地膜覆盖、宽窄行种植、生长调节剂等技术。

（7）农田基础设施得到改善。20 世纪 80 年代末至今，肇东没有发生大的洪涝灾害和风灾，水利排灌动力机械 3 410 台/30 774kW，农用水泵 7 680台，95% 旱田可以实现坐水种。

（8）农业机械化程度大幅度提高。近 10 年全市大、中型农业机械配套数量连年增加，现有农业机械总动力 575 700kW，大中型拖拉机数量 17 016 台/366 666kW，小型拖拉机数量 11 758 台/146 912kW，收获机械 9 513台。机械化程度已经覆盖 90% 多的耕地。

二、肇东市目前农业生产存在的主要问题

（1）单位产出低。肇东地处世界第二大黑土带，有比较丰富的农业生产资源，但中低产田占 36.6%，粮豆公顷产量只有 9 000kg（2014 年），还有相当大的潜力可挖。

（2）农业生态有失衡趋势。据调查，肇东耕地有机质含量每年正以 0.018% 的速度下降，20 世纪 60—80 年代，有机肥施入多，化肥用量少，增产作用不明显，80 年代后，化肥用量不断增加，单产、总产大幅度提高，同时，农作物种类单一、品种单一，不能合理轮作，也是导致土壤养分失衡的另一重要因素。另外，农药、化肥的大量应用，不同程度地造成了农业生产环境的污染。

（3）良种少。目前，粮豆没有革新性品种，产量、质量在国际市场上都没有竞争力。

（4）农田基础设施薄弱，排涝抗旱能力差，风蚀、水蚀也比较严重。

（5）农业机械化配套与作业效率低。肇东 70 马力以上大型农机具高质量农田作业和土地整理面积很小，秸秆还田能力还没有。

（6）农业整体应对市场能力差。农产品数量、质量、信息化以及市场组织能力等方面都很落后。

（7）农技服务能力低。农业科技力量、服务手段以及管理都满足不了生产的需要。

（8）农民科技素质、法律意识和市场意识有待提高和加强。

第四节　耕地利用与养护的时空演变

自 1949—2015 年，历经 66 年，肇东市土地开发利用，大体可以划分 2 个大的阶段。

一、自然开发与原始粗放耕作阶段

即从 1949—1978 年。耕地面积从不足 15 万 hm^2 增加到 20 万 hm^2，人口从 32 万人增至 62 万人。耕作方式以牛、马、木犁为主，拖拉机为辅，多数品种以农家品种为主，肥料投入以农家肥为主导，20 世纪 70 年代以后才少量投入化肥，且是以低含量的磷肥（过石）为主，配合少量尿素。土壤耕作层及理化性状在 30 年的时间里并没有大的变化。其主要原因是作物单产低、土壤自然生产生态程度相对较高，而且作物布局自然合理、轮作倒茬的耕作制度维持了土壤的自然土壤肥力。这一阶段肇东耕地土壤利用与养护，可概括为“用地养地平衡，投入产出平衡”的自然生态有机农业向无机农业的过渡阶段。

二、过度利用与可持续发展结合阶段

从 1979—2014 年耕地面积从 20 万 hm^2 增加至 27 万 hm^2。耕作方式从牛马犁过度至以大、中、小型拖拉机为主，作物品种从农家品种更新为杂交种和优质高产品种，肥料投入以农家肥为主过渡到以化肥为主导，并且化肥用量连年大幅度增加，农家肥用量大幅度减少，粮食产量也连年大幅度提高。

图 2－7、图 2－8 描述了肇东市从 1979—2009 年改革开放 30 年肥料与粮食产量的变化规律。在 30 年变化过程又分为 2 个阶段，前 15 年化肥用量逐年递增，农肥逐年递减；1993 年农肥用量降至最低，全市 70% 以上耕地不施农肥，化肥用量高峰出现在 1997 年，达 18 万 t，但粮食产量并没有达到理想指标，随着化肥用量和粮食产量的逐年增加，从 1983 年以后，全市作物开始出现缺素症状，1986 年大面积缺锌，1990 年出现玉米大面积缺钾症状。因此，这一时段全市耕地土壤地力过度开发利用呈逐年下降趋势。1989—1991 年，3 年化肥

投入一直维持在12万t左右，粮食总产也维持145万t左右，地力下降造成的粮食增产幅度下降，引起了国家、省、市各级政府的高度重视，1992年投资120万元建立了土壤化验室，在全市开展了测土配方施肥技术的全面普及推广工作。自1992年肇东市化验室交付使用后，历时5年时间全市共采集土样33 800个，采样土壤面积11.3万hm^2，其中，1992年1.53万hm^2、1993年2.93万hm^2，1994年2.73万hm^2，1995年2.0万hm^2，1996年吨田配方2.07万hm^2，2000年丰收计划1.33万hm^2，获得有效土测值222 000个，辐射指导配方施肥面积46万hm^2（平均公顷节省化肥90kg，减少化肥盲目投入41 400标t；平均公顷增产粮食487.5kg，累计增产粮食22.45万t，每吨粮豆按1 100元计算，农民纯增效益24 644.50万元）。全市22个乡镇完成了一个周期的土壤测试和配方施肥。从此，肇东市从盲目施肥走向科学施肥，结束了富钾历史，开始了大面积推广应用钾肥，提出了稳氮、调磷、增钾的施肥原则，降低了化肥的总用量，使粮食产量开始逐年提高，收到了良好的经济效益、社会效益和生态效益。

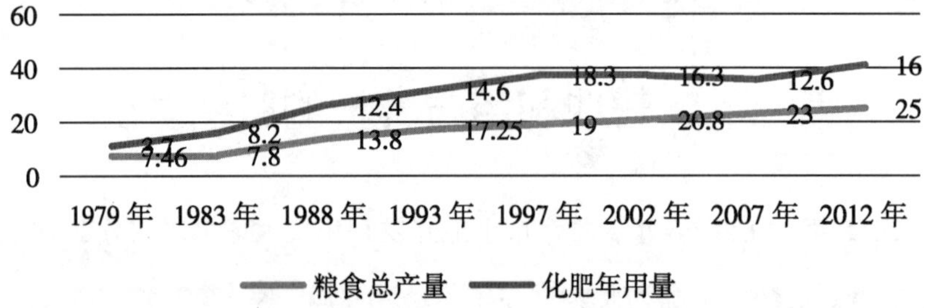

图2-7　化肥用量与粮食总产的关系

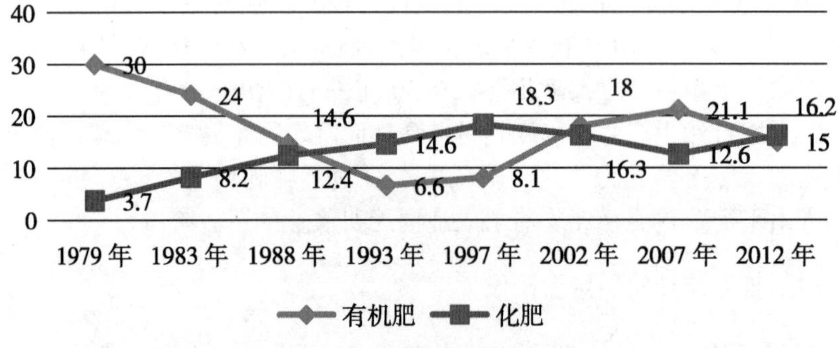

图2-8　农肥与化肥投入变化情况

第二章 耕地地力调查

第一节 调查方法与内容

一、调查方法

本次调查工作采取的方法是内业调查与外业调查相结合的方法。内业调查主要包括图件资料的收集、文字资料的收集；外业调查包括耕地的土壤调查、环境调查和农业生产情况的调查。

（一）内业调查

1. 基础资料准备

包括图件资料、文件资料和数字资料3种。

①图件资料：主要包括1982年第二次土壤普查编绘的1∶10万的《肇东县土壤图》、国土资源局土地详查时编绘的1∶10万的《肇东市土地利用现状图》、1∶10万的《基本农田保护区划图》和1∶2.5万的《肇东市各乡（镇）土壤分布图》。

②数字资料：主要采用肇东市统计局最新的统计数据资料。肇东市耕地总面积采用国土资源局确认的面积为271 276.5hm^2，其中，旱田26 676.5hm^2、水田24 600hm^2，基本农田总面积为228 698hm^2。

③文件资料：包括第二次土壤普查编写的《肇东县土壤志》《长春土壤》《黑龙江土壤》《黑龙江土种志》《肇东市土地利用现状调查统计资料》《肇东市气候区划报告》《肇东市水土保持区划报告》《肇东县志》等。

2. 参考资料准备

包括肇东市农田水利建设资料、肇东市农机具统计资料、肇东市城乡建设总体规划、肇东市统计年鉴、肇东市交通图、肇东市乡（镇）、村屯建设规划图等10余篇。

3. 补充调查资料准备

对上述资料记载不够详尽、或因时间推移利用现状发生变化的资料等，进行了专项的补充调查。主要包括：近年来农业技术推广概况，如良种推广、科技施肥技术的推广、病虫鼠害防治等；农业机械，特别是耕作机械的种类、数量、应用效果等；水田种植面积、生产状况、产量等方面的改变与调整进行了补充调查。

（二）外业调查

外业调查包括土壤调查、环境调查和农户生产情况调查。主要方法如下。

1. 布点

布点是调查工作的重要一环，正确的布点能保证获取信息的典型性和代表性；能提高耕地地力评价成果的准确性和可靠性；能提高工作效率，节省人力和资金。

（1）布点原则。

①代表性、兼顾均匀性：布点首先考虑到全市耕地的典型土壤类型和土地利用类型；其次耕地地力调查布点要与土壤环境调查布点相结合。

②典型性：样本的采集必须能够正确反映样点的土壤肥力变化和土地利用方式的变化。采样点布设在利用方式相对稳定，避免各种非正常因素的干扰的地块。

③比较性：尽可能在第二次土壤普查的采样点上布点，以反映第二土壤普查以来的耕地地力和土壤质量的变化，

④均匀性：同一土类、同一土壤利用类型在不同区域内应保证点位的均匀性。

（2）布点方法。采用专家经验法，聘请了熟悉全市情况，参加过第二次土壤普查的有关技术人员参加工作和黑龙江东北农业大学等有关部门的专家，依据以上布点原则，确定调查的采样点。具体方法如下。

①修订土壤分类系统：为了便于以后全省耕地地力调查工作的汇总和这次评价工作的实际需要，我们把肇东市第二次土壤普查确定土壤分类系统归并到省级分类系统。肇东市原有的分类系统为 9 个土类、18 个亚类、22 个土属、43 个土种。归并到省级分类系统为 7 个土类、12 个亚类、19 个土属、43 个土种。

②编绘土种图：在修订土种名称的基础上，对肇东原有的土壤图进行了重新编绘。

③确定调查点数和布点：

大田调查点数的确定和布点　按照旱田、水田平均每个点代表 120 ~ 150hm^2 的要求，全市耕地总面积为 271 276. 5hm^2，其中，旱田 246 676. 5hm^2、水田 24 600hm^2。在确定布点数量时，以这个原则为控制基数，在布点过程中，充分考虑了各土壤类型所占耕地总面积的比例、耕地类型以及点位的均匀性等。然后将《土地利用现状图》和重新编绘的《肇东市土壤图》及《基本农田区划图》三图叠加，确定调查点位。在土壤类型和耕地利用类型相同的不同区域内，在保证点位均匀的前提下，尽量将采样点布在与第二次土壤普查相同的位置上（本次调查与第二次土普重合的点数为 159 个，占总调查点数的 7. 5%），这样，全市初步确定点位 2 129个，其中，旱田 1 919个，水田 210 个。各类土壤所布点数分别为：黑土 540 个、黑钙土 950、草甸土 469 个、新积土 46 个、水稻土 71 个、沼泽土 25 个、风沙土 28 个。

容重调查点数的确定和布点　容重布点是根据土壤（种）的分布和所占比例，确定其调查点的位置和数量，大田容重样本占样本总数的 10% ~ 20%。共设容重样：306 个，其中，旱田 266 个、占旱田样本总数的 13. 8%，水田 40 个，占水田样本总数的 19. 0%。

④绘制调查点位图：在 1 : 10 万的重新编绘的土壤图上标注所确定的点位，采用目测转绘法勾绘到 1 : 10 万土地利用现状图上，量出每一采样点大致的经、纬度，并逐一记录造册，同样用目测转绘法勾绘到 1 : 2. 5 万的各乡（镇）土壤图上，备外业时准确找到目标采样点做好准备工作。

2. 采样

大田土样采样方法。

大田土样在作物收获后取样：野外采样田块确定。根据点位图，到点位所在的村庄，首先向农民了解本村的农业生产情况，确定具有代表性的田块，田块面积要求在 0.07hm^2 以上，依据田块的准确方位修正点位图上的点位位置，并用 GPS 定位仪进行定位。

调查、取样：向已确定采样田块的户主，按调查表格的内容逐项进行调查填写。在该田块中按旱 田 0 ~ 20cm 土层采样；采用“X”法、“S”法、棋盘法其中任何一种方法，均匀随机采取 15 个采样点，充分混合后，四分法留取 1kg。

二、调查内容及步骤

（一）调查内容

按照《规程》附表 3 至附表 8 的要求，对所列项目，如立地条件、土壤属性、农田基础设施条件、栽培管理和污染等情况进行了详细调查。为更透彻的分析和评价，附表中所列的项目要无一遗漏，并按说明所规定的技术范围来描述。对附表未涉及，但对当地耕地地力评价又起着重要作用的一些因素，在表中附加，并将相应的填写标准在表后注明。

调查内容分为：基本情况、化肥使用情况、农药使用情况、产品销售调查等。

（二）调查步骤

肇东市耕地地力评价工作大体分为 4 个阶段。

第一阶段：准备阶段

北京会议结束后，自 8 月 28 日至 9 月 16 日，此阶段主要工作是收集、整理、分析资料。具体内容包括如下。

（1）统一野外编号。全市共 21 个乡（镇）、1 个办事处（并乡镇后的编制），编号从 01 ~ 22 顺序排列。旱田用字母“H”表示、水田用“S”表示。在 1 个乡（镇）内，采样点编号从 01 开始顺序排列至 N（01 ~ N）。

（2）确定调查点数和布点。全市确定调查点位 2 129个，其中，旱田 1 919个、水田 210 个。依据这些点位所在的乡（镇）、村为单位，填写了《调查点登记表》，主要说明调查点的地理位置、野外编号和土壤名称，为外业做好准备工作。

（3）外业准备。肇东市大田作物的种植是一年一熟制，作物的生育期较长，收获期最晚的在 10 月 1 日左右，到 10 月 10 日前后才能基本结束，而土壤的封冻期为 11 月 5 日前后。如果秋收结束后才进行外业调查和取样，只有 20 余天，若遇降雨等气候因素的影响，则仅有半个月左右的时间可以利用，这样就有可能不能顺利地完成外业。所以我们把外业的全部工作分为两个部分，分步进行。第一次外业于 9 月 18 日至 9 月 29 日进行，主要任务是：对被确定调查的地块（采样点）进行实地确认，同时，对地块所属农户的基本情况等进行调查。按照《规程》中所规定的调查项目，设计制定了野外调查表格，统一项目，统一标准进行调查记载。第二次外业计划于秋收后（10 月 5 日）开始，月底结束。主要任务是采集土样，填写土样登记表，并用 GPS 卫星定位系统进行准确定位，同时，补充第一次外业时遗漏的项目。

第二阶段：第一次外业，分四步进行

第一步，组建外业调查组。本次耕地地力调查工作得到了肇东市委、市政府的高度重视及各乡（镇）等有关部门的大力支持，为保证外业质量，肇东市土肥站由站长挂帅，抽出包括 2 名副站长在内的 18 名技术骨干，组成 4 个工作小组，每组负责 4 ~6 个乡（镇）的调查任务。

第二步，培训和试点。人员和任务确定后，为使工作人员熟练掌握调查方法，明确调查内容、程序及标准，市农业技术推广中心组织有关技术人员于9月17日在举办了专题技术培训班，并于9月18日在肇东镇进行了第一次外业的试点工作。所有人员统一分成3个组，对肇东镇的3个村进行试点调查。

第三步，全面调查。各方面准备工作基本就绪，9月18日第一次外业调查工作全面开展。调查组以1∶2.5万各乡（镇）土壤图为工作底图，确定了被调查的具体地块及所属农户的基本情况，完成了《采样点基本情况》《肥料使用情况》《农药、种子使用情况》《机械投入及产出情况》等4个基础表格的填写，同时，填写了乡（镇）、村、屯、户为单位的《调查点登记表》。

第一次外业调查工作与9月末至10月初陆续结束。

第四步，审核调查。在第一次外业——入户调查任务完成后，对各组填报的各种表格及调查登记表进行了统一汇总，并逐一做了审核。

第三阶段：第二次外业调查阶段，分三步进行

第一步，制订方案和培训。在第一次外业的基础上，进一步完善了第二次外业的工作方案，并制定采集土样登记表。准备工作安排就绪后，于秋收前10月12日举办了第二次培训班，对第二次外业的工作任务和采样的要求进行了系统的培训，并在土肥站技术人员的带领下，进行了实地讲解和演练。

第二步，调查和采样。

调查：第二次外业从10月14日开始到10月末全部结束。第二次外业的主要任务是：补充调查所增加的点位，对所有确定为调查点位的地块采集耕层样本，按《规程》的要求，兼顾点位的均匀性及各土壤类型，采集了容重样本。

采样：对所有被确定为调查点位的地块，依据田块的具体位置，用GPS卫星定位系统进行定位，记录准确的经、纬度。面积较大地块采用“X”法、或棋盘法、面积较小地块采用“S”法，均匀并随机采集15个采样点，充分混合用“四分法”留取1.0kg。每袋土样填写两张标签、内外各具。标签主要内容：该样本野外编号、土壤类型、采样深度、采样地点、采样时间和采样人等。

第三步，汇总整理。第二次外业截至10月28日全部结束，对采集的样本逐一进行检查和对照，并对调查表格进行认真核对，无差错后统一汇总总结。

第四阶段：化验分析阶段

本次耕地地力调查共化验了583个土壤样本，测定了有机质、pH值、全N、全P、全K、碱解N、速效P、速效K以及铜、铁、锰、锌、硫含量等13个项目。对外业调查资料和化验结果，进行了系统的统计和分析。

第二节　样品分析及质量控制

一、物理性状

土壤容重，采用环刀法。

二、化学性状

土壤样品

分析项目：pH 值、有机质、全磷、全氮、全钾、碱解氮、有效磷、速效钾、有效铜、锌、铁、锰、硫。分析方法，如表 2－11 所示。

表 2－11　土壤样本化验项目及方法

分析项目	分析方法
pH 值	酸度计法
有机质	浓硫酸－重铬酸钾法
全氮	消解蒸馏法
碱解氮	碱解扩散法
有效磷	碳酸氢钠－钼锑抗比色法
全钾	氢氧化钠－火焰光度法
速效钾	乙酸铵－火焰光度法
有效铜、锌、铁、锰	DTPA 提取原子吸收光谱法
有效硫	氯化钙提取，硫酸钡比浊法
全磷	氢氧化钠－钼锑抗比色法

第三节　数据库的建立

一、属性数据库的建立

（一）测土软件

属性数据库的建立与录入独立于空间数据库，全国统一的调查表录入系统（表 2－12）。

表 2－12　主要属性数据表及其包括的数据内容

编号	名　称	内　容
1	采样点基本情况调查表	采样点基本情况，立地条件，剖面形状，土地整理，污染情况
2	采样点农业生产情况调查表	土壤管理，肥料、农药、种子等投入产出情况

（二）数据的审核、录入及处理

包括基本统计量、计算方法、频数分布类型检验、异常值的判断与剔除以及所有调查数据的计算机处理等。

在数据录入前经过仔细审核，数据审核中包括对数值型数据资料量纲的统一等；基本统计量的计算；最后进行异常值的判断与剔除、频数分布类型检验等工作。经过两次审核后进行录入。在录入过程中两人一组，采用边录入边对照的方法分组进行录入。

二、空间数据库的建立

采用图件扫描后屏幕数字化的方法建立空间数据库。图件扫描的分辨率为300dpi，彩色图用24位真彩，单色图用黑白格式。数字化图件包括：土地利用现状图、土壤图、行政区划图等。数字化软件统一采用 ArcView GIS，坐标系为1954北京大地坐标系，比例尺为1：10万。评价单元图件的叠加、调查点点位图的生成、评价单元插值是使用 ArcInfo 及 ArcView GIS 软件，文件保存格式为 . shp. arc（表2－13）。

表2－13　采用矢量化方法，主要图层配置

序号	图层名称	图层属性	连接属性表
1	面状水系	多边形	面状河流属性表
2	线状水系	线层	面状河流属性表
3	土地利用现状图	多边形	土地利用现状属性数据
4	行政区划图	线层	
5	土壤图	多边形	土种属性数据表
6	土壤采样点位图	点层	土壤样品分析化验结果数据表
7	公路	线层	
8	铁路	线层	

第四节　资料汇总与图件编制

一、资料汇总

完成大田采样点基本情况调查表、大田采样点农户调查表、蔬菜地采样点基本情况调查表、蔬菜地采样点农户调查表等野外调查表的整理与录入后，对数据资料进行分类汇总与编码。大田采样点与土壤化验样点采用相同的统一编码作为关键字段。

二、图件编制

（一）耕地地力评价单元图斑的生成

耕地地力评价单元图斑是在矢量化土壤图、土地利用现状图、基本农田保护区图的基础上，在 ArcView 中利用矢量图的叠加分析功能，将以上3个图件叠加，对叠加后生成的图斑当面积小于最小上图面积0.04cm^2时，按照土地利用方式相同、土壤类型相近的原则将破碎图斑与相临图斑进行合并，生成评价单元图斑。

（二）采样点位图的生成

采样点位的坐标用GPS进行野外采集，在ArcInfo中将采集的点位坐标转换成与矢量图一致的北京54坐标。将转换后的点位图转换成可以与ArcView进行交换的shp格式。

（三）专题图的编制

利用ARCINFO将采样点位图在ARCMAP中利用地理统计分析子模块中采用克立格插值法进行采样点数据的插值。生成土壤专题图件，包括全氮、有效磷，速效钾，有机质，有效锌等专题图。

（四）耕地地力等级图的编制

首先利用ARCMAP的空间分析子模块的区域统计方法，将生成的专题图件与评价单元图挂接。在耕地资源管理信息系统中根据专家打分、层次分析模型与隶属函数模型进行耕地生产潜力评价，生成耕地地力等级图。

第三章　耕地立地条件与农田基础设施

耕地的立地条件是指与耕地地力直接相关的地形、地貌及成土母质等特征。它是构成耕地基础地力的主要因素，是耕地自然地力的重要指标。农田基础设施是人们为了改变耕地立地条件等所采取的人为措施活动。它是耕地的非自然地力因素，与当地的社会、经济状况等有关，主要包括农田的排水条件和水土保持工程等，这次耕地地力调查与评价工作，我们把耕地的立地条件和农田的基础设施作为两项重要指标。

第一节　立地条件状况

一、地形地貌

肇东市的地形属松嫩平原东缘的低平原地形，无天然山脉。地势是西、北高而东、南低，高平原多于低洼地。海拔高度为 120～130m，自西北向东南逐步倾斜，坡降在 1‰～2‰。根据地貌形态特征、成因、地面组成物质及人类生活活动的影响，肇东市的地貌可大致分成 4 个类型。

一是松花江阶地和河滩地（或河套地）。属松嫩平原的一部分，又称松花江冲积平原或阶地。地形低平，微向东南倾斜，海拔高度 115～120m。分布在松花江沿岸的西八里、涝洲、合居、东发以及四站坎下部分。

二是靠松花江阶地北突起的上岗平原，因受宽谷切割呈浸川浸岗地形，海拔高度在 146～165m。主要包括五里明、五站、黎明、民主、里木店等乡镇，总的看地势平坦，坡耕地占 3% 左右。

三是西部高台地平原，位于昌五一带，海拔高度 210～230m，为地势较高的平岗地地形。

四是中北部岗地平原，位于肇东镇四周及北部宋站、宣化一带，面积较大，海拔高度 138～145m。碱沟贯穿于岗地之间，形成了岗、平、洼 3 种农地地形。

二、成土母质

肇东市的土壤母质为第四纪洪积冲积堆积物，厚度在 10～70m 不等。在松花江阶地上，堆积物具有明显的二元结构。上部为灰黄色、褐黄色的黄土状亚黏土；中部为黄土、黏土；下部为沙砾石层，厚约 20～50m。上岗以北为黄色、黄褐色和灰黄色黄土状黏土，其母质多含碳酸盐及少量可溶性盐类。

（一）原始成土过程

这是岩石风化或成土过程的原始阶段。是在低等植物和微生物参与下进行的。菌类和藻类共生植物生长在裸露的岩石表面，随着时间的推移，岩石慢慢被蚀变，产生原始土壤物质，这类土壤风化度低，细土稀少，土层薄，生物过程和淋溶过程较弱，这个过程就是土壤的原始成土过程。

（二）有机质的积累过程

土壤有机质的原始积累是土壤形成的质变阶段。在生物、气候等综合影响下，有机质的积累数量、速度及积累方式都有很大的差异。肇东市的有机质积累方式主要是腐殖化过程和泥炭化过程，以腐殖化过程为主。肇东市的黑土就是腐殖积累和长时间的淋溶成土过程中形成发育起来的。在水分充足的草甸植物下形成有机质的数量大，并且进行着厌氧分解，所以，腐殖质积累的多，土壤腐殖质厚而含量高。在草原条件下则因干旱少水，有机质增长量少，但矿化度高，因而土壤腐殖质层薄，养分含量低。这一过程就是腐殖化过程。在积水过湿的条件下，沼泽植物，喜湿植物一代一代的生长，随后又一代又一代死亡，在厌氧条件下，有机质不易分解而变成泥炭堆积起来，形成了泥炭层，这一过程称之为泥炭化过程。

（三）黏化过程

黏化过程主要表现形式就是黏土粒子的积累，黏粒的积累分残积黏化和淋溶淀积黏化过程。前者是指未经迁移而原地沉积的时候发生了黏化的；后者是指导黏粒受水分淋洗、移动而在土层内一定深度发生淀积。肇东市北部地区由于气候寒冷干旱，其黏化过程较弱。南部沿江一带，气候温热多湿，促进了土壤矿物质的分解和转化，加深了淋溶作用，黏粒积聚的多，故黏化过程较强。在底土黏化层中可见到黏粒胶膜或胶结的块状结构。

（四）淋溶沉积过程

肇东市属半湿润半干旱地区，在这种气候条件下，土壤存在着明显的淋溶过程。土壤中能溶解于水的腐殖质和钠、钙、镁、钾等盐基随着土壤水分的流动和下渗，一部分被洗出，一部分移动到地表以下。在不同深度因干湿交替而重新积聚，形成了腐殖质条纹、铁锰结核、石灰结核等，这些特征在全市大部分土壤中都有明显表现。淋溶深度和降水量成正相关，和蒸发量成负相关。由于地形不同，水分再分配也不同。所以，钠、钙在土体中聚积部位也不同。因而形成了全市各种碳酸盐类型的黑钙土和草甸土。

（五）盐化和脱盐化过程

肇东市大部分地区干旱、少雨、蒸发量很大。在洼地、盐沼地带，故含盐的地下水逐渐上升，使土壤表层聚积一定盐类。呈盐霜、盐斑、盐结皮，盐层和盐盘等形态，这就是盐化过程。因有这一成土过程，使肇东市北部及沿江个别地带形成了面积较大的苏达草甸盐土。

与此相反，由于受大水冲洗以及人为的开沟排水，引水冲洗等脱盐措施，能降低地下水位，影响土壤盐分沉降，使土壤含盐量降低到0.1%以下，这个现象为脱盐过程。

（六）碱化和脱碱化过程

在碱性盐和苏达盐的作用下，土壤胶体发生了钠化（代换性的钠达到20%以上），则称为碱化过程。土壤碱化的特点是碱性强、性质差、干收缩、湿胀大、不透水，呈柱状结构。碱土的盐分组成以 Na_2co_3 为主，故土壤的碱性大，pH 值 9。同时，有机质和碳酸盐在厌氧条件下，经微生物作用也能形成苏达。在排水较好的地区，土壤中地钠和代换性的钠被淋洗掉，土壤反应由碱性变为中性和酸性，这一过程称之为脱碱化过程。肇东市脱碱化过程发生较少，仅沿江水稻种植区有这一现象。

（七）草甸化、潜育化、沼泽化过程

在地势较低洼，地下水位较高，地表生长着大量喜湿性草甸植物的条件下，其土壤形成过程为草甸化过程。其特点是：草甸植物生长繁茂，根系密布，土壤水分充足，通气性差，以厌氧分解为主，土壤有机质大量积累，黑土层厚，有机质含量高。由于地下水位高，地下水位直接浸润土壤下层，并能沿着毛细管上升到地表，随着不同季节的干湿变化，地下水位升降，土壤中氧化还原反应交替进行，铁锰化合物也随着溶解（还原态）和沉积（氧化态），因此，在不同层次中有大量的铁锰结核、锈斑锈纹。以草甸化过程为主形成的土壤称为草甸土，在草甸化过程的同时，也存在其他的附加过程。如在草甸土中更低的地形部位，地下水位高，地表排水不好，土壤经常处于过湿状态，在还原条件下，出现潜育化过程，这样形成的土壤称为潜育化草甸土。该土层次无结构多锈斑，铁锰结核少，呈灰蓝色层次或灰绿色斑块。沼泽化是在地表长期积水或季节性积水的条件下，形成草甸沼泽土过程。其中，包括泥炭积累和潜育层形成2个过程。

（八）熟化过程

土壤熟化过程是指耕作土壤在自然因素影响的基础上，兼受人类生产活动影响而发生激烈变化的过程。在人类还没有干预土壤以前，土壤是作为一个独立的历史自然体而存在。由于人类的耕作种植等一切生产活动，使土体构造发生了很大变化，尤其以耕层变化最大，物质交流最频繁。人类通过耕作、施肥、排水、灌溉、改良土壤等生产措施，不断改变耕层土壤的理化性质和物质组成，水、肥、气、热条件得到调节和补充。同时，土壤中影响农作物生长的障碍因素也逐渐得到改变，这些都是通过土壤熟化过程而完成的。

三、地形坡度

肇东市的地形坡度很小，坡降在1‰～2‰，无明显山丘，全境海拔高度120～130m，高差110m，自西北向东南倾斜，全境最高点在五里明镇，最低点在宣化乡和四方山农场（表2－14，图2－9）。

表2－14　肇东市地形断面点位

	1	2	3	4	5	6	7	8	9	10	11	12	
	榆树林	王殿禄	侯家	小张家	郭家	王家围子	太平	戚磨房	东李家屯	阿拉布勒	江堤	松花江	
图距	1.5	3.5	7	11	14	20	25	27	31	35	40	42	44
海拔	177	186	176	156	171	172	151	164	160	120	124	104	114
	0	5	10	15	20	25	30	35	40	45	50	55	60

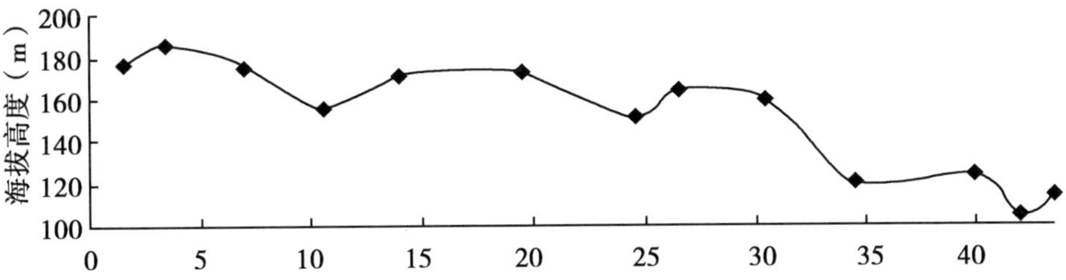

图 2-9　地形坡度示意

四、土壤侵蚀

土壤侵蚀是耕地地力下降的重要原因。调查表明，肇东市主要以水蚀为主。

境内有二条地表径流造成的冲刷沟。一条是：起点在四站镇东兴村，途经五里明镇臻才村，太平乡东河村，黎明镇黎明村。总长 18.6km，沟宽 6～25m，沟深 0.8～4.6m。另一条是：起点在昌五镇向前村，途经向阳乡巨胜村，肇东镇新民村，尚家镇福山村，尚家镇尚家村，肇东镇北山农场。总长 24km，沟宽 3～8m，沟深 0.5～3.7m。冲刷沟造成 40hm² 耕地流失，冲刷沟两侧耕地受到侵蚀威胁的面积约 1 580hm²，根据《黑龙江省水土保持条例》规定，肇东市的耕地土壤侵蚀可以分为无侵蚀，指土壤侵蚀厚度年平均为 <0.4mm，侵蚀模数 <500t/km²·a；轻度侵蚀，指土壤侵蚀厚度年平均为 0.4～1.2mm，侵蚀模数在 500～1 500t/km²·a；中度侵蚀，指土壤侵蚀厚度年平均为 1.2～4.0mm，侵蚀模数在 1 500～5 000t/km²·a；重度侵蚀，指土壤侵蚀厚度年平均为 >4.0mm，土壤侵蚀模数在 >5 000t/km²·a。属重度侵蚀，占全市耕地面积 0.75%。全市其他耕地受到不同程度的风侵蚀，风轻度侵蚀的耕地面积为 36 560hm²，占全市耕地面积的 17.5%。

第二节　农田基础设施

肇东市有低小丘陵与河谷平原等多种地貌类型，耕地中有易于水土流失的坡耕地，也有易受洪涝威胁的低洼地。为了保证农业生产的发展，农田建设受到历届政府的高度重视。在农田建设方面主要采取了生物措施和工程措施相结合的治理方法，针对不同农田的主要问题，采取了相应的治理措施。

一、营造农田防护林

营造农田防护林是从 1978 年开始进行试点。1980 年按照一期工程规划进行了大规模的营林活动，到 1985 年，全市共造防护林 2 619hm²，其中，农防林 1 567hm²，水土保护林 769hm²，水源涵养林 84hm²，防风固沙林 12hm²，其他防护林 187hm²。

二、兴修水利工程

到 1997 年全市共兴修大型水库 1 坐，建立了 12 座电灌站，总装机容量 3 795kw；全市建成 500hm^2 以上灌区 8 处，实际灌溉面积 8 万 hm^2；修筑江河堤防 150km，松花江肇东段堤防改造 50 年一遇标准，基本上解除了洪涝威胁。

与此同时，对一些瘠薄地采取了客土改良、深耕和施肥相结合的配套措施，使这些瘠薄地在一定程度内也得到了治理。

这些农田基础设施建设对于提高肇东市耕地的综合生产能力，起到了积极的作用，促进了肇东市种植业产量的提高和农业生产的发展。

近 10 年，肇东市的农田基础设施建设虽然取得了显著的成绩，但同农业生产发展相比，农田基础设施还比较薄弱，抵御各种自然灾害的能力还不强，特别是近些年来，农田基础建设相对滞后，肇东市的旱田大部分没有灌溉条件，仍然处于靠天降水的状态。春、夏旱发生年份，除催芽坐水种外，仅有少部分地块可以做到灌溉，大多数旱田要常受天气旱灾的危害，影响了农作物产量的提高。水田和菜田虽能解决排灌问题，但灌溉方式落后。水田基本上仍采用土渠的输入方式，采用管道输水的基本上很少，防渗渠道极少，所以，在输水过程中，渗漏严重，水分利用率不高；菜田基本上是靠机井灌溉，方式多数是沟灌，滴灌、微灌等技术和设备尚属起步阶段。水田、菜田发展节水灌溉，引进先进设施，推广先进节水技术；旱田实行水浇，特别是逐步引进大型的农田机械，推行深松节水技术，是肇东市今后农业中必须解决的重大问题。

第三节　耕地土壤分类

一、肇东市耕地土壤分类系统

本次耕地地力评价统一了土壤分类系统，与全国第二次土壤普查的土壤分类系统，有较大的变化。按照新的土壤分类系统，肇东市耕地土壤共分为 7 个土类，14 个亚类，19 土属，43 个土种。详见表 2－15 至表 2－18。

二、肇东市耕地土壤新旧土类检索

按照新的土壤分类系统，肇东市耕地土壤共分为 7 个土类：黑土、黑钙土、草甸土、新积土、水稻土、风沙土、沼泽土；把原来的盐、碱两大土类归为草甸土，把泛滥土更名为新积土。

三、肇东市耕地土壤新旧亚类检索

原 18 个亚类合并为 14 个亚类：黑土、草甸黑土、草甸土、石灰性草甸土、潜育草甸土、盐化草甸土、碱化草甸土、冲击土、草甸沼泽土、潜育水稻土、黑钙土、石灰性黑钙土、草甸黑钙土、草甸风沙土。

表 2－15　肇东土壤新编统一分类

土类	亚类	土属	土种	新代码	原土种	图上原代码	剖面构型
黑钙土	黑钙土	黄土质黑钙土	厚层黄土质黑钙土	6010301	厚层黑钙土	Ⅱ1—103	$A_{10}-B_{20}-C$
黑钙土	黑钙土	黄土质黑钙土	中层黄土质黑钙土	6010302	中层黑钙土	Ⅱ1—102	$A_{10}-B_{15}-C$
黑钙土	黑钙土	黄土质黑钙土	薄层黄土质黑钙土	6010303	薄层黑钙土	Ⅱ1—101	$A_{10}-B_{10}-C$
黑钙土	石灰性黑钙土	黄土质石灰性黑钙土	厚层黄土质石灰性黑钙土	6030301	薄层碳酸盐黑钙土	Ⅱ2—103	$A_{10}-B_{20}-C$
黑钙土	石灰性黑钙土	黄土质石灰性黑钙土	中层黄土质石灰性黑钙土	6030302	中层碳酸盐黑钙土	Ⅱ2—102	$A_{10}-B_{15}-C$
黑钙土	石灰性黑钙土	黄土质石灰性黑钙土	薄层黄土质石灰性黑钙土	6030303	厚层碳酸盐黑钙土	Ⅱ2—101	$A_{10}-B_{10}-C$
黑钙土	草甸黑钙土	石灰性草甸黑钙土	厚层石灰性草甸黑钙土	6040401	厚层碳酸盐草甸黑钙土	Ⅱ3—103	$A_{10}-B_{20}-C$
黑钙土	草甸黑钙土	石灰性草甸黑钙土	中层石灰性草甸黑钙土	6040402	中层碳酸盐草甸黑钙土	Ⅱ3—102	$A_{10}-B_{15}-C$
黑钙土	草甸黑钙土	石灰性草甸黑钙土	薄层石灰性草甸黑钙土	6040403	薄层碳酸盐草甸黑钙土	Ⅱ3—101	$A_{10}-B_{10}-C$
黑钙土	草甸黑钙土	石灰性草甸黑钙土	薄层黄土质草甸黑钙土	6040303	薄层草甸黑钙土	Ⅱ3—201	$A_{10}-B_{10}-C$
草甸土	草甸土	层状草甸土	厚层层状草甸土	8010701	厚层平地草甸土	Ⅲ1—103	$A_{15}-B_{20}-C$
草甸土	草甸土	层状草甸土	中层层状草甸土	8010702	中层平地草甸土	Ⅲ1—102	$A_{12}-B_{15}-C$
草甸土	草甸土	层状草甸土	薄层层状草甸土	8010703	薄层平地草甸土	Ⅲ1—101	$A_{10}-B_{15}-C$
草甸土	石灰性草甸土	黏壤质石灰性草甸土	厚层黏壤质石灰性草甸土	8020301	厚层碳酸盐草甸土	Ⅲ2—103	$A_{15}-AB_{20}-C$
草甸土	石灰性草甸土	黏壤质石灰性草甸土	中层黏壤质石灰性草甸土	8020302	中层碳酸盐草甸土	Ⅲ2—102	$A_{12}-AB_{15}-$
草甸土	石灰性草甸土	黏壤质石灰性草甸土	薄层黏壤质石灰性草甸土	8020303	薄层碳酸盐草甸土	Ⅲ2—101	$A_{10}-AB_{15}-C$
草甸土	潜育草甸土	黏壤质潜育草甸土	厚层黏壤质潜育草甸土	8040201	薄层潜育草甸土	Ⅲ4—102	$A_{17}-AB_{20}-C$
草甸土	潜育草甸土	黏壤质潜育草甸土	中层黏壤质潜育草甸土	8040202	中层潜育草甸土	Ⅲ4—103	$A_{15}-AB_{20}-C$
草甸土	潜育草甸土	黏壤质潜育草甸土	薄层黏壤质潜育草甸土	8040203	厚层潜育草甸土	Ⅲ4—101	$A_{12}-AB_{20}-C$
草甸土	潜育草甸土	石灰性潜育草甸土	厚层石灰性潜育草甸土	8040301	浅位柱状草甸碱土	Ⅲ4—101	$A-AB-BC$
草甸土	潜育草甸土	沙砾底潜育草甸土	薄层沙砾底潜育草甸土	8040103	薄层泛滥地草甸土	Ⅲ3—101	$A-AB-Cg$
草甸土	潜育草甸土	沙砾底潜育草甸土	中层沙砾底潜育草甸土	8040102	中层泛滥地草甸土	Ⅲ3—102	$A-AB-Cg$
草甸土	潜育草甸土	沙砾底潜育草甸土	厚层沙土底潜育草甸土	8040101	厚层泛滥地草甸土	Ⅲ3—103	$A-AB-Cg$
草甸土	盐化草甸土	苏打盐化草甸土	中度苏打盐化草甸土	8050102	苏达草甸盐土	Ⅶ1—101	$A_{12}-B_{20}C-C$

（续表）

土类	亚类	土属	土种	新代码	原土种	图上原代码	剖面构型
草甸土	盐化草甸土	苏打盐化草甸土	重度苏打盐化草甸土	8050103	厚层苏达盐化草甸土	Ⅲ5—103	$A_{10}-B_{20}C-C$
草甸土	碱化草甸土	苏打碱化草甸土	深位苏打碱化草甸土	8060101	厚层苏达碱化草甸土	Ⅲ6—103	$A_{15}-B_{20}C-C$
草甸土	碱化草甸土	苏打碱化草甸土	浅位苏打碱化草甸土	8060103	薄层苏达碱化草甸土	Ⅲ6—101	$A_{10}-B_{20}C-C$
沼泽土	草甸沼泽土	石灰性草甸沼泽土	薄层石灰性草甸沼泽土	9030303	薄层盐化草甸沼泽土	Ⅸ1—101	A－Aa－B－BC
风沙土	草甸风沙土	半固定草甸风沙土	半固定草甸风沙土	16010102	岸边生草风沙土	Ⅳ1—201	A_5-C
风沙土	草甸风沙土	固定草甸风沙土	固定草甸风沙土	16010103	岗地生草风沙土	Ⅳ1—101	$A_{10}-C$
黑土	草甸黑土	沙底草甸黑土	薄层沙底草甸黑土	5020203	薄层沙底草甸黑土	Ⅰ2—201	A－AB－BC－C
黑土	草甸黑土	沙底草甸黑土	中层沙底草甸黑土	5020202	中层沙底草甸黑土	Ⅰ2—202	A－AB－BC－C
黑土	草甸黑土	沙底草甸黑土	厚层沙底草甸黑土	5020201	厚层沙底草甸黑土	Ⅰ2—203	A－AB－BC－C
黑土	草甸黑土	黄土质草甸黑土	厚层黄土质草甸黑土	5020301	厚层黏底草甸黑土	Ⅰ2—103	A－AB－BC－C
黑土	黑土	黄土质黑土	薄层黄土质黑土	5010303	薄层黏底黑土	Ⅰ1—101	A－AB－B－C
黑土	黑土	黄土质黑土	中层黄土质黑土	5010302	中层黏底黑土	Ⅰ1—102	A－AB－B－C
黑土	黑土	黄土质黑土	厚层黄土质黑土	5010301	厚层黏底黑土	Ⅰ1—103	A－AB－B－C
黑土	黑土	沙底黑土	薄层沙底黑土	5010203	薄层沙底黑土	Ⅰ1—201	A－AB－B－C
黑土	黑土	沙底黑土	中层沙底黑土	5010202	中层沙底黑土	Ⅰ1—202	A－AB－B－C
黑土	黑土	沙底黑土	厚层沙底黑土	5010201	厚层沙底黑土	Ⅰ1—203	A－AB－B－C
黑土	黑土	沙底黑土	破皮黄沙底黑土	5010204	岗地黑沙土	Ⅳ2—101	A－AB－BC－C
水稻土	淹育水稻土	石灰性草甸土型淹育水稻土	中层石灰性草甸土型淹育水稻土	17010302	薄层盐化草甸土型水稻土	Ⅴ1—101	A－B－C
新积土	冲积土	沙质冲积土	薄层沙质冲积土	15010303	沙质层状草甸泛滥土	Ⅵ1—101	A－BC－C

表 2－16　土壤新旧土类、亚类检索

<table>
<tr><td>旧土类</td><td>黑土</td><td>黑钙土</td><td>泛滥土</td><td>沼泽土</td><td>水稻土</td><td>草甸土</td><td>盐土</td><td>碱土</td><td>风沙土</td></tr>
<tr><td>新土类</td><td>黑土</td><td>黑钙土</td><td>新积土</td><td>沼泽土</td><td>水稻土</td><td colspan="3">草甸土</td><td>风沙土</td></tr>
<tr><td>旧亚类</td><td>黑土</td><td>草甸黑土</td><td>黑钙土</td><td>草甸黑钙土</td><td>碳酸盐黑钙土</td><td>草甸土</td><td>泛滥地草甸土</td><td>潜育草甸土</td><td>草甸碱土</td></tr>
<tr><td>新亚类</td><td>黑土</td><td>草甸黑土</td><td>黑钙土</td><td>草甸黑钙土</td><td>石灰钙性土</td><td>草甸土</td><td></td><td>潜育草甸土</td><td></td></tr>
<tr><td>旧亚类</td><td>碱化草甸土</td><td>草甸盐土</td><td>盐化草甸土</td><td>碳酸盐草甸土</td><td>生草型风沙土</td><td>黑钙土型沙土</td><td>草甸土型水稻土</td><td>草甸泛滥土</td><td>草甸沼泽土</td></tr>
<tr><td>新亚类</td><td>碱化草甸土</td><td colspan="2">盐化草甸土</td><td>石灰性草甸土</td><td colspan="2">草甸风沙土</td><td>淹育水稻土</td><td>冲击土</td><td>草甸沼泽土</td></tr>
</table>

四、肇东市耕地土壤新旧土属检索

表 2－17　土壤新旧土属检索

<table>
<tr><td>旧土属</td><td>黏底黑土</td><td>沙底黑土</td><td>黑钙土型沙土</td><td colspan="2">沙底草甸黑土</td><td colspan="2">苏打盐化草甸土</td></tr>
<tr><td>新土属</td><td>黄土质黑土</td><td colspan="2">沙底黑土</td><td colspan="2">沙底草甸黑土</td><td colspan="2">苏达盐化草甸土</td></tr>
<tr><td>旧土属</td><td>苏打碱化草甸土</td><td>岗地生草型风沙土</td><td>岸边生草型风沙土</td><td colspan="2">盐化草甸土型水稻土</td><td colspan="2">苏打草甸盐土</td></tr>
<tr><td>新土属</td><td>苏达碱化草甸土</td><td>固定草甸风沙土</td><td>半固定草甸风沙土</td><td colspan="2">石灰性草甸土型淹育水稻土</td><td colspan="2">苏达盐化草甸上</td></tr>
<tr><td>旧土属</td><td>黏底草甸黑土</td><td>黑钙土</td><td>草甸黑钙土</td><td>碳酸盐草甸黑钙土</td><td>泛滥地草甸土</td><td>潜育草甸土</td><td>苏打草甸碱土</td></tr>
<tr><td>新土属</td><td>黄土质草甸黑土</td><td>黄土质黑钙土</td><td colspan="2">石灰性草甸黑钙土</td><td>沙砾底潜育草甸土</td><td>壤质潜育草甸土</td><td>石灰性潜育草甸土</td></tr>
<tr><td>旧土属</td><td>层状草甸泛滥土</td><td>盐化草甸沼泽土</td><td>碳酸盐黑钙土</td><td>平地草甸土</td><td>碳酸盐草甸土</td><td>苏打草甸碱土</td><td></td></tr>
<tr><td>新土属</td><td>沙质冲击土</td><td>石灰性草甸沼泽土</td><td>黄土质石灰性黑钙土</td><td>层状草甸土</td><td>壤质石灰性草甸土</td><td>石灰性潜育草甸土</td><td></td></tr>
</table>

原 22 个土属合并为 19 个土属：黄土质黑土、沙底黑土、沙底草甸黑土、黄土质草甸黑土、层状草甸土、壤质石灰性草甸土、沙砾底潜育草甸土、壤质潜育草甸土、石灰性潜育草甸土、苏达盐化草甸土、苏达碱化草甸土、沙质冲击土、石灰性草甸沼泽土、石灰性草甸土型淹育水稻土、黄土质黑钙土、黄土质石灰性黑钙土、石灰性草甸黑钙土、固定草甸风沙土、半固定草甸风沙土。

五、肇东市耕地土壤新旧土种检索

与全国第二次土壤普查的土壤分类系统对比有较大的变化是土种名称，原43个土种名称全部更新为全省统一的土种名称。

表2－18　新旧土种名称对照

新土种	旧土种	新土种	旧土种
薄层黄土质黑土	薄层黏底黑土	中层黏壤质潜育草甸土	中层潜育草甸土
中层黄土质黑土	中层黏底黑土	厚层黏壤质潜育草甸土	厚层潜育草甸土
厚层黄土质黑土	厚层黏底黑土	厚层石灰性潜育草甸土	浅位柱状草甸碱土
薄层沙底黑土	薄层沙底黑土	重度苏达盐化草甸土	厚层苏达盐化草甸土
中层沙底黑土	中层沙底黑土	中度苏打盐化草甸土	苏达草甸盐土
厚层沙底黑土	厚层沙底黑土	浅位苏达碱化草甸土	薄层苏达碱化草甸土
破皮黄沙底黑土	岗地黑沙土	深位苏达碱化草甸土	厚层苏达碱化草甸土
薄层沙底草甸黑土	薄层沙底草甸黑土	薄层沙质冲积土	沙质层状草甸泛滥土
中层沙底草甸黑土	中层沙底草甸黑土	薄层石灰性草甸沼泽土	薄层盐化草甸沼泽土
厚层沙底草甸黑土	厚层沙底草甸黑土	薄层黄土质黑钙土	薄层黑钙土
厚层黄土质草甸黑土	厚层黏底草甸黑土	中层黄土质黑钙土	中层黑钙土
薄层层状草甸土	薄层平地草甸土	厚层黄土质黑钙土	厚层黑钙土
中层层状草甸土	中层平地草甸土	薄层黄土质石灰性黑钙土	薄层碳酸盐黑钙土
厚层层状草甸土	厚层平地草甸土	中层黄土质石灰性黑钙土	中层碳酸盐黑钙土
薄层黏壤质石灰性草甸土	薄层碳酸盐草甸土	厚层黄土质石灰性黑钙土	厚层碳酸盐黑钙土
中层黏壤质石灰性草甸土	中层碳酸盐草甸土	薄层石灰性草甸黑钙土	薄层碳酸盐草甸黑钙土
厚层黏壤质石灰性草甸土	厚层碳酸盐草甸土	中层石灰性草甸黑钙土	中层碳酸盐草甸黑钙土
薄层沙砾底潜育草甸土	薄层泛滥地草甸土	厚层石灰性草甸黑钙土	厚层碳酸盐草甸黑钙土
中层沙砾底潜育草甸土	中层泛滥地草甸土	薄层黄土质草甸黑钙土	薄层草甸黑钙土
厚层沙砾底潜育草甸土	厚层泛滥地草甸土	固定草甸风沙土	岗地生草风沙土
薄层黏壤质潜育草甸土	薄层潜育草甸土	半固定草甸风沙土	岸边生草风沙土
新土种：中层石灰性草甸土型淹育水稻土		旧土种：薄层盐化草甸土型水稻土	

第四节　肇东市土壤类型概述

根据分类系统表可知，第二次土壤普查全市分布的土壤是黑土、黑钙土、草甸土、沙土、水稻土、泛滥土、沼泽土、盐土、碱土9个土类，又续分为18个亚类，22个土属，43

个土种。为了保持二次土普资料的真实原貌，我们只对错误之处进行了纠正。

一、黑土类

黑土是肇东市耕地土壤较好的一个土壤类型，它是腐殖质积累与淋溶共同作用的产物。原始植被以灌丛草甸、草甸草原为主，植物种类多，生长繁茂，根系发达，多集中在表层20～30cm，因在黑土中积累大量有机质和矿物质养分，所以黑土有机质含量高，黑土层较厚，土壤结构好，营养元素较为丰富。肇东市黑土面积不大，共14 151.5hm²，占总土壤面积的4.2%，其中，耕地14 151.5hm²，占该类面积的100%。主要分部在五站、东发、黎明、四方、民主、西八里、五里明、德昌、涝洲等乡镇。

根据地形，成土条件的差异及不同附加成土过程等因素，将该土类又续分为黑土、草甸黑土2个亚类，4个土属，10个土种。现叙述如下。

（一）黄土质黑土

1. *薄层黏底黑土土种（代号I_1—101）*

薄层黏底黑土面积为1 410.6hm²，占总土壤面积的0.52%，其中，耕地1 410.6hm²，占该土种面积的100%。主要分部在五站、里木店2个乡镇，该土种主要剖面特征黑土层薄，一般在0～24cm，棕灰色，团粒状结构，呈舌状下伸，在过渡层下有明显的沉积层次，为灰棕色，核块状结构，结构表面氧化硅新生体，结构不明显，全剖面无石灰反应。代表性土壤剖面为657号，位于里木店镇双兴村二队南二节地，其剖面特征，如表2－19、表2－20。

表2－19 薄层黏底黑土物理性质分析 （单位：cm 、g/kg）

剖面号	采样深度	有机质	全氮	全磷	全钾	代换量（毫克当量/100g）	pH值
657	0～15	26.9	1.59	0.88	24.3	25.94	6.8
	15～24	28.5	1.81	0.84	23.4	47.94	6.8
	24～45	18.7	1.2	0.59	22.7	26.97	6.8
	45～70	13.3					6.9
	70～150	8.6					7.0

表2－20 薄层黏底黑土物理性质分析 （单位：%、cm、g/cm³）

剖面号	采样深度	容 重	物理黏	物理沙粒
657	0～15	1.16	51.95	48.05
	15～24	1.16	54.38	45.62
	24～45	1.56	54.49	45.51
	45～70		52.34	47.66
	70～150		52.06	47.94

黑土层（A）：0～24cm，暗灰色，团粒结构，壤土，紧实，湿润，根系多，层次过渡不明显，无石灰反应，pH值6.8。

过渡层（AB）：24～45cm，灰棕色，核块状结构是，黏壤，紧实，湿润，有二氧化硅粉末新生体，根系较少，无石灰反应，pH 值6.8。

淀积层（B）45～70cm，灰棕色，粒状结构，黏壤，紧实，湿润，根系极少，有二氧化硅粉末新生体，无石灰反应，pH 值6.8。

向母质过渡层（BC）70～95cm，暗灰棕色，核块状结构，黏壤，紧实，湿润，有明显的二氧化硅粉末，无植物根系，无石灰反应，pH 值6.8。

母质层（C）：95～150cm，棕黄色，核状结构，黏壤土，紧实，湿润，多胶膜和二氧化硅粉末，无石灰反应，pH 值6.9。

理化性质分析表2－19、表2－20 中看出，薄层黏底黑土养分含量较低，有机质表层含量只有26.9g/kg，而往下逐渐减少，其他养分含量也不高，应多施有机质肥料，重视用养结合。此土种的物理性质一般，表层容重为1.16g/cm^3，物理黏粒较多。

2. 中层黏底黑土土种（代号 I_1—102）

中层黏底黑土面积为1 627.7hm^2，占总土壤面积的0.6%，其中，耕地1 627.7hm^2，占该土种面积的100%，此土种主要分布在五站、五里明、民主3 个乡镇，其中，五站分布最多，面积是608.8hm^2，占该土种面积的37.4%。中层黏底黑土基本相似，只是黑土层稍厚一些。代表性土壤剖面576 号，位于民主乡永久村一队北400m 处，其剖面特征如下。

黑土层（A）：0～35cm，暗灰色，团粒状结构，壤质土，松散，湿润，多根系，无石灰反应，层次过渡明显，pH 值6.7。

过渡层（AB）：35～120cm，灰棕色，粒状结构，黏壤土，紧实，湿润，有二氧化硅粉末新生体，根系很少，无石灰反应，pH 值6.6。

淀积层（B）：120～160cm，黄棕色，黏壤土，粒状结构，紧实，有二氧化硅粉末、胶膜等新生体，无植物根系，无石灰反应，pH 值6.6。

中层黏底黑土的理化性质，见表2－21 和表2－22。

表2－21　中黏底黑土化学性质分析　（单位：cm、g/kg）

剖面号	采样深	有机质	全氮	全磷	全钾	代换量（毫克当量/100g）	pH 值
576	0～15	31.5	1.77	1.02	26.0	25.3	6.7
	15～35	33.1	2.14	1.00	28.0	28.6	6.6
	40～120	12.8					6.7
	120～140	4.2					6.6

表2－22　中层黏底黑土物理性质分析　（单位：%、cm、g/cm^3）

剖面号	采样深度	容重	物理黏粒	物理沙粒
576	0～15	1.13	51.11	48.89
	15～35	1.36	52.06	47.94
	40～120	1.48	51.22	48.78
	120～140		55.38	44.62

分析表2－21、表2－22 中看出，中层黏底黑土的土壤养分含量不算高，犁底层以上有机质达30g/kg 以上，而往下陡然下降，仅有4.2～12.8g/kg，其他养分含量也较少，物理性

质也不好，容重为1.13g/cm^3，物理性黏自上而下逐渐增多。这种土壤也应注意增施粪肥，培肥地力。

3. 厚层黏底黑土（代号Ⅰ$_1$—103）

厚层黏底黑土在黑土中是一个肥力较高的土种，面积11 392hm^2，占黑土面积的80.5%，这个土种主要分布在五站、西八里、黎明、里木店、德昌等乡镇，里木店面积最大，为6 106hm^2，占厚层黏底黑土面积的53.6%，五站面积为4 397.3hm^2，占该土种面积的38.6%。黑土层一般为50cm以上，其主要剖面特征与薄、中层黏底黑土相近，土体构型一般为：A_1—AP—AB—B—C。代表性剖面848号，位于德昌乡育民村五队德喜屯西南500m处，其剖面特征如下。

黑土层（A）：0～13cm，黑棕色，团粒状结构，壤土，疏松，湿润，多根系，无石灰反应，层次过渡明显，pH值6.8。

犁底层（A_P）：13～22cm，黑棕色，片状结构，紧实，根系较少，无石灰反应，pH值6.9。

黑土层（A_2）：22～53cm，黑棕色，团块状结构，紧实，湿润，根系极少，无石灰反应，层次过渡较明显，pH值6.8。

过渡层（AB）：53～124cm，灰棕色，棱块状结构，黏壤土，紧实，湿润，开始出现二氧化硅粉末，没有植物根系，无石灰反应，层次过渡明显，pH值6.9。

淀积层（B）：124～160cm，淡棕色，棱块状结构，黏土质地，紧实，潮湿，有二氧化硅粉末和胶膜，无石灰反应，层次过渡不明显。

厚层黏底黑土的理化性质，见表2－23和表2－24。

表2－23　厚层黏底黑土化学性质分析　（单位：cm、g/kg）

剖面号	采样深	有机质	全氮	全磷	全钾	代换量（毫克当量/100g）	pH值
848	0～17	28.4	1.79	0.69	26.7	28.6	6.8
	17～22	28.2	1.52	0.93	26.1	29.9	6.9
	30～40	29.4	1.62	0.85	25.7	30.6	6.8
	70～90	14.8					6.9
	135～155	06.0					7.0

表2－24　厚层黏底黑土物理性质分析　（单位：%、cm、g/cm^3）

剖面号	采样深度	容重	物理黏粒	物理沙粒
848	0～12	1.27	57.27	42.73
	12～22	1.37	57.03	42.97
	35～45	1.48	59.83	40.17

从以上的表2－23、表2－24中看出，厚层黏底黑土表层养分含量不高是，稍低于中层黏底黑土，但从表层以下的养分状况看，高于中层，说明厚层黏底黑土养分贮量较高，家底厚。物理性质也较好，是肇东市较好的土壤，适种各种作物。

（二）沙底草甸黑土

1. 薄层沙底黑土土种（代号 I_1—201）

薄层沙底黑土与黏底黑土为同一亚类，属沙底黑土土属，面积为 189.9hm²，占全市总土壤面积的 0.07%，其中，耕地 189.9hm²，占该土种面积的 100%。主要分布在五站镇，该土种主要剖面特征：黑土层较薄，一般在 25cm，多呈暗灰色，团粒状或粒状结构，过渡层为暗棕色，粒状结构，淀积层为灰棕色，棱柱状结构，质地较黏重，有二氮化硅粉末，母质层为浅黄色，沙壤质，结构不明显。另外，薄层沙底黑土通体无石灰反应。代表性土壤剖面 442 号，位于五站镇平安村一队，旱田，其剖面形态特征如下。

表 2－25　薄层沙底黑土化学性质分析　（单位：cm、g/kg）

剖面号	采样深度	有机质	全氮	全磷	全钾	代换量（毫克当量/100g）	pH 值
442	0～15	34.7	1.93	1.06	30.3	29.5	6.8
	15～25	37.8	1.92	1.13	27.1	27.2	6.8
	30～40	23.4	1.14	0.89	26.8	25.1	6.2
	110～130	5.1					6.2

表 2－26　薄层沙底黑土物理性质分析　（单位：%、cm、g/cm³）

剖面号	采样深度	容重	物理黏粒	物理沙粒
442	0～15	1.15	50.08	49.92
	15～25	1.16	51.34	18.66
	30～40	1.13	57.75	42.25
	110～130		56.58	43.42

黑土层（A）：0～25cm，暗灰色，团粒状结构，壤质土，松散，湿润，多根系，层次过渡明显，无石灰反应，pH 值 6.8。

过渡层（AB）：25～50cm，暗棕色，黏壤土，较紧，湿润，根系较少，无石灰反应，pH 值 6.8。

淀积层（B）：50～160cm，淡棕色，沙土质地，松散，有二氧化硅粉末新生体，根系极少，无石灰反应，pH 值 6.8。

薄层沙底黑土理化性质见表 2－25 和表 2－26。

从表 2－25、表 2－26 中看出，薄层沙底黑土表层养分含量较高，有机质 34.7g/kg，全氮 1.93g/kg，全磷 1.06g/kg，全钾 30.3g/kg，但土体下层养分下降明显，说明此土种养分贮量少，家底薄，物理性质较差，容重为 1.05g/cm³，因此，要增施农家肥，改变其土壤理化性质。

2. 中层沙底黑土土种（代号 I_1—202）

中层沙底黑土土种面积 162.8hm²，占总土壤面积的 0.06%。其中耕地面积 162.8hm²，占该土种面积的 100%。分布在西八里乡西北岔村。此土种黑土层厚度 40cm，其剖面特征与薄层沙底黑土相似。代表性土壤剖面 721 号，位于西八里乡西北岔村九队，其剖面特征如下。

表 2 – 27　中层沙底黑土化学性质分析　（单位：cm 、g/kg）

剖面号	采样深度	有机质	全氮	全磷	全钾	代换量（毫克当量/100g）	pH 值
721	0 ~ 40	19.0	1.12	0.66	27.3	26.21	7
	40 ~ 95	12.6					7
	95 ~ 150	3.8					7

表 2 – 28　中层沙底黑土物理性质分析　（单位：% 、cm、g/cm³）

剖面号	采样深度	容　重	物理黏粒	物理沙粒
721	0 ~ 40	1.18	43.13	56.87
	40 ~ 95	1.21	44.92	55.08
	95 ~ 150		4.06	95.94

黑土层（A）：0 ~ 40cm，灰黑色，团粒结构，壤质，松散，湿润，根系多，无石灰反应，层次过渡明显，pH 值 7。

过渡层（AB）：40 ~ 95cm，暗黄棕色，粒状结构，沙土质地，松散，湿润，无植物根系，无石灰反应，pH 值 7。

母质层（C）：95 ~ 150cm，棕黄色，细沙结构，沙土质地，松散，湿润，有少量氧化硅粉末，无石灰反应，pH 值 7。

中层沙底黑土理化性质分析，见表 2 – 27 和表 2 – 28。

从中层沙底黑土化学性质分析表 2 – 27、表 2 – 28 中看出，此土种有机质含量非常低，黑土层中有机质含量只有 19g/kg，底层下降的更明显，只有 3.8g/kg，其他养分也相对减少。从物理性质看，容重表层为 1.18g/cm³，犁底层为 1.21g/cm³，物理沙粒较多，保肥保水性能差。此土种应增施有机肥料，提高土壤有机质含量，改变其理化性质。

3. 厚层沙底黑土土种（代号 I_1—203）

厚层沙黑土土种面积为 263.7hm²，占总土壤面积的 0.08%，其中，耕地 263.7hm²，占该土种面积的 100%，主要分布在西八里乡和涝洲镇，西八里面积 89hm²，涝洲为 89.6hm²。厚层沙底黑土土种黑土层厚度一般在 70 ~ 80cm，其剖面特征与薄、中层沙黑土基本接近，代表性剖面 720 号，位置在西八里乡西北岔村李怀屯南 300m 处，其剖面特征如下。

表 2 – 29　厚层沙底黑土化学性质分析　（单位：cm、g/kg）

剖面号	采样深度	有机质	全 氮	全 磷	全 钾	pH 值
720	0 ~ 80	12.1	0.92	0.78	29.3	6.8
	80 ~ 115	16.4				6.8
	115 ~ 150	4.0				6.8

表 2-30 厚层沙底黑土物理性质分析 （单位：%、cm、g/cm^3）

剖面号	采样深度	容重	物理黏粒	物理沙粒
720	0~80	1.54	52.73	47.27
	80~115		74.40	25.60
	115~150		11.09	88.91

黑土层（A）：0~80cm，颜色黑，团粒结构，壤质，疏松，湿润，多植物根系，无石灰反应，层次过渡明显，pH 值6.8。

过渡层（AB）：80~115cm，暗黄棕色，核块状结构，沙壤质，松散，湿润，根系较少，无石灰反应，层次过渡不太明显，pH 值6.9。

母质层（C）：115~150cm，棕黄色，细沙结构，沙壤，松散，湿润，有少量氧化硅粉末，无石灰反应，pH 值6.9。

厚层沙底黑土的理化性质分析见表2-29和表2-30。从厚层沙底黑土理化分析表2-29、表2-30中看出，此土种养分含量低，表层有机质含量为12.1g/kg，全氮0.92g/kg，全磷0.78g/kg，说明养分贮量少，家底薄，物理性质也不好，表层容重为1.54g/cm^3，物理黏粒较多。

4. 薄层沙底草甸黑土土种（代号 I_2—201）

薄层沙底草甸黑土土种面积为433.5hm^2，占总土壤面积的0.14%，其中，耕地433.5hm^2，占该土种面积的100%。分布在西八里乡银河村。薄层沙底草甸黑土它的形成除腐殖质的积累和淋溶外，还附加有明显的草甸化过程，10~23cm有江石磨侵入体，50cm以下有大量铁锰结核和锈斑。黑土层厚度23cm。代表性土壤剖面752号，位置在西八里乡银河村二队郭家窝堡北地，其剖面特征如下。

表 2-31 薄层沙底草甸黑土化学性质分析 （单位：cm、g/kg）

剖面号	采样深度	有机质	全氮	全磷	全钾	pH 值
752	0~30	24.4	1.23	0.98	29.7	6.5
	30~60	11.8	0.39	0.91	27.4	6.5
	60~110	7.9				6.8
	115~150	7.2				6.8

表 2-32 薄层沙底草甸黑土物理性质分析 （单位：%、cm、g/cm^3）

剖面号	采样深度	容重	物理黏粒	物理沙粒
752	0~30	1.14	33.19	66.81
	30~60	1.24	22.40	77.60
	60~110		21.33	78.67

黑土层（A）：0~10cm，棕灰色，团粒结构，壤质，松散，湿润，根系少，无石灰反应，层次过渡明显，pH 值6。

犁底层（A_P）：10～23cm，棕灰色，片状结构，沙壤质，稍紧，湿润，有江石磨侵入体，根系较多，无石灰反应，层次过渡不太明显 pH 值 6.2。

过渡层（AB）：23～50cm，暗棕色，小粒状结构，沙壤质，稍紧，湿润，有铁锰结核，根系较少，无石灰反应，层次过渡明显，pH 值 6.5。

向母质过渡层（BC）：50～115cm，黄棕色，粒状结构，沙土质地，较松，湿润，有少量铁锰结核，无石灰反应，层次过渡明显，pH 值 6.5。

母质层（C）：115～160cm，棕黄色，沙粒结构，松散，湿润，有少量铁锰结核和锈斑，无石灰反应，pH 值 6.8。

薄层沙底草甸黑土化学、物理性质分析，见表 2－31 和表 2－32。

从薄层沙底草甸黑土的理化性质分析表 2－31、表 2－32 中看出，此土种养分含量不高，表层有机质含量 24.4g/kg、全氮含量 1.23g/kg、全磷含量 0.98g/kg，往下明显减少，底层有机质含量只有 7.9g/kg，说明此土种家底薄，应多施有机肥料，提高土壤养分贮量。从物理性质表中看，容重较小，物理黏粒少，保水性能较差。

5. 中层沙底草甸黑土土种（代号 I2—202）

面积为 1 058 hm^2，占总土壤面积的 0.39%，其中，耕地 1 058 hm^2，占该土种面积的 100%。此土种主要分布在东发和涝洲，东发为 1 014.2hm^2，涝洲为 243.8hm^2。中层沙底草甸黑土的黑土层厚度一般在 35cm 左右，其剖面特征与薄层底草甸黑土基本相似。代表性土壤剖面 518 号，位置在东发西发村北大排，其剖面特征如下。

黑土层（A）：0～15cm，灰黑色，团粒结构，壤质，松散，湿润，根系较多，无石灰反应，层次过渡不太明显，pH 值 6.8。

犁底层（A_P）：15～25cm，灰黑色，片状结构，壤土质地，紧实，湿润，根系较多，无石灰反应，层次过渡明显，pH 值 6.8。

黑土层（A_2）：25～50cm，灰黑色，核状结构，沙黏壤质地，湿润，有少量锈斑，无根系，无石灰反应，层次过渡不太明显，pH 值 6.8。

过渡层（AB）：50～95cm，灰棕色，核状结构，沙黏壤质地，湿润，有少量锈斑，无根系，无石灰反应，层次过渡不太明显，pH 值 6.9。

淀积层（B）：95～125cm，黄棕色，粒状结构，黏沙壤土，较松，湿润，有大量锈斑和少量铁离子，无石灰反应，层次过渡不太明显，pH 值 6.9。

母质层（C）：125～150cm，棕黄色，粒状结构，粉沙质地，稍紧，湿润，有大量锈斑和少量铁离子，无石灰反应，pH 值 6.9。

中层沙底草甸黑土理化性质分析，见表 2－33 和表 2－34。

表 2－33　中层沙底草甸黑土化学性质分析　（单位：cm 、g/kg）

剖面号	采样深度	有机质	全氮	全磷	全钾	代换量（毫克当量/100g）	pH 值
518	0～25	22.6	1.53	0.93	29.3	26.4	6.8
	25～45	18.5	1.05	0.97	28.6	29.7	6.8
	50～85	13.2					6.9
	90～150	2.7					6.9

表 2-34　中层沙底草甸黑土物理性质分析　　（单位：%、cm、g/cm³）

剖面号	采样深度	容重	物理黏粒	物理沙粒
518	0~25	1.22	61.30	38.70
	25~45	1.20	61.80	38.20
	50~85		62.74	37.26
	90~150		66.09	33.91

从中层沙底草甸黑土理化性质分析表 2-33、表 2-34 中看，上土层养分含量也不高，耕层有机质含量 22.6g/kg、全氮含量 1.53g/kg、全磷含量 0.93g/kg，底层土壤有机质下降十分明显，养分贮量少，家底薄。从物理性质看，容重为 1.22g/cm³，物理黏粒多，土壤黏重，通透性差。

6. 厚层沙底草甸黑土土种（代号 I_2—203）

厚层沙底草甸黑土土种面积为 569.7hm²，占总土壤面积的 0.21%，其中，耕地 569.7hm²，占该土种面积的 100%。此土种主要分布在五站、西八里、涝洲等地，面积分别为 231.4hm²、338.3hm²、75.8hm²。据统计厚层沙底草甸黑土，黑土层厚度为 80cm 左右。代表性土壤剖面 506 号，位置在东发同江村二队南东西垄地，其剖面特征如下。

黑土层（A）：0~50cm，黑灰色，团粒状结构，沙壤质，紧实，潮湿，根系较多，无石灰反应，层次过渡明显，pH 值 7。

过渡层（AB）：50~75cm，灰棕色，核状结构，沙壤质，松散，湿润，有少量锈斑，根系极少，无石灰反应，层次过渡较明显，pH 值 7。

母质层（C）：75~160cm，淡棕黄色，沙粒状结构，沙土质地，松散，湿润，有大量锈斑和铁离子，无石灰反应，层次过渡明显，pH 值 7。

厚层沙底草甸黑土理化性质分析，见表 2-35 和表 2-36。

表 2-35　厚层沙底草甸黑土物理性质分析　　（单位：cm、%、g/cm³）

剖面号	采样深度	容重	物理黏粒	物理沙粒
506	0~35	1.41	15.46	84.54
	35~50	1.41	35.07	64.93
	50~75	1.43	55.43	44.57
	75~160		33.33	66.67

表 2-36　厚层沙底草甸黑土化学性质分析　　（单位：cm、g/kg）

剖面号	采样深度	有机质	全氮	全磷	全钾	pH 值
506	0~35	9.8	0.72	0.65	28.4	6.8
	35~50	8.1	0.77	0.74	27.3	7.0
	50~75	18.1				7.0
	75~160	7.0				7.0

从厚层沙底草甸黑土化学、物理分析表中看，此土种养分含量极低，表层有机质9.8g/kg、全氮0.72g/kg、全磷为、0.65g/kg。物理性质较差，容重增大，物理沙粒较多，保肥保水性能差。应大量施用农家肥料，提高土壤有机质含量，用养结合，改变其理化性质。

7. *厚层黏底草甸黑土土种（代号Ⅰ$_2$—103）*

厚层黏底草甸黑土土种面积为786.7hm^2，占总土壤面积的0.29%，其中，耕地786.7hm^2，占该土种面积的100%。主要分布在东发、西八里，面积分别为335.1hm^2、451.6hm^2。厚层黏底草甸黑土，是黑土类中草甸黑土亚类里的一个土种，与沙底草甸黑土同属一个亚类，剖面构型基本相同，主要区别底土不是沙质而是黏壤质。其剖面特点一般黑土层较厚，各层之间逐渐过渡，无舌状下伸现象。潜育化部位居中，有少量的锈斑、二氧化硅粉末和铁锰结核，母质层土质黏重。代表性剖面711号，位置在西八里乡太平山村三队旗碑屯北地，主要剖面特征如下。

表2-37　厚层黏底草甸黑土化学性质分析　（单位：cm 、g/kg）

剖面号	采样深度	有机质	全氮	全磷	全钾	代换量（毫克当量/100g）	pH值
711	20～50	18.6	1.03	0.81	28.3	25.9	6.5
	25～120	4.5					6.8
	130～150	3.9					6.8

表2-38　厚层黏底草甸黑土物理性质分析　（单位：cm、% 、g/cm^3）

剖面号	采样深度	容重	物理黏粒	物理沙粒
711	20～50	1.20	75.55	24.45
	80～120		47.67	52.33
	130～140		35.84	64.16

黑土层（A）：0～70cm，黑灰色，团粒状结构，壤质，较紧，湿润，有少量铁离子，根系较多，无石灰反应，层次过渡不明显，pH值6.5。

过渡层（AB）：70～130cm，暗黄棕色，核块儿状结构，黏壤质，紧实，湿润，有大量锈斑和少量铁离子，根系较少，无石灰反应，层次过渡较明显，pH值6.8。

母质层（C）：130～150cm，棕黄色，粒状结构，黏土质地，较紧实，湿润，有大量锈斑和铁离子，无石灰反应，层次过渡明显，pH值6.8。

厚层沙底草甸黑土理化性质分析，见表2-37和表2-38。

从厚层黏底草甸黑土理化分析表2-37、表2-38中看出，该土种表层养分含量较低，表层以下养分含量更低，物理性状也不好。按厚层黏底草甸黑土的常养分状况看，养分含量应是较高的，尤其是有机质的含量应该是更高些，但化验结果不然，可见在农业生产中与用地养地失调有很大关系，因此，对这种土壤要注意增施有机质肥料，用养结合，培养地力。

二、黑钙土类

黑钙土是肇东市分布广、面积大的一个土壤类型。全市除涝洲、东发（含合居）外，均有分布。西八里、四站、五站、黎明、里木店等乡镇面积较少，大面积分布是在岗头以北的平岗坡地和平地上。全市黑钙土面积是137 265.9hm^2，占总土地面积的31.8%，占总土壤面积的40.8%，其中耕地127 830.4hm^2，占该土类面积的93.1%。

黑钙土主要是腐殖质和积累的钙的淋溶淀积过程形成的，但由于地形，植被的不同，还有一附加过程，例如，草甸化过程等。

由于钙的淋溶和淀积作用，使土体有明显的钙积层，出现碳酸盐新生体，例如，假菌丝体，眼状斑等。

根据主要的和附加的成土过程，将黑钙土类划分为黑钙土、碳酸盐黑钙土、草甸黑钙土3个亚类，又续分为4个土属，10个土种。

（一）黑钙土亚类

主要分布在平岗地顶部。原始植被为草原及碱草植物群落，黄土母亲质，气候干燥，淋溶弱，风蚀较重。剖面构型为黑土层（A），过渡层（AB），钙积层（Bca），母质层（C）。该亚类划1个土属，即黑钙土。根据黑土层厚薄划分为薄层黑钙土、中层黑钙土、厚层黑钙土3个土种。

1. 薄层黑钙土土种（代号$Ⅱ_1$—101）

薄层黑钙土面积3 065.4hm^2，占总面积的1.13%，其中，耕地面积3 065.4hm^2，占该土种面积的100%。主要分布在洪河、跃进、四站、西八里、德昌等地，其中，四站、西八里面积较大，分别为1 483.5hm^{2}和1 009.5hm^2，薄层黑钙土黑土层薄，平均在20cm左右。风蚀是薄层黑钙土最大障碍因素，年复一年风蚀黑土层，个别地块露出黄土，使土壤肥力大大减退。代表性土壤剖面334号，位置在洪河乡永胜村四队北二节地，其剖面特征如下。

表2－39　薄层黑钙土化学性质分析　（单位：cm 、g/kg）

剖面号	采样深度	有机质	全 氮	全磷	全钾	代换量（毫克当量/100g）	pH值
334	0～8	30.9	1.61	1.06	26.6	28.8	7.5
	8～20	30.8	1.96	0.96	26.2	29.7	7.5
	20～45	18.2	1.07	0.84	24.2	24.7	8.5
	70～120	6.7					8.8
703	0～10	30.5	1.82	1.04	26.9	27.4	7.4
	10～18	31.5	1.61	0.94	26.4	28.6	7.3
	60～70	16.8					7.3
	70～140	7.1					8.5

表2－40　薄层黑钙土物理性质分析　（单位：cm、% 、g/cm^3）

剖面号	采样深度	容 重	物理黏粒	物理沙粒
334	0～8	1.43	49.11	50.89
	8～20	1.55	51.45	48.55
	20～45		57.87	42.13
	70～120		55.42	44.58

（续表）

剖面号	采样深度	容　重	物理黏粒	物理沙粒
703	0～10	1.19	53.75	46.25
	10～18	1.51	53.03	46.97
	60～70	1.40	60.40	39.60
	110～140		62.25	37.75

黑土层（A）：0～8cm，暗棕灰色，团粒状结构，壤质，疏松，湿润，根系多，无石灰反应，层次过渡明显，pH 值 7.5。

犁底层（Ap）：8～20cm，暗棕灰色，鳞片结构，壤质，坚硬，湿润，根系较多，无石灰反应，层次过渡较明显，pH 值 7.5。

过渡层（AB）：20～45cm，淡棕色，碎块状结构，壤质，紧实，湿润，有较多假菌丝体，植物根系较少，石灰反应强烈，层次过渡较明显，pH 值 8.5。

钙积层（Bca）：45～150cm，黄棕色，核块状结构，壤黏土，有大量假菌丝体及石灰小斑点，强石灰反应，pH 值 8.5。

薄层黑钙土理化性质分析，见表 2－39 和表 2－40。

从薄层黑钙土理化分析表 2－39、表 2－40 中看出，该土种耕层养分含量不算低，但耕层以下养分下降明显。从物理性质分析表看，容重较大，尤其犁底层增大，物理黏粒较多。

2. 中层黑钙土土种（代号 Ⅱ_1—102）

中层黑钙土面积 19 803.2hm^2，占土壤总面积的 7.3%，其中，耕地面积 19 803.2hm^2，占该土种面积的 100%。主要分布在太平、五站、黎明、里木店、四站、西八里、德昌、五里明等乡镇。其中，五里明、黎明面积较大，分别是 5.358hm^2 和 8 959hm^2，中层黑钙土平均黑土层厚度为 32cm 左右。代表性土壤剖面 611 号，位置在黎明乡巨发村杨老板屯西 117m 处。其剖面特征如下。

表 2－41　中层黑钙土化学性质分析　（单位：cm 、g/kg）

剖面号	采样深度	有机质	全氮	全磷	全钾	代换量（毫克当量/100g）	pH 值
611	0～20	30.6	1.57	1.06	26.9	32.8	7.8
	20～25	29.9	1.60	0.96	25.9	30.9	7.8
	30～40	26.0	1.42	0.83	25.5	32.1	7.9
	75～85	10.0					7.7
	140～150	6.1					8.5

表 4－42　中层黑钙土物理性质分析　（单位：cm、% 、g/cm^3）

剖面号	采样深度	容重	物理黏粒	物理沙粒
597	0～20	1.21	57.63	42.37
	20～30	1.43	58.56	41.44
	50～70		62.61	37.39
	140～150		57.63	42.37

（续表）

剖面号	采样深度	容重	物理黏粒	物理沙粒
611	0～20	1.22	50.60	49.40
	20～25	1.51	53.02	46.98
	30～40	1.39	53.30	46.70
	75～85		57.33	42.67
	140～150		54.89	45.11

黑土层（A）：0～20cm，暗灰色，团粒状结构，壤土，松散，干旱，多植物根系，无石灰反应，层次过渡明显，pH 值 7.8。

犁底层（Ap）：20～25cm，暗灰色，片状结构，壤土，坚实，干旱，根系较多，无石灰反应，层次过渡明显，pH 值 7.8。

黑土层（A）：25～40cm，暗灰色，小粒状结构，壤土，较紧，湿润，紧实，根系较多，无石灰反应，层次过渡明显，pH 值 7.8。

过渡层（AB）：40～105cm，暗棕色，核状结构，粉沙壤土，紧实，湿润，植物根系较少，层次过渡不明显，无石灰反应，pH 值 7.9。

钙积层（Bca）：105～170cm，黄棕色，核块状结构，粉沙壤土，较紧，湿润，根系较少，有大量假菌丝体，石灰反应较强，pH 值 8.5。

中层黑钙土理化性质分析，见表 2－41 和表 2－42。

从中层黑钙土理化性质分析表 2－41、表 2－42 中看出，此土种的养分含量与薄层黑钙土养分含量差异不大，与黑土比容重稍大一些。

3. 厚层黑钙土土种（代号 $Ⅱ_1$—103）

厚层黑钙土土种面积 1 356.4hm²，占总土壤面积的 0.5%，其中，耕地面积 1 356.4 hm²，占该土种面积的 100%。主要分布在跃进、里木店、四站、五里明 4 个乡镇，其中，五里明、里木店分布面积较大，分别为 316.4hm² 和 1 050hm²。厚层黑钙土黑土层较厚，一般在 50～100cm。代表性土壤剖面 698 号，位置在四站镇巨蒙村张砺万屯东北地，旱田，海拔高度 139m，平地。其剖面特征如下。

黑土层（A）：0～10cm，暗灰色，粒状结构，壤土，松散，干旱，根系较少，无石灰反应，层次过渡不明显，pH 值 7.5。

犁底层（Ap）：10～18cm，暗灰色，片状结构，黏壤土，坚实，少根系，无石灰反应，层次过渡明显，pH 值 7.4。

黑土层（A_2）：18～50cm，暗灰色，团粒状结构，壤质土，较紧，湿润，植物根系较少，无石灰反应，层次过渡明显，pH 值 7.3。

过渡层（AB）：50～75cm，暗棕灰色，核状结构，黏壤土，湿润，根系极少，层次过渡明显，无石灰反应，pH 值 7.1。

钙积层（Bca）：75～105cm，黄棕色，核块状结构，黏壤土，湿润，有大量假菌丝体和石灰结核，无根系，石灰反应强烈，pH 值 8.6。

母质层（C）：105～170cm，棕黄色，核块状结构，黏壤土，潮湿，有大量假菌丝体和石灰小斑点，石灰反应强烈，pH 值 8.7。

厚层黑钙土理化性质分析，见表 2－43 和表 2－44。

表 2－43　厚层黑钙土化学性质分析　（单位：cm 、g/kg）

剖面号	采样深度	有机质	全氮	全磷	全钾	代换量（毫克当量/100g）	pH 值
698	0～10	28.7	1.63	1.16	26.3	31.7	7.5
	10～18	27.1	1.53	0.99	25.3	34.2	7.4
	30～40	20.8	1.50	0.88	25.7	34.4	7.3
	60～70	13.8					7.6
	80～90	12.1					8.6
	120～130	9.2					8.7

表 2－44　厚层黑钙土物理性质分析　（单位：cm、% 、g/cm³）

剖面号	采样深度	容重	物理黏粒	物理沙粒
698	0～10	1.39	51.65	48.35
	10～18	1.43	52.75	47.25
	30～40	1.22	56.39	43.61
	40～90		51.43	48.57
	90～130		48.52	51.48

从厚层黑钙土化学、物理性质分析表 2－43、表 2－44 看，此土种养分含量一般，土壤表层有机质含量为 28.7g/kg、全氮 1.63g/kg、全磷 1.16g/kg、全钾 26.3g/kg。底层下降明显，说明该土种家底薄，物理性状较差，容重增大，物理黏粒较多。

（二）碳酸盐黑钙土亚类

主要分布在肇东市平岗地中上部，排水良好，气候干旱，淋溶作用难以进行。故自表层就有碳酸盐存在，向下石灰聚积更为明显，多呈假菌丝体均匀分布，通体有石灰反应。土壤水分状况差，春旱，风蚀严重，该亚类续分一个土属，即碳酸盐黑钙土土属，又根据黑土层厚薄划分薄层碳酸盐黑钙土、中层碳酸盐黑钙土、厚层碳酸盐黑钙土 3 个土种。

1. *薄层碳酸盐黑钙土土种*（代号 II_2—101）

薄层碳酸盐黑钙土面积为 37 437.2 hm²，占总土壤面积的 13%，其中，耕地面积 35 265.9hm²，占该土种面积的 94.2%。主要分布在洪河、跃进、向阳、昌五、姜家、太平、先进、四站、里木店、德昌、五里明、宋站、宣化、安民、明久等乡镇，其中，昌五、洪河、跃进、明久 4 个乡镇分布面积较大，都在 5 000hm² 以上。

表 2－45　薄层碳酸盐黑钙土化学性质分析　（单位：cm 、g/kg）

剖面号	采样深度	有机质	全氮	全磷	全钾	代换量（毫克当量/100g）	pH 值
437	0～12	27.5	1.65	1.03	24.2	27.2	8.4
	20～40	16.0	0.90	1.02	23.5	23.3	8.4
	70～100	5.0					8.5

表 2-46 薄层碳酸盐黑钙土物理性质分析 （单位：cm、%、g/cm^3）

剖面号	采样深度	容重	物理黏粒	物理沙粒
437	0~12	1.17	53.47	46.53
	20~40	1.37	53.10	46.90
	70~100		46.85	53.15
611	0~10	1.22	51.65	48.35
	10~17	1.44	53.75	46.25
	30~35	1.32	57.93	42.07
	60~65		51.44	48.56
	100~105		49.25	50.75

薄层碳酸盐黑钙土，黑土层薄，据统计平均在 18cm 左右。代表性土壤剖面 437 号，位置在跃进乡板房屯南二节地。其剖面特征如下。

黑土层（A）：0~12cm，黑色，团粒状结构，壤土质地，较紧，湿润，根系较多，石灰反应较强，层次过渡明显，pH 值 8.4。

过渡层（AB）：12~44cm，灰棕色，小团粒状结构，壤土，湿润，有少量假菌丝体，根系较多，石灰反应强烈，pH 值 8.4。

钙积层（Bca）：44~150cm，淡棕色，核块状结构，黏壤土，紧实，有大量假菌丝体，石灰反应强烈，层次过渡明显 pH 值 8.5。

薄层碳酸盐黑钙土理化性质分析，见表 2-45 和表 2-46。

从薄层碳酸盐黑钙土化学、物理性质分析表 2-45、表 2-46 中看出，该土种表层养分含量较低，有机质仅有 27.5g/kg、全氮 1.65g/kg、全磷 1.03g/kg、表层往下养分下降的更加明显。此土种物理性状也较差，容重 1.17~1.20g/cm^3，物理黏粒表层较多。应加强耕作，增施有机肥料，提高土壤肥力。

2. 中层碳酸盐黑钙土土种（代号 $Ⅱ_2$—102）

中层碳酸盐黑钙土面积 49 141.8 hm^2，占总土壤面积的 14.6%，其中，耕地面积 39 606.4hm^2，占该土种面积的 80.6%。全市除肇东镇、五站、东发、西八里、涝洲外，其他乡镇均有分布。其中，宣化、安民、宋站 3 个乡镇面积较大，面积分别为 12 005 hm^2、11 747.3hm^2 和 7 834.5hm^2。据统计中层碳酸盐黑钙土平均黑土层厚度在 30cm 左右。代表性土壤剖面 1 037号，位置在安民乡向春村向阳堡屯北二节地。其剖面特征如下。

黑土层（A）：0~20cm，暗灰色，团粒状结构，壤土，松散，较干，多植物根系，石灰反应较强，层次过渡不太明显，pH 值 8.3。

犁底层（Ap）：20~25cm，暗灰色，片状结构，壤土，紧实，根系较少，石灰反应较强，pH 值 8.5。

过渡层（AB）：25~45cm，灰棕色，核块儿状结构，黏壤土，稍紧，湿润，有少量假菌丝体，根系极少，石灰反应强烈，pH 值 8.6。

钙积层（Bca）：45~110cm，灰黄棕色，核块状结构，黏壤土，较紧实，湿润，有大量假菌丝体，无植物根系，石灰反应强烈，pH 值 8.7。

母质层（C）：110～160cm，棕黄色，小核块状结构，粉沙壤土，较松，湿润，多假菌丝体，石灰反应强烈，pH 值 8.7。

中层碳酸盐黑钙土理化性质分析，见表 2－47 和表 2－48。

表 2－47　中层碳酸盐黑钙土化学性质分析　　（单位：cm 、g/kg）

剖面号	采样深度	有机质	全氮	全磷	全钾	代换量（毫克当量/100g）	pH 值
1037	0～20	29.1	1.94	1.04	24.1	23.5	8.3
	20～24	21.6	1.85	0.98	23.7	22.7	8.5
	25～37	11.7	0.72	0.92	24.6	19.0	8.5
	45～90	5.0					8.6
	110～135	4.8					8.7

表 2－48　中层碳酸盐黑钙土物理性质分析　　（单位：cm、% 、g/cm^3）

剖面号	采样深度	容重	物理黏粒	物理沙粒
1037	0～20	1.04	57.63	42.37
	20～24	1.35	60.93	39.07
	25～37	1041	63.63	36.37
	45～90		63.78	36.22
	110～135		60.78	39.22

从中层碳酸盐黑钙土化学、物理性质分析表 2－47、表 2－48 中看出，此土种表层养分含量也不高，但较薄层碳酸盐黑钙土土种稍高一些，有机质 29.1g/kg、全氮 1.94g/kg、全磷 1.04g/kg，物理性状相差不大，所不同的是物理黏粒自上而下逐渐增多，物理沙粒表层较多。

3. 厚层碳酸盐黑钙土土种（代号 II_2—103）

厚层碳酸盐黑钙土土种面积为 7 595.7hm^2，占总土壤面积的 2.8%，其中，耕地面积 7 595.7hm^2，占该土种面积的 100%。主要分布在肇东镇、海城、尚家、姜家、向阳、跃进、五站、德昌、五里明、宋站、安民、明久等乡镇。黑土层较厚，一般在 45～85cm。代表性土壤剖面 418 号，位置在跃进乡三队南二节地，其剖面特征如下。

黑土层（A）：0～85cm，暗灰色，小核块状结构，壤土，稍紧，湿润，植物根系较多，石灰反应较强，pH 值 8.5。

过渡层（AB）：85～110cm，暗棕色，核块状结构，黏壤土，紧实，有少量假菌丝体，根系很少，石灰反应强烈，pH 值 8.5。

钙积层（Bca）：110～150cm，黄棕色，核块状结构，黏壤土，湿润，有大量假菌丝体，石灰反应强烈，pH 值 8.8。

厚层碳酸盐黑钙土理化性质分析，见表 2－49 和表 2－50。

表 2－49　厚层碳酸盐黑钙土化学性质分析　（单位：cm 、g/kg）

剖面号	采样深度	有机质	全氮	全磷	全钾	代换量（毫克当量/100g）	pH 值
418	0～15	27.6	1.86	1.00	28.3	29.5	8.5
	20～50	25.2	1.64	1.00	23.9	30.2	8.5
	90～130	15.3					8.8

表 2－50　厚层碳酸盐黑钙土物理性质分析　（单位：cm、% 、g/cm^3）

剖面号	采样深度	容重	物理黏粒	物理沙粒
418	0～15	1.22	53.44	46.56
	20～50	1.33	53.44	46.56
	90～130		55.42	44.58

从表 2－49、表 2－50 中看出，厚层碳酸盐黑钙土养分含量与中层碳酸盐黑钙土相差不大，物理性质也比较接近，但厚层碳酸盐黑钙土的物理黏粒和物理沙粒，上下层之间没有多大差异。

（三）草甸黑钙土亚类

主要分布在平地及坡地下部。由于地势低，土壤水分较好，故草甸化过程明显，腐殖质积累量大，黑土层较厚。黑土层以下有石灰反应，土体中有明显的铁锰结核及较明显的灰白色钙积层和少量假菌丝体。此亚类续分 2 个土属：即碳酸盐草甸黑钙土和草甸黑钙土，按黑土层薄厚又划分为薄层碳酸盐草甸黑钙土、中层碳酸盐草甸黑钙土、厚层碳酸盐草甸黑钙土、薄层草甸黑钙土 4 个土种。现叙述如下。

1. 薄层碳酸盐草甸黑钙土土种（代号 $Ⅱ_3$—101）

薄层碳酸盐草甸黑钙土面积为 26 590.4hm^2，占总土壤面积的 7.9%，其中，耕地面积 18 718.1hm^2，占该土种面积的 70.4%，占耕地面积 6.9%。主要分布在太平、肇东镇、向阳、尚家、昌五、德昌、西八里、跃进等乡镇，其中，德昌面积最大，为 7 575.8hm^2，占该土种面积的 37.2%。此土种黑土层薄，一般在 20cm 左右。代表性土壤剖面 815 号，位置在德昌乡光明村八队东地。其剖面特征如下。

表 2－51　薄层碳酸盐草甸黑钙土化学性质分析　（单位：cm 、g/kg）

剖面号	采样深度	有机质	全氮	全磷	全钾	代换量（毫克当量/100g）	pH 值
815	0～19	30.5	2.23	1.14	27.9	30.1	8.4
	22～35	19.8	1.12	0.89	28.1	29.4	8.6
	75～85	5.5					8.6
	145～155	4.5					8.7

表 2－52　薄层碳酸盐草甸黑钙土物理性质分析　　（单位：cm、%　、g/cm^3）

剖面号	采样深度	容重	物理黏粒	物理沙粒
815	0～20	1.15	62.53	37.47
	20～25	1.44	64.82	35.18
	25～60		70.42	29.58
	60～160		68.10	31.90

黑土层（A）：0～19cm，黑灰色，团粒状结构，黏壤土，紧实，湿润，多根系，石灰反应强，层次过渡不太明显，pH 值 8.4。

过渡层（AB）：19～39cm，黄灰色，核块状结构，黏壤土，紧实，湿润，少根系，石灰反应强烈，pH 值 8.6。

钙积层（Bca）：39～105cm，黄棕色，核块状结构，黏壤土，湿润，有大量假菌丝体，石灰反应强烈，pH 值 8.6。

母质层（C）：105～160cm，棕黄色，核块状结构，壤黏土，湿润，有少量假菌丝体，有大量锈斑和少量铁离子，石灰反应强烈，pH 值 8.7。

厚层碳酸盐黑钙土理化性质分析，见表 2－51 和表 2－52。

从薄层碳酸盐草甸黑钙土化学、物理性质分析表 2－51、表 2－52 中看出，该土种表层土壤养分含量不算太低，有机质 30.5g/kg、全氮 2.23g/kg、全磷 1.14g/kg，表层以下养分含量下降明显，容重犁底层较耕层大。

2. 中层碳酸盐草甸黑钙土土种（代号 II_3—102）

中层碳酸盐草甸黑钙土面积为 6 731.8 hm^2，占土壤总面积的 2%，其中耕地面积 5 425.8hm^2，占该土种面积的 80.6%。主要分布在肇东镇、太平、姜家、向阳、西八里、德昌、安民等地。代表性土壤剖面 62 号，位置在肇东镇先进村二队东北地。其剖面特征如下。

表 2－53　中层碳酸盐工草甸黑钙土化学性质分析　　（单位：cm　、g/kg）

剖面号	采样深度	有机质	全氮	全磷	全钾	代换量（毫克当量/100g）	pH 值
62	0～12	34.7	1.89	1.25	26.9	28.1	8.4
	12～18	36.2	2.21	1.25	27.3	30.9	8.4
	35～45	16.0	0.94	1.07	25.9	23.5	8.5
	70～80	6.7					8.5
	135～140	4.9					8.5
	150～160	4.0					8.6

表 2－54　中层碳酸盐草甸黑钙土物理性质分析　（单位：cm、%、g/cm^3）

剖面号	采样深度	容重	物理黏粒	物理沙粒
62	0～12	1.17	54.3	45.70
	12～18	1.16	55.46	44.54
	35～45	1.32	63.21	36.79
	70～80		59.18	40.82
	135～140		52.47	47.53

黑土层（A）：0～12cm，暗灰色，团粒状结构，壤土，疏松，湿润，多根系，石灰反应较强，层次过渡明显，pH 值 8.4。

犁底层（Ap）：12～23cm，暗灰色，片状结构，壤土，坚实，植物根系较少，石灰反应强，层次过渡明显，pH 值 8.4。

过渡层（AB）：23～30cm，棕灰色，核块状结构，黏壤土，稍紧，湿润，有少量假菌丝体，根系极少，石灰反应强烈，pH 值 8.5。

钙积层（Bca）：60～100cm，暗黄棕色，小核块状结构，黏壤土，紧实，湿润，有大量假菌丝体和少量锈斑、铁离子，石灰反应强烈，层次过渡明显，pH 值 8.5。

母质层（C）：100～160cm，黄棕色，核块状结构，壤黏土，湿润，有假菌丝体和少量锈斑、铁离子，石灰反应强烈，pH 值 8.6。

中层碳酸盐黑钙土理化性质分析，见表 2－53 和表 2－54。

从中层碳酸盐草甸黑钙土化学、物理性质上分析表 2－53、表 2－54 中看，此土种养分含量较高，高于薄层碳酸盐草甸黑钙土的养分含量，但下层与表层的养分含量相差很大，可见该土潜在肥力不高，家底较薄。从物理性状看容重较小，物理黏粒表层少于下层。

3. 厚层碳酸盐草甸黑钙土土种（代号 II_3—103）

厚层碳酸盐草甸黑钙土面积 5 696.8hm^2，占总面积的 2.1%，其中耕地 5 696.8hm^2，占该土种面积的 100%。主要分布在肇东镇、海城、尚家、姜家 4 个乡镇，黑土层较厚。据统计，一般在 45～66cm，代表性土壤剖面 24 号，位置在肇东镇展望村王先屯南二节地。其剖面特征如下。

厚层碳酸盐草甸黑钙土理化性质，见表 2－55 和表 2－56。

表 2－55　厚层碳酸盐草甸黑钙土化学性质分析　（单位：cm、g/kg）

剖面号	采样深度	有机质	全氮	全磷	全钾	代换量（毫克当量/100g）	pH 值
24	0～21	39.8	2.12	1.20	28.9	20.47	8.8
	21～24	36.2	2.17	0.91	28.6	23.29	8.5
	24～66	24.5	1.64		23.4	27.23	8.5
	66～86	15.8					9.0
	86～160	10.7					9.0

表 2-56　厚层碳酸盐草甸黑钙土物理性质分析　（单位：cm、%、g/cm^3）

剖面号	采样深度	容重	物理黏粒	物理沙粒
24	0~21	1.08	56.49	43.51
	21~24	1.15	75.61	24.39
	24~66	1.48	72.42	27.58
	66~86		65.17	34.83
	86~160		64.04	35.96

黑土层（A）：0~21cm，灰色，团粒状结构，壤土，疏松，湿润，多根系，石灰反应较强，pH 值 8.5。

犁底层（Ap）：21~24cm，灰色，片状结构，黏壤土，坚硬，根系较少，石灰反应强，层次过渡明显，pH 值 8.5。

黑土层（A）：24~66cm，灰色，团粒状结构，壤土，稍紧，湿润，根系较少，石灰反应强，层次过渡明显，pH 值 8.5。

过渡层（AB）：66~86cm，灰棕色，核块状结构，黏壤土，根系极少，有少量假菌丝体和锈斑，石灰反应较强烈，pH 值 9.0。

钙积层（Bca）：86~150cm，棕色，核块状结构，黏壤土，湿润，无植物根系，有大量假菌丝体和少量锈斑、铁离子，石灰反应强烈，pH 值 9.0。

从厚层碳酸盐草甸黑钙土的理化性质上分析表 2-55、表 2-56 中看，该土种养分含量较高，土壤表层有机质含量 39.8g/kg、全氮含量 2.12g/kg、全磷含量 1.20g/kg。物理性质也较好，容重为 1.08g/cm^3，表层疏松，通透性好。

4.. 薄层草甸黑钙土土种（代号 II_3—201）

薄层草甸黑钙土面积 705.3hm^2，占总土壤面积的 0.26%，其中，耕地 705.3hm^2，占该土种面积的 100%。分布在肇东镇、西八里两个乡镇。薄层草甸黑钙土碳酸盐草甸黑钙土属同一亚类，不同土属，该土种黑土层以下有石灰反应，其他特征和碳酸盐草甸黑钙土基本相似。代表性土壤剖面 68 号，位置在肇东镇先进增产村四队南三节地，其剖面特征如下。

黑土层（A）：0~15cm，暗灰色，团粒状结构，壤土质地，稍紧，多植物根系，无石灰反应，层次过渡较明显，pH 值 7.5。

过渡层（AB）：15~35cm，灰棕色，核块状结构，黏壤土，湿润，有少量假菌丝体，根系较多，石灰反应较强，层次过渡明显，pH 值 8.5。

钙积层（Bca）：35~60cm，小核块状结构，黏壤土，潮，有大量假菌丝体，根系极少，石灰反应强烈，pH 值 8.8。

母质层（C）：60~160cm，棕黄色，核块状结构，壤黏土，潮湿，有锈斑和铁离子及假菌丝体，石灰反应强烈，pH 值 8.8。

薄层草甸黑钙土理化性质，见表 2-57 和表 2-58。

表 2-57 薄层草甸黑钙土化学性质分析 （单位：cm 、g/kg）

剖面号	采样深度	有机质	全氮	全磷	全钾	代换量（毫克当量/100g）	pH 值
68	0～15	31.2	1.79	1.26	29.7	21.5	7.5
	15～35	31.5	1.69	1.18	29.4	21.9	8.5
	35～60	14.7	0.82	0.59	27.9	21.4	8.8
	60～160	8.9					8.8

表 2-58 薄层草甸黑钙土物理性质分析 （单位：cm、% 、g/cm^3）

剖面号	采样深度	容重	物理黏粒	物理沙粒
68	0～15	1.21	50.08	49.92
	15～35	1.35	73.15	26.85
	35～60		60.52	39.48
	60～160		57.86	42.14

从薄层草甸黑钙土理化性质上分析表 2-57、表 2-58 中看出，此土种养分含量较高，上层有机质含量都在 30g/kg 以上，其他养分含量也不低，物理性状较好，表层土壤疏松。

三、草甸土类

草甸土类主要分布在肇东市岗坡下部开阔的低平地以及松花江沿岸的河滩地和低阶地上。它是分布广、面积大的又一土壤类型。其面积为 148 283.0hm^2，占总土地面积的 44%。耕地面积 95 760.6hm^2，占总土壤面积的 28.5%。

草甸土的形成主要是草甸化过程，草甸植被生长繁茂，根系密布，且集中在上层，为腐殖质的积累创造了有利条件，加之地势低平，土壤水分充足，通气差，厌氧分解，故草甸腐殖质层厚，腐殖质含量高。由于地下水位高，地下水参与了成土过程，致使剖面中有大量的铁锰结核和锈纹、锈斑、胶膜。如果地下水矿化度高，使草甸土附加盐化过程和碱化过程，则形成不同程度的盐化草甸土和碱化草甸土。

由于附加成土过程的不同，将我市草甸土划分为 6 个亚类：即草甸土亚类、碳酸盐草甸土亚类、泛滥地草甸土亚类、潜育草甸土亚类、盐化草甸土亚类和碱化草甸土亚类。又续分 7 个土属，14 个土种。现详细叙述如下。

（一）草甸土亚类

主要分布在低阶地和高河漫滩。全剖面无石灰反应。此亚类续分 1 个土属，即平地草甸土土属。又按黑土层薄厚划分为薄层平地草甸土、中层平地草甸土、厚层平地草甸土 3 个土种。

1. 薄层平地草甸土土种（$Ⅲ_1$—101）

薄层平地草甸土面积为 1 419hm^2，占总土壤面积的 0.42%，其中，耕地 922.3hm^2，占该土种面积为的 65%。主要分布在四站、西八里、涝洲 3 个乡镇。薄层平地草甸土，黑土层薄，据统计平均黑土层厚度在 19cm 左右。代表性土壤剖面 679 号，位置在四站镇红星村刘国中屯东北地。其剖面特征如下。

黑土层（A）：0～12cm，暗灰色，团粒状结构，黏壤质，紧实，多植物根系，无石灰反应，pH 值7. 5。

犁底层（Ap）：12～19cm，暗灰色，片状结构，黏壤土，坚硬，根系较少，无灰石反应，pH 值7.5。

淀积层：（B）：19～130cm 灰棕色，小块状结构，黏壤土，稍紧实，潮湿，无石灰反应，pH 值7.5。

母质层（C）：130～150cm，淡棕黄色，小粒状结构，粉沙壤土，潮湿，有大量锈斑，无石灰反应强，pH 值7.5。

薄层平地草甸土理化性质，见表2－59 和表2－60。

从薄层平地草甸土化学、物理性质分析表2－59、表2－60 中看出，此土种养分含量不高，土壤表层有机质含量为25. 8g/kg、全氮含量1. 43g/kg、全磷含量0. 83g/kg，底层养分下降更加明显，说明家底薄，潜在肥力低。从物理性状看，容重较大，物理沙粒多，保肥保水性能差。应多施有机肥料，同时，注意增施磷肥。

表2－59　薄层平地草甸土化学性质分析　（单位：cm 、g/kg）

剖面号	采样深度	有机质	全氮	全磷	全钾	代换量（毫克当量/100g）	pH 值
679	0～12	25. 8	1. 43	0. 83	29. 1	20. 6	7. 5
	12～19	12. 9	0. 64	0. 67	28. 7	21. 1	7. 5
	19～130	5. 9	0. 33	0. 68	27. 9	21. 3	7. 5
	130～150	5. 2					7. 5

表2－60　薄层平地草甸土物理性质分析　（单位：cm、% 、g/cm^3）

剖面号	采样深度	容重	物理黏粒	物理沙粒
679	0～12	1. 42	37. 12	62. 88
	12～19	1. 43	39. 94	60. 06
	19～130		37. 00	73. 00
	130～150		6. 96	93. 04

2. 中层平地草甸土土种（$Ⅲ_1$—102）

中层平地草甸土面积为957. 5hm^2，占总土壤面积的0. 28%，其中，耕地895. 9hm^2，占该土种面积的93. 6%。分布在涝洲1 个乡镇。黑土层30cm。代表性土壤剖面787 号，位置在涝洲镇向阳村一队北一节地，其剖面特征如下。

黑土层（A）：0～30cm，灰黑色，团粒状结构，壤土，稍紧，湿润，多植物根系，无石灰反应，pH 值7. 2。

过渡层（AB）：30～75cm，棕灰色，小块状结构，黏壤土，湿润，无石灰反应，pH 值7. 4。

淀积层：（B）：75～140cm，灰棕色，小块状结构，黏壤土，湿润，有锈斑、铁离子、无石灰反应，pH 值7.4。

母质层（C）：145～170cm，黄棕色，小粒状结构，粉沙壤土，有大量锈斑，铁离子，无石灰反应，pH 值7.6。

中层平地草甸土理化性质分析，见表2-61 和表2-62。

表2-61　中层平地草甸土化学性质分析　（单位：cm 、g/kg）

剖面号	采样深度	有机质	全氮	全磷	全钾	代换量（毫克当量/100g）	pH 值
679	0～27	33.9	2.46	1.01	27.9	21.7	7.2
	30～70	17.8	0.98	0.83	29.4	20.6	7.4
	75～140	9.0	0.33		27.9		7.4
	145～170	2.9					7.6

表2-62　中层平地草甸土物理性质分析　（单位：cm、% 、g/cm^3）

剖面号	采样深度	容重	物理黏粒	物理沙粒
787	0～27	1.44	56.27	43.73
	30～70	1.67	58.03	41.97
	75～140		58.84	41.16
	145～170		65.78	34.22

从中层平地草甸土化学、物理性质分析表2-61、表2-62 中看出，此土种养分含量高于薄层平地草甸土土种，表层有机质、全氮、全磷含量分别为3.39%、0.246%、0.101%、但底层养分下降也非常明显。从物理性状看，容重增大，物理黏粒较多，往下逐渐增多。

3. *厚层平地草甸土土种*（$Ⅲ_1$—103）

厚层平地草甸土面积为4 883hm^2，占总土壤面积的1.8%，其中耕地4 883hm^2 占该土种面积的100%。主要分布在四站、涝洲、五里明、东发4 个乡镇。此土种黑土层较厚，一般在50～85cm，厚者可达100cm 左右。代表性土壤剖面777 号，位置在涝洲镇民权村一队南一节地。其剖在特征如下。

黑土层（A）：0～17cm，暗灰色，团粒状结构，壤土，松散，多植物根系，无石灰反应，pH 值7.4。

犁底层（Ap）：17～20cm，暗灰色，片状结构，壤土，紧实，根系较少，无灰石反应，pH 值7.5。

黑土层（A_2）：20～60cm，暗棕色，小粒状结构，黏壤土，根系较多，无石灰反应，pH 值7.4。

淀积层：（B）：60～80cm，暗棕色，小块状结构，黏壤土，湿润，有少量锈斑、铁锰结核，无石灰反应，pH 值7.6。

母质层（C）：80～150cm，棕黄色，小粒状结构，细粉沙壤土，湿润，有大量锈斑和铁锰结核，无石灰反应，pH 值7.6。

厚层平地草甸土理化性质分析，见表2-63 和表2-64。

表 2－63　厚层平地草甸土化学性质分析　（单位：cm 、g/kg）

剖面号	采样深度	有机质	全氮	全磷	全钾	代换量（毫克当量/100g）	pH 值
777	0～17	25.6	1.40	1.09	30.0	20.8	7.4
	17～20	25.0	1.29	0.98	29.3	21.0	7.4
	20～50	18.5	0.93	0.78	29.3	21.4	7.4
	60～70	8.3					7.6
	80～130	2.2					7.6

表 2－64　厚层平地草甸土物理性质分析　（单位：cm、% 、g/cm^3）

剖面号	采样深度	容重	物理黏粒	物理沙粒
777	0～20	1.26	45.52	54.48
	20～35	1.31	45.94	54.06
	50～60		38.70	61.30
	130～140		38.45	61.55

从厚层平地草甸土化学性质分析表 2－63、表 2－64 中看出，该土种养分含量不高，耕层有机质 25.6g/kg、全氮 1.4g/kg、全磷 1.09g/kg、全钾 30.0g/kg，耕层以下养分下降更加明显，说明此土种潜在肥力也不高，家底较薄，从物理性状看，容重较大，物理黏粒表层较多。

（二）碳酸盐草甸土亚类

主要分布在岗间低平地及低阶地上。全剖面有石灰反应，并有少量可溶盐类。它是草甸化和钙化过程共同作用的产物。根据黑土层的厚薄划分出薄层碳酸盐草甸土、中层碳酸盐草甸土、厚层碳酸盐草甸土 3 个土种。

1. *薄层碳酸盐草甸土土种*（$Ⅲ_2$—101）

薄层碳酸盐草甸土面积为 14 377.7hm^2，占总土壤面积的 5.3%，其中，耕地 14 377.7 hm^2，占该土种面积的 100%。主要分布在肇东镇、太平、海城、尚家、向阳、洪河、五站、东发、西八里、涝洲、宋站、宣化、安民、明久以及四方山军马场。此土种黑土层厚度一般在 15～22cm。代表性土壤剖面 47 号，位置在太平乡畜牧场三姓屯东部草原。其剖面特征如下。

表 2－65　薄层碳酸盐草甸土化学性质分析　（单位：cm 、g/kg）

剖面号	采样深度	有机质	全氮	全磷	全钾	代换量（毫克当量/100g）	pH 值
47	0～15	11.6	0.61	0.82	30.0	26.9	8.5
	55～60	7.1	0.53	0.71	29.3	27.01	8.7
	120～130	6.5			29.3		8.8

表 2-66　薄层碳酸盐草甸土物理性质分析　（单位：cm、%、g/cm³）

剖面号	采样深度	容重	物理黏粒	物理沙粒
47	0~15	1.16	61.30	38.70
	55~60	1.44	62.17	37.83
	120~130		65.80	34.20

黑土层（A）：0~15cm，暗灰色，小粒状结构，黏壤土，强石灰反应，pH 值 8.5。

过渡层（AB）：15~80cm，灰棕色，核块状结构，黏壤，石灰反应强烈。pH 值 8.7。

母质层（C）：80~160cm，黄棕色，核块状结构，黏壤土，潮湿，有铁锰结核和锈斑，石灰反应强烈，pH 值 8.8。

薄层碳酸盐草甸土化学性质分析，见表 2-65 和表 2-66。

从薄层碳酸盐草甸土化学、物理分析表 2-65、表 2-66 中看出，薄层碳酸盐草甸土养分含量较低，土壤表层有机质含量为 11.6g/kg、全氮为 0.16g/kg、全磷为 0.82g/kg，底层养分含量更少，同时，注意用养结合。

2. 中层碳酸盐草甸土土种（$Ⅲ_2$—102）

中层碳酸盐草甸土面积为 37 707.4hm²，占总土壤面积的 13.9%，其中，耕地 37 707.4 hm²，占该土种面积的 100%。主要分布在肇东镇、太平、海城、尚家、姜家、昌五、向阳、跃进、五站、东发、西八里、涝洲、宋站、宣化、安民、明久和四方山军马场。据统计，中层碳酸盐草甸土黑土层厚度上般在 27~40cm。代表性土壤剖面 323 号，位置在向阳乡百合四北三节地。其剖面特征如下。

表 2-67　中层平地草甸土化学性质分析　（单位：cm、g/kg）

剖面号	采样深度	有机质	全氮	全磷	全钾	代换量（毫克当量/100g）	pH 值
323	0~8	32.7	2.21	1.24	23.3	25.1	8.2
	14~18	30.8	1.29	1.03	22.4	25.5	8.8
	20~27	27.8	1.27	1.04	22.7	24.7	8.8
	30~50	18.1	1.20	0.98			8.8
	70~90	6.9					8.8

表 2-68　中层碳酸盐草甸土物理性质分析　（单位：cm、%、g/cm³）

剖面号	采样深度	容重	物理黏粒	物理沙粒
323	0~20	1.39	62.53	37.47
	20~35	1.43	64.82	35.18
	25~60	1.52	70.42	29.58
	60~160		68.10	31.90

黑土层（A_1）：0～13cm，暗灰色，团粒状结构，壤土，少植物根系，强石灰反应，pH值8.2。

犁底层（Ap）：13～20cm，黑灰色，片状结构，壤土，少植物根系，石灰反应强烈，pH值8.8。

黑土层（A_2）：20～27cm，黑灰色，核块状结构，黏壤土，少植物根系，强石灰反应，pH值8.8。

过渡层（AB）：27～70cm，暗棕色，核块状结构，黏壤土，湿润，有少量铁离子，石灰反应强烈，pH值8.8。

淀积层：（B）：70～140cm，黄棕色，核块状结构，黏壤土，有铁离子、锈斑、石灰反应强烈，pH值8.8。

中层碳酸盐草甸土理化性质分析，见表2－67和表2－68。

从表2－67、表2－68中看出，中层碳酸盐草甸土养分含量较高，有机质为32.7g/kg，全氮为2.21g/kg，全磷为1.24g/kg，全钾为23.3g/kg。表层以下养分含量也不低，说明此土种潜在肥力较高。从物理性状看，该土种容重大，物理黏粒较多土壤较黏重。

3. 厚层碳酸盐草甸土土种（$Ⅲ_2$—103）

厚层碳酸盐草甸土面积为31 196.8hm^2，占总土壤面积的11.5%，其中，耕地31 196.8 hm^2，占该土种面积的100%。全市除太平、洪河、西八里、涝洲、宣化5个乡镇外均有分布。此土种黑土层厚，据统计一般在45～85cm。代表性土壤剖面231号，位置在昌五镇向前村三队东地。其剖面特征如下。

黑土层（A_1）：0～10cm，灰黑色，团粒状结构，壤土，多植物根系，石灰反应强烈，pH值8.9。

犁底层（Ap）：10～15cm，灰黑色，片状结构，紧实，石灰反应强烈，pH值9.1。

黑土层（A_2）：15～40cm，黑灰色，小料状结构，植物根系少，石灰反应强烈，pH值8.9。

过渡层（AB）：40～87cm，灰棕色，核块状结构，湿润，有铁锰结核和锈斑，石灰反应强烈，pH值9.1。

母质层（Cg）：87～150cm，黄棕色，小粒状结构，湿润，有铁锰结核和锈斑，石灰反应强烈，pH值8.8。

厚层碳酸盐草甸土理化性质分析，见表2－69和表2－70。

表2－69　厚层碳酸盐草甸土化学性质分析　（单位：cm、g/kg）

剖面号	采样深度	有机质	全氮	全磷	全钾	代换量（毫克当量/100g）	pH值
231	0～10	26.8	1.84	1.08	24.2	27.2	8.9
	10～15	14.8	0.89	0.78	23.5	23.3	9.1
	20～30	7.7	0.39	0.63	23.0	20.2	9.0
	55～75	5.8					9.1
	95～140	6.3					8.8

表 2-70　厚层碳酸盐草甸土物理性质分析　（单位：cm、%、g/cm^3）

剖面号	采样深度	容重	物理黏粒	物理沙粒
231	0~20	1.38	48.52	51.48
	20~25	1.47	48.72	51.28
	80~100		49.03	50.97

从表 2-69、表 2-70 中看出，厚层碳酸盐草甸土表层养分不高，有机质 26.8g/kg、全氮 1.84g/kg、全磷 1.08g/kg、全钾 24.2g/kg，耕层以下养分含量更低。从物理性状看，容重较高，物理黏粒一般。

（三）泛滥地草甸土亚类

主要分布在松花江沿岸的泛滥地带。成土过程主要是冲积物沉积和草甸化过程。剖面特征是，土体中多锈斑，下部质地层次明显，泥沙沉积物呈相同排列，根据黑土层厚薄划分为薄层泛滥地草甸土、中层泛滥地草甸土和厚层泛滥地草甸土 3 个土种。

1. 薄层泛滥地草甸土土种（$Ⅲ_3$—101）

薄层泛滥地草甸土面积为 1 627.6hm^2，占总土壤面积的 0.6%，其中，耕地 1 627.6hm^2，占该土种面积的 100%。主要分布在东发、四站等地。黑土层厚度在 20cm 左右。代表性土壤剖面 691 号，位置在四站镇菜园子村大坝北 85m 处。其剖面特征如下。

黑土层（A）：0~10cm，暗灰色，小块状结构，黏壤土，稍紧，少植物根系，无石灰反应，pH 值 6.9。

犁底层（Ap）：10~17cm，暗灰色，片状结构，黏壤土，无石灰反应，pH 值 6.2。

过渡层（AB）：17~75cm，灰棕色，核块状结构，粉沙壤土，有锈斑，无石灰反应。pH 值 6.4。

母质层（Cg）：70~150cm，淡黄棕色，小粒状结构，粉沙土，有锈斑，无石灰反应强烈，pH 值 6.8。

薄层泛滥地草甸土理化性质分析，见表 2-71 和表 2-72。

表 2-71　薄层泛滥地草甸土化学性质分析　（单位：cm、g/kg）

剖面号	采样深度	有机质	全氮	全磷	全钾	代换量（毫克当量/100g）	pH 值
691	0~10	38.7	2.04	1.43	27.3	22.7	6.9
	10~17	37.8	2.34	0.88	26.8	23.9	6.2
	20~30	15.7	1.00	1.03	28.4	16.7	6.4
	80~100	3.7					6.8

表 2-72　薄层泛滥地草甸土物理性质分析　（单位：cm、%、g/cm^3）

剖面号	采样深度	容重	物理黏粒	物理沙粒
691	0~10	1.20	37.95	62.05
	10~17	1.23	41.07	58.93
	20~30	1.40	34.29	65.71
	80~100		18.82	81.18

从表2－71、表2－72中看，薄层泛滥地草甸土，表层养分含量较高，有机质38.7g/kg、全氮2.04g/kg、全磷1.43g/kg、全钾27.3g/kg，但是表层以下陡然下降，说明此土 潜在肥力较低。从物理性状看，容重自上而下增大，表层物理黏粒较少，土体较松散。

2. *中层泛滥地草甸土土种*（$Ⅲ_3$—102）

中层泛滥土草甸土面积为1 899hm^2，占总土壤面积的0.7%，其中，耕地1 899hm^2，占该土种面积的100%。主要分布在东发、四站和西八里等地。其中，西八里乡面积较大，面积为896.7hm^2，占这个土种面积的78.7%。据统计此土种平均黑土层厚度30cm左右。代表性土壤剖面726号，位置在西八里乡七道海村南三节地。其剖面特征如下。

黑土层（A）：0～20cm，暗灰色，团粒状结构，壤土，松散，多植物根系，无石灰反应，pH值7.3。

犁底层（Ap）：20～30cm，暗灰色，壤黏土，紧实，无石灰反应，pH值7.3。

过渡层（AB）：30～120cm，暗灰棕色，核块状结构，粉沙壤土，有锈斑，少植物根系，无石灰反应。pH值7.6。

母质层（Cg）：120～150cm，黄棕色，小粒状结构，粉沙土，松散，有锈斑、铁锰结核，无石灰反应，pH值7.4。

中层泛滥地草甸土理化性质，见表2－73和表2－74。

表2－73　中层泛滥地草甸土化学性质分析　（单位：cm 、g/kg）

剖面号	采样深度	有机质	全氮	全磷	全钾	代换量（毫克当量/100g）	pH值
726	0～20	27.1	1.79	0.99	29.7	24.9	7.3
	20～30	23.1	1.40	0.86	26.2	25.1	7.3
	45～55	8.6					7.6
	120～130	1.4					7.4

表2－74　中层泛滥地草甸土物理性质分析　（单位：cm、% 、g/cm^3）

剖面号	采样深度	容重	物理黏粒	物理沙粒
726	0～20	1.27	46.53	53.47
	20～30	1.41	46.82	53.18
	45～55		51.74	48.26
	80～100		19.43	80.57

从表2－73、表2－74中看出，中层泛滥地草甸土表层养分含量较低，低于薄层泛滥地草甸土地，物理性状也较薄层泛滥地草甸土差。

3. *厚层泛滥地草甸土土种*（$Ⅲ_3$—103）

厚层泛滥地草甸土面积为1 899hm^2，占总土壤面积的0.7%，其中，耕地1 427hm^2，占该土种面积的75.1%。分布在东发、四站、西八里等地。此土种黑土层厚，据统计，平均黑土层厚度65cm。代表性土壤剖面501号，位置在东发办事处五湖村八队。其剖面特征如下。

腐殖质层（A_1）：0～35cm，暗灰色，团粒状结构，壤土，较松，多植物根系。无石灰反应，pH 值 7.6。

黑土层（A）：35～60cm，暗灰色，小团粒结构，壤土，根系少，无石灰反应，pH 值 7.6。

过渡层（AB）：60～690cm，灰棕色，核块状结构，粉沙壤土，有锈斑，植物根系较少，无石灰反应。pH 值 7.6。

向母质过度层（BC）：90～100cm，黄棕色，粒状结构，粉沙壤土，有锈斑，无石灰反应，pH 值 7.4。

母质层（Cg）：100～155cm，棕黄色，小粒状结构，粉沙壤土，松散，有锈斑，无石灰反应，pH 值 7.4。

厚层泛滥地草甸土理化性质，见表 2－75 和表 2－76。

表 2－75　厚层泛滥地草甸土化学性质分析　（单位：cm 、g/kg）

剖面号	采样深	有机质	全氮	全磷	全钾	代换量（毫克当量/100g）	pH 值
501	0～30	23.8	1.19	0.90	29.7	23.7	7.6
	35～50	11.4	0.70	0.76	30.8	23.6	7.6
	60～90	6.6					7.6
	90～100	6.2					7.5
	100～155	1.9					7.4

表 2－76　厚层泛滥地草甸土物理性质分析　（单位：cm、% 、g/cm^3）

剖面号	采样深度	容重	物理黏粒	物理沙粒
501	0～30	1.21	46.35	53.65
	35～50	1.36	46.28	53.72
	60～90		51.47	48.53
	90～100		48.70	51.30
	100～155		19.34	80.66

从厚层泛滥地草甸土化学、物理性质表 2－75、表 2－76 中看出，此土种养分含量较低，而往下逐渐下降，如果不受河水泛滥的影响，还适合各种作物生长。

（四）潜育草甸土亚类

续分为 1 个土属，即潜育草甸土土属，根据地黑土层厚度，划分为薄层潜育草甸土、中层潜育草甸土、厚层潜育草甸土 3 个土种。面积为 542.5hm^2，占总土壤面积的 0.2%，其中，耕地 542.5hm^2，占总土壤面积的 100%。分布在西八里、涝洲和尚家镇草原的局部洼地中。有季节性积水，土壤长期过湿，生长沼柳、小叶樟等植物，它是草甸化过程和潜育化过程共同作用的产物。腐殖质层薄者 15cm，厚者 75cm，腐殖质层以下有明显潜育特征，土体中有锈斑和潜育斑，母质中有灰蓝色潜育层。

表 2-77 潜育草甸土化学性质分析 （单位：cm 、g/kg）

剖面号	采样深度	有机质	全氮	全磷	全钾	代换量（毫克当量/100g）	pH 值
804	0~15	59.7	3.52	1.68	24.8	30.1	6.2
	15~110	14.3	1.210	1.63	23.1	31.4	7.1
	120~150	12.4					7.3
712	0~11	24.8	1.36	0.75	25.4	31.6	7.9
	11~19	24.2	1.29	0.71	25.2	31.9	7.5
	19~70	30.5	1.78	0.69	24.9	31.7	7.5
	70~115	25.7					7.5

表 2-78 潜育草甸土物理性质分析 （单位：cm、% 、g/cm^3）

剖面号	采样深度	容重	物理黏粒	物理沙粒
501	0~11	1.32	46.59	53.41
	11~19	1.41	50.67	49.33
	19~70	1.34	53.93	46.07
	70~115		48.73	51.27

土壤有机质积累较多，养分含量也多，但有效养分释放很慢，尤其缺磷。土质黏重，多为黏壤土或壤黏土，透水性差。现以厚层潜育草甸土土种（$Ⅲ_4$—103）为代表，论述其潜育草甸土的剖面特征。代表性土壤剖面 712 号，位置在西八里乡太平山三队火烧屯西 1 000m处，其理化性状分析，见表 2-77 和表 2-78。

（五）盐化草甸土亚类

盐化草甸土主要分布在肇东镇先进村、里木店镇的低平地形部位，地势低洼，排水不良，地下水位高，含有可溶性盐类，随毛管上升，故土壤表层积累一定数量的可溶性盐，危害作物生长。盐化草甸土常与盐土、碱土、碱化草甸土插花呈复区分布。根据盐化程度及剖面形态特征和黑土层薄厚盐化草甸土划分为苏达盐化草甸土 1 个土属，厚层苏达盐化草甸土 1 个土种（$Ⅲ_5$—103）。面积为 81.4hm^2，占总土壤面积的 0.03%，其中，耕地 81.4hm^2，占该土种面积的 100%。厚层苏达盐化草甸土主要剖面特征是：除草甸化过程外，附加有盐分积累过程，碱化过程不明显。黑土层厚 130cm，呈灰色，小核块状结构，有 17cm 灰白斑状积盐层，全剖面无明显层次，通体有强石灰反应。下层有铁锰斑点，母质层有较多的锈斑，干时通体反盐霜。

厚层苏达盐化草甸土理化性质分析，见表 2-79 和表 2-80。

表 2-79 厚层苏达盐化草甸土化学性质分析 （单位：cm 、g/kg）

剖面号	采样深度	有机质	全氮	全磷	全钾	代换量（毫克当量/100g）	pH 值
669	0~19	43.7	2.55	1.39	29.1	30.21	8.9
	19~30	33.5	1.86	1.18	28.1	27.20	8.9
	30~95	22.2	0.97	0.91	27.6	25.96	9.1
	95~120	14.8					9.2

表 2－80　厚层苏达盐化草甸土物理性质分析　　（单位：cm、%、g/cm^3）

剖面号	采样深度	容重	物理黏粒	物理沙粒
669	0～19	1.41	63.37	36.63
	19～30	1.35	56.99	43.01
	30～95		65.67	34.33
	95～120		64.32	35.68

从厚层苏达盐化草甸土化学、物理性质表中看，此土种全量养分较高，表层有机质为43.7g/kg、全氮2.55g/kg、全磷1.39g/kg，但是由于季节性反盐，影响作物和生长。

（六）苏达碱化草甸土亚类

苏达碱化草甸土分布于肇东市太平、德昌、五里明、明久等乡镇的波状平原稍高处和碟形洼地，多与盐土、碱土、盐化草甸土呈复区存在、碱化草甸土是草甸化过程中碱化过程的综合产物。这类土壤的特点是全剖面含盐不高，特别是表土更低，但碱化特征明显。淀积层（B）有明显的棱块状深灰色的碱化层，下层有灰蓝色或绿色潜育斑，其他特征与盐化草甸土基本相同，根据黑土层薄厚将苏达碱化草甸土划分为薄层苏达碱化草甸土和厚层苏达碱化草甸土2个土种。

薄层苏达碱化草甸土土种（$Ⅲ_6$—101）

薄层苏达碱化草甸土面积为542.6hm^2，占总土壤面积的0.2%，其中耕地542.6hm^2，占该土种面积的100%。分布在太平、德昌、五里明和明久4个乡镇。代表性土壤剖面1137号，位置在明久乡长发村长发屯南二节地。其剖面特征如下。

表 2－81　薄层苏达碱化草甸土化学性质分析　　（单位：cm、g/kg）

剖面号	采样深度	有机质	全氮	全磷	全钾	代换量（毫克当量/100g）	pH 值
1137	0～17	27.1	1.61	1.01	20.9	25.7	9.6
	17～30	23.0	1.25	0.96	21.4	24.9	9.0
	30～70	20.5	0.99	0.69			8.6
	70～160	10.9					8.6

表 2－82　薄层苏达碱化草甸土物理性质分析　　（单位：cm、%、g/cm^3）

剖面号	采样深度	容重	物理黏粒	物理沙粒
1137	0～17	1.31	49.25	50.75
	17～70	1.38	56.56	43.44
	30～70		59.42	40.58
	70～160		61.32	38.68

黑土层（A）：0～17cm，黑灰色，小粒状结构，紧实，少根系，有较多强石灰反应，pH 值 9.6。

碱化层（AS）：17～30cm，暗灰色，核对块状结构，紧实，强石灰反应，pH 值 9.0。

过渡层（AB）：30～70cm，浅棕灰色，核状结构，黏壤土，紧实，有锈斑，石灰反应强烈。pH 值 8.6。

淀积层：（B）：灰棕色，棱块状结构，黏壤土，有锈斑和铁锰结核，石灰反应强烈，pH 值 8.6。

薄层苏达碱化草甸土理化性质分析，见表 2－81 和表 2－82。

从薄层苏达碱化草甸土理化性质分析表 2－81、表 2－82 中看出，此土养分含量一般，表层有机质含量 27.1g/kg、全氮 1.6g/kg、全磷含量 1.01g/kg，但由于重表碳酸钠的存在，碱性强，严重影响作物和生长发育。

薄层苏达碱化草甸土面积很少，仅有 17.7hm^2，分布于宣化乡草原，非耕地。黑土层较厚，一般为 67cm，其他剖面特征与薄层苏达碱化草甸土基本相似。薄层苏达碱化草甸土化学性质分析，见表 2－83。

表 2－83　薄层苏达碱化草甸土化学性质分析　（单位：cm 、g/kg）

剖面号	采样深度	有机质	全氮	全磷	全钾	代换量（毫克当量/100g）	pH 值
823	0～17	7.6	0.37	0.81	21.7	24.7	10.0
	67～85	5.3	0.39	0.79	21.9	24.1	9.9
	120～130	5.3					9.5

四、风沙土类

风沙土主要分布于松花江沿岸，是早期流泛滥或因河流改道所遗留下来的老河滩沙地，经过风力搬运堆积，在植物作用下形成的。肇东市风沙土可划分为 2 个亚类，即生草风沙土亚类和黑钙土型沙土亚类，又续分为 3 个土属，3 个土种。现简单叙述如下。

1. 岗地生草风沙土土种（$Ⅳ_1$—101）

岗地生草风沙土面积为 1 899hm^2，占总土壤面积的 0.7%，其中，耕地 1 899hm^2，占该土种面积的 100%。主要分布在东发、四站、西八里、涝洲等地。代表性土壤剖面 715 号，位置在西八里乡太平山村大坝南。其剖面特征如下：

黑土层（A）：0～8cm，暗灰棕色，小团粒结构，粉沙壤土，疏松，多根系，无石灰反应，pH 值 6.6。

母质层（C）：8～160cm，黄棕色，粒状结构，粉沙土，疏松，有锈斑，无石灰反应，pH 值 6.8。

岗地生草风沙土化学性质，见表 2－84。

表 2－84　岗地生草风沙土化学性质分析　（单位：cm 、g/kg）

剖面号	采样深度	有机质	全氮	全磷	全钾	代换量（毫克当量/100g）	pH 值
715	0～8	27.5	1.56	1.10	20.1	22.7	6.6
	9～120	10.2	0.60	0.82	21.3	20.6	6.8

2. 岸边生草风沙土土种（IV_1—201）

岸边生草风沙土面积为 2 170. 2hm²，占总土壤面积的 0. 8%，其中，耕地 2 170. 2hm²，占该土种面积的 100%。

表 2－85 岸边生草风沙土化学性质分析 （单位：cm 、g/kg）

剖面号	采样深度	有机质	全氮	全磷	全钾	代换量（毫克当量/100g）	pH 值
503	0～20	26. 9	1. 45	1. 03	27. 6	23. 1	6. 7
	25～35	10. 1	0. 48	0. 71	27. 6	18. 5	6. 9
	40～55	5. 2					6. 9
	60～150	0. 6					6. 8

表 2－86 岸边生草风沙土物理性质分析 （单位：cm、% 、g/cm³）

剖面号	采样深度	容重	物理黏粒	物理沙粒
507	0～10	1. 24	24. 25	75. 75
	10～150	1. 42	14. 46	85. 54
503	0～20	1. 39	41. 91	58. 09
	25～35	1. 43	37. 95	62. 05
	40～55		20. 65	79. 35
	60～150		6. 49	93. 51

主要分布在东发、四站等地。代表性土壤面积剖面 503 号，位置在东发办事处同发村六队南东西垄地。其剖面特征如下。

黑土层（A）：0～35cm，淡灰色，粒状结构，粉沙壤土，有锈斑，根系较多，无石灰反应，pH 值 6. 7。

母质层（C）：35～150cm，黄棕色，粒状结构，沙土，松散，有锈斑，无石灰反应，pH 值 7. 0。

岸边生草风沙土理化性质，见表 2－85 和表 2－86。

从表 2－85、表 2－86 中看，岸边生草风沙土表层养分含量较低，有机质 26. 9g/kg、全氮 1. 45g/kg、全磷 1. 03g/kg、全钾 27. 6g/kg，表层以下养分更低，底层有机质含量只有 0. 6%，可见，此土种表层养分含量低，而且潜在肥力也不高，应大量增施粪肥，提高养分含量。从物理性状看，容重较大，物理黏粒较少。

3. 岗地黑沙土土种（IV_2—101）

岗地黑沙土面积为 1 356. 4hm²，占总土壤面积的 0. 5%，其中耕地 1 356. 4hm²，占该土种面积的 100%。主要分布在东发、四站、涝洲等地。代表性土壤剖面 545 号，位置在涝州合居村和安全村八队南大排。其剖面特征如下。

表 2－87 岗地黑沙土化学性质分析 （单位：cm 、g/kg）

剖面号	采样深度	有机质	全氮	全磷	全钾	代换量（毫克当量/100g）	pH 值
545	0～20	29.7	1.70	0.99	26.8	28.4	6.8
	25～75	7.0	0.60	0.80	27.6	21.8	7.0
	80～155	2.5					7.0

表 2－88 岗地黑沙土物理性质分析 （单位：cm、% 、g/cm³）

剖面号	采 样 深 度	容重	物理黏粒	物理沙粒
545	0～20	1.35	56.70	43.30
	25～75	1.42	59.85	40.15
	80～150		35.86	64.14

黑土层（A）：0～25cm，黑灰色，团粒状结构，壤质，松散，多植物根系，无石灰反应，pH 值 6.8。

过渡层（AB）：25～80cm，暗棕色，粒状结构，粉沙壤土，少植物根系，无石灰反应。pH 值 7.0。

母质层（C）：80～160cm，棕黄色，沙粒状结构，沙壤质，松散，有锈斑，无石灰反应，pH 值 7.0。

岗地黑沙土理化性质，见表 2－87 和表 2－88。

从表 2－87、表 2－88 中看出，岗地黑沙土表层养分含量较低，有机质含量 29.7g/kg、全氮含量 1.7g/kg、全磷含量 0.99g/kg、全钾含量 26.8g/kg，表层以下养分下降明显，有机质最低只有 2.5%，可见，此土种潜在肥力低。从物理性状看，容重较大，物理黏粒上层较多，下层较少。

五、盐土类与碱土类

（一）盐土类

盐土与盐化草甸土和碱化草甸土土呈复区分布。肇东市盐土，多为薄层苏达盐土土种（$Ⅶ_1$—101），群众称明碱，碱疤拉。面积为 5 154.3hm²，占总土壤面积的 1.9%，其中，耕地 5154.3hm²，占该土种面积的 100%，多分布在低河漫滩，在碱泡子周围或在碱甸子微斜坡上呈同心圆的带状长带状或斑状，其位置比草甸碱土低。地表裸露，雨季可长此碱蓬、碱蒿、燕子尾等植物。地下水位高，一般在 1～1.5m，并且矿化度高。表层含盐高达 0.5%～1.5%，下层较少，一般为 0.3%。盐分种类一般以苏达为主，碱化度均在 50% 以上，碱性强（pH 值 10）。这种土一般不能开垦为耕地，要注意保护植物，不使碱斑扩展，辟为草原。

主要剖面特征：土壤表层为 2～3cm 厚的灰白色盐结皮，间有黄褐色的斑点。黑土层（A）深灰色夹白色，小核状结构。淀积层（B）为灰蓝、白混合色，层次不明显。

（二）碱土类

多为浅位柱状草甸碱土土种（$Ⅷ_1$—101），群众称为暗碱。碱包。面积为 7 324.3hm²，占总土壤面积的2.7%，其中，在耕地里有7 324.5hm²。占该土种面积的100%。该土种常与盐化草甸土、碱化草甸土、盐土伴随出现在高河（湖）漫滩上，在小区地形的包上，俗称碱包。地下水位一般在2～2.5m，矿化度低，土壤含盐表层低，下层略高些，但碱性很强，pH值一般在9～10。

表2－89　薄层苏达草甸盐土化学性质分析　（单位：cm 、g/kg）

剖面号	采样深度	有机质	全氮	全磷	全钾	代换量（毫克当量/100g）	pH值
1186	0～2.5	6.2	0. 38	0.36	21.4	33.20	9.4
	2.5～27	20.8	1.89	0.65	21.9	21.69	9.2
	27～51	19.3	0.56	0.65	21.6	22.67	9.2
	51～63	11.6					8.9
	63～114	8.5					8.9

表2－90　薄层苏达草甸盐土物理性质分析　（单位：cm、% 、g/cm³）

剖面号	采样深度	容重	物理黏粒	物理沙粒
1186	0～2.5	1.35	61.63	38.68
	2.5～27	1.37	63.68	36.14
	27～51	1.36	65.56	34.44
	51～63		64.13	35.87
	63～114		62.28	37.73

表2－91　浅位柱状草甸碱土化学性质分析　（单位：cm 、g/kg）

剖面号	采样深度	有机质	全氮	全磷	全钾	代换量（毫克当量/100g）	pH值
1187	0～13	29.5	1.70	0.87	20.1	21.58	9.5
	13～30	31.4	1.72	0.86	20.4	28.96	9.6
	30～70	26.0	1.49	0.90	20.2	25.60	9.2
	70～130	19.1					9.0
	130～150	9.8					8.9

表2－92　浅位柱状草甸碱土物理性质分析　（单位：cm、% 、g/cm³）

剖面号	采样深度	容重	物理黏粒	物理沙粒
1187	0～13	1.36	63.73	36.27
	13～30	1.38	56.70	43.30
	30～70	1.37	65.67	34.33
	70～130		64.31	35.69
	130～150		62.72	37.28

主要剖面特征：黑土层（A）通常灰色。淀积层（B）为灰棕色碱化层，紧实，为圆顶形的柱状结构，群众称为碱格子或暗碱。在柱状顶部有一薄薄的白色间层，几乎完全是二氧化硅粉末，柱状层以下具有块状到园块状或核块状结构的土层，可溶性盐类含量最高，为盐化层。向母质过度层（BC）有锈斑和白色石灰斑。母质层（C）为棕黄色。

薄层苏达草甸盐土、浅位柱状草甸碱土理化性质，见表2－89至表2－92。

六、泛滥土类、沼泽土类与水稻土类

（一）泛滥土类

泛滥土类主要分布在松花江沿岸的泛滥地上，它的形成主要受河流泛滥的影响，在洪水季节，河水向低洼地泛滥，携带大量泥沙，逐渐淤积下来，形成泛滥土，也中河淤土。由于肇东市泛滥土离江较远，定为沙质层状草甸泛滥土土种（$Ⅵ_1$—101），面积为10 037.2hm^2，占总土壤面积的3.7%。主要分布在东发、四站、西八里、涝洲等地距江较远的河漫滩地上。它是由草甸化过程和沉积过程共同作用的产物。代表性土壤剖面780号，位置在涝洲镇民权村坝外地。其剖面特征如下。

黑土层（A）：0～11cm，黑灰色，小粒状结构，粉沙壤土，根系较多，无石灰反应，pH值6.3。

犁底层（Ap）：11～23cm，黑灰色，片状结构，沙壤土，紧实，有锈斑和铁离子，无石灰反应，pH值6.0。

黑土层（A_2）：23～75cm，灰黑色，团粒状结构，粉沙壤土，有锈斑、铁离子，无石灰反应，pH值7.0。

过渡层（AB）：75～85cm，黄棕色，黏沙壤土，有锈斑、铁离子，无石灰反应、pH值7.0。

母质层（C）：85～160cm，灰白色，粒状结构，沙壤土，有锈斑，铁离子，无石灰反应，pH值6.8。

沙质层状草甸泛滥土理化性质上分析，见表2－93和表2－94。

表2－93　沙质层状草甸泛滥土化学性质分析　（单位：cm 、g/kg）

剖面号	采样深度	有机质	全氮	全磷	全钾	代换量（毫克当量/100g）	pH值
780	0～10	22.5	1.28	0.91	21.4	20.8	6.3
	11～23	55.6	2.80	1.36	21.7	21.0	6.0
	23～70	33.5	1.76	1.32	21.0	21.4	7.0
	75～80	7.1					7.0
	90～120	1.9					6.8

表2－94　沙质层状草甸碱土物理性质分析　（单位：cm、%、g/cm³）

剖面号	采样深度	容重	物理黏粒	物理沙粒
780	0～10	1.20	37.59	62.41
	11～23	1.26	41 019	58.81
	23～70	1.23	46 035	53.65
	75～80		51.74	48.26
	90～120		18.20	81.80

从表2－93、表2－94中看出，沙质层状草甸泛滥土养分含量较低，表层有机质含量22.5g/kg、全氮含量1.28g/kg、全磷含量0.91g/kg，下层养分下降更加明显。在不遭受洪水灾害的情况下，适宜各种作物生长。

（二）沼泽土类

沼泽土类主要分布在五站、东发、西八里、涝洲、宣化等乡镇的河滩及低阶地局部洼地中。划分为1个亚类，即草甸沼泽土亚类，又续分为盐化草甸沼泽土1个土属有薄层盐化草甸沼泽土1个土种（代号IX_1－101）。面积为1 627.7hm²，占总土壤面积的0.6%。其中，耕地1 627.7hm²，占该土种面积的100%。

薄层盐化草甸沼泽土成土过程，主要是草甸化和沼泽化过程。这类土壤的特点是没有泥炭层，有30cm左右的腐殖质层，腐殖质含量较高，团粒结构好。剖面构造为：草根层（As）：生草根多，分解度低，腐殖质含量高，但以矿物质为主：腐殖质层（A_1）：腐殖质含量高，团粒结构好，有多量锈斑；潜育层（Cg）：灰蓝色，无结构，有大量锈斑、铁锰结核和潜育斑，土壤长期过湿。

该土种所处地势平坦，水分充足，植被繁茂，覆盖度大，稍加改良便可充分开垦利用，也可成为发展牧业的基地。

（三）水稻土类

水稻土类划分为薄层盐化草甸土型水稻土土种（代号V_1－101）。面积为88.5hm²，占总土壤面积的0.032%。主要分部在涝洲镇的多年产稻区。

表2－95　薄层盐化草甸土型水稻土化学性质分析　（单位：cm、g/kg）

剖面号	采样深度	有机质	全氮	全磷	全钾	代换量（毫克当量/100g）	pH值
785	0～8	32.4	1.75	1.04	28.2	26.2	9.7
	9～60	19.7	0.90	0.98	25.3	27.4	9.9
	65～110	3.0					8.9
	120～145	3.0					8.3

水稻土是人类生产活动创造的一种特殊土壤，是典型的生产活动的产物。肇东市薄层盐化草甸土型水稻土因种植水稻年限短，加之每年只种一季水稻，淹水时间短，所以，发育成度不典型，剖面分化不明显。通过剖面观察，虽未发现潴育、淹育等典型层次，局部已呈现出水稻土一些形态特征，考虑到今后继续种水稻，所以，暂定为水稻土。薄层盐化草甸土型水稻土化学性质分析，见表2－95。

第四章　耕地土壤属性

这次调查采集土壤耕层样（0～20cm）2 129个，其中，旱田土壤样本1 919个，水田土壤样本210 个。分析了 pH 值、土壤有机质、全氮、全磷、全钾、碱解氮、有效磷、速效钾、中微量元素等土壤理化属性项目13 项。现就以上数据整理分析如下。

第一节　有机质及大量元素

一、土壤有机质

释　　义：土壤中除碳酸盐以外的所有含碳化合物的总含量。

字段代码：SO120203。

字段名称：有机质。

英文名称：Organic matter。

数据类型：数值。

量　　纲：g/kg。

小 数 位：1。

极 小 值：0。

极 大 值：500。

（一）土壤有机质的重要性及土壤有机质的组成

土壤有机质是土壤肥力的重要物质基础。尽管土壤有机质的含量只占土壤总量的很小一部分，但它对土壤形成、土壤肥力、环境保护及农林业可持续发展等方面都有着极其重要的作用。土壤有机质在土壤肥力上的重要作用主要表现在以下 2 个方面。

（1）它是作物所需各种养料的主要给源。土壤氮素有 95% 以上存在于土壤有机质中。肇东市土壤磷素也有 65% 以上是有机态磷；钾素虽然主要以无机态存在，但有机质可以吸附离子态钾，使其免于损失，对于微量元素，有机质则可以与其中多种形成络合物，提高其有效性。

（2）它可以改善土壤的结构性、通气性、渗水性、吸附性和缓冲性等物理和化学性质，协调土壤水肥气热等肥力因素，提高土壤保肥能力和消除土壤中农药等残毒的能力。

综上可见，土壤有机质含量的多少，对土壤肥力的高低几乎有决定性作用。因此，正如《中国土壤》一书所说："事实上，除了某些土壤（如盐碱土、冷浸田、沤田等）有其特殊矛盾以外，对于大多数耕种土壤来说，培肥的中心环节就是保持、提高土壤有机质含量"。

土壤有机质的组成决定于进入土壤的有机物质的组成，进入土壤的有机物质的组成相当复杂。各种动、植物残体的化学成分和含量因动、植物种类、器官、年龄等不同而有很大的差异。一般情况下，动植物残体主要的有机化合物有碳水化合物、木质素、蛋白质、树脂、蜡质等。土壤有机质的主要元素组成是 C、O、H、N，分别占 52% ~58%、3.4% ~9%、3.3% ~4.8%，3.7% ~4.1%。

（二）土壤有机质含量

土壤有机质是耕地地力的重要标志。它可以为植物生长提供必要的氮、磷、钾等营养元素；可以改善耕地土壤的结构性能以及生物学和物理、化学性质。通常在其他大的立地条件相似的情况下，有机质含量的多少，可以反映出耕地地力水平的高低。

这次调查结果表明，肇东市耕地土壤有机质含量平均为 24.0g/kg，变化幅度在 12.0 ~ 38.0g/kg，在《黑龙省第二次土壤普查技术规程》分级基础上，将全市耕地土壤有机质分为五级，其中，含量 >40g/kg 的为一级；30 ~ 40g/kg 的为二级，20 ~ 30g/kg 的为三级，10 ~20g/kg 的为四级，≤10 的为五级（表 2 -96）。

表 2 -96　耕层有机质分级统计　（单位：g/kg）

	有机质含量、分级			1	2	3	4	5
乡名称	平均值	最小值	最大值	>40	30 ~40	20 ~30	10 ~20	≤10
四站镇	28.93	19	38	0	4 461.11	4 303.71	600.3	0
西八里	23.11	18	37.4	0	3 329.47	6 912.85	6 567.35	0
海城乡	22.78	13	30.5	0	247.43	6 138.51	2 765.51	0
宣化乡	22.66	13.5	38	0	3 090.01	6 881.83	10 960.62	0
肇东镇	17.83	12	26	0	0	4 900.49	8 641.92	0
里木店	27.82	13.9	36.3	0	3 241.52	4 768.48	537.88	0
向阳乡	21.63	12	32.5	0	586.81	6 075.83	4 555.58	0
明久乡	20.11	13	32	0	40.48	5 473.35	5 096.32	0
洪河乡	21.92	12.3	33.2	0	315.48	9 068.06	2 208.39	0
姜家镇	22.38	13.8	31	0	557.19	5 272.31	3 458.69	0
五站镇	29.66	18	38	0	10 039	9 229.56	693.26	0
宋站镇	20.04	12	32.7	0	45.94	3 578.85	7 594.35	0
跃进乡	28.82	16.3	36	0	7 885	2 787.21	1 284.06	0
五里明	29.57	18	38	0	8 077.75	5 586.74	627.32	0
尚家镇	19.27	12	34	0	236.15	6 954.48	10 899.77	0
安民乡	20.63	14.3	32.5	0	155.16	7 789.76	5 385.84	0
涝洲镇	30.52	18	38	0	6 128.77	5 740.36	321.21	0
德昌乡	22.01	12	36	0	896.46	8 013.08	4 810.94	0
黎明镇	31.28	27.3	36.3	0	9 568.66	6 582.58	0	0
太平乡	24.6	15.8	34.4	0	2 136.22	6 194.89	887.5	0
昌五镇	18.67	13.1	30	0	0	6 009.37	4 078.69	0
合计	24	15.1	34.3	0	61 038.61	128 262.3	81 975.5	0

与20世纪70年代开展的第二次土壤普查结果比较，土壤有机质平均下降了6.3个百分点（第二次土普调查数为30.3g/kg）。而且土壤有机质的分布也发生了相应的变化，土普时耕地土壤有机质主要集中在30～40g/kg的2级，而这次调查表明，有机质主要集中在20～30g/kg的3级。从空间分布看：有机质含量一级的没有（个别地块有机质含量大于40g/kg）；二级的占22.5%；三级的占47.3%；四级的占30.2%。

从行政区域看，肇东镇、昌五镇、尚家镇3个镇的有机质含量较低，平均含量为20g/kg以下。涝州、四站、里木店、五里明镇、跃进乡含量较高，有机质含量28g/kg以上，其中，只有涝州镇最高，有机质含量达30.5g/kg。土壤类型以黑土、水稻土最高；最低的是风沙土、其次是草甸土（表2－97、图2－10）。

表2－97 各土壤类型耕层有机质统计 （单位：g/kg）

土类	黑钙土	草甸土	沼泽土	黑土	风沙土	新积土	水稻土
平均值	24.76	24.57	26.9	28.35	20.88	25.6	28.2
最小值	12	12	19.5	18	10.8	18	18
最大值	37.9	38	35.2	38	27.5	37	34.3
标准差	6.56	6.63	5.98	5.07	4.46	5.17	4.97
变异系数	26.49	26.97	22.23	17.87	15.44	20.18	17.64

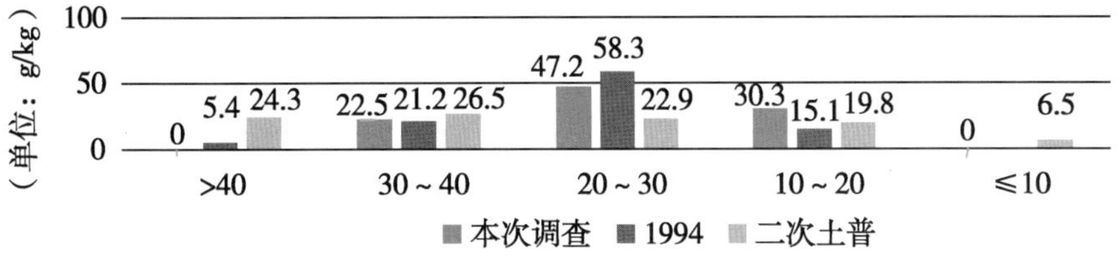

图2－10 耕层土壤有机质频率分布比较

（三）土壤有机质的碳氮比值

由于土壤有机质是影响土壤可持续利用最重要的物质基础，碳、氮循环和截获的研究已经成为相关领域的前沿研究课题。在农田生态系统中，作物通过光合作用固定CO_2并转化出相当数量的植物残体和分泌物（包括动物残体及排泄物）；后者进入土壤，在土壤动物和微生物的作用下完成分解、转化、合成等一系列过程。植物残体（包括动物残体）以及土壤自身的有机质在土壤中的分解是一个生物化学过程，通过这个过程，碳以CO_2的形式归还到大气中；而氮、磷、硫和微量元素以无机的形态释放到土壤中，供高等植物利用；部分养分被土壤微生物同化为微生物生物量，参与土壤微生物的快速周转过程。在植物残体微生物分解过程中，虽然大部分的碳以CO_2形式释放到空气中，但植物残体进入土壤一年后，约有1/3的碳被土壤截获，在土壤中构成复杂的土壤有机碳库。这种截获过程与有机质的腐殖化过程密切相关，而腐殖化过程形成土壤有机质，腐殖化系数决定土壤碳截获的效率。有机碳的截获和矿化（以CO_2的形式排放到大气，或以可溶性形态从土壤淋失）是2个相反的过程，两者都受到土壤内有机质转化循环过程的制约。土壤有机质的矿化和腐殖化过程对于土壤碳循环同样重要：没有矿化过程，土壤有机质中的养分不能释放并被植物利用；若没有腐殖化过程，有机质不能在土壤中截获积累。缺少其中任何一个过程，土壤碳循环都不能实现，2 个过程的相对速率对于土壤有机质的动态变化至关重要。可见，处理好土壤有机质积累和消耗的关系，是农业土壤碳循环研究中的重要任务。

碳和氮是微生物生活的要素，微生物生命活动所需的碳氮比值（C/N）约为 25∶1。如果有机质中的 C/N 大于 25，即表示 N 的含量不能满足微生物的需要，这类有机质分解过程中不但不能积累速效氮，微生物反而需要从土壤中吸取氨或其他合氮物质。由此看来，C/N 比值在某种程度上可以反应土壤中的养分状况。曾有人研究的结果指出，比较稳定的耕作土壤，一般 C/N 比值是 10 或 11 左右，随着土层深度加深或年平均气温增加，这个比值还可能小些。

表 2－98　主要土壤类型表层 C/N　（单位：g/kg）

土壤名称	样品数	有机质	C	N	C/N
厚层黑土	8	36.8	40.5	3.01	13.5
中层黑土	56	31.2	41.2	3.2	12.8
薄层黑土	225	39.6	40.1	3.3	12.1
破皮黄黑土	4	29.5	22.9	1.78	12.8
厚层草甸黑土	8	28.3	19.6	1.38	14.2
中层草甸黑土	6	31.3	22.2	1.6	13.8
厚层草甸土	65	35	35.1	3.05	11.5
中层草甸土	36	32.8	23.8	1.8	13.2
水稻土	9	28.8	21.5	1.5	14.3
薄层黄土质黑钙土	11	35.1	32.6	2.6	12.5
中层黄土质黑钙土	3	33.9	22.7	1.7	13.3
厚层黄土质黑钙土	71	31.1	24.4	1.9	12.8
薄层黄土质石灰性黑钙土	27	32.6	26.9	2.18	12.3
中层黄土质石灰性黑钙土	5	33	22.7	1.6	14.2

肇东市几种主要土壤的表层有机质 C/N 比值，列于表 2－98。

由表 2－98 可见，肇东市主要耕作土壤（黑土、黑钙土、草甸土）的耕层有机质 C/N 比值在 12 左右，比“比较稳定的耕作土层”的 C/N 比值大。

这说明肇东土壤有机质在逐年恶化。可见有机质腐解程度的高低与土壤供肥能力关系密切。

（四）有机质与氮磷养分之间的关系

有机质是氮磷养分的直接给源，有机质对土壤理化生物性状有直接的影响。因此，有机质与土壤的氮磷贮量及其有效性都有一定的相关关系。我们对北安市各类土壤的有机质与全氮、全磷、碱解氮、有效磷之间的相关性进行了测定，结果列于表 2－99。

表 2-99 有机质与 N、P 的相关性

土壤名称	有机质×碱解氮			有机质×有效磷			
	n	r	1%r	n	r	1%r	5%r
黑土	304	0.856	0.148	293	0.117	0.148	0.113
草甸土	124	0.912	0.228	111	-0.002	0.228	0.174
沼泽土	16	0.909	0.590	16	-0.144	1.590	1.468
黑钙土	105	0.850	0.254	95	0.312	—	0.267

注＊有机质×N、有机质×P……代表有机质与 NP 的相关关系；n 代表相关变量对数；r 代表相关系数；1%r、5% 为查 r 表得到 r 值显著标准

由表 2-99 可见：

（1）各种土壤的有机质与碱解氮的相关性也都极显著，r 值远大于 1% 显著标准。高达 0.850～0.912。

（2）有机质与速效磷的相关性，草甸土和沼泽土都不显著，黑土显著，黑钙土极显著。似乎与土壤环境条件有关——草甸土和沼泽土低湿冷凉，相关性不显著，黑土和黑钙土高燥温热，相关性显著。终究因何原因？还未见过研究报导，有待进一步研究。

二、土壤全氮

释　　义：土壤中的全氮含量，表示氮素的供应容量，是土壤中无机态氮和有机态氮的总和。

字段代码：SO120204。

英文名称：Total nitrogen。

数据类型：数值。

量　　纲：g/kg。

数据长度：6。

小 数 位：3。

极 小 值：0。

极 大 值：20。

土壤中的氮素仍然是我国农业生产中最重要的养分限制因子。土壤全氮是土壤供氮能力的重要指标，在生产实际中有着重要的意义。如前所述，土壤全氮含量与有机质含量有极显著的正相关关系。所以，肇东市土壤全氮含量和有机质一样，处在比较低的水平。

肇东市耕地土壤中氮素含量平均为 1.98g/kg，变化幅度在 0.03～4.93g/kg。在全市各主要类型的土壤中，黑钙土全氮最高，平均为 2.03mg/kg，新积土最低，平均为 1.10mg/kg。按照面积分级统计分析，全市耕地全氮主要集中在 1.5～2.0mg/kg，占 40.40%，1.0～1.5mg/kg 占 22.47%（图 2-11）。

与第二次土壤普查的调查结果进行比较，全市全氮含量略有提高（原来平均含量为 1.96g/kg）。从表 2-100 看出，全氮含量主要集中在 0.15～0.20g/kg，约占 40.4%。

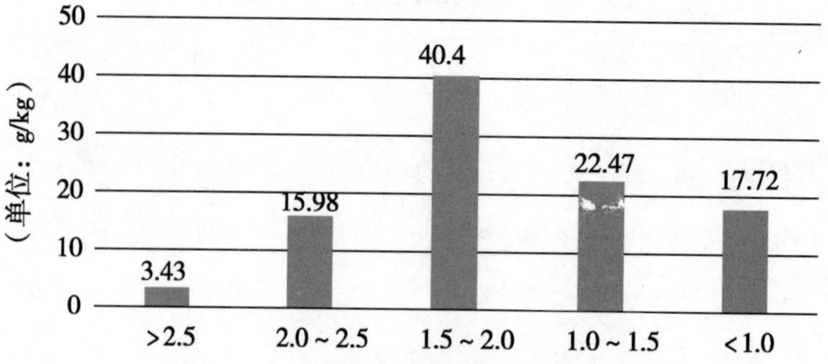

图 2-11 耕层土壤全氮频率分布比较

表 2-100 耕层土壤全氮分析统计

(单位：g/kg)

乡镇	平均值	变化值	面积分级统计（%）				
			1	2	3	4	5
			> 2.5	2.0 ~ 2.5	1.5 ~ 2.0	1.0 ~ 1.5	< 1.0
肇东镇	2.32	1.39 ~ 2.95	29.8	26.6	30.1	13.5	0
太平乡	2.01	0.7 ~ 2.4	0	34.0	58.0	0	8.0
海城乡	2.21	2.04 ~ 2.72	12.0	63.7	32.3	0	0
尚家镇	2.04	1.32 ~ 2.94	0.1	23.7	55.0	21.2	0
姜家镇	2.09	0.91 ~ 2.90	4.0	44.0	44.0	2.0	6.0
昌五镇	2.50	1.29 ~ 4.93	2.67	0.43	94.6	2.3	0
向阳乡	2.03	1.77 ~ 2.27	0	36.2	63.8	0	0
洪河乡	1.74	0.87 ~ 2.15	0	9.24	86.9	1.51	2.34
跃进乡	1.67	0.98 ~ 2.25	0	10.98	84.84	3.77	0.41
五站镇	1.58	1.32 ~ 1.80	0	0	89.74	10.26	0
黎明镇	1.66	0.03 ~ 3.26	4.92	7.82	86.13	0	1.13
里木店	1.90	1.27 ~ 2.90	7.68	6.48	80.84	5.00	0
四站镇	2.01	0.91 ~ 2.90	3.91	32.19	41.41	12.08	10.41
西八里	1.59	0.45 ~ 2.59	0	46.65	9.37	5.62	40.36
涝洲乡	1.04	0.83 ~ 1.24	0	0	0	71.50	28.50
德昌乡	2.13	0.87 ~ 2.93	38.11	0	47.59	13.09	1.21
五里明	1.89	1.35 ~ 2.08	0	0	89.8	10.2	0
宋站镇	2.25	1.38 ~ 2.94	19.15	30.64	43.45	6.76	0
宣化乡	2.04	0.80 ~ 2.64	39.70	31.72	16.01	3.89	8.68
安民乡	2.01	1.17 ~ 2.90	74.23	5.07	10.75	9.95	0
明久乡	1.81	0.78 ~ 2.35	0	3.70	96.0	0	0.30
全　市	1.98	0.03 ~ 4.93	3.43	15.98	40.40	22.47	17.72

调查结果还表明，全市四方山军马场含量最高，平均达到 2.93mg/kg，最低为涝洲，平

均含量1.04mg/kg，其分布与有机质的变化情况相似，见表2－101。

全市耕地主要土壤类型全氮平均为1.62g/kg，变化幅度在0.03－4.93g/kg，其中，黑钙土最高，平均达到2.03g/kg，最低为新积土，平均为1.10g/kg。

表2－101　各类土壤耕层全氮统计　（单位：g/kg）

项目	黑土	水稻土	风沙土	沼泽土	草甸土	黑钙土	新积土
平均值	1.65	1.24	1.56	1.96	1.79	2.03	1.10
最大值	2.94	1.25	2.58	2.64	3.45	4.93	1.69
最小值	0.74	1.24	0.87	1.24	0.67	0.03	0.46

三、土壤碱解氮

释　　义：用碱解扩散法测得的土壤中可被植物吸收的氮量。

字段代码：SO120224。

英文名称：Alkali－hydrolysabie nitrogen。

数据类型：数值。

量　　纲：mg/kg。

数据长度：5。

小 数 位：1。

极 小 值：0。

极 大 值：999.9。

备　　注：1mol/NaOH碱解扩散法。

土壤水解性氮或称碱解氮，也称有效氮，能反映土壤近期内氮素供应情况，包括无机态氮（铵态氮、硝态氮）及易水解的有机态氮（氨基酸、酰铵和易水解蛋白质）。土壤有效氮量与作物生长关系密切，因此，它在推荐施肥中意义更大。

碱解氮是由全氮经微生物活动转化来的。第二次土壤普查测定速效氮是用1.0N氢氧化钠水解土壤样品，然后用扩散滴定的方法测得的“碱解氮”。它包括氨态氮、硝态氮和易被水解的小分子有机氮。碱解氮比全氮更能反映土壤的氮素供应水平。

土壤碱解氮是土壤当季供氮能力重要指标，在测土施肥指导实践中有着重要的意义。按照《规程》要求，这次调查不作为评价指标，因此，我们选择了全部样本，进行统计分析（表2－102、图2－12）。

表2－102　各类土壤耕层碱解氮统计　（单位：mg/kg）

项目	黑土	水稻土	风沙土	沼泽土	草甸土	黑钙土	新积土
平均值	131.58	156.65	136.16	137.06	136.75	134.58	136.21
最大值	342.46	161.00	175.00	165.26	342.46	210.00	189.00
最小值	63.00	152.30	98.00	91.00	49.00	134.58	70.00

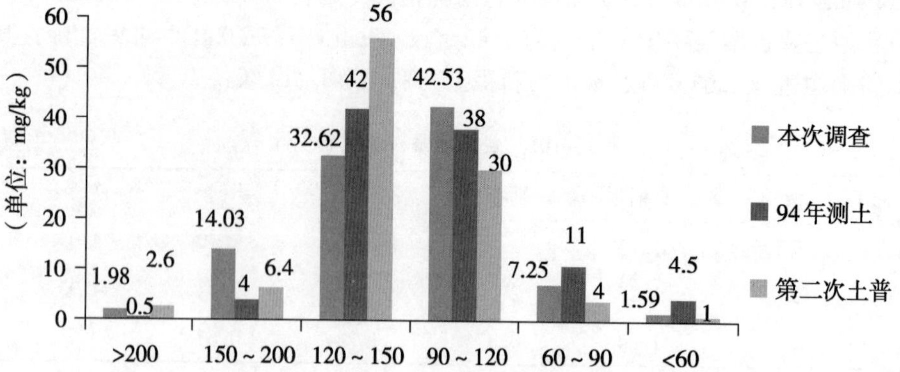

图 2 - 12　耕层土壤碱解氮频率分布比较

土壤全氮与碱解氮的关系：

化验数据统计结果证明，肇东市各种土壤全氮与碱解氮之间都呈极显著的相关关系，统计结果列于表 2 - 103。

表 2 - 103　全氮与碱解氮的关系　（单位：g/kg、mg/kg、%）

土壤名称	相关性测定			全 氮	碱解氮	碱解氮占全氮
	n	r	1% r			
黑 土	308	0. 840	0. 148	2. 28	131. 6	9. 15
草甸土	126	0. 836	0. 228	1. 58	136. 7	8. 47
沼泽土	16	0. 952	0. 590	1. 42	137. 0	7. 32
黑钙土	110	0. 907	0. 254	2. 45	134. 6	8. 53

调查表明，全市耕地黑土、水稻土、草甸土等几个主要耕地土壤碱解氮平均为 163. 75mg/kg，变化幅度在 49. 00 ~ 213. 3mg/kg。其中，水稻土最高，平均达到 156. 65mg/kg，最低为黑土，平均为 131. 58mg/kg。

由表 2 - 103 可以看出：

（1）肇东市各种土壤的全氮与碱解氮之间的相关性都很好，r 值为 0. 840 ~ 0. 952，远远超过 1% r 值显著标准。

（2）碱解氮与全氮的比值，黑土较高，在 9% 以上；草甸土在 8. 5% 左右，而沼泽土则较低，平均为 7. 3% 左右。黑钙土仅次于黑土。这更进一步说明有机质的腐解程度直接影响有机质分解和氮素转化。

综上所述：土壤有机质含量是衡量黑土质量的主要指标，与土壤肥力密切相关，有机质含量和质量的变化必然引起土地质量的变化。试验表明，除了耕层浅硬、保水量低原因形成的水土流失以外，以掠夺式经营方式获得高产，在很大程度上造成土壤有机质加速矿化。以玉米生产为例，20 世纪 80 年代单产 180kg/667m^2，土壤摄取氮素 4. 6kg/667m^2，而现阶段的单产 750kg/667m^2，从土壤摄取氮素 18. 2 kg/667m^2，摄取量相差部分大多是以矿化土壤有机质释放养分为代价的。土壤有机质含量的下降，必然引起土壤全氮和碱解氮含量的降低，同样，碱解氮含量的下降也会促进土壤有机质含量的加速下降，这种恶性循环的结果必将导致中低产田面积扩大。

四、土壤有效磷

释　　义：耕层土壤中能供作物吸收的磷元素的含量。以每千克干土中所含 P 的毫克数表示。

字段代码：SO120206。

英文名称：Available phosphorous，缩写为 A－P。

数据类型：数值。

量　　纲：mg/kg。

数据长度：5。

小 数 位：1。

极 小 值：0。

极 大 值：999.9。

备　　注：碳酸氢钠（石灰性土、水稻土）或氟化铵——盐酸（红壤、红黄壤）提取——钼锑抗比色法。

土壤有效磷，也称为速效磷，是土壤中可被植物吸收的磷的组分，包括全部水溶性磷、部分吸附态磷及有机态磷，有的土壤中还包括某些沉淀态磷。在化学上，有效磷定义为：能与 32P 进行同位素交换的或容易被某些化学试剂提取的磷及土壤溶液中的磷酸盐。

土壤中有效磷含量状态指能被当季作物吸收的磷量。了解土壤中有效磷的供应状况，对于施肥有着直接的意义。在有效磷的测定上，生物方法测定被认为是最可靠的，我们采用的是最普遍的化学测速法。所谓化学测速法，即利用提取剂提取土壤中的有效磷。提取剂采用 0.5mol/L 的 $NaHCO_3$（即 Olsen 法）。

在农业生产中一般采用土壤有效磷的指标来指导施用磷肥。土壤有效磷含量是决定磷肥有无效果以及效果大小的主要因素。所以能否用好磷肥必须根据土壤有效磷的含量区别对待。

有效磷能较好地反映土壤的供磷能力。第二次土壤普查采用 0.5M 碳酸氢钠溶液浸提，钼锑抗显色，721 型舟光光度计比色的方法进行测定，结果以 P_2O_5数表示。

磷是构成植物体的重要组成元素之一。土壤有效磷中易被植物吸收利用的部分称之为速效磷，它是土壤供磷供应水平的重要指标。这次调查表明肇东市耕地有效磷平均为 17.69mg/kg，变化幅度在 8.03 － 30.3mg/kg。其中，草甸土、黑土含量较高，平均为 19.9mg/kg，草甸土最低，平均为 16.82mg/kg，主要原因是黑土的 pH 值偏中性而草甸土 pH 值偏碱性，尽管近十几年大量施用磷肥，但磷肥的有效性不同。有效磷分布与变化，见表 2－104、表 2－105 和图 2－13。

与第二次土壤普查的调查结果进行比较，肇东市耕地磷素状况总体上没有大的改变，图 2－12 看出，30 年前肇东市耕地土壤有效磷多在 20mg/kg 以下，这次调查，按照含量分级数字出现频率分析，土壤有效磷也多在 20mg/kg 范围内，大于 20mg/kg 的面积也明显的增加了。

表 2-104 耕层土壤有效磷分析统计 （单位：mg/kg）

乡 镇	样本数	平均值	变化值	分级样本频率%					
				1	2	3	4	5	6
				>40	20~40	10~20	5~10	3~5	<3
肇东镇	98	18.57	11.58~25.20	0	20.7	79.3	0	0	0
太平乡	84	19.23	12.25~25.74	0	26.7	73.3	0	0	0
海城乡	88	19.39	16.88~23.46	0	15.7	84.3	0	0	0
尚家镇	115	15.57	10.98~25.41	0	4.40	95.60	0	0	0
姜家镇	84	19.00	15.70~22.39	0	13.40	86.60	0	0	0
昌五镇	82	22.21	18.15~28.66	0	61.60	38.40	0	0	0
向阳乡	95	22.11	11.92~30.30	0	65.40	34.60	0	0	0
洪河乡	78	14.79	11.56~18.07	0	0	100.00	0	0	0
跃进乡	79	15.87	12.40~24.71	0	10.00	90.00	0	0	0
五站镇	131	20.25	16.95~27.72	0	32.20	67.80	0	0	0
黎明镇	97	24.03	16.24~26.63	0	96.50	3.50	0	0	0
里木店	81	17.52	15.18~20.62	0	16.70	83.30	0	0	0
四站镇	94	18.52	16.04~22.05	0	4.00	96.00	0	0	0
西八里	138	15.14	12.26~21.20	0	1.40	98.60	0	0	0
涝洲乡	140	23.73	18.46~28.24	0	93.00	7.00	0	0	0
德昌乡	93	14.53	12.74~16.77	0	0	100.00	0	0	0
五里明	84	18.48	15.03~23.36	0	26.70	73.30	0	0	0
宋站镇	95	14.12	9.7~17.63	0	0	92.40	7.6	0	0
宣化乡	118	11.04	8.03~17.52	0	0	30.60	69.4	0	0
安民乡	86	13.87	10.38~18.08	0	94.10	5.90	0	0	0
明久乡	79	14.17	12.02~21.49	0	10.00	90.00	0	0	0
全 市	2129	17.69	13.36~22.63	0	33.00	59.00	8.00	0	0

表 2-105 各类土壤耕层有效磷统计 （单位：mg/kg）

项目	黑土	水稻土	风沙土	沼泽土	草甸土	黑钙土	新积土
平均值	19.96	22.94	19.52	17.87	16.82	17.49	21.59
最大值	25.78	23.39	27.47	25.43	27.20	30.30	28.24
最小值	12.33	22.28	12.26	9.45	8.03	9.58	13.09

从行政区域看，向阳乡、昌五镇和涝州镇最高，分别为22.21mg/kg、22.11mg/kg和23.73mg/kg，最低是宣化乡和安民乡，平均含量分别为11.04mg/kg和13.87mg/kg。产量施肥量关系，见表2-106。

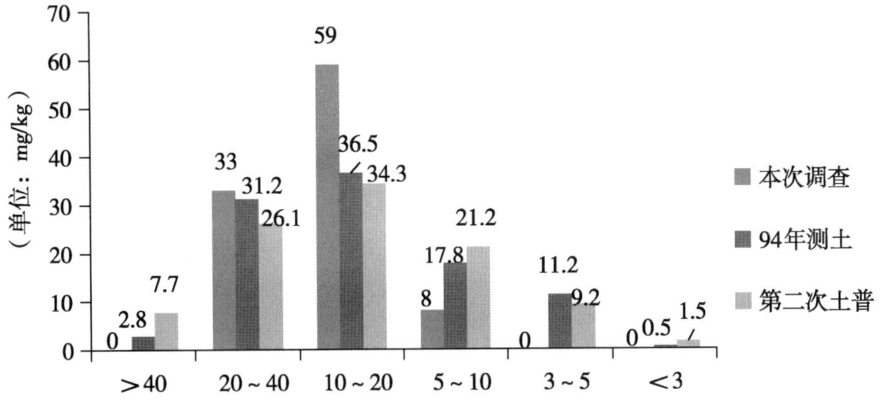

图 2-13　耕层土壤有效磷频率分布比较

表 2-106　肇东市黑土有效磷的丰缺指标　　（单位：mg/kg）

项目	极缺	缺	中	丰
	<20	20~40	40~80	>80
无肥产量（kg/667m²）	<100	100	125	150
每0.5kg三料过石增产量（kg）	1.5-2	1	0.5	<0.5
每0.5kg三料过石增产量（kg）	1.5-2	1	0.5	<0.5
建议施肥量三料石（kg/667m²）	10	7.5	5	—

根据表 2-106 可以初步比较准确地指导我市黑土的磷肥施用。但是，要更准确地找到最佳施肥量，还必须进一步研究。综上所述，植物组织和土壤中磷的含量少于氮和钾，与硫相近。磷在土壤中一般含量较少，又容易与土壤组分反应生成难溶的、对植物有效性低的化合物，因此，磷是土壤肥力管理中的一个重要方面。植物从土壤中吸收磷，若土壤没有充足的磷，又得不到外界补充，则植物生长将受限制。

土壤磷的含量不像氮、钾等其他大量元素那样多。大多数土壤 20cm 表层中含磷 7~167kg/667m²，平均 80kg/667m²，少雨地区的生荒土壤含磷量较高，但对植物有效的土壤磷可能完全是另一码事。由于淋失和作物带走的磷一般很少，因此，一方面，施磷肥会使磷在土壤表层积累，尤其是种过马铃薯、蔬菜、等大量施肥作物的土壤更容易积累磷；另一方面，一旦作物带走的磷超过化肥、粪肥和作物残体归还土壤的量，植物可利用的土壤磷就逐渐减少。虽然有的土壤全磷含量高，但其中大多数土壤所含可供植物利用的磷却不多。土壤湿度低，特别是在作物生长初期土温低和后来在抽穗、成熟期的土温高时等不良作物生长环境条件下，会使土壤中作物可利用磷的含量减少。

土壤全磷与有效磷的关系：

我们对黑土和草甸土全磷和有效磷含量的相关性进行了测定，结果都不显著。其中，黑土 19 个样品求得的 r 值为 0.219，小于 10%r 值（0.378）. 草甸土 28 个样品求得的 r 值为 0.085，也小于 10%r 值（0. 298）。土壤中有效磷含量与全磷含量之间虽不是直线相关，但当土壤全磷含量低于 0.3g/kg 时，土壤往往表现缺少有效磷。土壤有效磷是土壤磷素养分供应水平高低的指标，土壤磷素含量高低在一定程度反映了土壤中磷素的贮量和供应能力。

五、土壤速效钾

释　　义：土壤中容易为作物吸收利用的钾素含量。包括土壤溶液中的以及吸附在土壤胶体上的代换性钾离子。以每千克干土中所含 K 的毫克数表示。

字段代码：SO120208。

英文名称：Available potassium。

数据类型：数值。

量　　纲：mg/kg。

数据长度：3。

小 数 位：0。

极 小 值：0。

极 大 值：900。

备　　注：乙酸铵提取—火焰光度法。

土壤速效钾是指水溶性钾和黏土矿物晶体外表面吸附的交换性钾，这一部分钾素植物可以直接吸收利用，对植物生长及其品质起着重要作用。其含量水平的高低反映了土壤的供钾能力程度，是土壤质量的主要指标。

通常土壤中存在水溶性钾，因为这部分钾能很快地被植物吸收利用，故称为速效钾；缓效钾是指存在于层状硅酸盐矿物层间和颗粒边缘，不能被中性盐在短时间内浸提出的钾，因此，也称非交换性钾，占土壤全钾的1%～10%。

速效钾分析按照规定采用1 N中性醋酸铵溶液浸提，火焰光度计测定的方法。

肇东市耕地土壤多发育在黄土母质上，土壤有效钾比较丰富。调查表明全市有效钾平均在135.44mg/kg，变化幅度在94.93～162.56mg/kg。其中，黑钙土最高，平均为142.64mg/kg，其次为草甸土，平均为135.87mg/kg；最低为黑土，平均为120.40mg/kg。按照含量分级数字出现频率分析，全市大于200mg/kg占2.4%，150～200mg/kg占11.40%，100～150mg/kg占82.00%，50～100mg/kg占4.2%。

表2-107　耕层土壤速效钾分析统计　　（单位：mg/kg）

乡镇	样本数	平均值	变化值	分级样本频率（%）					
				1	2	3	4	5	6
				>200	150～200	100～150	50～100	30～50	<30
肇东镇	98	150.56	145.08～156.76	0	38	62	0	0	0
太　平	84	142.46	125.76～153.83	0	20	80	0	0	0
海　城	88	151.28	140.04～157.56	0	68.5	31.5	0	0	0
尚　家	115	146.51	136.28～161.61	0	30.40	69.60	0	0	0
姜　家	84	146.85	144.19～150.16	0	93.80	6.20	0	0	0
昌　五	82	128.68	117.26～151.28	0	7.60	92.40	0	0	0
向　阳	95	137.31	152.09～140.10	0	19.20	80.80	0	0	0

（续表）

乡镇	样本数	平均值	变化值	分级样本频率（%）					
				1	2	3	4	5	6
				>200	150～200	100～150	50～100	30～50	<30
洪　河	78	148.01	136.85～154.94	0	33.30	66.70	0	0	0
跃　进	79	142.54	136.54～149.47	0	20.00	80.00	0	0	0
五　站	131	108.84	94.93～124.60	0	0	59.60	40.4	0	0
黎　明	97	117.61	99.00～145.30	0	0	89.30	10.7	0	0
里木店	81	136.97	110.02～148.65	0	0	91.70	8.3	0	0
四　站	94	132.07	123.46～148.76	0	0	100.00	0	0	0
西八里	135	139.50	123.35～149.12	0	0	100.00	0	0	0
涝　洲	140	122.60	97.89～155.40	0	5.60	86.00	8.4	0	0
德　昌	93	147.40	135.84～162.48	0	29.10	70.90	0	0	0
五里明	84	150.79	130.18～162.56	0	46.70	53.30	0	0	0
宋　站	95	135.72	128.41～242.67	3.8	7.60	88.60	0	0	0
宣　化	118	142.31	126.56～259.85	2.0	16.30	81.70	0	0	0
安　民	86	146.78	125.48～158.02	0	41.10	58.90	0	0	0
明　久	79	139.92	124.86～151.62	0	20.00	80.00	0	0	0
四方山	93	138.57	131.27～243.14	4.2		95.80	0	0	0
全　市	2 129	135.44	126.59～151.26	2.4	11.40	82.00	4.2	0	0

第二次土壤普查时，全市小于100mg/kg面积大约占0.4%，1994年全市测土化验土壤速效钾平均只有114mg/kg，小于100mg/kg的面积大约占76%。这次调查的2 129个样本中小于100mg/kg的占4.2%，这说明1994年以来，由于连年施用钾肥和大面积的玉米根茬还田，使土壤有效钾含量大幅度提升，但这并不能说明土壤不缺钾了。因为土壤钾丰缺指标值（过去认为150mg/kg为丰缺临界值）是相对值，它应当随着产量水平的变化而变化。生产实践和试验都证明，近20年随着粮食产量的大幅度的提高，肇东市耕地土壤施用钾肥有效面积逐步扩大。

从各乡镇分析看，海城乡、五里明和肇东镇较高，分别为151.28mg/kg、150.79mg/kg和150.56mg/kg，最低是五站（1984年速效钾含量为237.0mg/kg、1994年速效钾含量为64mg/kg），平均含量为108.84mg/kg。见表2－107、表2－108，图2－14。

表2－108　各类土壤耕层速效钾统计　　（单位：mg/kg）

项目	黑土	水稻土	风沙土	沼泽土	草甸土	黑钙土	新积土
平均值	120.40	134.94	129.61	123.02	135.87	142.64	123.56
最大值	160.05	140.43	148.58	146.64	159.85	162.56	145.62
最小值	94.93	129.45	111.13	101.31	96.48	95.25	109.91

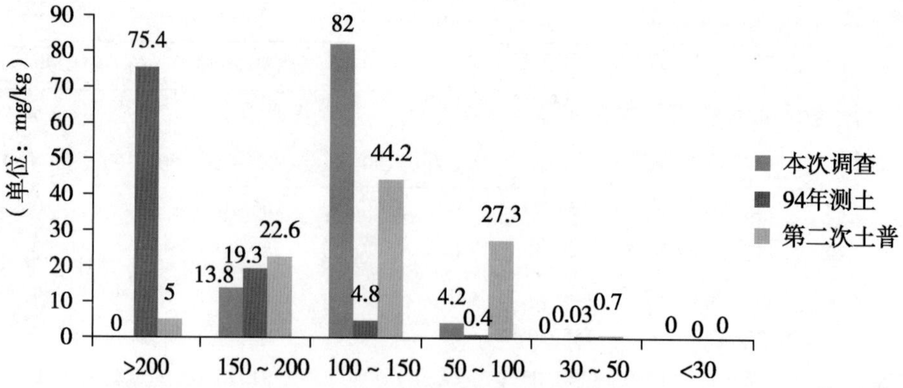

图 2－14　耕层土壤速效钾频率分布比较

六、土壤全钾

释　　义：耕层土壤中钾素的总量。以每千克干土中所含 K 的克数计。
字段代码：SO120225。
英文名称：Total potassium。
数据类型：数值。
量　　纲：g/kg。
数据长度：4。
小 数 位：1。
极 小 值：0。
极 大 值：99.9。
备　　注：GB/T7480 酚二磺酸分光光度法或紫外比色法或离子色谱法。

土壤中的钾包括 3 种形态：①矿物钾。主要存在于土壤粗粒部分，约占全钾的 90%，植物极难吸收。②缓效性钾。约占全钾的 2%～8%，是土壤速效钾的给源。③速效性钾。指吸附于土壤胶体表面的代换性钾和土壤溶液中的钾离子。植物主要是吸收土壤溶液中的钾离子。当季植物的钾营养水平主要决定于土壤速效钾的含量。一般速效性钾含量仅占全钾的 0.1%～2%，其含量除受耕作、施肥等影响外，还受土壤缓效性钾贮量和转化速率的控制。

土壤全钾是土壤中各种形态钾的总量，缓效钾的不断释放可以使有效钾维持在适当的水平。当评价土壤的长期供钾能力时，应主要考虑土壤全钾的含量。

调查表明，全市耕地土壤全钾平均为 9.87g/kg，变化幅度在 2.17～22.35g/kg。其中，水稻土最高，平均为 10.95g/kg，其次为沼泽土，平均为 10.89g/kg；最低为草甸土，平均为 8.73g/kg（表 2－109）。

表 2－109　各类土壤耕层全钾统计　（单位：g/kg）

项目	黑土	水稻土	风沙土	沼泽土	草甸土	黑钙土	新积土
平均值	9.91	10.95	10.39	10.89	8.73	8.77	9.48
最大值	22.34	12.98	22.35	22.33	22.33	17.86	22.34
最小值	2.91	8.92	2.90	3.23	2.41	2.17	6.07

分析钾大幅度下降的原因，有以下几点。

（1）第二次土壤普查后的30多年间，大多数农民种植作物只注重氮肥和磷肥的投入，而忽视了钾肥的合理应用，有相当多的地块多年来根本没有施用过钾肥。

（2）进入20世纪90年代以后，许多人开始逐渐认识到了钾肥的重要性，但施用数量过少，造成氮、磷、钾比例失衡。

（3）忽视了有机肥的应用也是造成速效钾含量下降的因素之一。

（4）种植高产品种，带走了大量钾素而补充的较少，使土壤钾素下降较快。

速效钾与钾肥的肥效：在一般情况下，人们用土壤速效钾的含量来衡量土壤的供钾能力。但是，必须注意到，速效钾含量较低的土壤，其缓效钾有一定的供钾能力。因为，缓效钾是速效钾的直接补给者，它们之间存在动态平衡。因此，判断土壤供钾能力应综合考虑土壤速效钾和土壤缓效钾两项指标。如果土壤速效钾含量低，而缓效钾含量较高时，土壤的供钾能力并不一定很低，施用钾肥往往效果不明显。只有土壤速效钾和缓效钾含量都低的情况下，施用钾肥的效果才十分显著。当然，土壤速效钾含量达到高或极高时，一般就没有必要施钾肥了，因为，土壤中的钾已能满足作物的需要。

①钾肥肥效一定要在满足作物氮磷营养的基础上才能显现出来。

②土壤速效钾的丰缺标准会随着作物产量的提高和氮磷化肥用量的增加而变化，例如原来不缺钾的土壤，这几年施钾也有效了。

③我国钾肥资源紧缺，多年来依靠进口，因此，有限的钾肥应优先分配在缺钾土壤和喜钾作物上。近几年搞测土配方施肥试验的结果，可以看出钾肥有增产作用，这可能与肇东市土壤供钾能力下降有关。但是，过去农业生产上，施用钾肥（小灰）曾看出明显的壮秆、增产作用，调查中又发现玉米水稻多年连作是速效钾含量降低主要原因。今后应在玉米、水稻土生产上重点研究钾肥施用技术，找出合理的施用数量和方法。

第二节　土壤微量元素

土壤微量元素是人们依据各种化学元素在土壤中存在的数量划分的一部分含量很低的元素。微量元素与其他大量元素一样，在植物生理功能上是同等重要的，并且不可相互替代。土壤养分库中微量元素的不足会影响作物的生长、产量和品质。土壤中的微量元素含量是耕地地力的重要指标。

土壤中微量元素的含量与土壤类型、母质以及土壤所处的环境条件有密切关系。同时，也与土地开垦时间、微量元素肥料和有机肥料施入量有关。在一块地长期种植一种作物，也会对土壤中微量元素含量有较大的影响。不同作物对不同的微量元素的敏感性也不相同，如玉米对锌比较敏感，缺锌时玉米出现花白叶；大豆对硼、钼的需要量较多，严重缺乏时表现“花而不实”；马铃薯需要较多的硼、铜，而氯过多则会影响其品质和糖分含量。

由于第二次土壤普查当时条件有限，没有对微量元素调查、测试，所以，这次的所有微量元素的调查、测试值无法与其进行比较分析。此次地力调查评价也是对第二次土壤普查资料的一个完整的补充，使得《北安土壤志》更加完善。

一、土壤有效锌

释　　义：耕层土壤中能供作物吸收的锌的含量。以每千克干土中所含 Zn 的毫克数表示。

字段代码：SO120209。

英文名称：Available zinc。

数据类型：数值。

量　　纲：mg/kg。

数据长度：5。

小 数 位：2。

极 小 值：0。

极 大 值：99.99。

备　　注：DTPA 提取—原子吸收光谱法。

锌是农作物生长发育不可缺少的微量营养元素，它既是植物体内氧化还原过程的催化剂，又是参与植物细胞呼吸作用的碳酸酐酶的组成成分。在作物体内锌主要参与生长素的合成和某些酶的活动。缺锌时作物生长受抑制，叶小簇生，坐蔸不发，叶脉间失绿发白，叶黄矮化，根系生长不良，不利于种子形成，从而影响作物产量及品质。如玉米缺锌时出现花白苗，在 3～5 叶期幼叶呈淡黄色或白色，中后期节间缩短，植株矮小，根部发黑，不结果穗或果穗秃尖瞎粒，甚至干枯死亡；水稻缺锌，植株矮缩，小花不孕率增加，延迟成熟。不同作物对锌肥敏感度不同，对锌肥敏感的作物有玉米、水稻、高粱、棉花、大豆、番茄、西瓜等。在缺锌土壤上容易发生玉米“花白苗”和水稻赤枯病，因此，土壤有效锌是影响作物产量和质量的重要因素（表 2－110）。

表 2－110　耕层土壤有效锌分析统计　　（单位：mg/kg）

乡镇	样本数	平均值	变化值
肇东镇	98	2.81	2.44～3.77
太平乡	84	3.35	2.95～4.01
海城乡	88	2.84	2.30～4.03
尚家镇	115	2.83	1.88～4.15
姜家镇	84	3.66	2.79～4.41
昌五镇	82	3.71	2.85～4.55
向阳乡	95	3.17	1.67～4.17
洪河乡	78	4.20	2.90～4.82
跃进乡	79	3.68	2.76～4.81
五站镇	131	2.24	1.36～3.69
黎明镇	97	2.95	2.35～3.44
里木店	81	3.60	2.34～4.63
四站镇	94	3.03	2.11～4.13
西八里	135	3.12	2.25～3.99

（续表）

乡镇	样本数	平均值	变化值
涝洲乡	140	2.18	1.35～3.72
德昌乡	93	3.48	2.51～4.33
五里明	84	3.61	2.19～5.10
宋站镇	95	3.71	2.86～4.41
宣化乡	118	3.54	2.21～4.88
安民乡	86	2.76	2.09～3.36
明久乡	79	2.47	2.00～3.85
四方山	93	3.03	2.31～3.9
全　市	2 129	3.0	1.35－4.88

调查表明，肇东市耕地土壤有效锌含量平均3.0mg/kg，变化幅度在1.35～4.88mg/kg。按照新的土壤有效锌分级标准肇东市耕地有效锌含量在1.00～5.00mg/kg，80%耕地土壤有效锌含量为中等水平。与二次土壤普查比含量大幅度提高，其中，洪河乡含量最高为4.20mg/kg，五里明镇、宋站镇、跃进乡均高于全市的平均值，最低为五站，平均达到2.24mg/kg。

根据第二次土壤普查分级标准，并按照调查样本有效锌含量分级数字出现频率分析，在2 129个调查样本中，有效锌＜0.5mg/kg，严重缺锌地块没有，相对缺有效锌的乡镇为向阳乡、五站、尚家、涝洲，其中，五站镇、涝洲镇为玉米、水稻高产乡镇，尚家镇、向阳乡土壤盐碱化程度较高，pH值大于8.5地块相对缺锌。

二、土壤有效铜

释　　义：耕层土壤中能供作物吸收的铜的含量。以每千克干土中所含Cu的毫克数表示。

字段代码：SO120213。

英文名称：Available copper。

数据类型：数值。

量　　纲：mg/kg。

数据长度：4。

小 数 位：2。

极 小 值：0。

极 大 值：9.99。

备　　注：草酸—草酸铵提取—极谱法。

铜是植物体内抗坏血酸氧化酶、多酚氧化酶和质体蓝素等电子递体的组成成分，在代谢过程中起到重要的作用，同时，也是植物抗病的重要机制。

按铜在土壤中的形态可分为水溶态铜、代换性铜、难溶性铜以及铜的有机化合物。水溶态、代换性的铜能被作物吸收利用，因此，称为有效态铜。后两者铜则很难被植物吸收利用。

4 种形态的铜加在一起称为全量铜。水溶态铜在土壤中含量较少，一般不易测出，主要是有机酸所形成的可溶性络合物。例如，草酸铜和柠檬铜，此外，还有硝酸铜和氯化铜。代换态铜是土壤胶体所吸附的铜离子和铜络离子（表 2 - 111）。

表 2 - 111　行政区域耕层土壤有效铜分析统计　（单位：mg/kg）

乡　镇	样本数	平均值	变化值
肇东镇	98	1.2	0.6 ~ 3.6
太平乡	84	1.5	0.8 ~ 2.6
海城乡	88	1.5	0.9 ~ 4.2
尚家镇	115	1.1	1.0 ~ 1.5
姜家镇	84	1.7	0.8 ~ 15.3
昌五镇	82	1.2	0.7 ~ 3.0
向阳乡	95	1.4	0.8 ~ 4.7
洪河乡	78	1.5	0.8 ~ 6.0
跃进乡	79	1.3	0.8 ~ 2.6
五站镇	131	1.2	0.5 ~ 1.6
黎明镇	97	1.7	0.3 ~ 6.8
里木店	81	1.5	1.0 ~ 3.5
四站镇	94	1.8	0.8 ~ 3.7
西八里	135	2.5	0.6 ~ 18.7
涝洲乡	140	2.5	1.0 ~ 3.4
德昌乡	93	0.8	0.5 ~ 2.1
五里明	84	1.2	0.8 ~ 2.0
宋站镇	95	1.1	0.5 ~ 3.6
宣化乡	118	1.2	0.5 ~ 2.9
安民乡	86	1.3	0.7 ~ 3.5
明久乡	79	1.2	0.3 ~ 3.2
四方山	93	1.3	1.1 ~ 1.6
全　市	2 129	1.6	0.3 ~ 18.7

肇东市耕地有效铜含量平均值 1.52mg/kg，变化幅度在 0.3 ~ 18.7mg/kg。调查样本中均大于 0.2mg/kg 的临界值。其中，姜家、黎明、四站等乡镇高于全市的平均值。

调查的 2 129个样本中全市各类土壤中铜含量较高，说明肇东市耕地土壤有效铜极其丰富。肇东农业生产施用铜肥，主要在棚室蔬菜、露地瓜菜和水稻上。

1. 有效铜与铜肥肥效

作物缺铜生长瘦弱，新生叶失绿发黄，呈凋萎干枯状，叶尖发白卷曲，叶片上出现坏死的斑点，分蘖或侧芽多，呈丛生状，繁殖器官的发育受阻，禾本科作物一般对铜比较敏感，缺铜时，新叶呈灰绿色，卷曲，发黄，老叶在叶舌处弯曲或折断，叶尖枯萎，叶鞘下部有灰白色斑点，有时扩展成灰色条纹，最后干枯死亡。分蘖多，呈丛生状，分蘖大多不能成穗，或抽出的穗扭曲畸形，不结实或只有少数瘪粒。果树缺铜，叶片失绿畸形，枝条弯曲，出现长瘤状物或斑块，甚至会出现顶梢枯并逐渐向下发展，侧芽增多，树皮出现裂纹，并分泌出胶状物，果实变硬。

2. 施用技术

（1）按作物对缺铜反应敏感性施用铜肥，大致可将作物分成三类：①对缺铜反应敏感作物，如麦类、水稻、洋葱、莴苣、花椰菜、胡萝卜等；②对缺铜反应较敏感作物如马铃薯、甘薯、黄瓜、番茄、果树等；③对缺铜反应一般作物，如玉米、大豆、油菜等，对缺铜敏感的作物，施铜肥肥效高，应优先考虑施用铜肥。

（2）根据土壤有效铜含量施用铜肥，当土壤有效铜低于 0.2mg/kg 时，施铜肥有一定效果，有效铜量低的土壤，施用效果显著。

（3）常用铜肥是硫酸铜，施用方法有基施、喷施和作种肥。

三、土壤有效铁

释　　义：耕层土壤中能供作物吸收的铁的含量。以每千克干土中所含 Fe 的毫克数表示。

字段代码：SO120215。

英文名称：Available iron。

数据类型：数值。

量　　纲：mg/kg。

数据长度：6。

小 数 位：1。

极 小 值：0。

极 大 值：5 000。

备　　注：DTPA 提取—原子吸收光谱法。

铁在作物体内是一些酶的组分。由于常分布于某些重要氧化还原酶结构上的活性部分，起着电子传递的作用，对于催化各类物质（碳水化合物、脂肪和蛋白质等）代谢中的氧化还原反应，有着重要影响。因此，铁与碳、氮代谢的关系十分密切。铁参与植物体呼吸作用和代谢活动，又为合成叶绿体所必需。因此，作物缺铁会导致叶失绿，严重地甚至枯萎死亡。调查结果见表 2－112。

调查表明，肇东市耕地有效铁平均为 13.8mg/kg，变化值在 2.1～38.3mg/kg。根据土壤有效铁的分级标准，土壤有效铁 $<$2.5mg/kg 为严重缺铁（很低）；2.5～4.5mg/kg 为轻度缺铁（低）；4.5～10mg/kg 为基本不缺铁（中等）；10～20mg/kg 为丰铁（高）；$>$20mg/kg 为极丰（很高）。

在 2 129 个调查样本中，除德昌乡（旱田）有效铁含量相对较低，平均为 5.7mg/kg，个别地块土壤有效铁低于临界值 2.5mg/kg，其余乡镇土壤有效铁含量也有低于临界值 2.5mg/kg 的地块，因此，肇东部分土壤中缺铁，这是本次地力评价的新发现。

表 2－112　耕层土壤有效铁分析统计　（单位：mg/kg）

乡　镇	样本数	平均值	变化值
肇东镇	98	6.7	4.4～10.7
太平乡	84	8.9	5.1～16.6
海城乡	88	10.9	6.5～23.9
尚家镇	115	7.0	4.2～11.3
姜家镇	84	9.3	5.4～15.6
昌五镇	82	9.7	6.6～13.8
向阳乡	95	9.7	5.2～23.4
洪河乡	78	8.6	4.1～17.2
跃进乡	79	14.1	8.2～20.2
五站镇	131	24.4	10.8～29.8
黎明镇	97	16.8	7.1～28.5
里木店	81	12.5	5.7～26.9
四站镇	94	10.3	5.4～36.3
西八里	135	11.8	4.3～38.2
涝洲乡	140	31.0	5.5～38.3
德昌乡	93	5.7	4.0～7.3
五里明	84	13.3	5.0～18.6
宋站镇	95	7.4	4.8～10.7
宣化乡	118	11.4	4.9～26.8
安民乡	86	8.7	2.1～17.3
明久乡	79	8.7	4.6～15.6
四方山	93	7.4	6.3～8.3
全　市	2 129	13.8	2.1～38.3

四、土壤有效锰

释　　义：耕层土壤中能供作物吸收的锰的含量。以每千克干土中所含 Mn 的毫克数表示。

字段代码：SO120215。

英文名称：Available manganese。

数据类型：数值。

量　　纲：mg/kg。

数据长度：5。

小 数 位：1。

极 小 值：0。

极 大 值：999.9。

备　　注：DTPA 提取—原子吸收光谱法。

锰是植物生长和发育的必需营养元素之一，在植物体内直接参与光合作用，也是植物许多酶的重要组成部分，影响植物组织中生长素的水平，参与硝酸还原成氨的作用等。

根据土壤有效锰的分级标准，土壤有效锰的临界值为 5. 0mg/kg（严重缺锰，很低），大于 15mg/kg 为丰富。表 2 - 113 是这次调查土壤有效锰的调查结果。

表 2 - 113　耕层土壤有效锰分析统计　　（单位：mg/kg）

乡　镇	样本数	平均值	变化值
肇东镇	98	10. 0	7. 1 ~ 17. 2
太平乡	84	11. 1	4. 9 ~ 20. 5
海城乡	88	33. 4	18. 3 ~ 49. 9
尚家镇	115	6. 5	2. 7 ~ 15. 0
姜家镇	84	14. 9	9. 5 ~ 27. 7
昌五镇	82	29. 4	16. 3 ~ 39. 3
向阳乡	95	25. 8	11. 9 ~ 52. 3
洪河乡	78	10. 6	3. 7 ~ 27. 7
跃进乡	79	15. 4	8. 2 ~ 22. 0
五站镇	131	52. 5	31. 7 ~ 57. 8
黎明镇	97	42. 3	22. 5 ~ 57. 2
里木店	81	14. 4	5. 8 ~ 39. 3
四站镇	94	15. 2	10. 4 ~ 46. 8
西八里	135	10. 7	1. 0 ~ 50. 3
涝洲乡	140	26. 3	15. 5 ~ 60. 0
德昌乡	93	10. 7	0. 6 ~ 16. 6
五里明	84	10. 7	5. 2 ~ 19. 5
宋站镇	95	11. 4	7. 4 ~ 17. 2
宣化乡	118	18. 0	10. 4 ~ 37. 5
安民乡	86	9. 8	2. 7 ~ 23. 9
明久乡	79	11. 1	3. 0 ~ 20. 3
四方山	93	5. 4	5. 0 ~ 5. 9
全　市	2 129	20. 4	2. 7 - 60. 0

调查结果全市耕地土壤平均值为 20. 4mg/kg，变化幅度在 2. 7 ~ 60. 0mg/kg，根据土壤有效锰的分级标准，土壤有效锰的临界值为 5. 0mg/kg（严重缺锰，很低），大于 15mg/kg 为丰富。

调查样本中 50. 5% 有效锰是大于 15mg/kg 的丰富级，说明肇东耕地土壤中有效锰比较丰富。但部分地块土壤有效锰的含量相对比较低，尤其是大棚、温室及常年种植蔬菜地，要注重锰肥的施用。

五、土壤有效硫

释　　义：耕层土壤中能供作物吸收的硫的含量。以每千克干土中所含 Sn 的毫克数表示。

字段代码：SO120218。
英文名称：Available sulfur。
数据类型：数值。
量　　纲：mg/kg。
数据长度：5。
小 数 位：1。
极 小 值：0。
极 大 值：999.9。
备　　注：氯化钙浸提—硫酸钡比浊法。

硫是参与植物生长发育及植物进行生长代谢的重要元素，过去我国土壤缺硫状况很少见，近些年来，由于含硫肥料减少，作物增产幅度较大，土壤中有效硫被过度消耗。作物缺硫现象逐年加重。硫基肥的价格要比其他肥料贵，除了忌氯作物必须使用硫基肥以外，很少选用硫基肥。即使盐碱地氯离子含量高，农民也不选用硫基肥。

这次调查，肇东市土壤有效硫平均含量为 51.45mg/kg 变化幅度 5.3 ~ 187.1mg/kg，按照全国土壤有效硫分级标准，土壤有效硫含量小于 12.0mg/kg 的为严重缺硫，12 ~ 24mg/kg 为含硫量较高。40 ~ 60mg/kg 为丰富。全市调查的 2 129个样本中，全市除明久乡、宣化乡个别地块缺硫外，其余地块均处于高硫含量水平，说明肇东耕地土壤中有效硫比较丰富，见表 2 – 114。

表 2 – 114　耕层土壤有效硫分析统计　　（单位：mg/kg）

乡　镇	样本数	平均值	变化值
肇东镇	98	47.4	17.7 ~ 149.6
太平乡	84	59.2	21.2 ~ 103.3
海城乡	88	38.0	31.1 ~ 47.2
尚家镇	115	72.2	21.7 ~ 137.6
姜家镇	84	46.9	29.2 ~ 97.2
昌五镇	82	40.0	19.1 ~ 83.3
向阳乡	95	39.9	25.4 ~ 89.0
洪河乡	78	35.2	24.1 ~ 45.7
跃进乡	79	28.9	27.1 ~ 31.9
五站镇	131	37.2	16.0 ~ 88.4
黎明镇	97	38.7	15.0 ~ 78.3
里木店	81	25.7	19.1 ~ 39.7
四站镇	94	33.0	14.0 ~ 91.6
西八里	135	40.7	20.7 ~ 104.2
涝洲乡	140	133.2	79.3 ~ 187.1
德昌乡	93	54.5	14.7 ~ 85.3
五里明	84	22.1	14.5 ~ 44.0
宋站镇	95	35.6	21.7 ~ 50.4

（续表）

乡　镇	样本数	平均值	变化值
宣化乡	118	48.0	11.6～119.8
安民乡	86	26.9	23.0～33.9
明久乡	79	25.4	5.3～63.8
四方山	93	54.5	35.1～89.4
全　市	2 129	51.45	5.3～187.1

2007年农业部对全国部分市县进行土壤硫含量普查，肇东市是普查试点项目市，调查结果表明：肇东土壤硫含量属丰富级。但是，肇东市耕地以石灰性黑钙土、草甸土为主，土壤pH值多数大于7.0，偏碱性。因此，应该提倡多施用生理酸性肥料；pH值大于7.0的耕地，应施用硫基肥，禁忌氯基肥。

第三节　土壤理化性状

一、土壤pH与阳离子代换量

释　　义：土壤酸碱度，代表土壤溶液中氢离子活度的负对数。

字段代码：SO120201。

英文名称：Soil acidity。

数据类型：数值。

量　　纲：无。

数据长度：4。

小 数 位：1。

极 小 值：0。

极 大 值：14。

土壤的酸碱性是土壤的重要化学性质。它不仅直接影响作物的生长，而且左右着土壤中的许多化学和生物化学变化，特别是与养分释放和有害物质的出现有关，另外，还可影响土壤的某些物理性状，土壤酸碱性一般用pH值表示。

第二次土壤普查中土壤pH值测定采用水土比5∶1的悬浊液，用雷磁25型酸度剂测定，土壤酸碱度分级一般按表2－115。

表2－115　土壤酸碱度分级表

酸碱度	强酸性	酸性	中性	碱性	强碱性
pH值	<5.0	5.0～6.5	6.5～7.5	7.5～8.5	>8.5

肇东市土壤以黑钙土、草甸土为主，因此，耕地土壤酸度应以偏碱性为主。调查表明，全市耕地pH值平均为7.9，变化幅度在6.5～8.9。其中（按数字出现的频率计）pH值

8.5~9.0 占 11.2%，8.0~8.5 占 50.0%，7.5~8.0 占 7.7%，7.0~7.5 占 10.9%，6.5~7.0 占 18.4%，6.0~6.5 占 1.8%，土壤酸度多集中在 8.0~8.5。

按照水平分布和土壤类型分析看，土壤 pH 值由北向南逐渐降低，但变化幅度不大。东南部多分布着黑土，pH 值平均为 6.76，变化幅度在 6.50~7.00；西北部多分布着草甸土，pH 值平均为 8.21，变化幅度在 6.00~8.90。

由于土地利用方式不同，也会引起耕地酸碱度 pH 的变化。统计结果表明，肇东市旱地 pH 值平均为 7.3，变化幅度 6.0~8.9，主要集中在 8.0~8.5；水田 pH 值平均为 7.0，变化幅度 6.0~8.0，主要集中在 6.5~7.5（表 2-116）。

表 2-116　各类土地利用方式土壤 pH 值统计

土地利用类型	样本数	平均值	变化值	分级样本频率（%）					
				8.5~9.0	8.0~8.5	7.5~8.0	7.0~7.5	6.5~7.0	6.0~6.5
旱田	1 919	7.6	6.0~8.9	18.8	55.4	8.2	0.9	14.9	1.8
水田	210	7.0	6.0~8.0	0	0	28.7	28.9	42.2	0.2
全市	2 129	7.6	6.0~8.9	11.2	50.0	7.7	10.9	18.4	1.8

土壤阳离子代换量是指土壤吸附阳离子的数量，一般简称“代换量”，我们通常以 100g 土壤所吸附的阳离子的毫克当量数表示，符号：m.e/100g 土。土壤代换量是鉴定土壤保存养分能力强弱的重要参考指标。代换量大小主要决定于土壤胶体物质数量和种类以及土壤酸碱度。不同胶体物质的代换量不同，如腐殖酸胶体的代换量高达 300~400m.e/100g，高岭石类黏粒矿物只有 5~15m.e/100g，蒙脱石类粒矿物 80~100m.e/100g，水化云母类黏粒矿物为 20~40m.e/100g。代换量采用“FDTA——铵盐快速法”测定。

肇东市主要土壤 pH 和代换量测定结果，见表 2-117、表 2-118。

表 2-117　各类土壤 pH 值统计

项目	黑土	水稻土	风沙土	沼泽土	草甸土	黑钙土	新积土
平均值	6.76	6.80	6.65	8.50	8.21	8.21	6.80
最大值	7.00	6.80	6.70	8.50	8.90	8.50	6.80
最小值	6.50	6.80	6.60	8.50	6.00	7.50	6.80

表 2-118　不同土壤酸碱度和代换量

土壤名称	层次	深度（cm）	pH 值	代换量 m.e/100g 土
厚层黑土	AP	0~14	6.1	36.5
	APP	14~20	6.0	
	A_1	35~45	6.4	
	AB	55~65	6.4	
	B	90~100	6.9	

（续表）

土壤名称	层次	深度（cm）	pH 值	代换量 m. e /100g 土
中层黑土	AP	0～20	6.7	29.1
	APP	20～30	6.5	
	AB	65～75	6.5	
	B	110～120	6.7	
	BC	125～135	6.9	
薄层黑钙土	AP	0～16	6.7	32.1
	APP	16～22	6.6	
	A_1	22～26	6.4	
	AB	60～70	6.6	
	B	100～110	6.9	
中层草甸土	AP	2～12	7.5	19.2
	APP	13～23	7.3	
	A_1	25～32	7.8	
	AB	55～65	7.7	
	B	105～115	8	
厚层草甸土	AP	0～16	7.6	23.2
	APP	16～23	7.6	
	A_1	35～45	8	
	CW	55～65	7.2	

由表 2－118 可以看出：①肇东市土壤黑土、黑钙土表层酸度较小，其他土类则仅在底层表现碱性。②肇东市土壤表层代换量较小，多数在 20～35m. e /100g 土左右，高者近于 36.5m. e /100g 土。这是由于肇东市土壤有机质含量较低。土壤阳离子代换量的大小基本上能表示土壤的保持养分能力，代换量大的土壤，保肥性强，供肥稳肥性好，施肥后漏肥少，有后劲，作物不易脱肥，一次施肥量可大些；代换量小的土壤则相反。

由此可见，离子代换作用对土壤肥力的意义。

（1）使土壤具有保肥性能。

（2）使土壤具有供肥性能。

（3）使土壤具有稳肥性能。

（4）使土壤具有缓冲性能。

（5）指导土壤定向改造，提高土壤肥力。

二、土壤容重

释　　义：在自然状态下单位容积土壤的烘干重量。

字段代码：SO120102。

英文名称：Bulk density。

数据类型：数值。

量　　纲：g/cm^3。

数据长度：4。

小 数 位：2。

极 小 值：0.8。

极 大 值：1.8。

容重是指自然状态下，单位容积土壤的干重，单位是g/cm^3或t/m^3。容重一般常用的是环刀法，计算的公式：

$d = g \cdot 100 / [V \cdot (100 + W)]$

式中，d—土壤容重（g/cm^3）

g—环刀内湿土重（g）

V—环刀容积（cm^3）

W—样品含水量（%）

可以直接用容重（d）通过经验公式计算出土壤总孔度（Pt%）。$Pt\% = 93.947 - 32.995d$。

含水量用105℃ ±2℃的烘箱烘干土壤，测量烘干前后的重量变化，减少的质量就是含水量。土壤容重受质地结构、松紧度和土壤有机质含量等影响而发生变化。疏松的、有机质含量高的土壤容重小，反之则大。根据容重，可以粗略地推知土壤松紧度、结构、保水能力和通气状况等。我市土壤耕层容重在0.90～1.10g/cm^3，比较适于作物生长需要；犁底层则在1.10～1.40g/cm^3，>1.20g/cm^3者土壤过于坚实，通气透水性明显变坏，应采取深翻、深松等措施改变土壤容重。

土壤容重和孔隙度可以反映土壤松紧状况，直接影响农作物生育期，土壤过松或过紧都不利于农作物正常生长和根系发育：土壤过松，根土不易密接，水分不易保存，水汽不能协调，影响养分的保存和有效化温度的稳定；土壤过紧，通透性差，影响出苗，根系下扎。

不同含水量的土壤（容重1.30g/cm^3）在冻融交替作用后20cm内土壤容重基本减小，但减小幅度与含水量之间不是完全的正比关系。不同深度土壤容重的变化规律是：高含水量时，表层容重减小幅度较大，下层减幅相对较小；低含水量时，则相反。冻融交替作用对不同容重土壤（含水量30%）的表层容重影响较大，它使小容重土壤变得更加致密；使大容重土壤变得疏松。黑土区冻融作用对免耕带来的容重增大问题可以起到一定的减缓作用（表2－119）。

表2－119　肇东市各土类土壤容重变化表　（单位：g/cm^3）

年份	黑土	黑钙土	草甸土	沼泽土	新积土	风沙土	水稻土	平均
2012	1.19	1.23	1.34	1.23	1.21	1.24	1.40	1.26
1994	1.18	1.22	1.31	1.20	1.21	1.25	1.33	1.24
1984	1.16	1.20	1.28	1.21	1.20	1.24	1.30	1.23

土壤容重是土壤肥力的重要指标。实践证明，随着化肥的大量施用，土壤养分状况对耕地肥力的作用已降为次要地位，而土壤容重等物理性状对地力的影响越来越显著突出。

肇东市耕地容重平均为 1.26g/cm³，变化幅度在 1.0～1.5g/cm³。全市主要耕地土壤类型中，黑土平均为 1.19g/cm³，黑钙土 1.23g/cm³，草甸土平均为 1.34g/cm³，沼泽土 1.23g/cm³，新积土 1.21g/cm³，风沙土 1.24g/cm³，水稻土 1.40g/cm³。土类间水稻土、草甸土容重均较高；黑土容重较小。这次耕地调查与二次土壤普查和 1994 年测土对比土壤容重呈上升趋势。说明肇东耕地土壤物理性状在逐年恶化。

三、保水、透水能力

字段名称：田间持水量

释　　义：排水良好的土壤在充分湿润、没有蒸发的情况下，土壤剖面中所保持的全部悬着水的水量。

字段代码：SO120103。

英文名称：Field capacity。

数据类型：数值。

量　　纲：%。

数据长度：2。

小 数 位：0。

极 小 值：0。

极 大 值：50。

备　　注：用重量百分比表示，即土壤中水分的重量占干土重量的百分比。

“田间持水量”是指水分在土壤毛管力（即弯月面力）作用下而得以保持的水分总量。一般来说，这种水不受重力的作用和影响，与地下水水体也无任何联系。“田间持水量”可以反映土壤保持水分的能力。由表 2－120 可见，肇东市耕地黑土和草甸土的耕层田间持水量高达 40% 左右，犁底层和下部黑土层也多在 30% 以上。这些说明肇东市耕地土壤保水能力很强。

表 2－120　土壤物理性质测定结果表　（单位：mm/s、%、g/cm³）

土壤名称	地块号	层次	田间持水量	容重	渗透系数	孔隙度（容积%）		
						总孔隙度	毛管孔隙度	通气孔隙度
中层黑土	五站 4-9	AP	42.65	1.08	0.91	42.5	30.8	12.9
		APP	35.32	1.13	0.4	41.3	34.6	5.7
		AB	38.5	1.14	0.13	41.1	35.3	4.4
薄层黑土	黎明 1-7	AP	31.58	1.1	0.35	42.1	28.2	16.2
		APP	32.63	1.21	0.29	39.4	30.2	9.6
		A1	32.98	1.29	0.02	37.5	29.6	7.8
薄层黑土	黎明 1-6	AP	33.69	1.1	0.8	42.1	32	10.5
		APP	36.05	1.3	0.08	37.3	32.8	2.7
		A1	18.91	1.36	0.06	35.8	28.5	7.1

（续表）

土壤名称	地块号	层次	田间持水量	容重	渗透系数	孔隙度（容积%）		
						总孔隙度	毛管孔隙度	通气孔隙度
厚层草甸土	向阳4-4	AP	43.27	0.9	1.98	46.9	32.4	16.5
		APP	45.14	1.06	0.81	43	36.2	5.7
		A1	56.01	0.9	0.36	52.2	44.2	6.5
中层草甸土	太平2-4	AP	43.88	0.87	0.79	47.6	33.3	16.2
		APP	45.14	1.06	0.11	43	30.1	14.7
		A1	41.04	1.01	0.34	44.2	29.6	17.1

“土壤渗透性”是指土层饱和后，土壤中的重力水受重力影响而向下移动的性状。它与大气降水和灌溉水的进入土壤及在土壤中的贮存情况有关，“渗透性”一般用渗透系数来衡量，单位是毫米/分钟，即每分钟水分向下渗透的距离。由表2－120可知，肇东市耕地各层土壤的渗透系数与容重大小有关，当容重增加到1.3左右时，渗透系数大幅度下降。

四、孔隙度

释　　义：多孔体中所有孔隙的体积与多孔体总体积之比。

英文名称：Porosity。

数据类型：数值。

量　　纲：%。

数据长度：5。

小 数 位：1。

极 小 值：0。

极 大 值：99.9。

土粒或土团间存在的间隙称为土壤孔隙，它是土壤中水分，空气通道和贮存场所。因此，土壤孔隙的数量和质量对土壤肥力有直接影响。

土壤中孔隙的总量，以土壤孔隙的体积占整个体积的百分数表示，称为土壤的总孔隙度。疏松土壤的总孔隙度>70%，熟化的耕层总孔隙度55%～65%，一般耕层50%～55%，不良耕层小于50%。

由表2－120可见，土壤孔隙度是土壤的主要物理性质之一，对土壤肥力有多方面的影响。孔隙度良好的土壤，能够同时满足作物对水分和空气的要求，有利于养分状况调节和植物根系伸展。适于作物生长的土壤耕层总孔隙度为50%～60%，通水气孔隙在10%以上。肇东市土壤耕层总孔隙度在55%～65%，是熟化较好的耕层孔隙状况。毛管孔隙是具有毛管作用的孔隙，它保持的水分对作物是最有效的，通气孔隙，又称非毛管孔隙，不能保持水分，为通气水的走廊，经常为空气所占据。从农业生产需要出发，通气孔隙要保持在10%以上为佳，通气孔隙与毛管孔隙之比在1：（2～4），这样水、气配合较利于作物生长。从表2－120可见，肇东市土壤耕层土壤孔隙状况尚好，但犁底层以下，则显得通气孔隙较少，毛管孔隙过多。

第五章　耕地地力评价

本次耕地地力评价是一种一般性目的的评价，并不针对某种土地利用类型，而是根据所在地区特定气候区域以及地形地貌、成土母质、土壤理化性状、农田基础设施等要素相互作用表现出来的综合特征，揭示耕地潜在生产能力的高低。通过耕地地力评价，可以全面了解肇东市的耕地质量现状，为合理调整农业结构；生产无公害农产品、绿色食品、有机食品；针对耕地土壤存在的障碍因素，改造中低产田，保护耕地质量，提高耕地的综合生产能力；建立耕地资源数据网络，对耕地质量实行有效的管理等提供科学依据。

第一节　耕地地力评价的原则和依据

耕地地力的评价是对耕地的基础地力及其生产能力的全面鉴定，因此，在评价时应遵循以下 3 个原则。

一、综合因素研究与主导因素分析相结合的原则

耕地地力是各类要素的综合体现，综合因素研究是对地形地貌、土壤理化性状以及相关的社会经济因素进行综合研究、分析与评价，以全面了解耕地地力状况。主导因素是指对耕地地力起决定作用的相对稳定的因子，在评价中要着重对其进行研究分析。

二、定性与定量相结合的原则

影响耕地地力的因素有定性的和定量的，评价时定量和定性评价相结合。可定量的评价因子按其数值参与计算评价；对非数量化的定性因子要充分应用专家知识，先进行数值化处理，再进行计算评价。主要的工作流程（图 2－15）。

三、采用 GIS 支持的自动化评价方法的原则

充分应用计算机技术，通过建立数据库、评价模型，实现评价流程的全数字化、自动化。应代表我国目前耕地地力评价的最新技术方法。

第二节　耕地地力评价原理和方法

这次评价工作，一方面我们充分收集有关肇东市耕地情况资料，建立起耕地质量管理数据库；另一方面还进行了外业的补充调查（包括土壤调查和农户的入户调查两部分）和室

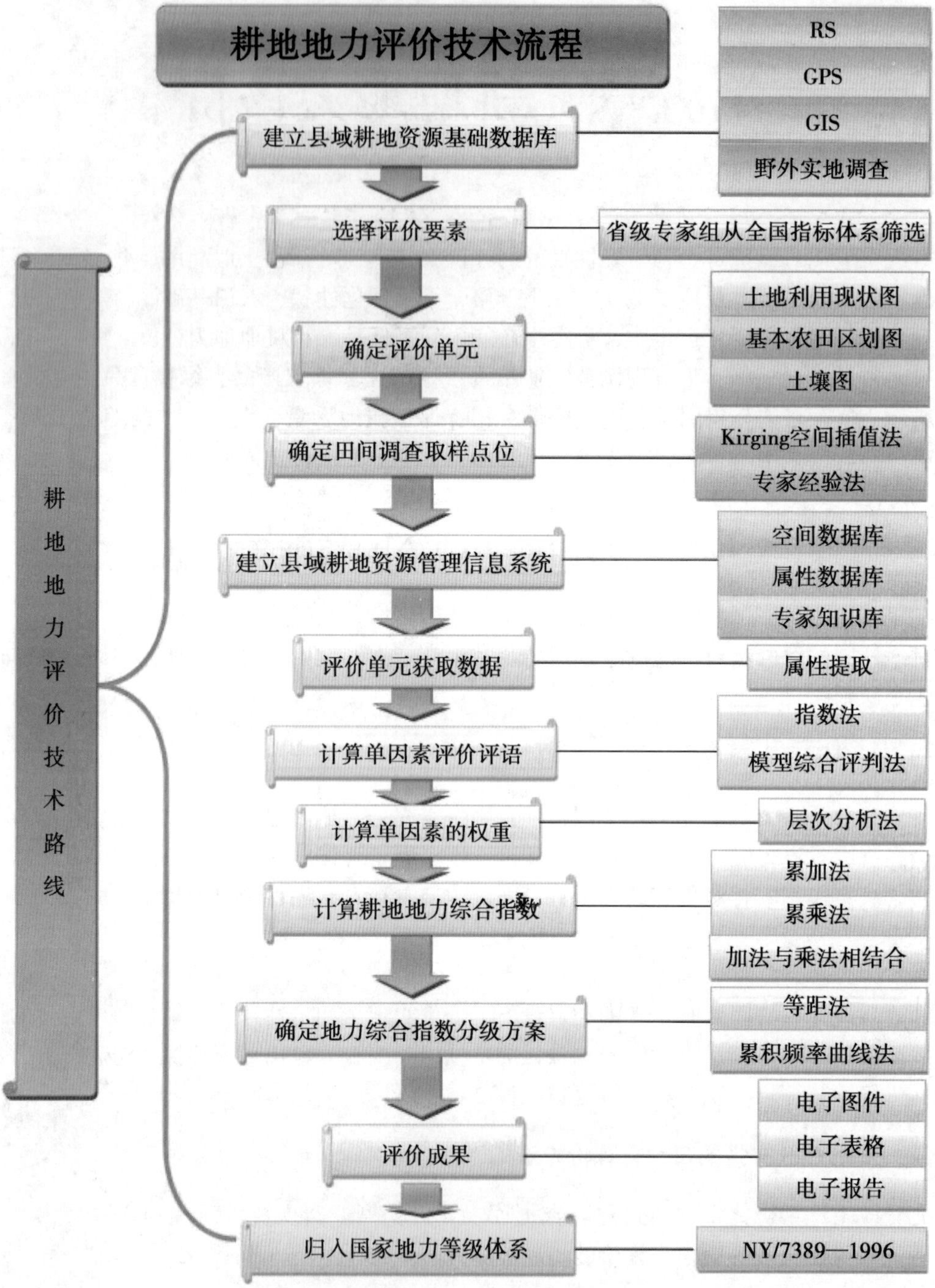

图 2-15 耕地地力评价技术流程图

内化验分析。在此基础上，通过 GIS 系统平台，采用 ARCVIEW 软件对调查的数据和图件进行数值化处理，最后利用农业部开发的《全国耕地力调查与质量评价软件系统 V3.2》进行耕地地力评价。具体评价步骤。

一、确定评价单元

耕地评价单元是由耕地构成因素组成的综合体。目前，通用的确定评价单元方法有几种，一是以土壤图为基础，将农业生产影响一致的土壤类型归并在一起成为一个评价单元；二是以耕地类型图为基础确定评价单元；三是以土地利用现状图为基础确定评价单元；四是采用网格法确定评价单元。上述方法各有利弊。这次我们根据《全国耕地地力调查与质量评价技术规程》的要求，采用综合方法确定评价单元，即用1：10万的土壤图、基本农田划定图、土地利用现状图，先数字化，再在计算机上叠加复合生成评价单元图斑，然后进行综合取舍，形成评价单元。这种方法的优点是考虑全面，综合性强，形成的评价单元，同一评价单元内土壤类型相同、土地利用类型相同，既满足了对耕地地力和质量做出评价，而且便于耕地利用与管理。这次肇东调查共确定形成评价单元2 129个，总面积271 276.5 hm^2（全市基本农田控制面积）。

二、确定评价指标

耕地地力评价因素的选择应考虑到气候因素、地形因素、土壤因素、水文及水文地层和社会经济因素等；同时，农田基础建设水平对耕地地力影响很大，也应当是构成了评价因素之一。本次评价工作侧重于为农业生产服务，因此，选择评价因素的原则是：选取的因子对耕地生产力有较大的影响；选取的因子在评价区域内的变异较大，便于划分等级；同时，必须注意因子的稳定性和对当前生产密切相关的因素。

基于以上考虑，结合肇东市本地的土壤条件、农田地基础设施状况、当前农业生产中耕地存在的突出问题等，并参照《全国耕地地力调查和质量评价技术规程》中所确定的62项指标体系，最后确定了耕层厚度、土壤质地、有机质、pH值、速效磷、速效钾、有效锌、抗旱能力等11项评价指标。每一个指标的名称、释义、量纲、上下限等定义如下。

（一）有机质

反映耕地土壤耕层（0～20cm）有机质含量的指标，属数值型，量纲表示为g/kg。

（二）速效磷

反映耕地土壤耕层（0～20cm）供磷能力的强度水平的指标，属数值型，量纲表示为mg/kg。

（三）速效钾

反映耕地土壤耕层（0～20cm）供钾能力的强度水平的指标，属数值型，量纲表示为mg/kg。

（四）pH值

反映耕地土壤耕层（0～20cm）酸碱度大小的指标，属数值型，无量纲。

（五）灌溉保证率

反映耕地灌溉水平。属概念型，无量纲。

（六）抗旱能力

反映耕地土壤保水供水能力的指标，无量纲。

（七）有效土层厚度

反映耕地土壤土层的容量指标，是耕地肥力的综合指标，属数值型，量纲表示为cm。

（八）土壤质地

反映土壤颗粒粗细程度的物理性指标，属概念型，无量纲。

（九）有效锌

反映耕地土壤耕层（0～20cm）含锌水平的容量指标，属数值型，量纲表示为mg/kg。

（十）障碍层厚度

反映耕地土壤耕作层以下农机作业产生的障碍层厚度，属数值型，量纲为cm。

（十一）障碍层类型

反映耕地土壤成土过程，母质层对耕层的影响程度，属概念型，无量纲。

三、评价单元赋值

根据各评价因子的空间分布图或属性数据库，将各评价因子数据赋值给评价单元，主要采取以下方法。

（一）对点位数据

如有效锌、有效磷、速效钾等，采用插值的方法形成删格图与评价单元图叠加，通过统计给评价单元赋值。

（二）对矢量分布图

如腐殖层厚度、容重、地形部位等，直接与评价单元图叠加，通过加权统计、属性提取，给评价单元赋值。

（三）对等高线

使用数字高程模型，形成坡度图、坡向图，与评价单元图叠加，通过统计给评价单元赋值。

四、评价指标的标准化

所谓评价指标标准化就是要对每一个评价单元不同数量级、不同量纲的评价指标数据进行0→1化。数值型指标的标准化，采用数学方法进行处理；概念型指标标准化先采用经验法，对定性指标进行数值化描述，然后进行标准化处理。

模糊评价法是数值标准化最通用的方法。它是采用模糊数学的原理，建立起评价指标值与耕地生产能力的隶属函数关系，其数学表达式 $\mu = f(x)$。μ 是隶属度，这里代表生产能力；x代表评价指标值。根据隶属函数关系，可以对于每个 χ 算出其对应的隶属度 μ，是0→1中间的数值。在这次评价中，我们将选定的评价指标与耕地生产能力的关系分为戒上型函数、戒下型函数、峰型函数、直线型函数以及概念型5种类型的隶属函数。前4种类型可以先通过专家打分的办法对一组评价单元值评估出相应的一组隶属度，根据这两组数据拟合隶属函数，计算所有评价单元的隶属度；后一种是采用专家直接打分评估法，确定每一种概念型的评价单元的隶属度。

以下是各个评价指标隶属函数的建立和评价指标标准化。由黑龙江省内各个层面的专家经过多次的会商讨论，并经过当地有经验的专家实地调查验证，所赋的值基本符合生产实际。但是，在生产实际运用过程中，要根据实际地块的各项生产条件进行研判，使得数据库模型更能发挥其权威性。

（一）有机质隶属度函数

1. 专家评估（表 2 − 121）

表 2 − 121　有机质隶属度评估

有机质（g/kg）	0.32	2.0	2.2	2.5	2.7	3.0	3.3	3.6	4.0	6.7
隶属度	0.30	0.60	0.75	0.80	0.85	0.90	0.92	0.95	0.98	1.00

2. 建立隶属函数（图 2 − 16）

$$Y = 1/ \left[1 + 0.050264 * (x - 5.03284)^2 \right] \qquad C = 59.23405 \quad U = 0.32$$

$$Y = 1/ \left(1 + 0.00220644377059952 * (X - 42.4939885428112)^{\wedge}2 \right)$$

坐标：−8.672443,1.047273　　　　·　原始数据点　　——　拟合曲线

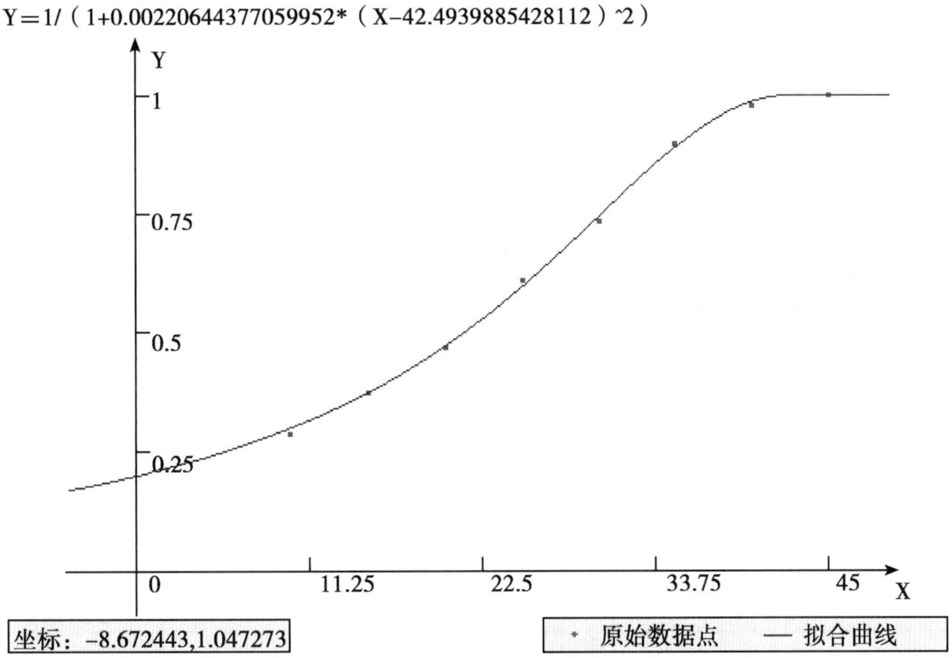

图 2 − 16　土壤有机质隶属函数曲线图（戒上型）

（二）有效磷隶属度函数

1. 专家评估（表 2 − 122）

表 2 − 122　有效磷隶属度评估　　　　　　　　　　（单位：mg/kg）

有效磷	0.2	7.0	11.0	14.0	18.0	21.0	24.0	28.0	35.0	42.0	49.0	85.0
隶属度	0.3	0.5	0.7	0.75	0.78	0.8	0.85	0.9	0.95	0.98	0.99	1.0

2. 建立隶属函数（图 2 − 17）

$$Y = 1/ \left[1 + 0.000225 (x - 59.234049)^2 \right] \qquad C = 59.23405 \quad U = 2$$

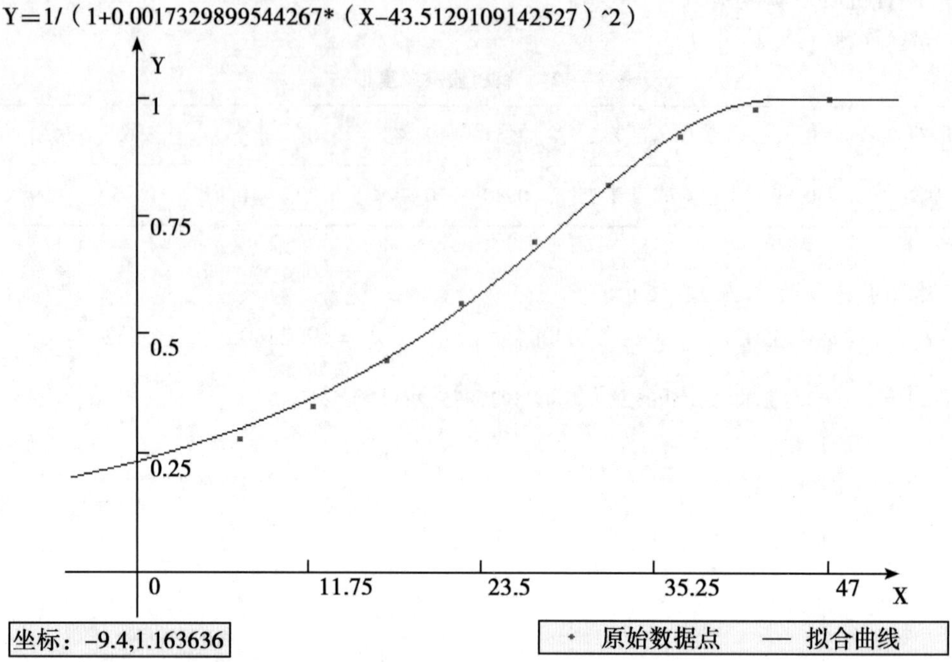

图 2－17　土壤有效磷隶属函数曲线图　（戒上型）

（三）速效钾隶属度函数

1. 专家评估（表 2－123）

表 2－123　有效钾隶属度评估　（单位：mg/kg）

有效钾	17.4	60.0	90.0	120.0	150.0	180.0	220.0	250.0
隶属度	0.40	0.70	0.85	0.88	0.90	0.95	0.98	1.00

2. 建立隶属函数（图 2－18）

$Y=1/[1+0.000025(x-203.986183)^2]$　　$C=203.9862$　$U=17.362$

（四）pH 值隶属度函数

1. 专家评估（表 2－124）

表 2－124　pH 值隶属度评估

pH 值	6.25	6.5	6.25	6.5	6.75	7	7.25	8	8.5	8.75	9
隶属度	0.65	0.7	0.8	0.9	0.95	1	0.85	0.75	0.65	0.6	0.5

2. 建立隶属函数（图 2－19）

$y=1/[0.00302839*(x-46.0499)^2]$

Y＝1/（1+3.92937477598428E-05*（X-280.235332582808）^2）

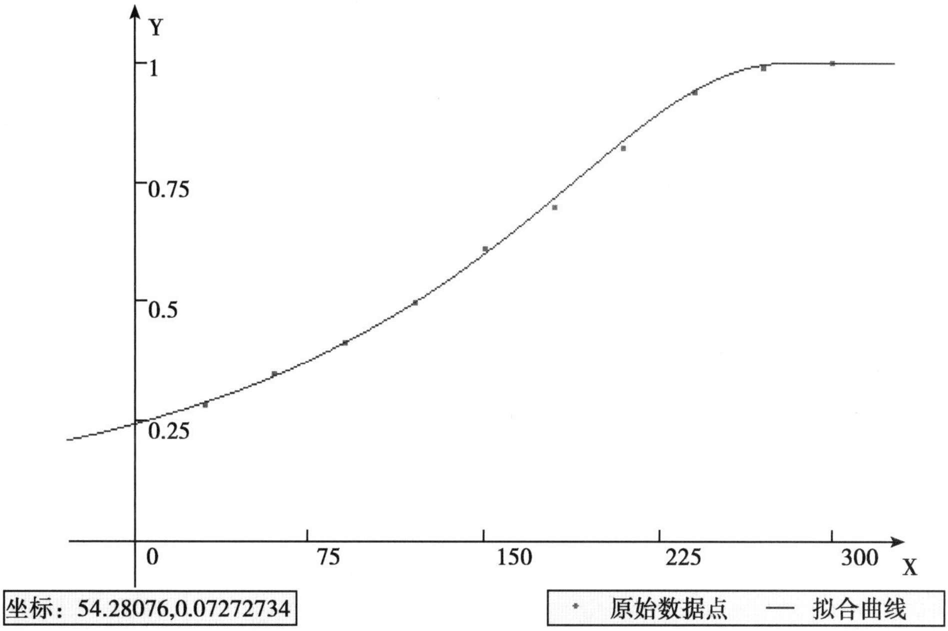

图 2－18　土壤有效钾隶属函数曲线图（戒上型）

Y＝1/（1+0.35286403400006*（X-7.3095954140628）^2）

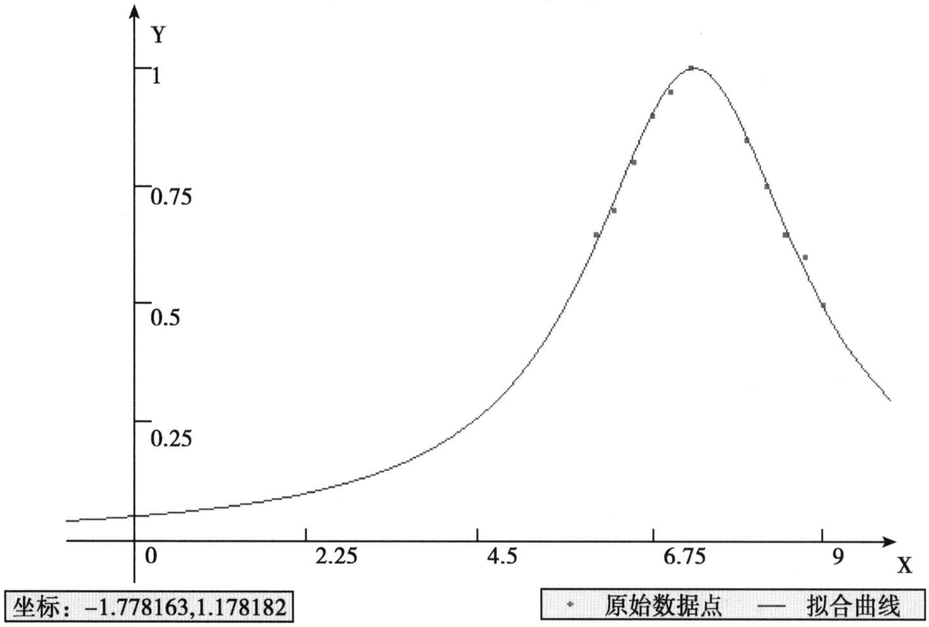

图 2－19　土壤 pH 值隶属函数曲线图　（峰型）

（五）灌溉保证率隶属度函数

1. 专家评估（表 2-125）

表 2-125　灌溉保证率隶属度评估

灌溉保证率（%）	20	30.0	40.0	50.0	60.0	70.0	80.0	90.0	99
隶属度	0.2	0.278	0.357	0.475	0.60	0.725	0.9	0.975	1

2. 建立隶属函数（图 2-20）

$y = 1/[1 + 0.0006112 * (x - 94.126)^2]$

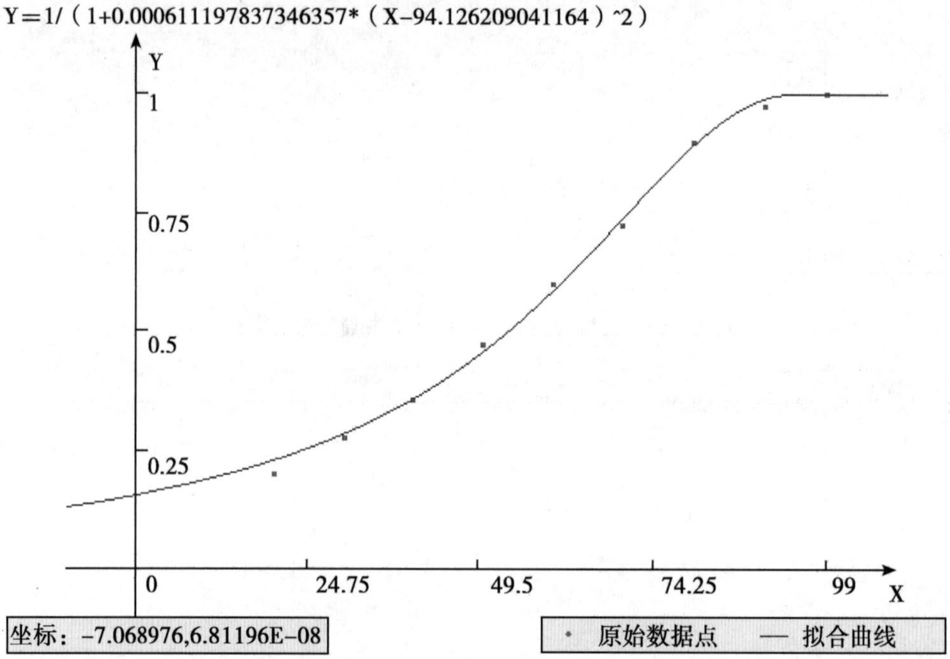

图 2-20　灌溉保证率隶属函数曲线图（戒上型）

（六）抗旱能力隶属度函数

1. 专家评估（表 2-126）

表 2-126　抗旱能力隶属度评估

抗旱能力（d）	7	14	21	28	35	42	49	≥49
隶属度	0.2	0.3	0.4	0.525	7	9	1	1.00

2. 建立隶属函数（图 2-21）

$y = 1/[1 + 0.000888 * (x - 81.609)^2]$

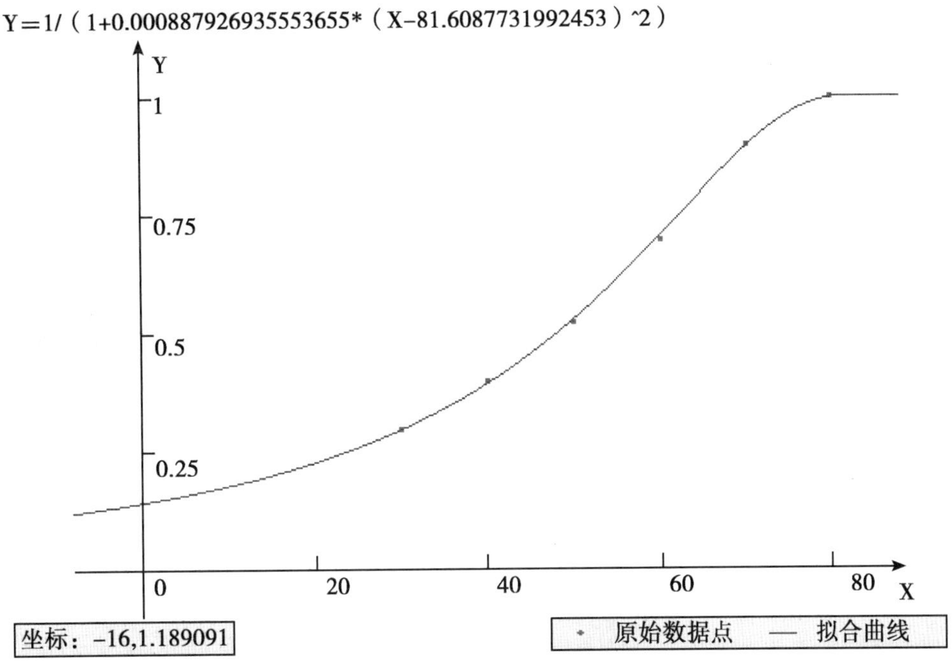

图 2－21　抗旱能力隶属函数曲线图（戒上型）

（七）有效土层厚度隶属度函数

1. 专家评估（表 2－127）

表 2－127　土壤腐殖质层厚度分级及隶属度专家评估

分级编号	有效土层厚度	隶属度
1	土壤耕层厚度＞25cm（深厚）	1.0
2	土壤耕层厚度 20～25cm（厚层）	0.95
3	土壤耕层厚度 15～20cm（中层）	0.9
4	土壤耕层厚度 10～15cm（薄层）	0.8
5	土壤耕层厚度＜5cm（破皮、露黄）	0.7

2. 建立隶属函数（图 2－22）

$y=1/[1+0.00303*(x-46.0499)^2]$

（八）土壤质地隶属度函数（概念型）

专家评估（表 2－128）

表 2－128　土壤质地分类及其隶属度专家评估

分类	1	2	3	4	5	6	7	8	9
土壤质地	松沙土	紧沙土	沙壤土	轻壤土	中壤土	重壤土	中黏土	轻黏土	重黏土
隶属度	0.35	0.7	0.8	0.9	0.95	1	0.9	0.7	0.6

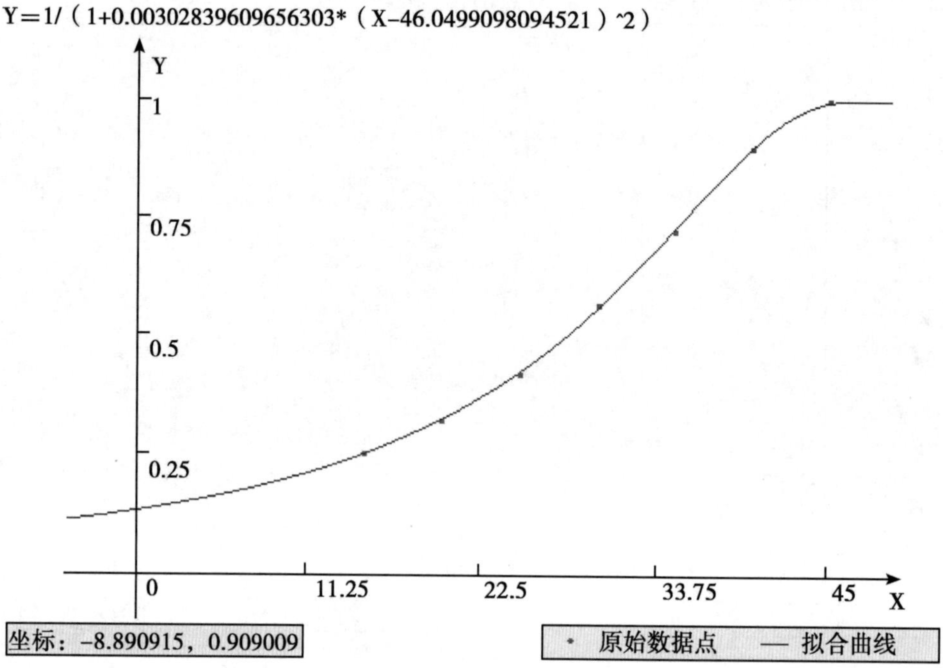

图 2－22　土壤腐殖质层厚度隶属函数曲线图（戒上型）

（九）有效锌隶属度函数

1. 专家评估（表 2－129）

表 2－129　有效锌隶属度评估

灌溉（%）	0.25	0.5	0.75	1.0	1.25	1.5	1.75	2.0	2.5	3.0
隶属度	0.2	0.278	0.31	0.375	0.40	0.57	0.67	0.78	0.96	1.0

2. 建立隶属函数（图 2－23）

$y = 1/[1 + 0.5326 * (x - 2.7497)^2]$

（十）障碍层厚度隶属度函数（戒下型）

1. 专家评估（表 2－130）

表 2－130　障碍层厚度隶属度评估

障碍层厚度（cm）	0	3	6	9	12	15
隶属度	1	0.887	0.67	0.5	0.35	0.25

2. 建立隶属函数（图 2－24）

$y = 1/[0.0124 * (x + 0.203)^2]$

Y＝1/（1+0.53259900693487*（X−2.7496088643849）^2）

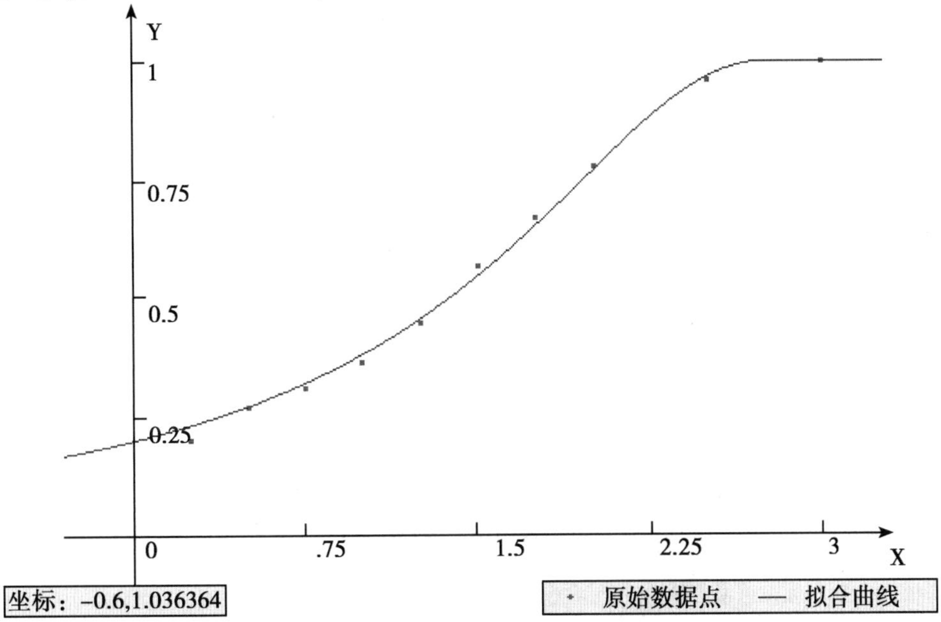

图 2－23　有效锌隶属函数曲线图（戒上型）

Y＝1/（1+0.0124271364633881*（X−（−0.202689936755789）^2）

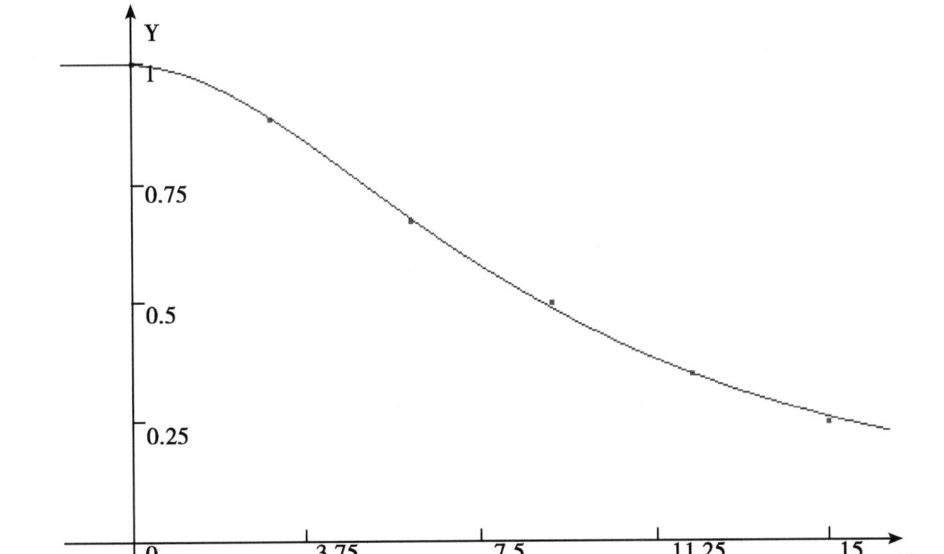

图 2－24　障碍层厚度隶属函数曲线图（戒下型）

（十一）障碍层类型隶属度函数（概念型）

专家评估（表2－131）

表2－131　障碍层类型隶属度专家评估

障碍层类型	盐积层	沙漏层	潜育层	黏盘层
隶属度	0.35	0.6	0.75	1

概念型函数专家评估值直接进入隶属函数模型。有多名专家共同评估。

五、确定指标权重

采用层次分析法确定每一个评价因素对耕地综合地力的贡献大小。

（一）构造评价指标层次结构图

构造评价指标层次结构，见图2－25。

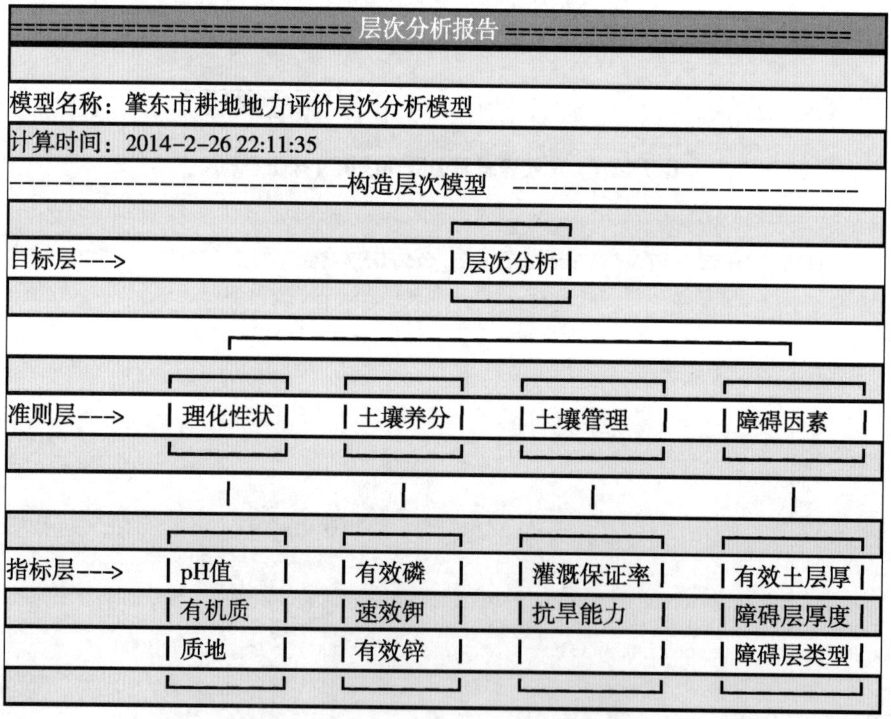

图2－25　构造评价指标层次结构图

（二）建立层判断矩阵

采用专家评估法，比较同一层次各因素对上一层次的相对重要性，给出数量化的评估。专家评估的初步结果经合适的数学处理后（包括实际计算的最终结果—组合权重）反馈给专家，请专家重新修改或确认。经多轮反复形成最终的判断矩阵。

（三）确定各评价因素的综合权重

利用层次分析计算方法确定每一个评价因素的综合评价权重。结果见表2－132。

表 2－132　评价指标的专家评估及权重值

目标层判别矩阵原始资料：

1.0000	2.5000	0.4000	0.4000
0.4000	1.0000	0.1667	0.1667
2.5000	6.0000	1.0000	1.0000
2.5000	6.0000	1.0000	1.0000

特征向量：[0.1573，0.0642，0.3892，0.3892]

最大特征根为：4.0003

CI＝1.03115132302989E－04

RI＝.9

CR＝CI/RI＝0.00011457 ＜ 0.1

一致性检验通过！

准则层（1）判别矩阵原始资料：

1.0000	1.2500	0.5000
0.8000	1.0000	0.5000
2.0000	2.0000	1.0000

特征向量：[0.2691，0.2319，0.4990]

最大特征根为：3.0055

CI＝2.76819332440703E－03

RI＝.58

CR＝CI/RI＝0.00477275 ＜ 0.1

一致性检验通过！

准则层（2）判别矩阵原始资料：

1.0000	2.0000	4.0000
0.5000	1.0000	2.5000
0.2500	0.4000	1.0000

特征向量：[0.5643，0.3044，0.1313]

最大特征根为：3.0055

CI＝2.76897062453818E－03

RI＝.58

CR＝CI/RI＝0.00477409 ＜ 0.1

一致性检验通过！

准则层（3）判别矩阵原始资料：

1.0000	2.0000
0.5000	1.0000

特征向量：[0.6667，0.3333]

最大特征根为：2.0000

CI＝0

RI＝0

CR＝CI/RI＝0.00000000 ＜ 0.1

一致性检验通过！

准则层（4）判别矩阵原始资料：

1.0000	2.5000	2.0000
0.4000	1.0000	0.7692
0.5000	1.3000	1.0000

特征向量：[0.5259，0.2076，0.2664]

最大特征根为：3.0002

CI＝7.88808606151381E－05

RI＝.58

CR＝CI/RI＝0.00013600 ＜ 0.1

层次总排序一致性检验：CI＝6.44001306239084E－04 RI＝0.354244797099671 CR＝CI/RI＝0.00181796＜0.1

总排序一致性检验通过，见表 2－133。

表 2-133 层次分析结果表

层次分析结果表					
	层次 C				
层次 A	理化性状	土壤养分	土壤管理	障碍因素	组合权重
	0.1573	0.0642	0.3892	0.3892	∑CiAi
pH 值	0.2691				0.0423
有机质	0.2319				0.0365
质地	0.4990				0.0785
有效磷		0.5643			0.0362
速效钾		0.3044			0.0196
有效锌		0.1313			0.0084
灌溉保证率			0.6667		0.2595
抗旱能力			0.3333		0.1297
障碍层类型				0.5259	0.2047
障碍层厚度				0.2076	0.0808
有效土层厚				0.2664	0.1037

六、计算耕地地力生产性能综合指数（IFI）

$$IFI = \sum Fi \times Ci;\ (i=1,\ 2,\ 3\cdots\cdots)$$

式中，IFI（Integrated Fertility Index）代表耕地地力数；Fi = 第 i 各因素评语；Ci—第 i 各因素的组合权重。

七、确定耕地地力综合指数分级方案

采取累积曲线分级法划分耕地地力等级，用加法模型计算耕地生产性能综合指数（IFI），将肇东市耕地地力划分为五级。

每个地级土壤综合生产能力都有一定的差异，反映在作物产量上每公顷玉米约 1 500kg（表 2-134）。

表 2-134 土壤地力指数分级

地力分级	地力综合指数分级（IFI）
一级	>0.78
二级	0.74~0.78
三级	0.72~0.74
四级	0.70~0.72
五级	0.672~0.70

八、归并农业部地力等级指标划分标准

耕地地力的另一种表达方式，即以产量表达耕地地力水平。农业部于 1997 年颁布了

“全国耕地类型区耕地地力等级划分”农业行业标准，将全国耕地地力根据粮食单产水平划分为十个等级。在对肇东市2 129个耕地地力调查点的3年实际年平均产量调查数据分析，根据其对应的相关关系，将用自然要素评价的耕地地力等级分别归入相应的概念型产量表示的地力等级体系，见表2－135。

表2－135　耕地地力（国家级）分级统计　（单位：kg/hm^2）

国家级	产量
四	9 000～10 500
五	7 500～9 000
六	6 000～7 500
七	4 500～6 000

肇东市评价结果表明：主要以国家五级地、六级地为主，各占59.4%、26.5%；局部有少量四级地，占8.6%和七级地，占5.4%。

第三节　耕地地力评价结果与分析

肇东市耕地总面积为271 276.5hm^2，其中，旱田面积246 676.5hm^2，占91%；水田面积24 600hm^2，占9%。

这次耕地地力调查和质量评价将全市基本土壤划分为5个等级：一级地42 321.5hm^2，占15.6 %；二级地64 783.9hm^2，占23.9%；三级地76 179.9hm^2，占28.1%；四级地61 859.9hm^2，占22.8 %；五级地26 121.3hm^2，占9.6 %。一级、二级地属高产田土壤，面积共107 105.4hm^2，占39.5 %；三级、四级为中产田土壤，面积为138 039.8hm^2，占50.9%；五级为低产田土壤，面积26 121.3hm^2，占9.6%；中低产田合计164 161.1hm^2，占基本土壤面积的60.5%。按照《全国耕地类型区耕地地力等级划分标准》进行归并，全市现有国家四级地107 105.4hm^2，占39.5%；五级地138 039.8hm^2，占50.9%；六级地26 121.3hm^2，占9.6%。

从地力等级的分布特征来看，等级的高低与地形部位、土壤类型密切相关（表2－136至表2－138）。

表2－136　肇东市土壤地力分级统计　（单位：hm、%、hm、kg/hm^2）

地力分级	地力综合指数分级（IFI）	土壤面积	占基本土壤面积	产量
一级	＞0.78	42 321.5	15.6	＞9 500
二级	0.74～0.78	64 783.9	23.9	9 000～9 500
三级	0.70～0.72	76 179.9	28.1	8 500～9 000
四级	0.672～0.70	61 859.9	22.8	8 000～8 500
五级	＜0.672	26 121.3	9.6	7 500～8 000

表 2-137 肇东市耕地地力（国家级）分级统计 （单位：hm、%、kg/hm²）

国家级	IFI 平均值	耕地面积	占基本农田面积	产量
四	0.70～0.75	107 105.4	39.5	7 500～9 000
五	0.65～0.70	138 039.8	50.9	6 000～7 500
六	0.55～0.65	26 121.3	9.6	4 500～6 000

表 2-138 肇东市各乡镇地力等级面积统计 （单位：hm²）

乡镇	面积	一	二	三	四	五
合计	271 276.5	42 321.5	64 783.9	76 179.2	61 869.9	26 121.3
肇东镇	13 278.31			5 998.9	6 940.9	339.4
太平乡	9 038.83	1 604.3	3 013.2	3 672.9	748.5	
海城乡	8 972.99		2 788.8	4 003	2 181.2	
尚家镇	17 737.58		2 967.7	2 761.3	3 855.2	8 153.4
姜家镇	9 107.04	53.3	1 990.2	3 470.8	3 187	405.7
昌五镇	9 891.32		3 301.6	3 066	3 069.1	454.5
向阳乡	10 999.44	1 227.2	3 226.5	2 761.1	3 784.7	
洪河乡	11 365.81	809.2	2 034.2	7 028.4	1 494	
跃进乡	11 723.08	3 051	5 658.6	1 445.3	1 568	
五站镇	19 572.41	6 384.6	7 675.6	4 757.8	753.7	
黎明镇	15 836.24	9 006.6	6 241.3	588.4		
里木店	8 381.17	465.71	4 407.5	1 896	1 612	
四站镇	9 182.43	1 835.34	4 493.2	1 963	878.4	12.6
西八里	16 481.78	3 588	1 465.2	10 359.6	1 068.9	
涝洲镇	11 952.63	2 959.7	4 852.9	3 153.1	986.9	
德昌乡	13 452.87	410.9	2 213.5	7 557	3 271.5	
五里明	14 013.07	10 599.7	1 500.1	1913.3		
宋站镇	11 000.25		0.55	1 444.8	4 792.5	4 762.4
宣化乡	20 524.14	326.2	2 703.6	3 733.9	6 102	7 658.4
安民乡	13 070.76		2 122.3	1 352.6	7 879.4	1 716.4
明久乡	10 403.21		2 127.3	3 252.7	3 553.5	1 469.7

肇东市高中产土壤主要集中在中部、南部的平岗地及平坦的冲积平原上，行政区域包括黎明、五里明、五站、四站、涝州、东发等乡镇，这一地区土壤类型以黑土、黑钙土为主，地势较缓，坡度一般不超过3°；低产土壤则主要分布在东部、西部和北部的低洼平原上，行政区域包括姜家、尚家、德昌、海城、昌五、宣化、安民等乡镇，土壤类型主要是草甸土，地势平缓、低洼。其他乡镇地力水平介于中间。

一、一级地

全市一级地总面积 42 321.5hm^2，占基本土壤总面积的 15.6%，主要分布在五站镇、黎明镇、里木店、四站镇、西八里乡、涝洲镇、德昌乡、五里明镇几个乡镇。其中，五里明镇面积最大，为 10 599.7 hm^2，占一级地总面积的 25.0%；其次是黎明镇，面积为 9 006.6hm^2，占一级地总面积的 21.3%。

土壤类型主要以黑土、黑钙土、草甸土、新积土为主，其中，黑钙土面积最大，31 214.6hm^2，占一级地总面积的 73.8%。黑土中又以中、厚层黑土为主，面积 3 119.9 hm^2，占该级地面积的 7.4%，见表 2－139、表 2－140。

一级地所处地形平缓，主要分布在中部、南部的平岗地及平坦的冲积平原上，坡度一般小于 3°，基本没有侵蚀和障碍因素。黑土层深厚，绝大多数在 30cm 以上，深的可达 100cm 以上。

表 2－139　全市一级地行政分布面积统计　（单位：hm^2、%）

乡　镇	耕地面积	一级地面积	占全市一级地面积	占本乡耕地面积
合　计	271 276.5	42 321.5		
肇东镇	13 278.31			
太平乡	9 038.83	1 604.3	2.5	17.7
海城乡	8 972.99			
尚家镇	17 737.58			
姜家镇	9 107.04	53.3	0.12	0.58
昌五镇	9 891.32			
向阳乡	10 999.44	1 227.2	2.9	11.15
洪河乡	11 365.81	809.2	1.9	7.1
跃进乡	11 723.08	3 051	7.2	26.0
五站镇	19 572.41	6 384.6	15.10	32.6
黎明镇	15 836.24	9 006.6	21.3	58.9
里木店	8 381.17	465.71	1.1	5.6
四站镇	9 182.43	1 835.34	4.3	20.0
西八里	16 481.78	3 588	8.5	21.8
涝洲镇	11 952.63	2 959.7	7.0	24.8
德昌乡	13 452.87	410.9	0.97	3.0
五里明	14 013.07	10 599.7	25.0	75.6
宋站镇	11 000.25			
宣化乡	20 524.14	326.2		1.6
安民乡	13 070.76	0		
明久乡	10 403.21	0		
四方山	5 291.11	0		

表 2－140　全市一级地土壤分布面积统计　（单位：hm^2、%）

土壤类型	土壤面积	一级地面积	占全市一级地面积	占本土类面积
黑　土	13 886. 11	3 119. 9	7. 4	22. 5
黑钙土	178 407. 55	31 214. 6	73. 8	17. 5
草甸土	64 893. 42	7 960. 4	18. 8	12. 2
沼泽土	885. 63		0. 0	0. 0
风沙土	3 166. 05	27. 3	0. 06	0. 8
水稻土	168. 13			
新积土	9 869. 61		0. 0	0. 0

一级地结构较好，多为粒状或小团块状结构。质地适宜，一般为黏壤土或壤质黏土。容重适中，旱田平均为 1. 18g/cm^3，水田平均为 1. 23g/cm^3。土壤大都呈中性，只有少部分呈微酸性，pH 值在 6. 5 ~ 7. 0 范围内。土壤有机质含量高，平均为 27. 7g/kg（图 2－26）。

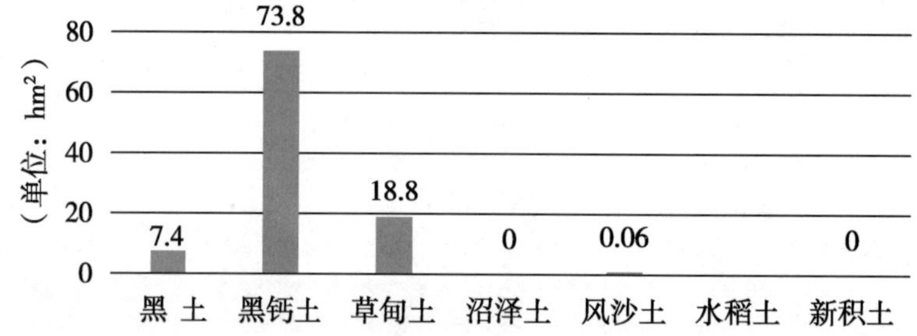

图 2－26　各类土壤占一级地面积比例示意图

养分丰富，全氮平均 1. 79mg/kg，碱解氮平均 164mg/kg，速效磷平均 20. 74mg/kg，速效钾平均 126. 8mg/kg。保肥性能好。抗旱、排涝能力强。该级地属高肥广适应性土壤，适于种植玉米、大豆、水稻等高产作物，产量水平较高，一般在 9 000kg/hm^2 以上。

表 2－141　一级地耕地土壤理化性状统计　（单位：g/kg、g/cm^3、mg/kg）

项　目	平均值	样本值分布范围
容　重	旱田 1. 18　水田 1. 23	1. 10 ~ 1. 24
有机质	27. 7	20. 3 ~ 36. 3
有效锌	2. 59	1. 35 ~ 5. 10
速效钾	126. 8	94. 93 ~ 158. 62
有效磷	20. 74	12. 33 ~ 28. 25
全　氮	1. 79	1. 51 ~ 2. 01
碱解氮	164	151 ~ 193

二、二级地

全市二级地总面积 64 783. 8hm^2，占基本土壤总面积的 23. 9%。主要分布在太平乡、海城乡、尚家镇、姜家镇、昌五镇、向阳乡、洪河乡、跃进乡、五站镇、黎明镇、里木店镇、四站镇、西八里乡、涝洲乡、五里明镇这些乡镇。

其中，五站镇最大7 675.6hm²，占二级地总面积的11.8%；黎明镇面积为6 241.3hm²，占二级地总面积的9.6%；跃进乡5 658.6hm²，占二级地总面积的8.7%；四站4 493.3hm²，占二级地总面积的6.9%。土壤类型主要为黑土、草甸土、黑钙土等，其中黑钙土面积最大，46 519.4hm²，占二级地总面积的71.8%。草甸土面积为12 371.8hm²，占二级地总面积19.1%（表2－142）。

表2－142　全市土壤二级地面积分布　（单位：hm²、%）

土壤类型	总土壤面积	二级地面积	占全市二级地面积	占本土类土壤面积
黑　土	13 886.11	4 795.9	7.4	34.5
黑钙土	178 407.55	46 519.4	71.8	26.0
草甸土	64 893.42	12 371.8	19.1	19.1
沼泽土	885.63	176.7	0.27	20.0
风沙土	3 166.05	422.8	0.65	13.4
水稻土	168.13	35.7	0.05	21.2
新积土	9 869.61	461.5	0.71	4.67

黑土中以中、厚层黑土为主，面积4 795.9hm²，占该级地黑土面积的7.4%。

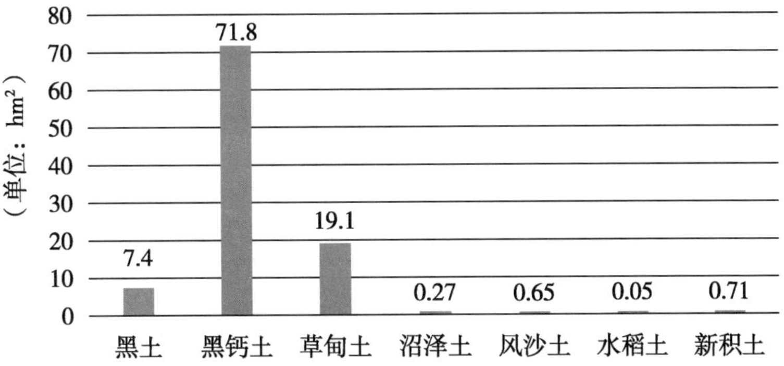

图2－27　各类土壤占二级地面积比例示意图

二级地主要分布在平坦的曼岗平原上，所处地形也较为平缓，坡度一般在1°以内，绝大部分耕地没有侵蚀或者侵蚀较轻，基本上无障碍因素。黑土层也较深厚，一般大于20cm。结构也较好，多为粒状或小团块状结构。质地较适宜，一般为重壤土或沙质黏壤土。土壤容重基本适中，平均为1.22g/cm³（表2－143、表2－144）。

表2－143　全市二级地分布面积统计　（单位：hm²、%）

乡　镇	耕地面积	二级地面积	占全市二级地面积	占本乡土壤面积
合　计	271 276.5	64 783.9		
肇东镇	16 951.24			
太平乡	10 495.19	3 013.2	4.65	28.5
海城乡	10 516.23	2 788.8	4.30	26.5

（续表）

乡　镇	耕地面积	二级地面积	占全市二级地面积	占本乡土壤面积
尚家镇	30 569.62	2 967.7	4.58	9.70
姜家镇	7 351.74	1 990.2	3.07	27.0
昌五镇	12 305.36	3 301.6	5.09	26.8
向阳乡	14 117.94	3 226.5	4.98	22.8
洪河乡	12 608.50	2 034.2	3.13	16.1
跃进乡	13 284.54	5 658.6	8.73	42.6
五站镇	24 279.45	7 675.6	11.8	31.6
黎明镇	20 236.74	6 241.3	9.63	30.8
里木店	9 622.81	4 407.5	6.80	45.8
四站镇	13 440.38	4 493.2	6.93	33.4
西八里	22 999.61	1 465.2	2.26	6.4
涝洲镇	22 157.74	4 852.9	7.48	21.9
德昌乡	16 019.92	2 213.5	3.40	13.8
五里明	14 894.25	1 500.1	2.31	10.07
宋站镇	19 379.74	0.55	0.00	0.003
宣化乡	39 068.03	2 703.6	4.17	6.92
安民乡	17 696.69	2 122.3	3.3	12.0
明久乡	12 493.54	2 127.3	3.28	17.0
四方山	10 357.32	0		

表 2－144　二级地耕地土壤理化性状统计　　（单位：g/kg、mg/kg）

项　目	平均值	样本值分布范围
容　重	1.22	1.18～1.24
有机质	27.0	20.2～33.6
有效锌	2.87	1.36～4.82
速效钾	131.1	97.76～160.1
有效磷	19.27	12.27～29.56
全　氮	1.66	1.45～1.79
碱解氮	140	132～150

土壤绝大多数呈中性，少数呈弱碱性 pH 值在 6.8～7.3 范围内。土壤有机质含量高，平均 27.0%。养分含量丰富，全氮平均 1.66g/kg，土壤碱解氮平均 140.4mg/kg，速效磷平均 19.27mg/kg，速效钾平均 131.0mg/kg。保肥性能较好，抗旱、排涝能力也很强。该级地亦属高肥广适应性土壤，适于种植水稻、大豆、玉米等各种作物，产量水平较高，一般在 9 500～11 000kg/hm^2。

三、三级地

三级地总面积76 179.2hm^2，占基本土壤面积28.1%（表2－145）。

表2－145 全市三级地分布面积统计 （单位：hm^2、%）

乡 镇	总土壤面积	三级地面积	占全市三级地面积	占本乡土壤面积
合 计		76 179.9		
肇东镇	16 951.24	5 998.9	7.87	35.4
太平乡	10 495.19	3 672.9	4.82	35.0
海城乡	10 516.23	4 003	5.25	38.0
尚家镇	30 569.62	2 761.3	3.62	9.0
姜家镇	7 351.74	3 470.8	4.55	47.2
昌五镇	12 305.36	3 066	4.02	24.9
向阳乡	14 117.94	2 761.1	3.61	19.6
洪河乡	12 608.50	7 028.4	9.22	55.7
跃进乡	13 284.54	1 445.3	1.89	10.8
五站镇	24 279.45	4 757.8	6.24	19.6
黎明镇	20 236.74	588.4	0.77	2.90
里木店	9 622.81	1 896	2.49	19.7
四站镇	13 440.38	1 963	2.58	14.6
西八里	22 999.61	10 359.6	13.6	45.0
涝洲镇	22 157.74	3 153.1	4.14	14.2
德昌乡	16 019.92	7 557.0	9.91	47.1
五里明	14 894.25	1 913.3	2.51	12.8
宋站镇	19 379.74	1 444.8	1.89	7.45
宣化乡	39 068.03	3 733.9	4.90	9.56
安民乡	17 696.69	1 352.6	1.77	7.64
明久乡	12 493.54	3 252.7	4.26	26.0
四方山	10 357.32	623.09	1.42	6.02

主要分布在肇东镇、太平乡、海城乡、尚家镇、姜家镇、昌五镇、向阳乡、洪河乡、黎明镇、里木店镇、四站镇、西八里乡、涝洲乡、德昌乡、五里明镇、宋站镇、宣化乡、明久乡这些乡镇。其中，西八里乡最大，为10 359.6hm^2，占三级地总面积的13.4%；其次为德昌乡7 557.0 hm^2，占三级地总面积的9.92%；洪河乡7 028.4 hm^2，占三级地总面积的9.2%。

土壤类型主要为黑钙土、草甸土为主，其中，黑钙土面积最大，48 502.0hm^2，占总面积的63.7%，其次草甸土面积为12 760.9hm^2，占总面积的16.75%（图2－28）。

三级地大都处在漫岗的顶部以及低阶平原上，所处地形相对平缓，坡度绝大部分小于2°。部分土壤有轻度侵蚀，个别土壤存在瘠薄等障碍因素。黑土层厚度不一，厚的在25cm

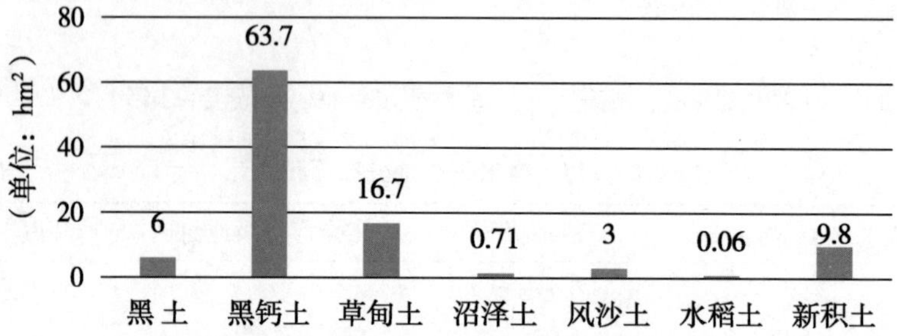

图 2－28　各类土壤占三级地面积比例示意图

以上，薄的不足 20cm。结构较一级、二级地稍差一些，但基本为粒状或小团块状结构（表 2－146）。

表 2－146　全市三级地土壤分布面积统计　（单位：hm^2、%）

土壤类型	总土壤面积	三级地面积	占全市三级地面积	占本土类土壤面积
黑 土	13 886. 11	4 566. 8	6	32. 9
黑钙土	178 407. 55	48 502	63. 7	27. 2
草甸土	64 893. 42	12 760. 9	16. 7	19. 6
沼泽土	885. 63	540. 8	0. 71	61
风沙土	3 166. 05	2 296	3	72. 5
水稻土	168. 13	44. 2	0. 06	26. 3
新积土	9 869. 61	7 468. 4	9. 8	75. 6

三级地质地一般，以中黏土为主。容重基本适中，平均为 1. 27 g/cm^3，土壤呈碱性，pH 值在 7. 2～7. 6 范围内。土壤有机质含量也较高，平均为 29. 1g/kg。养分含量较为丰富，全氮平均为 1. 80g/kg，碱解氮平均为 129. 0mg/kg，速效磷平均为 19. 1mg/kg，速效钾平均为 140. 2mg/kg。保肥性能较好，抗旱、排涝能力相对较强。该级地属中肥中适应性土壤，基本适于种植各种作物，产量水平一般在 7 500～8 550kg/hm^2（表 2－147）。

表 2－147　三级地耕地土壤理化性状统计　（单位：g/kg、mg/kg）

项 目	平均值	样本值分布范围
容 重	1. 27	1. 19～1. 30
有机质	29. 1	22. 4～34. 1
有效锌	3. 17	1. 43～4. 73
速效钾	140. 17	108. 19～162. 03
有效磷	19. 05	10. 58～30. 30
全 氮	1. 80	1. 70～1. 92
碱解氮	129	120～148

四、四级地

全市四级地总面积61 869. 9hm²，占基本土壤总面积的22. 8%。主要分布在肇东镇、海城乡、尚家镇、姜家镇、昌五镇、向阳乡、洪河乡、跃进乡、五站镇、黎明镇、里木店镇、西八里乡、涝洲乡、德昌乡、五里明镇、宋站镇、安民乡、明久乡等乡镇。其中，宣化乡面积最大20 524. 1hm²，占四级地总面积的33. 17%；其次为尚家镇17 737. 6hm²，占四级地总面积的28. 7%。土壤类型主要为黑钙土、草甸土，其中黑钙土面积最大，40 206. 4hm²，占总面积的22. 5%，其次草甸土面积为17 666. 7hm²，占总面积27. 2%。

土壤呈碱性，pH值在7. 5～8. 5范围内。土壤有机质含量也较高，平均28. 9g/kg。养分含量中等，全氮平均1. 28g/kg，碱解氮平均112. 0mg/kg，速效磷平均17. 73mg/kg，速效钾平均137. 3mg/kg，保肥性能较好，土壤的蓄水和抗旱、排涝能力中等偏下（图2－29，表2－148）。

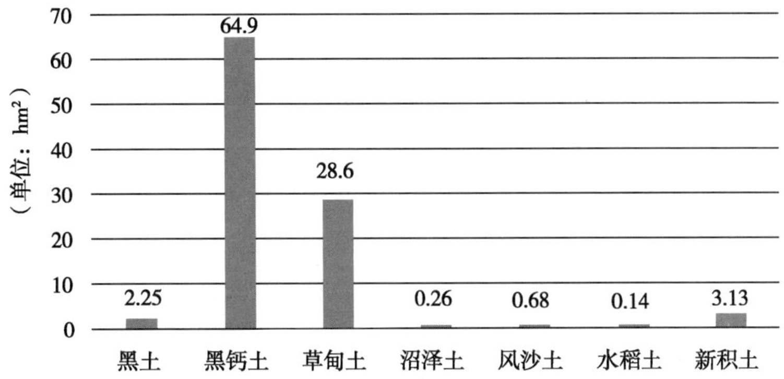

图2－29　各类土壤四级地面积示意图

表2－148　全市四级地分布面积统计　（单位：hm²、%）

乡　镇	总土壤面积	四级地面积	占全市四级地面积	占本乡土壤面积
合　计	271 276. 5	61 869. 9		
肇东镇	13 278. 31	6 940. 9	11. 22	52. 3
太平乡	9 038. 83	748. 5	1. 21	8. 28
海城乡	8 972. 99	2 181. 2	3. 53	24. 3
尚家镇	1 7737. 58	3 855. 2	6. 23	21. 7
姜家镇	9 107. 04	3 187	5. 15	35. 0
昌五镇	9 891. 32	3 069. 1	4. 96	31. 0
向阳乡	10 999. 44	3 784. 7	6. 12	34. 4
洪河乡	11 365. 81	1 494	2. 41	13. 1
跃进乡	11 723. 08	1 568	2. 54	13. 4
五站镇	19 572. 41	753. 7	1. 22	3. 85
黎明镇	15 836. 24		0	0

（续表）

乡　镇	总土壤面积	四级地面积	占全市四级地面积	占本乡土壤面积
里木店	8 381.17	1 612	2.61	19.2
四站镇	9 182.43	878.4	1.42	9.57
西八里	16 481.78	1 068.9	1.73	6.49
涝洲镇	11 952.63	986.9	1.60	8.26
德昌乡	13 452.87	3 271.5	5.29	24.3
五里明	14 013.07		0	0
宋站镇	11 000.25	4 792.5	7.75	43.6
宣化乡	20 524.14	6 102	9.86	29.7
安民乡	13 070.76	7 879.4	12.73	60.3
明久乡	10 403.21	3 553.5	5.74	34.2
四方山	10 357.32	4 142.3		

该级地亦属中低适应性土壤，适于种植除大豆以外的多种作物，产量水平一般在 6 500～7 500kg/hm^2（表 2－149，表 2－150）。

表 2－149　全市四级地土壤分布面积统计　（单位：hm^2、%）

土壤类型	总耕地面积	四级地面积	占全市四级地面积	占本土类耕地面积
黑土	13 886.11	1 390.9	2.25	10.0
黑钙土	178 407.55	40 206.4	64.9	22.5
草甸土	64 893.42	17 666.7	28.6	27.2
沼泽土	885.63	158.2	0.26	17.8
风沙土	3 166.05	419.9	0.68	13.3
水稻土	168.13	88.2	0.14	52.5
新积土	9 869.61	1 939.7	3.13	19.6

表 2－150　四级地耕地土壤理化性状统计

项目	平均值	样本值分布范围
容　重（g/cm^3）	1.31	1.26～1.34
有机质（g/kg）	28.9	20.3～34.6
有效锌（mg/kg）	3.16	1.99～4.88
速效钾（mg/kg）	137.34	95.26～162.57
有效磷（mg/kg）	17.73	10.81～27.20
全氮（g/kg）	1.28	1.19～1.40
碱解氮（mg/kg）	112.0	91～120

五、五级地

全市五级地总面积 26 121.3hm²，占基本土壤总面积的 9.6%。主要分布在肇东镇、尚家镇、姜家镇、昌五镇、宋站镇、宣化乡、安民乡、名久乡等乡镇。其中，尚家镇面积最大 8 153.4hm²，占五级地总面积的 31.2%，其次为宣化乡 7 658.4hm²，占五级地总面积的 29.3%。五级地土壤类型主要为黑钙土、草甸土、沼泽土，其中，草甸土面积最大，14 133.5hm²，占总面积的 54.1%（图 2－30，表 2－151、表 2－152）。

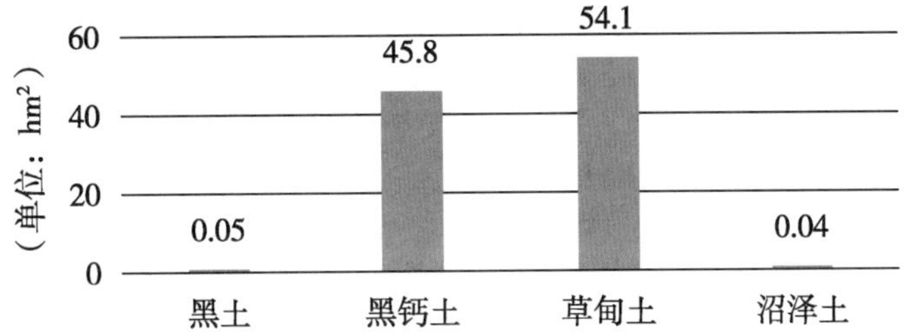

图 2－30　土类五级地分布示意图

表 2－151　全市五级地分布面积　（单位：hm²、%）

乡镇	总土壤面积	五级地面积	占全市五级地面积	占本乡土壤面积
合计	271 276.5	26121.3		
肇东镇	13 278.31	339.4	1.3	2.56
太平乡	9 038.83		0	0
海城乡	8 972.99		31.2	0
尚家镇	17 737.58	8153.4	1.6	46.0
姜家镇	9 107.04	405.7	1.74	4.5
昌五镇	9 891.32	454.5	0	4.6
向阳乡	10 999.44		0	0
洪河乡	11 365.81		0	0
跃进乡	11 723.08		0	0
五站镇	19 572.41		0	0
黎明镇	15 836.24		0	0
里木店	8 381.17		0.05	0
四站镇	9 182.43	12.6	0	0.14
西八里	16 481.78		0	0
涝洲镇	11 952.63		0	0
德昌乡	13 452.87		0	0
五里明	14 013.07		18.2	0
宋站镇	11 000.25	4 762.4	29.3	43.3
宣化乡	20 524.14	7 658.4	6.6	37.3
安民乡	13 070.76	1 716.4	5.6	13.1
明久乡	10 403.21	1 469.7	4.4	14.1
四方山	10 357.32	1 148.8		11.1

表 2－152　全市五级地土壤分布面积统计　　（单位：hm^2）

土壤类型	总土壤面积	五级地面积	占全市五级地面积（%）	占本土类土壤面积%
黑　土	13 886. 11	12. 6	0. 05	0. 09
黑钙土	178 407. 55	11965. 2	45. 8	6. 71
草甸土	64 893. 42	14133. 6	54. 1	21. 8
沼泽土	885. 63	9. 94	0. 04	1. 12
风沙土	3 166. 05			
水稻土	168. 13			
新积土	9 869. 61			

其次为黑钙土面积为 11 965. 16hm^2，占总面积 45. 81%。大部分处低洼平原上，所处地形低平，坡度一般小于 1°。土壤有侵蚀，侵蚀程度为中度，土体多存在障碍因素。黑土层较薄，一般为 8～15cm。结构较差，多为块状结构。质地不良，多为重黏土。土壤容重偏高，平均为 1. 38g/cm^3，土壤呈碱性，pH 值在 8. 4～9. 2 范围内。土壤有机质含量，平均 29. 0g/kg。

表 2－153　五级地耕地土壤理化性状统计　　（单位：mg/kg、g/cm^3）

项　目	容重	有机质	有效锌	速效钾	有效磷	全氮	碱解氮
平均值	1. 38	29	3. 08	137. 03	15. 81	1. 75	105
分布范围	1. 3～1. 45	21. 7～34. 1	1. 44～4. 85	97. 9～162. 5	8. 0～27. 3	1. 60～1. 82	80～118

养分含量较低，全氮平均 1. 75g/kg，碱解氮 105. 0mg/kg，速效磷平均 15. 81mg/kg，速效钾平均 137. 03mg/kg。保肥性能较差，蓄水、抗旱和排涝能力不强。该级地属低肥低适应性土壤，适于种植耐瘠薄作物，产量水平一般在 6 000～7 500kg/hm^2。

第六章　耕地地力评价与区域配方施肥

耕地地力评价，建立了较完善的土壤数据库，科学合理地划分了县城施肥单元，避免了过去人为划分施肥单元指导测土配方施肥的弊端。过去我们在测土施肥确定施肥单元，多是采用区域区土壤类型、基础地力产量、农户常年施肥量等粗劣的为农民提供配方。而现在采用地理信息系统提供的多项评价指标，综合各种施肥因素和施肥参数来确定较精密的施肥单元。本次地力评价为肇东市域内确定了2 129个施肥单元，每个单元的施肥配方都不相同，大大提高了测土配方施肥的针对性、精确性、科学性，完成了测土配方施肥技术从估测分析到精准实施的提升过程。

第一节　耕地地力评价与数字化测土施肥平台建立

自2005年以来，以支农、惠农、强农为目标的连续4个中央“1号文件”，都一直在强调和倡导测土配方施肥这项农业生产新技术的推广普及，这表明了党中央、国务院始终如一、大力支持推进测土配方施肥新技术的信念，同时，也说明了测土配方施肥已经不是一项单纯、独立的技术工作，而是耕地保护、质量提升确保粮食安全的一个重要环节。为贯彻中央这一政策，农业部自2005年起在全国组织启动了测土配方施肥工作，肇东市乡镇全部成为项目实施单位。为将这项惠农工作落到实处，肇东市农业技术推广中心在已有工作的基础上研究探索应用现代信息技术全面推广测土配方施肥新技术，并在全市全面实施了基于“县域耕地资源管理信息系统”的“数字化测土配方施肥”工作，经过近15年的推广应用取得了显著的经济效益和社会效益。2006—2008年全市累计推广数字化测土配方施肥面积达8万hm^2次；以玉米单产计，2006年全市平均增产5.9%，2007年增产6.5%，2008年增产5.2%；氮肥利用率提高4.2个百分点；平均每公顷次节本增效2006年372元、2007年498元、2008年550.5元。肇东市数字化测土配方施肥工作，得到了省市有关部门的高度重视和大力支持。

一、测土配方施肥概述

1. *测土配方施肥概念*

测土配方施肥就是以土壤测试和肥料田间试验为基础，根据土壤供肥性能、作物需肥规律和肥料效应，在合理施用有机肥的基础上，提出氮磷钾和中微量元素的适宜比例、用量以及相应的施用技术（包括施用时间和施用方法），以满足作物均衡吸收各种营养，达到氮磷钾三要素平衡、有机养分与无机养分平衡、大量元素与中微量元素平衡，维持土壤肥力水平，减少养分流失和对环境的污染，达到高产、优质和高效的目的。

2. 数字化测土配方施肥

应用现代计算机、网络及3S等技术对土壤、作物、肥料等信息进行精确采集、统一管理、科学分析，根据施肥模型结合专家经验为每一个地块、每一种作物推荐最佳施肥方案，应用现代通信技术将施肥方案送到农民手中，实现精确施肥。与传统的测土配方施肥相比，数字化测土配方施肥充分应用现代信息技术应用范围更加大、确保实现辖区全覆盖，施肥方案"一地一作一方案"，确保准确可靠，信息传达技术多样、准确快捷，确保施肥方案送到农户手中，产、供销统筹，确保施肥方案的落实。

3. 开展测土配方施肥的意义

（1）提高作物单产、保障粮食安全的客观要求。提高作物产量离不开土、肥、水、种四大要素。肥料在农业生产中作用是不可或缺的，对农业产量的贡献约40%。人增地减的基本国情决定了提高单位耕地面积产量是必由之路，合理施肥能大幅度地提高作物产量。

（2）降低生产成本、促进节本增效的重要途径。当前我省肥料利用率不高，氮肥当季利用率仅有30%左右，约为发达国家的一半。每年我省仅氮肥损失就达20亿元人民币，节本增效潜力很大。实践证明，合理施肥后我省农业生产平均每公顷可节约纯氮45~75kg，每公顷节本增效可达300元以上。

（3）节约能源消耗、建设节约型社会的重大行动。化肥是资源依赖型产品，化肥生产必须消耗大量的天然气、煤、石油、电力和有限的矿物资源。节省化肥生产性支出，对于缓解我国乃至国际能源紧张矛盾具有十分重要的意义，节约化肥就是节约资源。

（4）不断培肥地力、提高耕地产出能力的重要措施。配方施肥是耕地质量建设的重要内容，通过有机与无机相结合，用地与养地相结合，做到缺素补素，能改良土壤，最大限度地发挥耕地的增产潜力。

（5）提高农产品质量、增强农业竞争力的重要环节。通过科学施肥，能克服过量施肥造成的徒长现象，减少作物倒伏，增强抗病虫害能力，从而减少农药的施用量，降低了农产品中农药残留的风险。同时，由于增加了钾等元素，可改善西瓜的甜度，防止棉花红叶茎枯病。油菜施硼能克服"花而不实"现象。施锌能矫正水稻僵苗和苹果小叶病。

（6）减少肥料流失、保护生态环境的需要。目前，农民盲目偏施或过量施用氮肥现象严重，氮肥大量流失，对水体富营养化和大气臭氧层的破坏十分严重。推行测土配方施肥技术是保护生态环境，促进农业可持续发展的必由之路。

二、测土配方施肥的原理与方法

1. 作物生长需要的营养元素

所有植物生长发育都必须要有16种元素：碳、氢、氧、氮、磷、钾、硫、钙、镁、硼、铁、铜、锌、锰、钼、氯，另外，一些元素如钠、钴、钒、硅等尽管不是所有植物都必需的，但对某些植物是必需的。

在上述16种元素中有13种元素来自土壤，根据植物对元素的需要量将这些元素分为大量元素（N、P、K）、中量元素（S、Ca、Mg）、微量元素（B、Fe、Cu、Zn、Mn、Mo、Cl）。

植物必须吸收一定量的各种元素才能形成一定的生物产量，也才能获得一定的经济产量。为满足作物正常生长发育对各种元素的需要，必须人工增加土壤中相应元素的含量——

施肥。

2. 施肥的基本原理

（1）施肥相关理论。

① 养分归还学说：种植农作物每年带走大量的土壤养分，土壤虽是个巨大的养分库，但并不是取之不尽的，必须通过施肥的方式，把某些作物带走的养分“归还”于土壤，才能保持土壤有足够的养分供应容量和强度。我国每年以大量化肥投入农田，主要是以氮、磷两大营养元素为主，而钾素和微量养分元素归还不足。

② 最小养分律（水桶定律）：早在150年前德国著名农业化学家李比希就提出“农作物产量受土壤中最小养分制约”。植物生长发育要吸收各种养分，但是决定作物产量的却是土壤中那个含量最小的养分，产量也在一定限度内随这个因素的增减而相对地变化。因而，忽视这个限制因素的存在，即使较多的增加其他养分，也难以再提高作物产量。测土配方施肥首先要发现农田土壤中的最小养分，测定土壤中的有效养分含量，判定各种养分的肥力等级，择其缺乏者施以某种养分肥料。

③ 各种营养元素同等重要与不可替代律：植物所需的各种营养元素，不论他们在植物体内的含量多少，均具有各自的生理功能，它们各自的营养作用都是同等重要的。每一种营养元素具有其特殊的生理功能，是其他元素不能代替的。

④ 肥料效应报酬递减律：著名的德国化学家米采利希深入地研究了施肥量与产量的关系，在其他技术条件相对稳定的前提下，随着施肥量的渐次增加，作物产量随之增加，但作物的增产量（单位重量的施肥可以增加的产量）却随施肥量的增加而呈递减趋势。当施肥量超过一定限度后，如再增加施肥量，不仅不能增加产量，反而会造成减产（图2－31）。

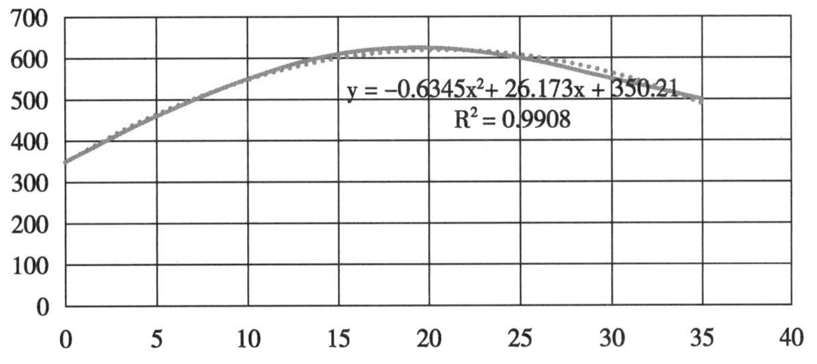

图2－31　水稻氮肥用量与产量关系

施肥不是一个孤立的行为，而是农业生产中的一个环节，可用函数式来表达作物产量与环境因子的关系：

$$Y = f(N、W、T、G、L)$$

式中，Y—农作物产量，f—函数的符号，N—养分，W—水分，T—温度，G—CO_2浓度，L—光照。

此式表示农作物产量是养分、水分、温度、CO_2浓度和光照的函数，要使肥料发挥其增产潜力，必须考虑到其他4个主要因子，如肥料与水分的关系，在无灌溉条件的旱作农业区，肥效往往取决于土壤水分，在一定的范围内，肥料利用率随着水分的增加而提高。五大因子应保持一定的均衡性，方能使肥料发挥应有的增产效果。

（2）测土配方施肥基本程序。

“测土”摸清土壤的家底，掌握土壤的供肥性能。就像医生看病，首先进行把脉问诊。

“配方”根据土壤缺什么，确定补什么，就像医生针对病人的病症开处方抓“药”。其核心是根据土壤、作物状况和产量要求，产前确定施用肥料的配方、品种和数量。

“施肥”执行上述配方，合理安排基肥和追肥比例，规定施用时间和方法，以发挥肥料的最大增产作用。

（3）测土配方施肥基本方法。测土配方施肥的技术核心是根据土壤测试结果确定施肥品种及数量。因此，如何确定肥料品种与数量是测土配方施肥准确性和精确度的关键。目前，常用方法有：地力分区法、目标产量法、田间试验法等。

① 地力分区法：地力分区配方法的基本做法，是按土壤肥力高低分成若干等级，或划出一个肥力均等的田片，作为一个配方区，综合试验结果和专家经验，估算出这一配方区内比较适宜的肥料种类及其施用量。优点：较为简便，提出的用量和措施接近当地的经验，方法简单，群众易接受。缺点：局限性较大，每种配方只能适应于生产水平差异较小的地区，而且依赖于一般经验较多，对具体田块来说针对性不强。在推广过程中必须结合试验示范，逐步扩大科学测试手段和理论指导的比重。

②目标产量法：目标产量配方法是根据作物产量的构成，由土壤和肥料两个方面供应养分的原理来计算肥料的施用量。目标产量就是计划产量。是肥料定量的最原始依据。因此，配方施肥的第一个环节，首先要把目标产量定下来，而后根据目标产量来核定肥料的用量。目标产量并不是按照经验估计，或者把其他地区已经达到的绝对高产作为本地区的目标产量，更不能从主观愿望出发制定一个高指标，而是由土壤肥力水平来确定。目标产量确定以后，就可以根据目标产量计算作物需要吸收多少养分来提出应施的肥料量，主要有以下 2 种方法。

a. 养分平衡法

作物需要吸收的养分

土壤能提供的养分　　应施用肥料所含养分

图 2－32　养分平衡法

根据图 2－32，应施的肥料养分，可以用下列公式计算：

应施的肥料养分＝作物需要吸收的养分－土壤可提供的养分

这就是著名的斯坦福（Stanford）公式。

作物需要吸收的养分 ＝ 目标产量 × 作物单位产量养分吸收量

$$\text{施肥量}=\frac{\text{目标产量}\times\text{单位产量养分吸收量}-\text{土测值}\times 0.15\times\text{矫正系数}}{\text{肥料养分含量}\times\text{当季肥料利用率}}$$

b. 地力差减法

目标产量

土壤基础产量　　肥料增加的产量

图 2－33　地力差减法

图 2－33 中“土壤生产的产量”是作物在不施任何肥料的情况下所得的产量，即空白田产量，它所吸收的养分，全部取自土壤，从目标产量中减去空白田产量，就应是施肥后所

增加的产量。

$$肥料需要量=\frac{(目标产量-空白田产量)\times 单位产量养分吸收量}{肥料养分含量\times 当季肥料利用率}$$

c. 肥料效应函数法

不同肥料施用量对产量的影响，称为肥料效应。肥料用量与产量之间呈函数关系，这种关系在不同土壤上是不同的，需要通过田间试验来获取，从而确定肥料的最适用多因子、多水平田间试验法。如果要获取氮、磷、钾 3 种肥料的肥料效应函数，应布置三因子、多水平田间试验，这样试验小区将很多，试验因工作量太大变得难以进行。为了解决这个问题，现在已有许多减少试验小区的设计，如正交设计、正交旋转设计、最优设计等。“3414”试验方案是二次回归 D—最优设计的一种，既吸收了回归最优设计处理少、效率高的优点，又符合肥料试验和施肥决策的专业要求，是本次测土配方施肥工作指定的试验方法，实际应用中可以全部实施，也可部分实施。全国农业技术推广服务中心测土配方施肥技术规范规定：相对产量低于 50% 的土壤养分为极低；相对产量 50% ~60%（不含）为低，60% ~70%（不含）为较低，70% ~80%（不含）为中，80% ~90%（不含）为较高，90%（含）以上为高。根据这一标准，肇东市玉米试验所得出的土壤有效磷的丰缺指标，见表 2 -154。

表 2 -154 土壤有效磷的丰缺指标

丰缺指标	高	较高	中	较低	低	极低
临界值	≥19.7	17.0 ~19.7	15.2 ~17.0	13.8 ~15.2	12.8 ~13.8	<12.8

根据这一标准可完成土壤养分丰缺状况评价，进一步制定肥料用量标准用于指导施肥。该方法适用于指导磷、钾及微量元素肥料的施用。

d. 氮磷钾比例法

该方法过于粗放，现在已经不再采用。

三、数字化测土配方施肥工作模式与技术流程

测土配方施肥并不是一项全新的工作，肇东市从 20 世纪 80 年代即开始应用，第二次土壤普查结束后，肇东市各地根据土壤普查时土壤化验结果，有针对性地在缺磷、缺钾地区推广磷肥和钾肥，80 ~90 年代推广应用复合肥，这些都是早期的或传统的测土配方施肥，当时对肇东市粮食生产作出了很大贡献。但由于下列几方面因素，限制了这项工作的进一步发展。一是测土配方施肥技术问题。由于土壤采样技术、土壤化验技术、数据处理技术等因素的限制，施肥方案只能围绕有限的已经采样的田块产生，其他田块只能参照执行，其结果是施肥方案针对性不强，推广应用只能停留在分片指导层面，精度很低。二是肥料生产、销售和使用问题。由于起初化肥市场管理不规范，假冒伪劣化肥充斥农资市场，厂家、商家都在忙于搞竞争、只求效益不求质量更不关心配方，什么好卖就卖什么，低含量好卖，大家都卖 20% 甚至更低含量的配方，高含量好卖，大家就都卖 15 -15 -15 甚至更高含量的配方，至于配方是否合理根本不去关心，加上农民用肥习惯和肥料知识所限测土配方施肥一度落入低谷。三是推广体制问题。以前主要依靠农技人员面向农民进行宣传和推广，以宣传、培训加示范的形式，数以千万计的施肥方案（通常是施肥建议卡）很难送到农民手中，即使费了

九牛二虎之力送到农民手中要么购买肥料时找不到建议卡，要么拿着卡也买不到指定的肥料。由于这些因素的影响，测土配方施肥工作一度处于徘徊不前的状态。

2010 年，肇东市完成土壤肥料信息管理系统，开创了全市应用计算机管理土壤肥料信息并用于指导科学施肥的先河，应用 GIS 研究完成了基本农田信息管理系统，该项研究首先将地理信息系统引入到全市的耕地信息管理，数据处理技术向前跨了一大步；2011 年，完成了基于 3S 技术的耕地资源管理信息系统；基于 GIS 的平衡配套施肥专家咨询系统；完成新一代县域耕地资源管理信息系统，实现了耕地质量管理与测土配方施肥系统的结合，为肇东市开展数字化测土配方施肥及耕地质量监测工作奠定了基础。

数字化测土配方施肥工作模式——“五个一”模式。

一个系统 —— 县域耕地资源管理信息系统；

一 幅 图 —— 施肥指导单元图；

一 套 表 —— 施肥方案推荐表；

一 张 卡 —— 施肥建议卡；

一次购肥 —— 农民一次购齐全部品种肥料。

测土配方施肥工作与技术流程

1. 建设肇东“县域耕地资源管理信息系统”

肇东市从 2010 年起开始建设全市耕地资源管理信息系统。该系统综合运用 3S（GIS、GPS、RS）技术对辖区内的土壤类型、土地利用现状、地貌类型、农田水利等耕地资源相关信息进行动态管理。技术流程，见图 2 - 34。

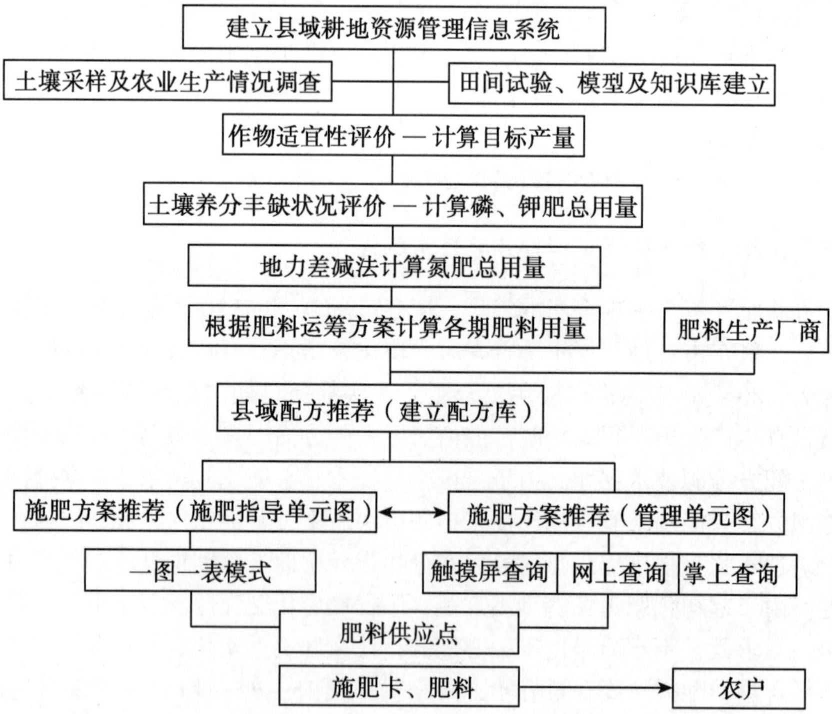

图 2 - 34 测土配方施肥技术流程图

以土壤图、土地利用现状图和行政区划图叠加形成的单元（即地块）为基本管理单元，在测土配方施肥工作中将此单元作为测土配方施肥指导单元，系统通过土壤肥力监测点、土壤肥力普查点等对土壤信息进行动态更新，多年积累的大量资料加上系统强大的数据处理能力，该系统随时能够提供辖区内每一块耕地的土壤类型、土地利用方式、灌溉能力、排涝能力、地貌类型、坡度、坡向、土层厚度、耕层厚度、地下水位等农田基础数据以及 pH 值、有机质、全氮、有效磷、速效钾、有效锌、有效硼等土壤养分数据，还能提供土壤重金属元素及农药残留等农田污染数据，这些大量数字图件和数据为“数字化测土配方施肥”工作建立了空间基础和数据平台，见图 2 - 35。

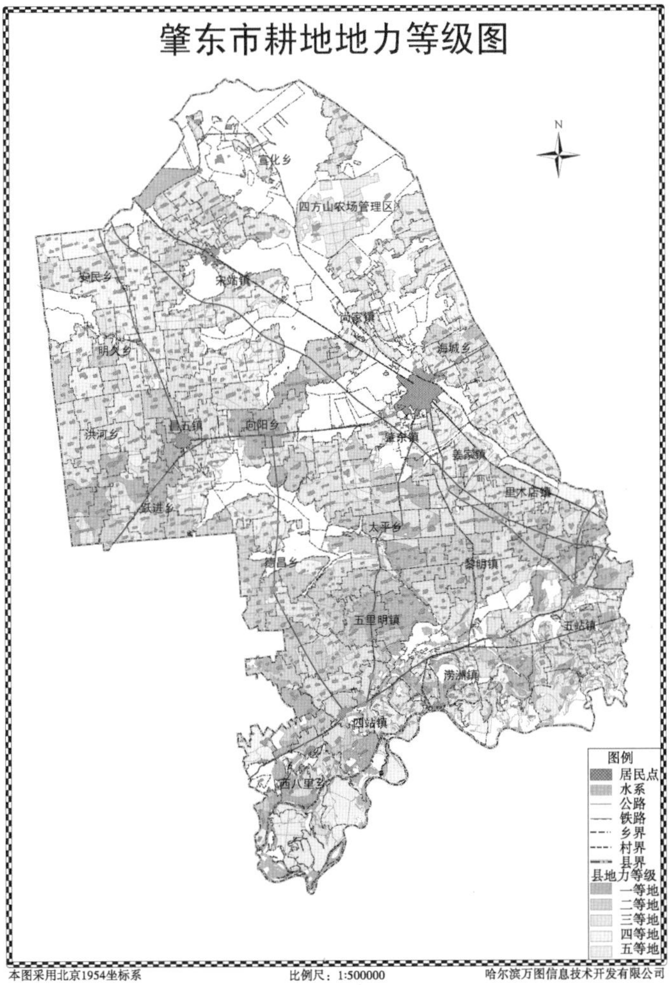

图 2 - 35　测土配方施肥管理单元图

2. 土壤采样与分析化验

土壤采样。土壤养分数据是测土配方施肥的依据，自第二次土壤普查结束后，我们在全市设立了几十个到二百多个长、短期结合的土壤肥力监测点，这些监测点每年都能够提供播种、施肥、灌溉、病虫防治、收获等农艺措施以及土壤各项理化性状的变化数据，此外，还每 5 年组织 1 次全市范围的土壤肥力普查，全面掌握土壤耕作层的养分变化情况，2006—2010 年根据耕地地力评价和测土配方施肥项目的要求，全市共采集土壤样品 32 000多个。

第二节　县域耕地施肥区划分

全境玉米产区，按地形、地貌、土壤类型可划分为3个测土施肥区域，见图2－36。

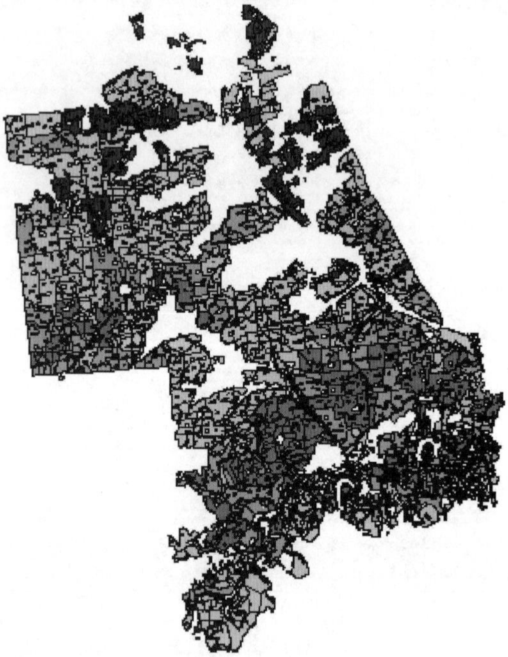

图2－36　测土配方施肥分区图

一、岗地黑钙土施肥区

该区主要土壤类型为黑钙土，地势平岗、土壤质地松软，耕层深厚，保水保肥能力强，土壤理化性状优良，适合玉米生长发育，是玉米高产区。

二、平地草甸土施肥区

该区主要土壤类型为草甸土，地势平坦，质地稍硬，耕层适中，干旱是该区影响玉米产量的主要限制因素。土壤理化性状一般，pH值较高，土壤容重较大，较适合玉米生长发育，是玉米主产区。

三、低洼盐、碱土施肥区

该区主要分布在肇东市北部，主要土壤类型为盐碱化草甸土两类。地势低洼，易旱、易涝，以旱为主，春季盐害重发苗缓慢。土壤质地硬、耕性差，土壤理化性状不良，pH值高，地里可见盐、碱斑，容重大。旱、涝和盐、碱都影响玉米生长发育，是玉米低产区。

3个施肥区土壤理化性状，见表2－155。

表 2－155　县域施肥区土壤理化性状　（单位：g/kg）

县域施肥区	有机质	全氮	全磷	全钾	pH 值
岗地黑钙土施肥区	30.9	1.61	1.06	26.0	7.3
平地草甸土施肥区	25.8	1.64	0.87	29.1	8.0
盐碱土施肥区	20.8	1.38	0.36	21.4	8.8

第三节　数字化测土施肥单元的确定

施肥单元是耕地地力评价图中具有属性相同的图斑。在同一土壤类型中也会有多个图斑——施肥单元。按耕地地力评价要求，全境玉米产区可划分为 3 个测土施肥区域。

在同一施肥区域内，按土壤类型一致，自然生产条件相近，土壤肥力高低和土壤普查划分的地力分级标准确定测土施肥单元。根据这一原则，上述 3 个测土施肥区可划分为 10 个测土施肥单元。其中，岗地黑钙土施肥区划分为 3 个测土施肥单元；平地草甸土施肥区划分为 6 个测土施肥单元；低洼盐碱施肥归为 1 个测土施肥单元。具体测土施肥单元，见表 2－156。

表 2－156　测土施肥单元划分

测土施肥区	岗地黑钙土施肥区	平地草甸土施肥区	低洼盐碱土施肥区
测土施肥单元	黑钙土施肥单元 碳酸黑钙土施肥单元 草甸黑钙土施肥单元	草甸土施肥单元 碳酸盐草甸土施肥单元 泛滥草甸土施肥单元 潜育草甸土施肥单元 盐化草甸土施肥单元 苏达碱化草甸土施肥单元	盐碱土施肥单元

第四节　参数试验点的选定

“3414”肥料试验是一个经典的、快捷的、全方位的田间肥料试验，无论设置在何处都能较准确地反映出该地块的养分动态变化信息，从而对这一点的施肥作出判断。但以此用来推断，整个施肥单元则偏差较大。消除或减少偏差的唯一办法是在整个施肥单元设置 20 个以上的试验点，连续 3～5 年才能对整个施肥单元做出施肥判断。这在生产实际中很难实现。为了解决这一难题，我们在多年推广测土配方施肥的实践中发现，在同一测土施肥单元里。同一玉米品种百千克籽实从土壤中吸收的氮、磷、钾养分数量不因土测值的变化而变化；在同一施肥单元里土壤碱解氮含量与玉米产量相关性很小，同一点的“3414”肥料试验，完全可以推断整个施肥单元的氮肥用量；在同一施肥单元里，磷和钾的土测值与玉米产量均有不同程度的相关性。而且土壤中钾的测定值与玉米产量相关性好。因此我们可以根据“最小养分率”的原理选择磷或钾作为重点，在测土施肥单元里，以“3414”肥料试验为核心，按照土测值的高、中、低分别设置多个单因子空白区、缺素区、全肥区辅助试验就可以得到磷或钾的丰缺指标。因此，“3414”肥料参数试验点必须选择在测土施肥单元里的中等地力点上，即土壤中磷、钾含量在中间值附近。通过不同土测值设置多点辅助试验，在很大程度上消除了“3414”肥料试验在推断整个测土施肥单元施肥上的偏差和大面积生产上应用“3414”肥料试验的局限性，可直观地根据土测值指导农民具体施肥。

第五节　测土施肥单元养分丰缺指标的建立

一、肥料效应试验

本试验采用“3414”最优回归设计方案，既选取氮、磷、钾 3 个因素、4 个水平、14 个处理。不设重复。4 个水平的含义：0 水平指不施肥，2 水平指当地最佳施肥量，1 水平 = 2 水平 ×0.5，3 水平 =2 水平 ×1.5（该水平为过量施肥水平）。

试验地土测值：有机质 29.8g/kg、碱解氮 136mg/kg、速效磷 20.1mg/kg、速效钾 118mg/kg。

表 2－157　各小区具体施肥量及产量　　（单位：g/42m²、kg）

试验编号	处理	氮（尿素）		磷（重钙）	钾（硫酸钾）	小区产量（kg）
		底肥	追肥			
1	$N_0P_0K_0$	0	0	0	0	22.9
2	$N_0P_2K_2$	0	0	756	756	30.5
3	$N_1P_2K_2$	159.8	319.5	756	756	31.6
4	$N_2P_0K_2$	319.6	639.1	756	756	29.5
5	$N_2P_1K_2$	319.6	639.1	756	756	28.5
6	$N_2P_2K_2$	319.6	639.1	756	756	40.8
7	$N_2P_3K_2$	319.6	639.1	756	756	40.3
8	$N_2P_2K_0$	319.6	639.1	0	0	30.3
9	$N_2P_2K_1$	319.6	639.1	378	378	34.8
10	$N_2P_2K_3$	319.6	639.1	1134	1134	41.5
11	$N_3P_2K_2$	479.3	958.7	756	756	40.3
12	$N_1P_1K_2$	159.8	319.5	756	756	33.6
13	$N_1P_2K_1$	159.8	319.5	378	378	28.5
14	$N_2P_1K_1$	319.6	639.1	378	378	29.5

试验采用 6 行区，行长 10m，小区面积 42m²，氮、磷、钾推荐施肥水平（2 水平）施肥量每公顷分别为 105kg、75kg、90kg，1/3 的氮肥及全部的磷钾肥做底肥破垄夹肥一次施

入；其余2/3氮肥在玉米大喇叭口期（约7叶期）追施。各小区具体施肥量及产量，见表2－157。

“3414”试验可以清楚地提供出玉米单位产量各种养分的吸收量等部分施肥信息，但不能指导整个施肥单元，为此，我们需要设置辅助田间缺素试验及确定不同土测值相对应的施肥参数，来指导测土施肥单元的施肥配方。

二、肥料缺素试验

本试验在碳酸盐黑钙土施肥单元和碳酸盐草甸土施肥单元里分别选取土壤速效磷含量不同的测土户6户，每户采取$N_2P_0K_2$处理，在土测值居中户设全肥区$N_2P_2K_2$和空白$N_0P_0K_0$处理；土壤速效钾含量不同的测土户5户，每户采取$N_2P_2K_0$处理在土测值居中户设$N_0P_0K_0$和$N_2P_2K_2$处理。通过不同土测值的缺素区产量和全肥区产量即可得到不同土测值对应的相对产量—即土壤养分的丰缺度。

（一）碳酸盐黑钙土施肥单元缺磷试验

试验结果，见表2－158。

表2－158　碳酸盐黑钙土缺磷试验小区产量　（单位：%、kg、mg/kg）

试验农户	李广祥	单希林	于立军	李广祥	王俭	王森林	于凤国	李广祥
试验处理	$N_0P_0K_0$	$N_2P_0K_2$	$N_2P_0K_2$	$N_2P_0K_2$	$N_2P_0K_2$	$N_2P_0K_2$	$N_2P_0K_2$	$N_2P_2K_2$
土测值	17.8	5.6	11.8	17.8	25.0	31.6	59.0	17.8
小区产量	22.7	30.7	31.6	36.0	37.0	37.5	37.3	41.3
相对产量		74	77	87	90	91	90	
丰缺度		极缺	缺磷	中等	较高	高	高	

注：李广祥为土测值居中户

（二）碳酸盐黑钙土施肥单元缺钾试验

试验结果，见表2－159。

表2－159　碳酸盐黑钙土缺钾试验小区产量　（单位：%、kg、mg/kg）

试验农户	马库	周文才	孙树信	马库	陈树江	郭红海	马库
试验处理	$N_0P_0K_0$	$N_2P_2K_0$	$N_2P_2K_0$	$N_2P_2K_0$	$N_2P_2K_0$	$N_2P_2K_0$	$N_2P_2K_2$
土测值	122.0	58.0	91.0	122.0	151.0	200.0	122.0
小区产量（kg）	22.7	25.6	28.5	32.5	35.4	39.2	40.1
相对产量（%）		64	71	81	88	98	
丰缺度		极缺	缺钾	中等	较高	高	

注：马库为土测值居中户

（三）碳酸盐草甸土施肥单元缺磷试验

试验结果，见表2－160。

表 2－160　碳酸盐草甸土缺磷试验小区产量　（单位:%、kg、mg/kg）

试验农户	张庆华	尚汉生	赵振友	张庆华	李照友	薛成富	张贵才	张庆华
试验处理	$N_0P_0K_0$	$N_2P_0K_2$	$N_2P_0K_2$	$N_2P_0K_2$	$N_2P_0K_2$	$N_2P_0K_2$	$N_2P_0K_2$	$N_2P_2K_2$
土测值	21.0	7.0	15.5	21.0	26.0	32.0	54.0	21.0
小区产量	23.2	25.6	29.4	32.9	37.2	38.5	39.2	42.8
相对产量（%）		60	69	77	87	90	92	
丰缺度		极缺	缺磷	中等	较高	高	高	

注：张庆华为土测值居中户

（四）碳酸盐草甸土施肥单元缺钾试验

试验结果，见表 2－161。

表 2－161　碳酸盐草甸土缺钾试验小区产量　（单位:%、kg、mg/kg）

试验农户	张国志	郑德生	张国才	张国志	李荣福	刘志友	张国志
试验处理	$N_0P_0K_0$	$N_2P_2K_0$	$N_2P_2K_0$	$N_2P_2K_0$	$N_2P_2K_0$	$N_2P_2K_0$	$N_2P_2K_2$
土测值	124.0	65.0	93.0	124.0	153.0	178.0	124.0
小区产量	23.2	28.0	29.4	33.0	36.8	39.8	44.8
相对产量		63	65	74	82	89	
丰缺度		缺钾	缺钾	中等	较高	高	

注：张国志为土测值居中户

三、施肥单元参数的确定

自项目实施以来，按照农业部和省土肥站的要求，每年落实“3414”试验、五处理试验、配方肥示范、配方肥攻关等各项肥料参数试验。获得各主要施肥单元的各项施肥参数，建立了各单元施肥方程。初步完成了肇东市主要土壤类型玉米的几种施肥模型。

四、肥料试验散点图

施肥参数分别输入到地力评价施肥数据库中，作为县域耕地施肥单元及农户配方依据。“3414”肥料田间试验参数，通过分析并做出判别，得到一元、二元、三元散点图，判断肥料的施用种类和数量，并将其录入系统，作为指导下一季作物施肥的配方依据。连续几年的试验参数进行修正，使得肥料参数更加符合实际（图 2－37）。

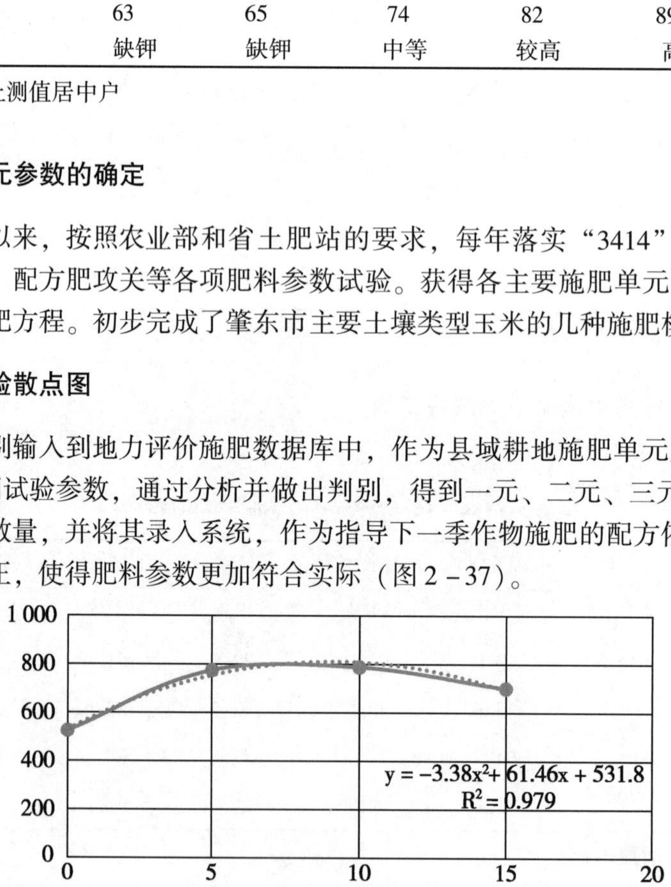

图 2－37　“3414”散点图

五、地力评价施肥数据库与施肥推荐

施肥参数编辑。

(1) 肥料品名。

(2) 养分含量。

(3) 施用数量。

(4) 施用方法。

公用参数：见表 2－162 至表 2－164。

表 2－162 作物品种特征

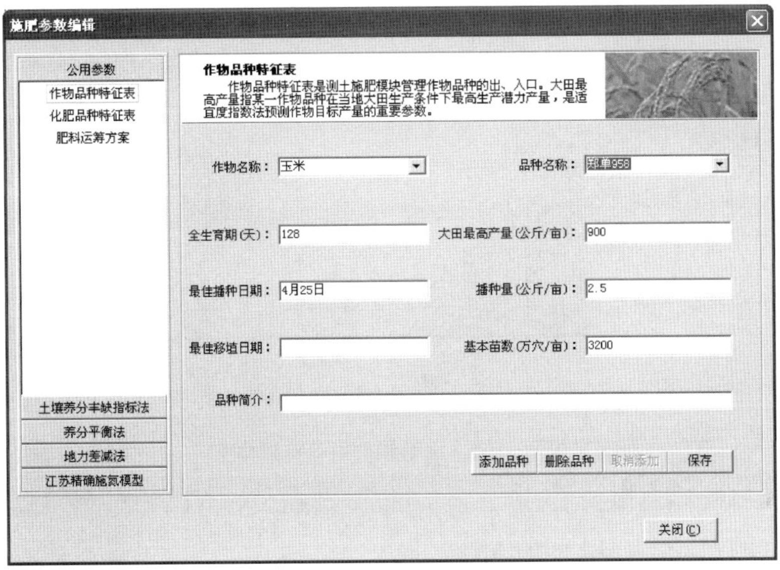

表 2－163 化肥品种征

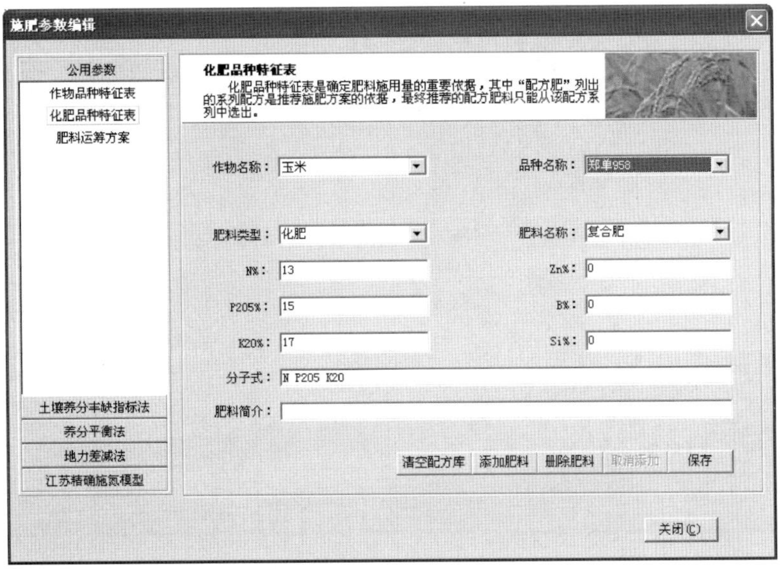

表 2－164　肥料运筹方案

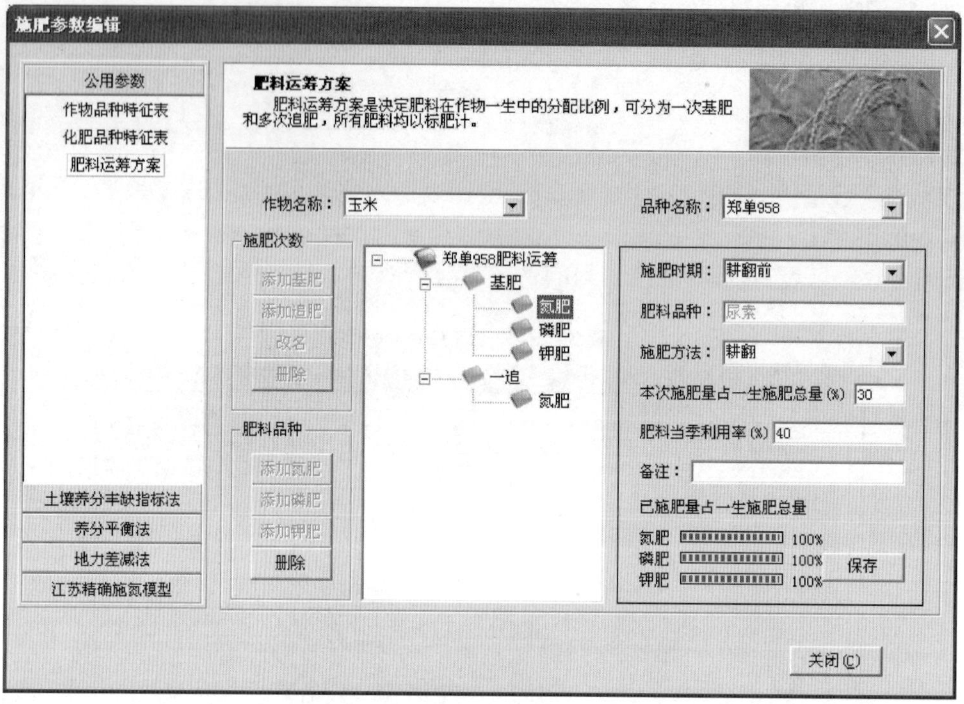

土壤养分丰缺指标法：见表 2－165、表 2－166。

表 2－165　土壤养分丰缺评价标准

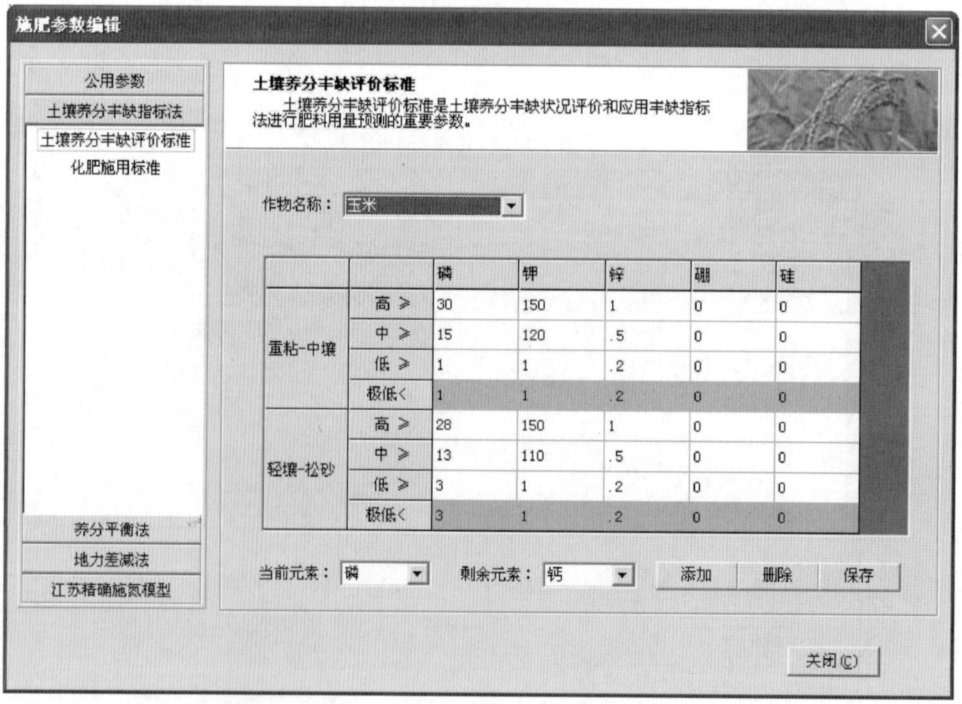

		磷	钾	锌	硼	硅
重粘-中壤	高 ≥	30	150	1	0	0
	中 ≥	15	120	.5	0	0
	低 ≥	1	1	.2	0	0
	极低<	1	1	.2	0	0
轻壤-松砂	高 ≥	28	150	1	0	0
	中 ≥	13	110	.5	0	0
	低 ≥	3	1	.2	0	0
	极低<	3	1	.2	0	0

表 2－166　化肥施用标准

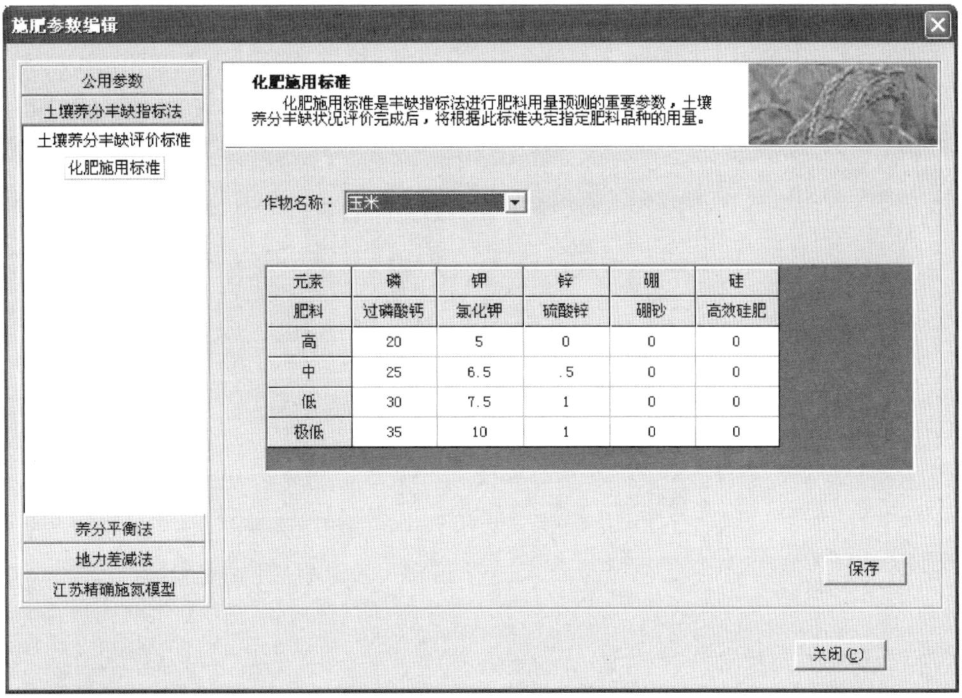

元素	磷	钾	锌	硼	硅
肥料	过磷酸钙	氯化钾	硫酸锌	硼砂	高效硅肥
高	20	5	0	0	0
中	25	6.5	.5	0	0
低	30	7.5	1	0	0
极低	35	10	1	0	0

养分平衡法：见表 2－167、表 2－168。

表 2－167　作物养分吸收量

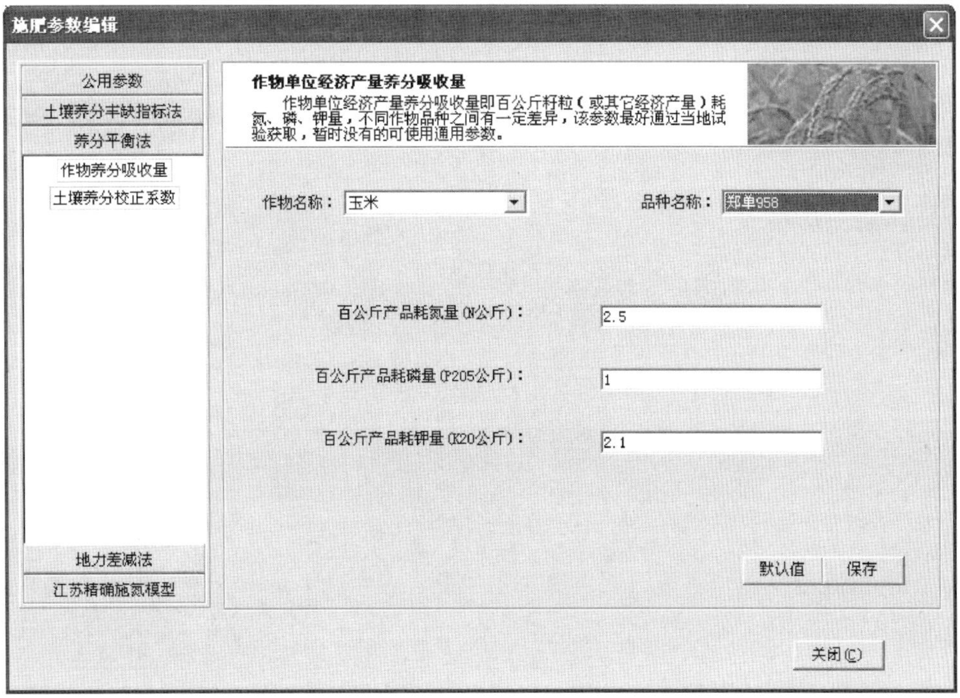

表 2－168　土壤养分校正系数

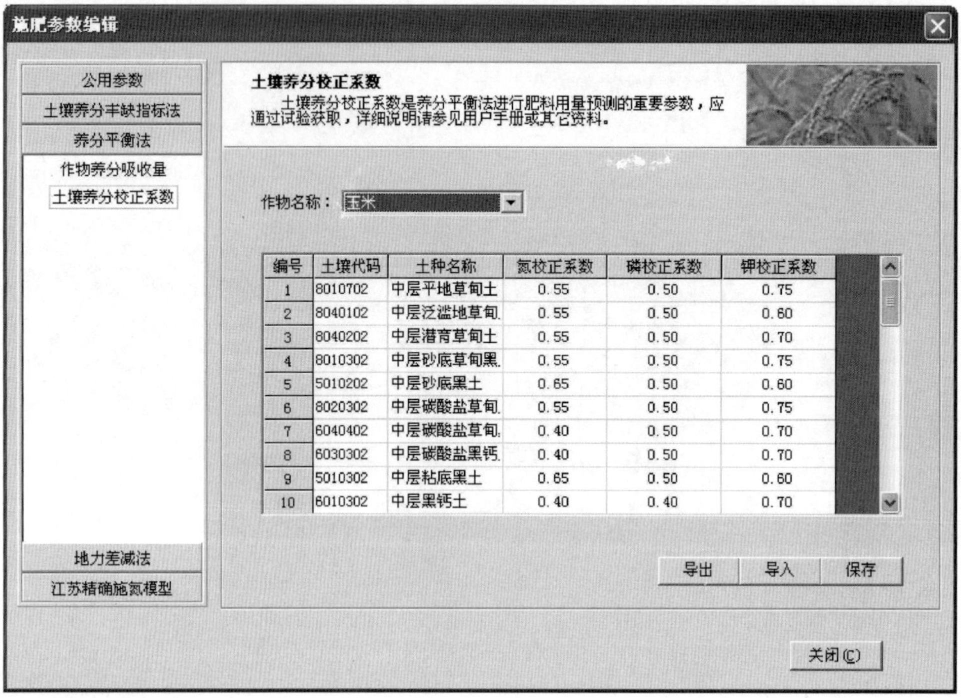

编号	土壤代码	土种名称	氮校正系数	磷校正系数	钾校正系数
1	8010702	中层平地草甸土	0.55	0.50	0.75
2	8040102	中层泛滥地草甸.	0.55	0.50	0.60
3	8040202	中层潜育草甸土	0.55	0.50	0.70
4	8010302	中层砂底草甸黑.	0.55	0.50	0.75
5	5010202	中层砂底黑土	0.65	0.50	0.60
6	8020302	中层碳酸盐草甸.	0.55	0.50	0.75
7	6040402	中层碳酸盐草甸.	0.40	0.50	0.70
8	6030302	中层碳酸盐黑钙.	0.40	0.50	0.70
9	5010302	中层粘底黑土	0.65	0.50	0.60
10	6010302	中层黑钙土	0.40	0.40	0.70

地力差减法：见表 2－169、表 2－170。

表 2－169　作物养分吸收量

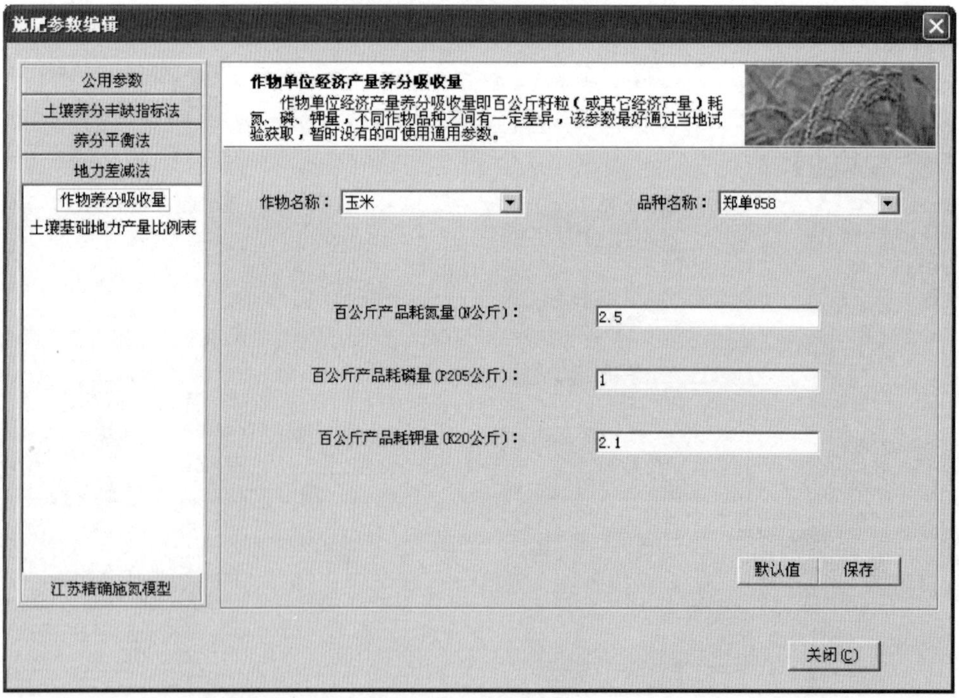

表 2－170 土壤基础地力产量比例

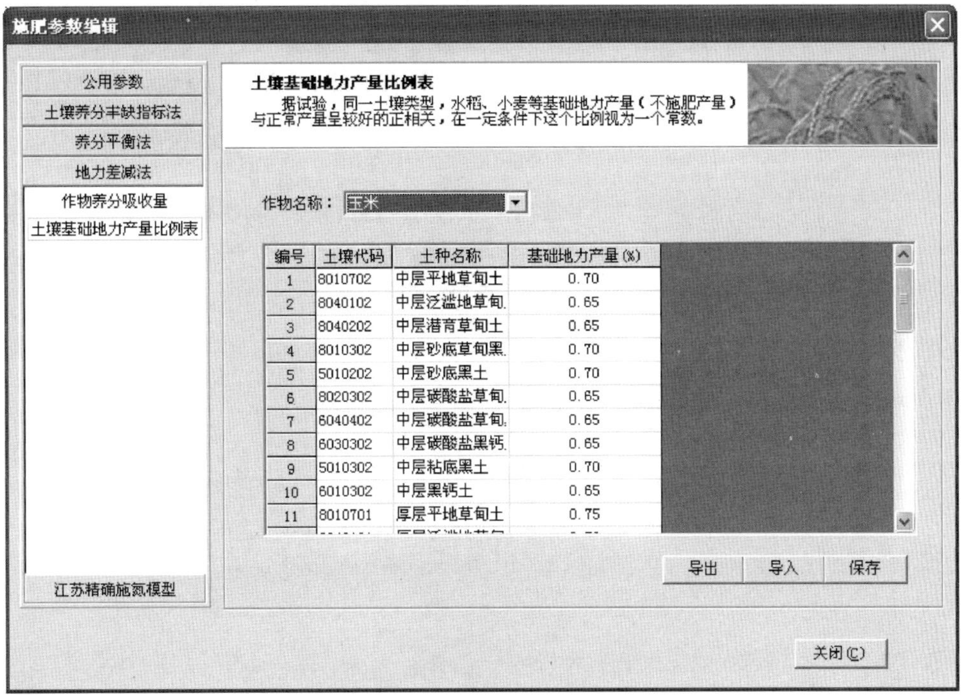

县域配方推荐施肥过程：见表 2－171 至表 2－177。

表 2－171 自动选择图层和关键字段

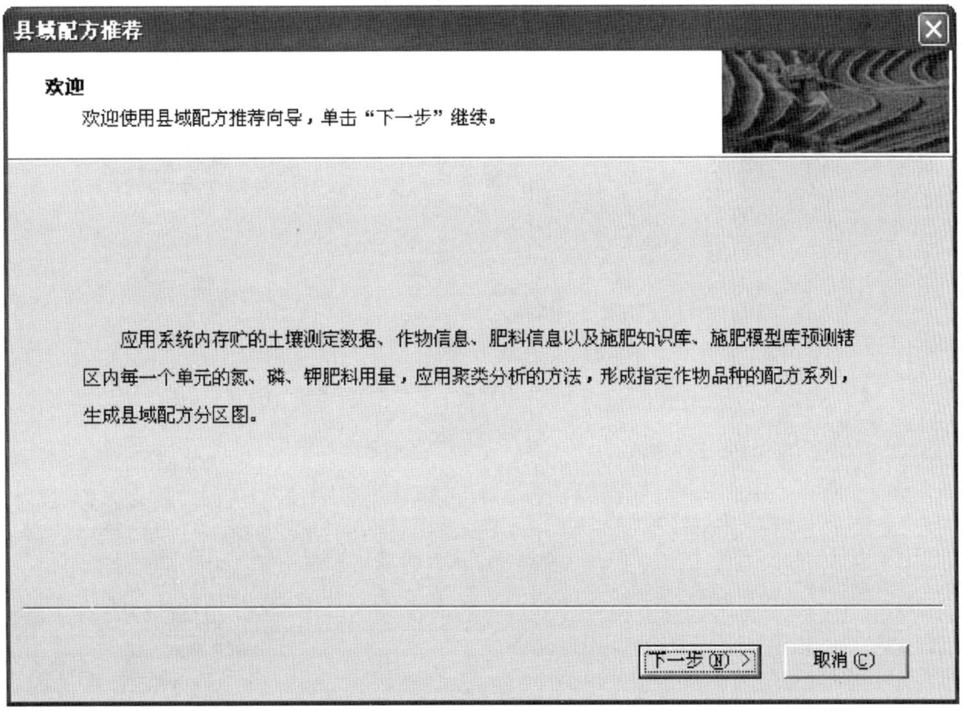

表 2－172　管理单元

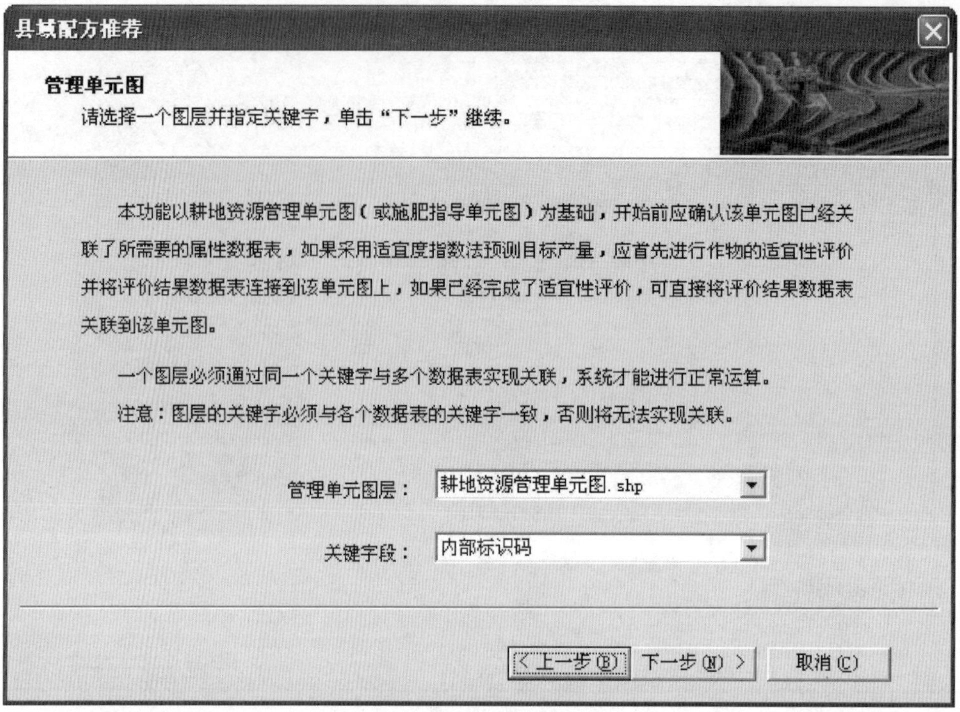

表 2－173　作物品种

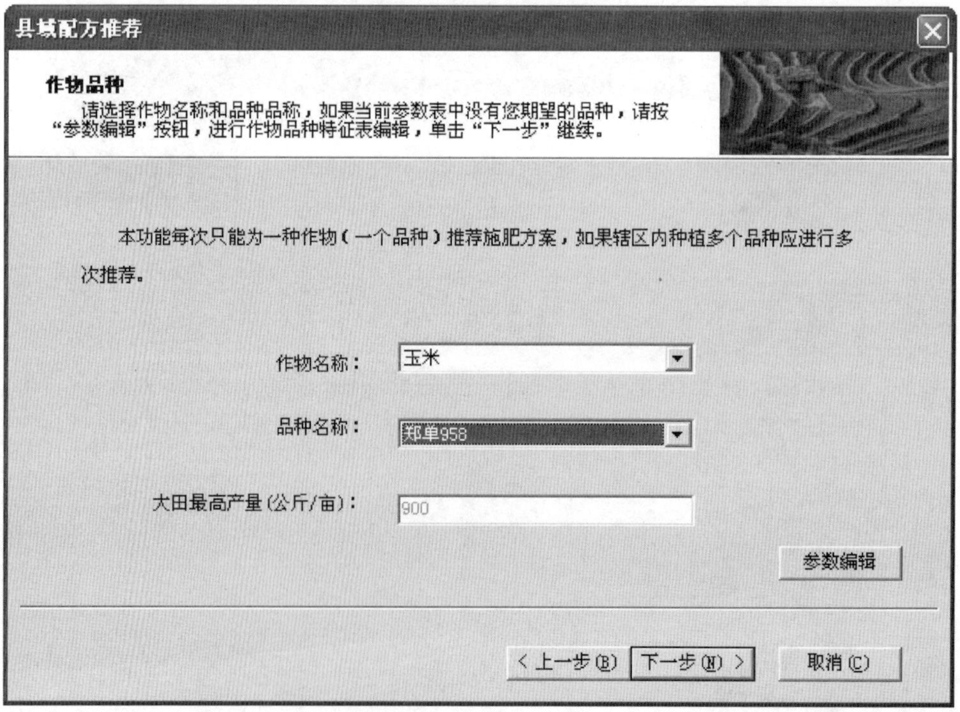

表 2－174　配方推荐一

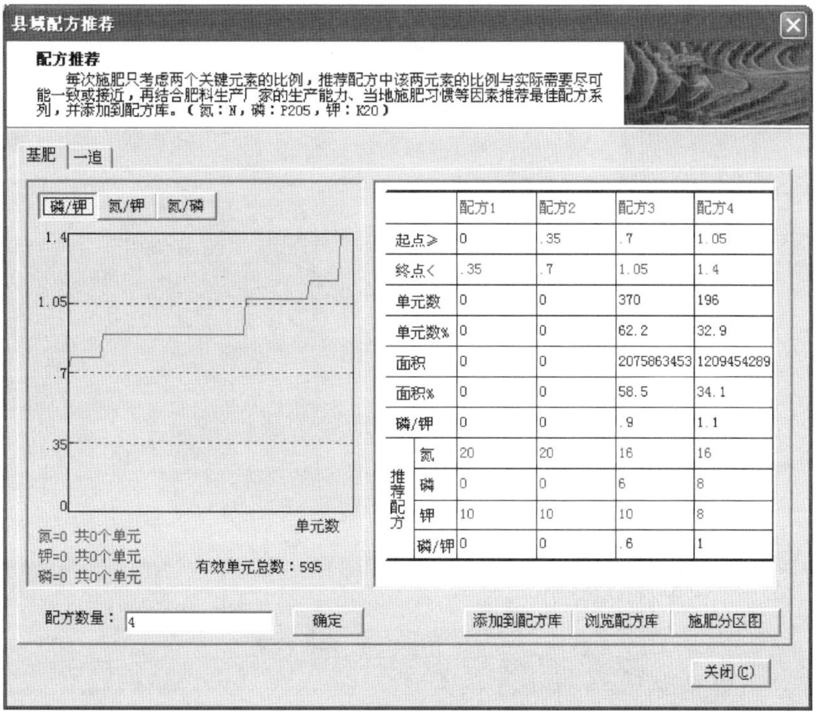

		配方1	配方2	配方3	配方4
起点≥		0	.35	.7	1.05
终点<		.35	.7	1.05	1.4
单元数		0	0	370	196
单元数%		0	0	62.2	32.9
面积		0	0	2075863453	1209454289
面积%		0	0	58.5	34.1
磷/钾		0	0	.9	1.1
推荐配方	氮	20	20	16	16
	磷	0	0	6	8
	钾	10	10	10	8
	磷/钾	0	0	.6	1

表 2－175　配方推荐二

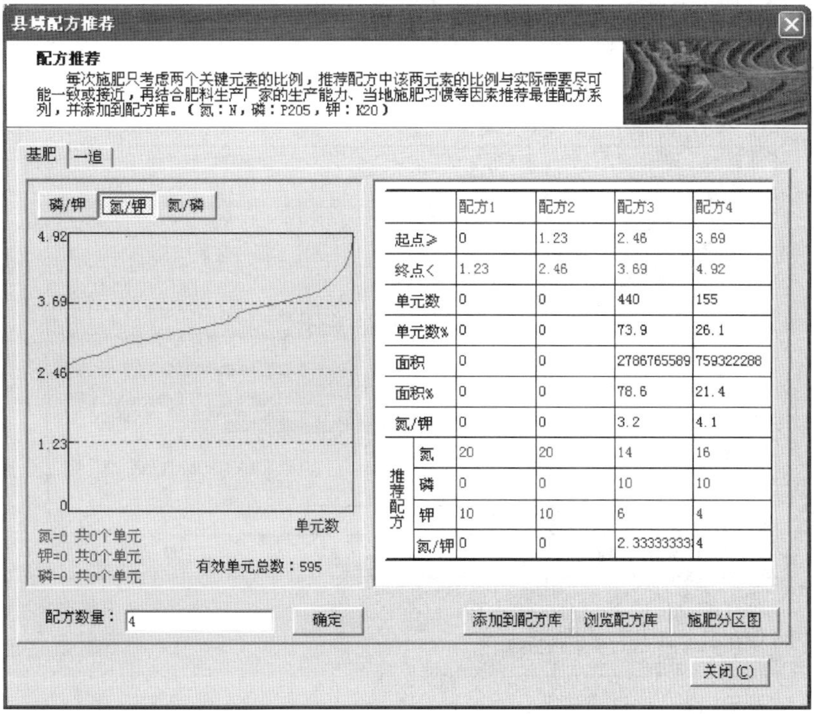

		配方1	配方2	配方3	配方4
起点≥		0	1.23	2.46	3.69
终点<		1.23	2.46	3.69	4.92
单元数		0	0	440	155
单元数%		0	0	73.9	26.1
面积		0	0	2786765589	759322288
面积%		0	0	78.6	21.4
氮/钾		0	0	3.2	4.1
推荐配方	氮	20	20	14	16
	磷	0	0	10	10
	钾	10	10	6	4
	氮/钾	0	0	2.33333333	4

表 2-176　在评价管理单元图中点击属性数据

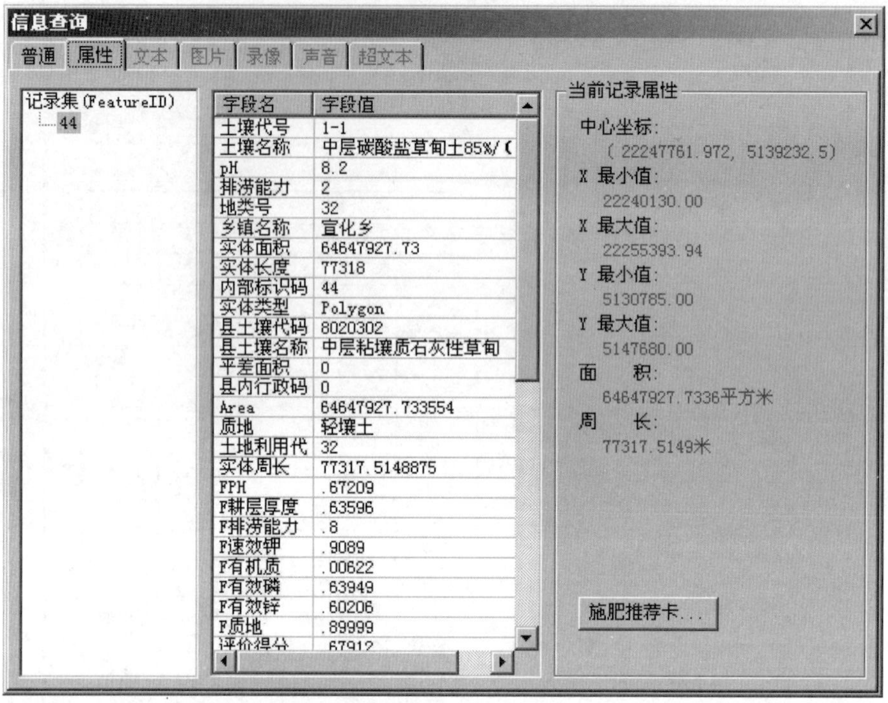

表 2-177　点击施肥推荐卡

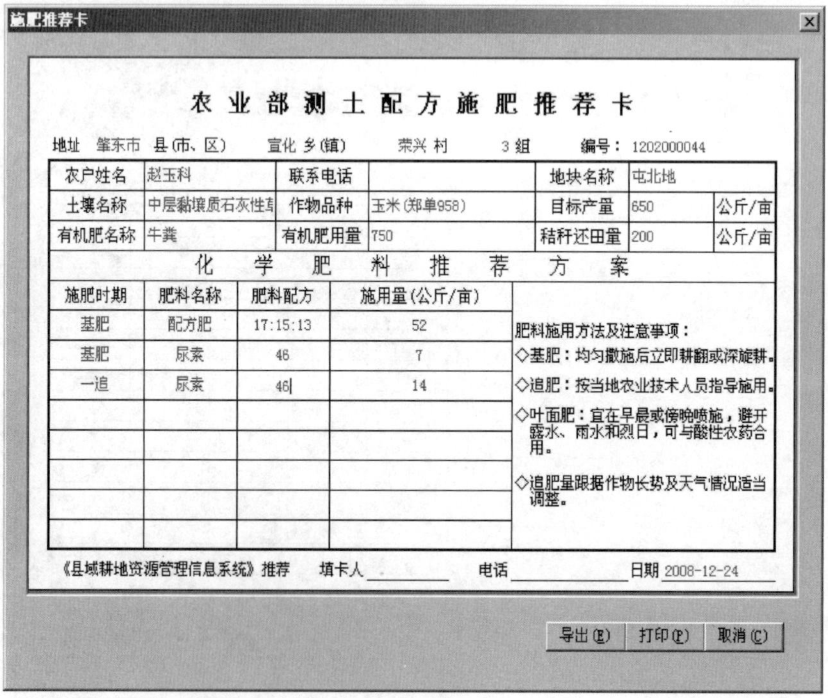
施肥推荐卡

农业部测土配方施肥推荐卡

地址　肇东市 县(市、区)　宣化 乡(镇)　荣兴 村　3 组　编号：1202000044

农户姓名	赵玉科	联系电话		地块名称	屯北地	
土壤名称	中层黏壤质石灰性草	作物品种	玉米(郑单958)	目标产量	650	公斤/亩
有机肥名称	牛粪	有机肥用量	750	秸秆还田量	200	公斤/亩

化学肥料推荐方案

施肥时期	肥料名称	肥料配方	施用量(公斤/亩)
基肥	配方肥	17:15:13	52
基肥	尿素	46	7
一追	尿素	46	14

肥料施用方法及注意事项：
◇基肥：均匀撒施后立即耕翻或深旋耕。
◇追肥：按当地农业技术人员指导施用。
◇叶面肥：宜在早晨或傍晚喷施，避开露水、雨水和烈日，可与酸性农药合用。
◇追肥量根据作物长势及天气情况适当调整。

《县域耕地资源管理信息系统》推荐　填卡人______　电话______　日期 2008-12-24

导出(E)　打印(P)　取消(C)

施肥建议，见表 2-178。

表 2－178　测土配方施肥量（老三样）推荐　（单位：kg/hm²、mg/kg）

氮土测值（）	尿素（）	磷土测值（mg/kg）	二铵（kg/hm²）	玉米专用（kg/hm²）	钾土测值（mg/kg）	50% 硫酸钾（kg/hm²）
			底肥	水肥		
< 90	20	< 5	15	60	< 60	165
91～110	262.5	5～10	187.5	60	61～90	150
111～120	240	11～15	150	60	91～110	135
121～130	240	16～20	135	60	111～130	120
131～140	210	21～25	112.5	60	131～150	105
141～150	187.5	26～30	97.5	60	151～170	45
> 150	150	> 30	90	60	> 170	37.5

第七章　肇东市耕地地力调查与土壤改良利用专题调查报告

第一节　概　况

一、背景及必要性

（一）背景

东北黑土区是世界著名的三大黑土带之一，作为中国粮食的主产区和最大的商品粮生产基地，它一直被形象的誉为中国的“北大仓”和中国粮食安全的“稳压器”，对解决中国13亿人口的吃饭问题起着关键的保障作用。但是长期以来，由于人类不合理的开发利用，导致黑土出现了严重的质量退化，其生产能力已呈逐年下降趋势。目前，这种令人担忧的状况已引起全社会的广泛关注，并得到国家领导人的高度重视，温家宝总理曾多次批示，要把黑土保护工作列入各级政府的重要议事日程，为落实总理的指示精神，农业部在2003年全国耕地地力调查和质量评价总体工作方案中把黑土区列入了重点，旨在通过开展黑土区耕地地力调查与质量评价，来彻底摸清黑土耕地底细，并找出存在的问题和产生的原因，进而将采取强有力的措施，加强黑土耕地质量建设，防止黑土进一步退化，恢复和提高黑土耕地的生产能力。

肇东市地处东北平原典型黑土区，其土壤类型和耕地质量状况在东北黑土区中具有很强的代表性，对该市进行耕地地力调查和质量评价，不仅对当地的农业生产具有重大的指导意义，而且还可以从中了解和掌握整个东北黑土区的耕地质量状况，为国家宏观决策提供科学依据，基于以上考虑，农业部确定肇东市为全国耕地地力调查和质量评价第三批试点县，也是黑龙江省首批测土施肥及耕地地力评价项目县。

（二）必要性

当今世界，粮食安全问题一直是世界各国都高度重视的问题，中国作为拥有世界1/5人口的发展中大国，这个问题就显得尤为突出，粮食安全一旦出了问题，不仅是中国的灾难，也是世界之灾难。目前我国的粮食总产一直徘徊在4 500亿kg左右，据国内外研究预测，到2030年，中国的耕地将减少1 000万hm^2，而人口将增加到16亿，粮食总需求将达到6 400亿kg，很显然，中国未来的粮食安全面临着巨大的挑战。

粮食安全的保障不仅取决于耕地的数量，还决定于耕地土壤的质量。开展耕地地力调查与质量评价，是加强耕地质量建设的实质性措施和关键性步骤。通过耕地地力调查与质量评价，不但可以科学评估耕地的生产能力，发掘耕地的生产潜力，而且还能查清耕地的质量和存在的问题，对确定土壤的改良利用方向，消除土壤中的障碍因素，指导化肥的科学施用，防止耕地质量的进一步退化，具有重大的现实指导意义。

二、土壤资源与农业生产概况

（一）土壤资源概况

肇东市耕地土壤总面积为 271 276.5hm^2。耕地主要土壤类型有黑土、草甸土、水稻土、新积土、沼泽土、黑钙土和风沙土，其中，以黑钙土和草甸土面积最大，占总面积的 77.8%。

（二）农业生产概况

肇东市是典型的农业区，种植制度为一年一熟制，种植作物以玉米、水稻两大作物为主。据肇东市统计局统计，2012 年全市玉米播种面积 22.5 万 hm^2，总产量 235 万 t，单产 10 800kg/hm^2；水稻播种面积 2.46 万 hm^2，总产量 20 万 t，单产 8 125kg/hm^2。

第二节　耕地地力调查及质量评价方法

一、评价原则

这次肇东市耕地质量评价是完全按照全国耕地地力调查与质量评价技术规程进行的。在工作中主要坚持了以下几个原则：一是统一的原则，即统一调查项目、统一调查方法、统一野外编号、统一调查表格、统一组织化验、统一进行评价；二是充分利用现有成果的原则，即以肇东市第二次土壤普查、肇东市土地利用现状调查、肇东市基本农田保护区划定等已有的成果作为评价的基础资料；三是应用高新技术的原则，即在调查方法、数据采集及处理、成果表达等方面全部采用了高新技术。

二、调查内容

这次肇东市耕地地力调查的内容是根据当地政府的要求和生产实践的需求确定的，充分考虑了成果的实用性和公益性。主要有以下几个方面：一是耕地的立地条件。包括经纬度、海拔高度、地形地貌、成土母质、土壤侵蚀类型及侵蚀程度。二是土壤属性。包括耕层理化性状和耕层养分状况。具体有耕层厚度、质地、容重、pH 值、有机质、全氮、有效磷、速效钾、有效锌、有效铜、有效锰、有效铁等。三是土壤障碍因素。包括障碍层类型及出现位置等。四是农田基础设施条件。包括抗旱能力、排涝能力和农田防护林网建设等。五是农业生产情况。包括良种应用、化肥施用、病虫害防治、轮作制度、耕翻深度、秸秆还田和灌溉保证率等。

三、评价方法

在收集肇东市有关耕地情况资料，并进行外业补充调查（包括土壤调查和农户的入户调查两部分）及室内化验分析的基础上，建立起肇东市耕地质量管理数据库，通过 GIS 系统平台，采用 ARCVIEW 软件对调查的数据和图件进行数值化处理，最后利用农业部开发的

《全国耕地力调查与质量评价软件系统 V3.0》进行耕地地力评价。

（一）建立空间数据库

将肇东市土壤图、行政区划图、土地利用现状图等基本图件扫描后，用屏幕数字化的方法进行数字化，即建成肇东市地力评价系统空间数据库。

（二）建立属性数据库

将收集、调查和分析化验的数据资料按照数据字典的要求规范整理后，输入数据库系统，即建成肇东市地力评价系统属性数据库。

（三）确定评价因子

根据全国耕地地力调查评价指标体系，经过专家采用经验法进行选取，将肇东市耕地地力评价因子确定为9个，包括土壤质地、土壤容重、有机质、有效锌、全氮、速效磷、速效钾、排涝能力、pH值。

（四）确定评价单元

把数字化后的肇东市土壤图、基本农田保护区规划图和土地利用现状图相叠加，形成的图斑即为肇东市耕地地力评价单元，共确定形成评价单元2 762个。

（五）确定指标权重

组织专家对所选定的各评价因子进行经验评估，确定指标权重。

（六）数据标准化

选用隶属函数法和专家经验法等数据标准化方法，对肇东市耕地评价指标进行数据标准化，并对定性数据进行数值化描述。

（七）计算综合地力指数

选用累加法计算每个评价单元的综合地力指数。

（八）划分地力等级

根据综合地力指数分布，确定分级方案，划分地力等级。

（九）归入全国耕地地力等级体系

依据《全国耕地类型区、耕地地力等级划分》（NY/T309—1996），归纳整理各级耕地地力要素主要指标，结合专家经验，将肇东市各级耕地归入全国耕地地力等级体系。

（十）划分中低产田类型

依据中华人民共和国《全国中低产田类型划分与改良技术规范》（NY/T309—1996），分析评价单元耕地土壤主导障碍因素，划分并确定肇东市中低产田类型。

第三节　调查结果

这次耕地地力调查和质量评价将全市基本土壤划分为五个等级。从地力等级的分布特征来看，等级的高低与地形部位、土壤类型密切相关。高中产土壤主要集中在中部、南部的平岗地及平坦的冲积平原上，行政区域包括黎明、五里明、五站、四站、涝州、东发等乡镇，这一地区土壤类型以黑土、黑钙土为主，地势较缓，坡度一般不超过3°；低产土壤则主要分布在东部、西部和北部的低洼平原上，行政区域包括姜家、尚家、德昌、海城、昌五、宣化、安民等乡镇，土壤类型主要是草甸土，地势平缓、低洼。其他乡镇地力水平介于中间。

第四节　耕地地力评价与改良利用现状

一、耕地地力等级变化

这次耕地地力调查与质量评价结果显示，肇东市耕地地力等级结构发生了较大的变化，高产田土壤增加，比例由第二次土壤普查时的24.4%上升到28.2%；中产田土壤减少，比例由第二次土壤普查时的38.8%下降到36.6%；低产田土壤也减少，比例由第二次土壤普查时的36.8%下降到35.2%，中低产田合计比第二次土壤普查时减少3.8%。

分析肇东市耕地地力等级结构变化的主要原因，一是近些年兴修了一些农田水利工程，尤其是几个灌区的相继建成，把当时的涝洼地大部分开发成水田，大大降低了渍涝和盐碱的危害程度，使低产变高产；二是随着气候的变化，降水量的减少，涝区地下水位已经下降到一定深度，这样许多曾经的涝洼地就自然的变成了良田；三是中南部和西北部平原部分侵蚀严重的土壤，由于不适于农业利用，已经逐渐地被退耕还林还草。

二、耕地土壤肥力状况

（一）土壤有机质和养分状况

据统计，全市耕地土壤有机质含量平均为25.7g/kg，<20g/kg的为2%，面积约5 425.5hm^2，含量平均为19.8g/kg；<10g/kg的耕地占7.72%，面积约20 942.5hm^2；土壤有效磷含量平均为17.7mg/kg，含量在13.4～22.6mg/kg范围内的轻度缺磷耕地所占比例为11.7%，面积约31 739.4hm^2。<5mg/kg的严重缺磷面积占2.3%，面积约6 239.4hm^2；有效钾含量平均为135.44mg/kg，含量在126.6～151.3mg/kg范围的轻度缺钾耕地占35.9%，面积约97388.3hm^2。<50mg/kg的严重缺钾面积没有；肇东市耕地土壤有效锌含量平均3.0mg/kg，变化幅度在1.35～4.88mg/kg。按照新的土壤有效锌分级标准肇东市耕地有效锌含量在1.00～5.00mg/kg，80%耕地土壤有效锌含量为中等水平。与二次土壤普查比含量大幅度提高，其中，洪河乡含量最高为4.20mg/kg，五里明镇、宋站镇、跃进乡均高于全市的平均值，最低为五站，平均达到2.24mg/kg。肇东市耕地有效铜含量平均值为1.6mg/kg，变化幅度在0.3～18.7mg/kg。调查样本中均大于0.2mg/kg的临界值。其中姜家、黎明、四站等乡镇高于全市的平均值。

根据第二次土壤普查有效铜的分级标准，<0.1mg/kg为严重缺铜，0.1～0.2mg/kg为轻度缺铜，0.2～1.0mg/kg为基本不缺铜，1.0～1.8mg/kg为丰铜，>1.8mg/kg为极丰。肇东市耕地有效铁平均为13.8mg/kg，变化值在2.1～38.3mg/kg。根据土壤有效铁的分级标准，土壤有效铁<2.5mg/kg为严重缺铁（很低）；2.5～4.5mg/kg为轻度缺铁（低）；4.5～10mg/kg为基本不缺铁（中等）；10～20mg/kg为丰铁（高）；>20mg/kg为极丰（很高）。在2 129个调查样本中，除个别地块土壤有效铁低于临界值2.5mg/kg，其余均高于临界值2.5mg/kg，说明肇东市耕地土壤中不缺铁。

肇东市耕地土壤有效锰平均值为20.4mg/kg，变化幅度在2.7～60.0mg/kg，根据土壤有效锰的分级标准，土壤有效锰的临界值为5.0mg/kg（严重缺锰，很低），大于15mg/kg

为丰富。调查样本中50.5%的数值为大于15mg/kg的丰富级，说明肇东耕地土壤中有效锰比较丰富。

肇东市土壤有效硫平均含量为53.6mg/kg变化幅度5.3～187.1mg/kg，按照全国土壤有效硫分级标准，土壤有效硫含量小于12.0mg/kg的为严重缺硫，12～24mg/kg为含硫量较高。40～60mg/kg为丰富。全市调查的2 129个样本中，全市除明久乡、宣化乡个别地块缺硫外，其余地块均处于高硫含量水平，说明肇东耕地土壤中有效硫比较丰富。

（二）土壤理化性状

这次耕地地力调查结果显示肇东市耕地容重平均为1.26g/cm^3，变化幅度在1.0～1.5g/cm^3。全市主要耕地土壤类型中，黑土平均为1.19g/cm^3，黑钙土1.23g/cm^3，草甸土平均为1.34g/cm^3，沼泽土1.23g/cm^3，新积土1.21g/cm^3，风沙土1.24g/cm^3，水稻土1.40g/cm^3。土类间水稻土、草甸土容重均较高；黑土容重较小。这次耕地调查与二次土壤普查和95年测土对比土壤容重有降低趋势．肇东市耕地pH值平均为7.9，变化幅度在6.5～8.9。其中（按数字出现的频率计）pH值8.5～9.0占11.2%，8.0～8.5占50.0%，7.5～8.0占7.7%，7.0～7.5占10.9%，6.5～7.0占18.4%，6.0～6.5占1.8%，土壤酸度多集中在8.0～8.5。

三、障碍因素及其成因

（一）干旱

调查结果表明，土壤干旱已成为当前限制农业生产的最主要障碍因素。

肇东市属于寒温带大陆性季风气候，常年平均降水量445mm，年际间变化较大，年最大降水量539mm，年最小降水量399mm，降水量变化率为21.1%。由于季风影响，降水多集中在6—8月，降水量为339.5mm，占全年降水量的69.5%。年平均蒸发量1 484.65mm，全年蒸发量是降水量的3.3倍，且初春3—4月蒸发量较大，因此，“十年九春旱”（历史累计数据均值）。

地表水资源：境内有松花江、肇兰河两条主要河流，河流总长37.6km，还有水库、泡塘等，水面面积共计58km^2。

松花江由西八里入境，经四站、涝洲、五站3个乡镇，流长62.5km。地下水资源：肇东地下水资源不丰富，且分布不均，灾水地带主要分布在漫岗冲积低平原，中部、西北部台地潜水量比较贫乏，南部地区风化裂隙中潜水量小，埋深不定，只有在构造断裂和接触带附近，在地层有利于地下水富集条件下，形成断裂富水带，可以打井开采。全市地下水资源总量为3.18亿m^3，其中可开采量2.26亿m^3，占地下水资源总量的71%。

调查结果表明，现行的耕作制度也是造成土壤干旱的主要因素。自20世纪80年代初开始，随着农村的农业机械由集体保有向个体农户保有和农机具由以大型农业机械为主向小型农业机械为主的转变，肇东市土壤的耕作制度也发生了很大变化，传统的用大马力拖拉机进行连年秋翻、整地作业和以畜力为主要动力实施各种田间作业的传统耕作制度，逐步被以小四轮拖拉机为主要动力进行灭茬、整地、施肥、播种、镇压及中耕作业的耕作制度所代替。由于小型拖拉机功率小，不能进行秋翻；灭茬时旋耕深度浅，作业幅度窄，仅限于垄台，难于涉及垄帮底处；整地、播种、施肥及耥地等田间作业也均很少能触动垄帮底处。长此下去，就形成了“波浪形”犁底层构造剖面。其主要特征：一是耕层厚度较薄，一般仅为

12～20cm；二是耕层有效土壤量少，每公顷仅为1 125t左右，约为“平面型”犁底层构造剖面150t的一半；三是土壤紧实，垄脚和犁底层的硬度一般在35kg/cm²以上；四是土壤的含水量较低，平均仅为16.2%。由于土层薄，有效土壤量减少，土壤容重增大，孔隙度缩小，通透性变差，持水量降低，导致土壤蓄水保墒能力下降。由此可见，肇东市现行的耕作制度对耕层土壤接纳大气降水极为不利，造成了有限的降水利用率低下，从而导致土壤持续发生干旱。

（二）瘠薄

这次调查显示，肇东市基本农田保护区内耕地土壤土层厚度小于25cm的面积大约有6.4万hm²，其中，土层厚度在15～20cm的薄层黑土为9万hm²，10～20cm的破皮黄黑土为2万hm²，其他5.5万hm²为草甸土、水稻土和风沙土。这部分耕地土层较薄，土壤结构较差，养分含量相对较低，另外，由于所处地形部位较高，易跑水跑肥，因此，绝大部分为中低产田土壤。土壤瘠薄产生的原因：一是自然因素形成的，如风沙土，由于形成年代短、土层薄，有机质含量低、土壤养分少，肥力低下。二是土壤侵蚀造成的，中南部等乡镇的大部分耕地，处于低坡面平原，坡度在2°以上易于水蚀造成水土流失。中、西部等乡镇的部分耕地，处于漫岗台地坡面平原，易于造成水蚀和风蚀，使土层变薄，土壤贫瘠。三是现行的耕作制度是造成土层变薄的一个重要因素。由于连年小型机械浅翻作业，犁底层紧实，导致土壤接纳降水的能力较低，容易产生径流，同时，地表长期裸露休闲，破坏了土壤结构，在干旱多风的春季，容易造成表层黑土随风移动，即发生风蚀。四是有机肥减少。在20世纪80年代以前，农民一直把增施有机肥作为增产的一项重要措施，但近年来，随着化肥用量的猛增，有机肥料用量下降，80%以上的地块成为“卫生田”，影响了土壤肥力的维持和提高。

（三）渍涝

肇东市境内有松花江流过，第二次土壤普查时，有涝洼耕地面积375hm²。但随着气候的变化，降水量的减少，涝区地下水位已经下降到一定深度，江河也很少泛滥，特别是在兴修一些农田水利工程后，当时的涝洼地部分已被开发成水田，这样就使渍涝面积大为减少。据这次耕地地力调查统计，肇东市基本农田保护区内现有低洼易涝耕地2.1万hm²左右。这些耕地所处地势极其低洼，地下水位较高，排水不畅，易受洪涝和内涝的双重威胁，另外，还有相当数量的耕地伴有盐碱危害。

第五节　肇东市耕地土壤改良利用目标

一、总体目标

（一）粮食增产目标

肇东市是黑龙江省粮食的主产区和国家重要的商品粮生产基地，粮食总产量约23亿kg。这次耕地地力调查及质量评价结果显示，肇东市中低产田土壤还占有相当的比例，另外，高产田土壤也有一定的潜力可挖，因此，增产潜力十分巨大，若通过适当措施加以改良，消除或减轻土壤中障碍因素的影响，可使低产变中产，中产变高产，高产变稳产甚至更高产。如果按地力普遍提高一个等级（保守数字），每公顷增产粮食 1 200kg 计算，肇东市每年可增产粮食 2.7 亿 kg，这样每年粮食总产可达到 25.7 亿 kg。

（二）生态环境建设目标

肇东市耕地土壤在开垦初期，农田生态系统基本上处于稳定状态，然而在以后的一段时间里，由于“以粮为纲”，过度开垦并采取掠夺式经营，致使生态系统遭到了极大的破坏，导致风灾频繁、旱象严重、水土流失加剧。当前生态环境建设的目标是恢复建立稳定复合的农田生态系统，依据这次耕地地力调查和质量评价结果，下决心调整农、林、牧结构，彻底改变单纯种植粮食的现状，对坡度大、侵蚀重、地力瘠薄的部分坡耕地黑土要坚决退耕还林还草，此外要大力营造农田防护林，完善农田防护林体系，增加森林覆盖率，这样就使农田生态系统与草地生态系统以及森林生态系统达到合理有机的结合，进而实现农业生产的良性循环和可持续发展。

（三）社会发展目标

肇东市是农业大市，农民的收入以种植业和畜牧业为主。依据这次耕地地力调查和质量评价结果，针对不同土壤的障碍因素进行改良培肥，可以大幅度提高耕地的生产能力，巩固肇东市国家商品粮基地地位。同时，通过合理配置和优化耕地资源，加快种植业和农村产业结构调整，发展粮区畜牧业，可以提高农业生产效益，增加农民收入，全面推进肇东市农村建设小康社会进程。

二、近期目标

本着先易后难、标本兼治、统一规划、综合治理的原则，确定肇东市耕地土壤改良利用近期目标是：从现在到 2020 年，利用 5 年时间，建成高产稳产标准良田 8 万 hm^2，使单产达到 750kg/hm^2。

三、中期目标

2016—2020 年，利用 5 年时间，改造中产田土壤 6 万 hm^2，使其大部分达到高产田水平，单产超过 650kg/hm^2。

四、远期目标

2021—2025 年，利用五年时间，改造低产田土壤 3 万 hm^2，使其大部分达到中产田水平，单产超过 550kg/hm^2，另外还要退耕还林还草 0.5 万 hm^2，将不适合农业用地坚决退出耕地序列。

第六节　肇东市耕地土壤改良利用对策及建议

一、对策

（一）推广旱作节水农业

肇东市为旱作农业区，积极推行旱作农业，充分利用天然降水，合理使用地表及地下水资源，实行节水灌溉，是解决该市干旱缺水问题的关键所在。

目前，肇东市农田基础设施建设和灌溉方式仍比较落后，实现水浇的仅限于水田和部分旱田，而占耕地面积70%的旱田尚无灌溉条件。遇到春旱年份，旱田能做到仅为催芽坐水种。在生产中仍然是靠天降水，易受春旱、伏旱、秋旱威胁。水田基本上仍然采用土渠的输水方式，管道输水基本没有，防渗渠道也极少。所以，在输水过程中，渗漏严重。今后应不断完善农田基础设施建设，保证灌溉水源，并大力推广使用抗旱品种和抗旱肥料，推广秋翻秋耙春免耕技术、地膜集流增墒覆盖技术、机械化一条龙坐水种技术、苗带重镇压技术、喷灌和滴灌技术、小白龙交替分根间歇灌溉技术、苗期机械深松技术、化肥深施技术和化控抗旱技术。

（二）培肥土壤、提高地力

1. 平衡施肥

化肥是最直接最快速的养分补充途径，可以达到30% ~40%的增产作用。目前，肇东市在化肥施用上存在着很大的盲目性，如氮、磷、钾比例不合理、施肥方法不科学、肥料利用率低。这次土壤地力调查与质量评价，摸清了土壤大量元素和中微量元素的丰缺情况，得知磷、钾、锌、硼四元素较缺乏，因此，在今后的农业生产中，应该大面积推广测土配方施肥，达到大、中、微量元素的平衡，以满足作物正常生长的需要。

2. 增施有机肥

大力发展畜牧业，增加有机肥源。畜禽粪便是优质的农家肥，应鼓励和扶持农户大力发展畜牧业，增加有机肥的数量，提高有机肥的质量。做到公顷施用农家肥30 ~45t，有机质含量20%以上，3年轮施一遍。此外，要恢复传统的积造有机肥方法，搞好堆肥、沤肥、沼气肥、压绿肥，广辟肥源，在根本上增加农家肥的数量。除了直接施入有机肥之外，还应该加强“工厂化、商品化”的有机肥施用。

3. 秸秆还田

作物秸秆含有丰富的氮、磷、钾、钙、镁、硫、硅等多种营养元素和有机质，直接翻入土壤，可以改善土壤理化性状，培肥地力。据调查，农民在解决烧柴、喂饲用途外，60% ~70%可用于还田。据研究数据每公顷施用3 000kg的玉米秸秆，可积累有机质900kg，大体上能够维持土壤有机质的平衡。同时，在玉米田和水稻田上可采用高根茬还田。研究表明，每公顷产量7 500kg，玉米根茬量大约在850kg，其中，有850kg的根茬可残留在土壤中，大体相当于施用1 000kg的有机肥中有机质的数量。根茬还田能够有效提高土壤肥力，增强农业生产后劲。

（三）种植绿肥

目前，破皮黄黑土地力瘠薄，生产能力有限，暂时不适合粮食作物生产，在条件允许的地方，可以引导农民种植绿肥，既可以用于喂饲，实行过腹还田，又可以直接还田或堆沤绿肥，使土壤肥力有较大幅度的恢复和提高。

（四）合理轮作调整农作物布局

调整种植业结构要因地制宜，根据肇东市的气候条件、土壤条件、作物种类、周围环境等，合理布局，优化种植业结构，不能一味地种植产量高而效益低的玉米，要实行玉米、谷、糜、甜菜、蔬菜、马铃薯轮作制，推广粮草间作、粮粮间作、粮薯间作、粮菜间作等，调减普通玉米的播种面积，来增加饲用玉米、糯玉米等经济作物的种植面积。大力发展粮区畜牧业，这样不仅可以使耕地地力得到恢复和提高，增加土壤的综合生产能力，还能够增加农民收入，提高经济效益。

（五）建立保护性耕作区

保护性耕作主要是免耕、少耕、轮耕、深耕、秸秆覆盖和化学除草等技术的集成。目前，已在许多国家和地区推广应用。农业部保护性精细耕作中心提供的资料表明，保护性耕作技术与传统深翻耕作相比，可降低地表径流60%，减少土壤流失80%，减少大风扬沙60%，可提高水分利用率17%～25%，节约人畜用工50%～60%，增产10%～20%，提高效益20%～30%。由此可见，实施保护性耕作不仅可以保持和改善土壤团粒结构，提高土壤供用能力，增加有机质含量，蓄水保墒，而且能降低生产成本，提高经济效益，更有力于农业生态环境的改善。

肇东市应尽快探索出符合现有经济发展水平和农业机械化现状的具有区域特色的保护性耕作模式。在普及化学除草基础上，免耕、少耕、轮耕等方法互补使用。提高大型农机具的作业比例，实行深松耕法轮作制，使现有的耕层逐渐达到25cm以上。

二、建议

（一）加强领导、提高认识，科学制定土壤改良规划

进一步加强领导，研究和解决改良过程中重大问题和困难，切实制定出有利于粮食安全，农业可持续发展的改良规划和具体实施措施。财政、金融、土地、水利、计划等部门要协同作战，全力支持这项工作。鼓励和扶持农民积极进行土壤改良，兼顾经济、社会、生态效益，促使土壤良性循环，为今后农业生产奠定坚实基础。

（二）加强宣传、培训，提高农民素质

各级政府应该把耕地改良纳入到工作日程，组织科研院所和推广部门的专家，对农民进行专题培训，提高农民素质，使农民深刻认识到耕地改良是为子孙后代造福，是一项长远的增强农业后劲的一项重要措施，农民自发的积极参与土壤改良，才能使这项工程长久地坚持下去。

（三）加大建设高标准良田的投资力度

以振兴东北工业基地为契机，来振兴东北的农业基地，实现工农业并举，中央财政、省市财政应该对肇东这样的产粮大市给予重点资金支持，完善水利工程、防护林工程、生态工程、科技示范园区等工程的设施建设，防止水土流失。实现“藏粮于地”粮食安全的宏伟目标。

（四）建立耕地质量监测预警系统

为了遏制基本农田的土壤退化、地力下降趋势，国家应立即着手建设黑土监测网络机构，组织专家研究论证，设立监测站和监测点，利用先进的卫星遥感影像作为基础数据，结合耕地现状和GPS定位观测，真实反映出黑土区整体的生产能力及其质量的变化。2010年肇东市按黑龙江省土肥站统一要求，建立了330个永久性耕地质量监测点，覆盖全市耕地。每年的12月5日的“土地日”发布肇东市年度耕地质量监测报告。

（五）建立耕地改良示范园区

针对各类土壤障碍因素，建立一批不同模式的土壤改良利用示范园区，抓典型、树样板，辐射带动周边农民，推进土壤改良工作的全面开展。

第三部分

肇东市耕地地力评价专题报告

第一章　肇东市耕地地力调查与平衡施肥专题调查报告

第一节　概　况

肇东市从“六五”计划开始就是国家重点商品粮基地县，在各级政府的领导下，农业生产特别是粮食生产取得了长足的发展。进入20世纪80年代以后，粮食产量连续大幅度增长，1987年全市粮食总产突破100万t大关。其中化肥施用量达10.1万t. 之后化肥施用量逐年增加，是促使粮食增产的决定性的因素之一。1991年全市化肥施用量为13.4万t，粮食总产突破150万t；2002年化肥施用量增加到16.29万t，粮食总产增加突破208万t。这15年间，化肥年用量增加了5.2万t，粮食总产增加了108万t。2014年化肥年用量已达16万t，粮食总产达235万t。可以说化肥的使用已经成为促进粮食增产不可取代的一项重要措施。

一、开展专题调查的背景

（一）肇东市肥料使用的延革

肇东垦殖已有近100多年的历史，肥料应用也有近50年的历史，从肥料应用和发展历史来看，大致可分为4个阶段。

（1）20世纪60年代以前，耕地主要依靠有机肥料来维持作物生产和保持土壤肥力，作物产量不高，施肥面积约占耕地的80%左右，应用作物主要是谷子、糜子、玉米等作物，化肥应用总量为900t，都是以硫铵为主的氮素肥料，主要用做追肥。

（2）20世纪70—80年代，仍以有机肥为主、化肥为辅，化肥主要靠国家计划拨付，总量达1.5万t，应用作物主要是粮食作物和少量经济作物，除氮肥外，磷肥得到了一定范围的推广应用。主要是硝铵、硫铵、氨水和过磷酸钙。

（3）20世纪80—90年代，十一届三中全会后，农民有了土地的自主经营权，随着化肥在粮食生产作用的显著提高，农民对化肥形成了强烈的依赖，化肥开始大面积推广应用，化肥总量达10万t平均公顷用肥达0.52t，施用有机肥的面积和数量逐渐减少。90年代初开展了因土、因作物的诊断配方施肥，氮、磷、钾的配施在农业生产得到应用，氮肥主要是硝铵、尿素、硫铵、氢铵，磷肥以二铵为主，钾肥、复合肥、微肥、生物肥和叶面肥推广面积也逐渐增加。

（4）20世纪90年代至今，随着农业部配方施肥技术的深化和推广，黑龙江省土肥站先后开展了推荐施肥技术和测土配方施肥技术的研究和推广，广大土肥科技工作者积极参与，针对当地农业生产实际进行了施肥技术的重大改革。

(二) 肇东市肥料化肥肥效演变分析

表 3-1 是肇东市 1983—2008 年 25 年间的化肥和粮食产量统计表。

从 1979—2008 年耕地面积从 20 万 hm^2 增加至 24.5 万 hm^2。耕作方式从牛马犁过渡至以中小型拖拉机为主，作物品种从农家品种更新为杂交种和优质高产品种。

表 3-1　化肥施用量与粮食总产统计

年度	1983	1988	1993	1997	2002	2008
化肥施用量（万 t）	8.2	12.4	14.6	18.3	16.3	12.6
粮食总产（万 t）	78.0	138	172.5	190	208	230

肥料投入以农家肥为主过渡到以化肥为主导，并且化肥用量连年大幅度增加，农家肥用量大幅度减少，粮食产量也连年大幅度提高。

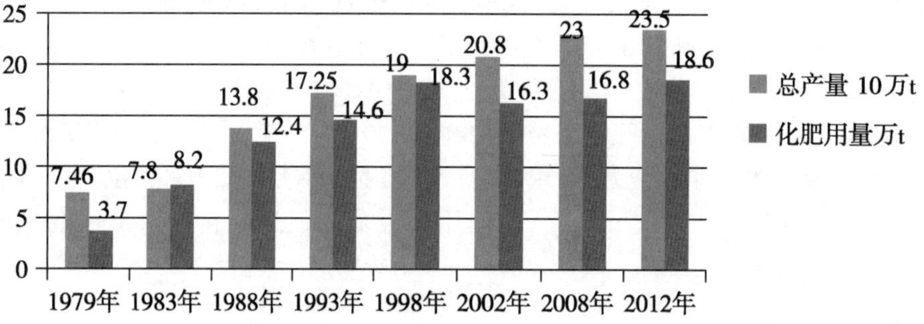

图 3-1　化肥用量与粮食总产的关系

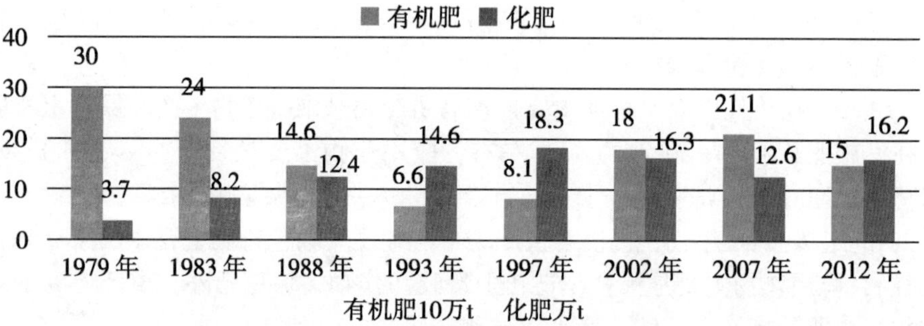

图 3-2　农肥与化肥投入变化情况

图 3-1、图 3-2 描述了肇东市从 1979—2012 年改革开放 30 多年肥料与粮食产量的变化规律。在 30 多年变化过程又分为两个阶段，前 15 年化肥用量逐年递增，农肥逐年递减；1993 年时，农肥用量降至最低，全市 70% 以上耕地不施农肥，化肥用量高峰出现在 1998 年，达 18 万 t，但粮食产量并没有达到理想指标，随着化肥用量和粮食产量的逐年增加，从 1983 年以后，全市作物开始出现缺素症状，1986 年大面积缺锌，1990 年出现玉米大面积缺钾症状。因此，这一时段全市耕地土壤地力过度开发利用呈逐年下降趋势。1989—1991 年，3 年化肥投入一直维持在 12 万 t 以上，粮食总产也维持 145 万 t 上下，地

力下降造成的粮食增产幅度下降，引起了国家、省、市各级政府的高度重视，1992 年投资 120 万元建立了土壤化验室。全面开展了测土配方施肥技术的推广，提高了化肥的利用率。2008 年化肥投入在 16.3 万 t，粮食总产达 230 万 t，2012 年化肥投入在 18 万 t，粮食总产达 235 万 t。

二、开展专题调查的必要性

耕地是作物生长基础，了解耕地土壤的地力状况和供肥能力是实施平衡施肥最重要的技术环节，因此，开展耕地地力调查，查清耕地的各种营养元素的状况，对提高科学施肥技术水平，提高化肥的利用率，改善作物品质，防止环境污染，维持农业可持续发展等都有着重要的意义。

（一）开展耕地地力调查，是稳定粮食生产保证粮食安全的需要

保证和提高粮食产量是人类生存的基本需要。粮食安全不仅关系到经济发展和社会稳定，还有深远的政治意义。近几年来，我国一直把粮食安全作为各项工作的重中之重，随着经济和社会的不断发展，耕地逐渐减少和人口不断增加的矛盾将更加激烈，21 世纪人类将面临粮食等农产品不足的巨大压力，肇东市作为国家商品粮基地是维持国家粮食安全的坚强支柱，必须充分发挥科技保证粮食的持续稳产和高产。平衡施肥技术是节本增效、增加粮食产量的一项重要技术，随着作物品种的更新、布局的变化，土壤的基础肥力也发生了变化，在原有基础上建立起来的平衡施肥技术体系不能适应新形势下粮食生产的需要，必须结合本次耕地地力调查和评价结果对平衡施肥技术进行重新研究，制定适合本地生产实际的平衡施肥技术体系。

（二）开展耕地地力调查，是增加农民收入的需要

肇东市以农业为主的县级市，粮食生产收入占农民收入的很大比重，是维持农民生产和生活所需的根本。在现有条件下，自然生产力低下，农民不得不靠投入大量花费来维持粮食的高产，化肥投入占整个生产投入的 50% 以上，但化肥效益却逐年下降，如何科学合理的搭配肥料品种和施用技术，以期达到提高化肥利用率，增加产量、提高效益的目的，要实现这一目的必须结合本次耕地地力调查与之进行平衡施肥技术的研究。

（三）开展耕地地力调查，是实现绿色农业的需要

随着中国加入 WTO 对农产品提出了更高的要求，农产品流通不畅就是由于质量低、成本高造成的，农业生产必须从单纯地追求高产、高效向绿色（无公害）农产品方向发展，这对施肥技术提出了更高、更严的要求，这些问题的解决都必须要求了解和掌握耕地土壤肥力状况、掌握绿色（无公害）农产品对肥料施用的质化和量化的要求，对平衡施肥技术提出了更高、更精的要求。所以，必须进行平衡施肥的专题研究。

第二节　调查方法和内容

一、样点布设

依据《全国耕地地力调查与质量评技术规程》，利用肇东市归并土种后的数据的土壤

图、基本农田代保护图和土地利用现状图叠加产生的图斑作为耕地地力调查的调查单元。肇东市基本农田面积 228 698hm^2，大田样点密度为 334～667hm^2，本次共设 339 个；样点布设基本覆盖了全市主要的土壤类型，面积在 11 万 hm^2 以上。

二、调查内容

布点完成后，对取样农户农业生产基本情况及行了入户调查。

三、肥料施用情况

（一）农家肥

农家肥分为牲畜过圈肥、秸秆肥、堆肥、沤肥、绿肥、沼气肥等，单位为千克。

（二）有机商品肥

有机商品肥是指经过工厂化生产并已经商品化，在市场上购买的有机肥。

（三）有机无机复合肥

有机无机复合肥是指经过工厂化并以经商品化，在市场销售的有机无机复（混）肥。

（四）氮素化肥、磷素化肥、钾素化肥

应填写肥料的商品名称，养分含量，购买价格、生产企业。

（五）无机复（混）肥

调查地块施入的复（混）肥的含量，购买价格等。

（六）微肥

被调查地块施用微肥的数量，购买价格、生产企业等。

（七）微生物肥料

微生物肥料是指调查地块施用微生物肥料的数量。

（八）叶面肥

叶面肥是指用于叶面喷施的肥料。如喷施宝、双效微肥等。

四、样品采集

土样采集是在作物成熟收获后进行的。在采样时，首先向农民了解作物种植情况，按照《规程》要求逐项填写调查内容，并用 GPS 进行定位，在选定的地块上进行采样，大田采样深度为 0～15cm，每块地平均选取 15 个点，用四分法留取土样 1kg 做化验分析。

第三节　专题调查的结果与分析

一、耕地肥力状况调查结果与分析

本次耕地地力调查与质量评价工作，共对 339 个土样的有机质、全氮、有效磷、速效钾和微量元素等进行了分析，平均含量，见表 3－2。

表 3－2　肇东市耕地养分含量平均值　（单位：g/kg、mg/kg）

项　目	有机质	全氮	有效磷	有效钾	有效锌	有效铜	有效铁
平均值	28.7	1.98	17.69	135.44	3.0	1.6	13.8
变幅	25.6～31.7	0.03～4.9	13.36～22.6	126.59～151	1.35～4.8	0.3～18	2.1～38

（一）土壤有机质及大量元素

1. 土壤有机质

调查结果表明：肇东耕地土壤有机质平均含量 25.7g/kg，变幅在 21.6～31.7g/kg，其中，含量大于 40g/kg（按数字出现频率统计）占 0.05%，30～40g/kg 占 26.7%，20～30g/kg 占 73.2%，10～20g/kg 占 0.01%（第二次土普为 30.3g/kg）。下降了 4.6g/kg。

2. 土壤全氮

肇东市耕地土壤中全氮平均含量 1.98g/kg，变幅在 0.03～4.93g/kg，全市全氮主要集中在 1.5～2.0g/kg，占 40.40%，大于 2.5% 的占 3.43%，2.0～2.5g/kg 的占 15.98%，1.0～1.5g/kg 的占 22.4%，小于 1.0g/kg 占 17.72%。与二次土普相比，提高了 0.75g/kg（二次土普为 1.23g/kg）。

3. 土壤有效磷

这次调查肇东耕地土壤有效磷平均为 17.69mg/kg，变化在 13.36～22.63mg/kg。与二次土普比较，肇东耕地土壤有效磷有很大改善。20 年前土壤有效磷在 20mg/kg 以下，这次调查在 20mg/kg 以下，大于 20mg/kg 的面积也明显增加。与 1994 年测土（有效磷平均 18.3mg/kg）比，基本持平。

4. 土壤有效钾

调查表明，全市土壤有效钾平均 135.44mg/kg 变幅在 126.59～151.26mg/kg。大于 200mg/kg 占 2.4%，150～200mg/kg 占 11.4 %，100～150mg/kg 占 82.00%。二次土普时，全市 <90mg/kg 约占 4.2%。这次调查的 339 个样本中，小于 90mg/kg 占 4.1%，与 1994 年测土（有效钾平均 108mg/kg）比，增加了 27.44mg/kg。

（二）微量元素

土壤微量元素虽然作物需求量不大，但它们同大量元素一样，在植物生理功能上是同样重要和不可替代的，微量元素的缺乏不仅会影响作物生长发育、产量和品质，而且会造成一些生理性病害。如缺锌导致玉米“花白叶”和水稻赤枯病。因现在耕地地力调查和质量评价中把微量元素作为衡量耕地地力的一项重要指标。以下为这次调查耕地土壤微量元素情况（表 3－3）。

表 3－3　微量元素调查情况　（单位：mg/kg）

项　目	平均含量	变化幅度	极缺	轻度缺	适中	丰富	极丰富
有效锌	3.0	1.35～4.88	0.5	0.5～1.0	1.3	>3	
有效铜	1.6	0.3～18.7	<0.1	0.1～0.2	0.2～1.0	1.0～1.8	>1.8
有效铁	13.8	2.1～38.3	<2.5	2.5～4.5	4.5～10	10～20	>20
有效锰	20.4	2.7～60.0	>5.0			>15	

1. 土壤有效锌

依据土壤微量元素丰缺标准，此次调查有效锌范围主要集中在 1.35～4.88mg/kg，低于 0.5mg/kg 的有 7.4%，大于 3mg/kg 的占 8.1% 所以说肇东耕地土壤有效锌处中等偏下水平，对高产作物玉米，尤其又是对锌敏感作物，应施锌肥。

2. 土壤有效铜

在调查的 339 个样本中，有效铜平均含量为 1.6mg/kg，有效铜变化幅度 0.3～18.7mg/kg 土壤有效铜极为丰富。

3. 土壤有效铁

在调查的 339 个样本中，57.4% 的有效铁小于 20mg/kg 的临界值，因此，肇东土壤中缺铁，这是本次地力评价的新发现。

4. 土壤有效锰

在调查的 339 个土样中，大于 15mg/kg 占 89.3% 说明肇东耕地土壤中有效锰相当丰富。

二、全市施肥情况调查结果与分析

以下为这次调查农户肥料施用情况，共计调查 339 户农民（表 3－4）。

表 3－4　肇东主要土类施肥情况统计　（单位：kg/hm^2）

土　类	有机质	纯 N	P_2O_5	K_2O	$N : P_2O_5 : K_2O$
黑钙土	15 000	189	109.5	52.5	1：0.58：0.28
草甸土	16 875	166.5	91.5	34.5	1：0.41：0.19
黑　土	11 250	138	60.9	34.5	1：0.65：0.53

在我们调查 339 户农户中，只有 189 户施用有机肥，占总调查户数的 56%，平均施用量 $15t/hm^2$ 左右，主要是禽畜过圈粪和秸秆肥等。肇东市 2012 年每平均施用化肥纯养分量：314kg，其中，氮肥 $164.9kg/hm^2$，主要来自尿素、复合肥和二铵，磷肥 $87.3kg/hm^2$，主要来自二铵和复合肥，钾肥 $40.5kg/hm^2$，主要来自复合肥和硫酸钾、氯化钾等，肇东总体施肥较高，比例 1：0.53：0.25，磷肥和钾肥的比例有较大幅度的提高，但与科学施肥比例相比还有一定的差距。

从肥料品种看，肇东市的化肥品种已由过去的单质尿素、二铵、钾肥向高浓度复合化、长效化复合（混）肥方向发展，复合肥比例已上升到 57% 左右。在调查的 339 户农户中 87% 农户能够做到氮、磷、钾搭配施用，13% 农户主要使用二铵、尿素，旱田硫酸锌等微肥施用比例 22.7%，水田施用比例为 23%；叶面肥大田主要用于玉米苗期约占 7.2%、水稻约占 35%。

从不同施肥区域看，玉米、水稻高产区域，整体施肥水平也较高，平均每公顷施肥量：402kg，纯氮 181kg、纯磷 146kg、纯钾 75kg，氮、磷、钾施用比例 1：0.81：0.31，如黎明、五站、里木店等。低产区施肥水平也相对较低，平均每公顷施肥量 259kg，纯氮 174kg、纯磷 60kg、纯钾 25kg，氮、磷、钾施用比例 1：0.34：0.14，只要合理调整好施肥布局和施肥结构，仍有一定的增产潜力。

第四节　耕地土壤养分与肥料施用存在的问题

一、耕地土壤养分失衡

这次调查表明，肇东市耕地土壤中大量营养元素有所改善，特别是土壤有效磷增加的幅度比较大，这有利于土壤磷库的建立。但需要特别指出的是，肇东市耕地中土壤缺铁现象比较严重，339 个样本调查中有 58% 低于临界值，另外，67% 的土壤缺锌，因此，应重视铁肥和锌肥的施用。

二、重化肥轻农肥的倾向严重

目前，农业生产中普遍存在着重化肥轻农肥的现象，有机肥投入少、质量差. 过去传统的积肥方法已不复存在。由于农村农业机械的普及提高，有机肥源相对集中在少量养殖户家中，这势必造成农肥施用的不均衡和施用总量的不足，在农肥的积造上，由于没有专门的场地，农肥积造过程基本上是露天存放，风吹雨淋势必造成养分的流失，使有效养分降低，影响有机肥的施用效果。

三、化肥的使用比例不合理

随着高产需耐密品种的普及推广，化肥的施用量逐年增加，但施用化肥数量并不是完全符合作物生长所需，化肥投入 N 肥偏少，P 肥适中，K 肥不足，造成了 N、P、K 比例不平衡。加之施用方法不科学，特别是有些农民为了省工省时，未从耕地土壤的实际情况出发，实行一次性施肥不追肥，这样在保水保肥条件不好的瘠薄性地块，容易造成养分流失、脱肥，尤其是氮肥流失严重，降低肥料的利用率，作物高产限制因素未消除，大量的化肥投入并未发挥出群体增产优势，高投入未能获得高产出。因此，应根据肇东各土壤类型的实际情况，有针对性地制定新的施肥指导意见。

四、平衡施肥服务不配套

平衡施肥技术已经普及推广了多年，并已形成一套比较完善的技术体系，但在实际应用过程中，技术推广与物资服务相脱节，购买不到所需肥料，造成平衡施肥难以发挥应有的科技优势。而我们在现有的条件下不能为农民提供测、配、产、供、施配套服务。今后我们要探索一条方便快捷、科学有效的技物相结合的服务体系。

第五节　平衡施肥规划和对策

一、平衡施肥规划

依据《耕地地力调查与质量评价规程》，肇东市基本农田保护区耕地分为 5 个等级（表

3－5）。

表3－5　各利用类型基本农田统计表　（单位：hm^2）

等级	1	2	3	4	5	合计
面积	26 757.7	37 735.2	27 215.1	56 488.4	80 501.7	228 698
占比例	11.7	16.5	11.9	24.7	35.2	100

根据各类土壤评等定级标准，把肇东市各类土壤划分为3个耕地类型。

（一）高肥力土壤

高肥力土壤包括一级地和二级地。

（二）中肥力土壤

中肥力土壤包括三级地和四级地。

（三）低肥力土壤

低肥力土壤包括五级地。

根据3个耕地土壤类型制定肇东市平衡施肥总体规划。

1．玉米平衡施肥技术

根据肇东市耕地地力等级、玉米种植方式、产量水平及有机肥使用情况，确定肇东市玉米平衡施肥技术指导意见（表3－6）。

表3－6　肇东市玉米不同土壤类型施肥模式　（单位：kg、kg/hm^2）

地力等级		目标产量	有机肥	N	P_2O_5	K_2O	N、P、K比例
高肥力	1	11 250	15 000	271.5	153.0	90.0	1：0.56：0.33
	2	10 500	15 600	229.5	129.0	75.0	1：0.56：0.31
中肥力	3	9 000	14 500	180.0	97.5	67.5	1：0.54：0.38
	4	8 500	14 000	168.0	78.75	60.0	1：0.48：0.36
低肥力	5	7 500	16 000	142.5	71.25	56.25	1：0.53：0.42

在肥料施用上，提倡底肥、口肥和追肥相结合。

氮肥：全部氮肥的1/3做底肥，2/3做追肥。

磷肥：全部磷肥的70%做底肥，30%做口肥（水肥）。

钾肥：做底肥，随氮肥和磷肥、有机肥深层施入。

2．水稻平衡施肥技术

根据肇东市水稻土地力分级结果，作物生育特性和需肥规律，提出水稻测土施肥技术模式（表3－7）。

表3－7　水稻施肥技术模式　（单位：kg、kg/hm^2）

地力等级		目标产量	N	P_2O_5	K_2O	有机肥	N、P、K比例
高肥力土壤	1	10 500	202.5	112.5	90.0	12 500	1：0.56：0.44
	2	9 000	180.0	90.0	82.6	12 500	1：0.5：0.46

（续表）

地力等级		目标产量	N	P_2O_5	K_2O	有机肥	N、P、K 比例
中肥力土壤	3	8 500	157.5	82.5	75.0	15 000	1：0.52：0.48
	4	8 000	150.0	75.0	75.0	15 000	1：0.5：0.5
低肥力土壤	5	7 500	142.5	67.5	75.0	16 000	1：0.47：0.52
	6	7 000	135.0	60.0	67.5	16 000	1：0.44：0.5

根据水稻氮素的两个高峰期（分蘖期和幼穗分化期），采用前重、中轻、后补的施肥原则。前期40%的氮肥做底肥，分蘖肥占30%，粒肥占30%。磷肥：做底肥1次施入。钾肥：底肥和拔节肥各占50%。除氮、磷、钾肥外，水稻对硫、锌等微量元素需要量也较大，因此，要适当施用硫酸锌和含硅等微肥，每公顷施用量1kg左右。

二、平衡施肥对策

肇东市通过开展耕地地力调查与质量评价、施肥情况调查和平衡施肥技术，总结肇东市总体施肥概况为：总量偏高、比例失调等，方法不尽合理。具体表现在氮肥普遍偏低，磷肥投入偏高，钾和微量元素肥料相对不足。根据肇东市农业生产实际，科学合理施肥总的原则是：增氮、减磷、加钾和补微。围绕种植业生产制定出平衡施肥的相应对策和措施。

（一）增施优质有机肥料，保持和提高土壤肥力

积极引导农民转变观念，从农业生产的长远利益和大局出发，加大有机肥积造数量，提高有机肥质量，扩大有机肥施用面积，制定出沃土工程的近期目标。一是在根茬还田的基础上，逐步实际高根茬还田，增加土壤有机质含量。二是大力发展畜牧业，通过过腹还田，补充、增加堆肥、沤肥数量，提高肥料质量。三是大力推广畜禽养殖场，将粪肥工厂化处理，发展有机复合肥生产，实现有机肥的产业化、商品化市场。四是针对不同类型土壤制定出不同的技术措施，并对这些土壤进行跟踪化验，建立技术档案，设点监测观察结果。

（二）加大平衡施肥的配套服务

推广平衡施肥技术，关键在技术和物资的配套服务，解有方无肥、有肥不专的问题，因此，要把平衡施肥技术落到实处，必须实行“测、配、产、供、施”一条龙服务，通过配肥站的建立，生产出各施肥区域所需的专用型肥料，农民依据配肥站贮存的技术档案购买到自己所需的配方肥，确保技术实施到位。

（三）制定和实施耕地保养的长效机制

在《黑龙江省基本农田保护条例》的基础上，尽快制定出适合当地农业生产实际，能有效保护耕地资源，提高耕地质量的地方性政策法规，建立科学耕地养护机制，使耕地发展利用向良性方向发展。

第二章　肇东市耕地土壤存在的问题与土壤改良的主要途径

第一节　肇东市土壤存在的主要问题

一、土壤盐碱危害问题

肇东市盐碱土的分布较为广泛。中北部地区一些乡镇均有分布，其中分布面积较多的有尚家、宋站、宣化、海城、肇东镇、姜家、德昌等乡镇。南部沿江的西八里、东发、涝洲3个乡镇也有小面积的零星分布。据普查计算，全市土壤中呈碱性反应的耕地土壤面积193 148.8hm^2，占总面积的71.2%。

肇东市的耕地碱盐土壤中盐碱成分以重碳酸盐为主，大面积是碳酸盐草甸土、盐化草甸土和碱化草甸土，群众通称作“轻碱土”，由于土壤中含有一定量的碳酸盐类，个别地块，地表有碱斑，返盐霜，通体有强烈的盐酸反应，经测定pH值为7.5~8.5，高者达9以上。因而使土壤呈碱性反应，危害程度较大。另外，因为土壤中还含有以小苏打为主的盐碱，这种盐碱除危害庄稼外，还能恶化土壤性质，所以，造成了土壤质地黏重，干时硬、湿时泞、冷浆，既怕旱又怕涝等许多不良性状。尽管养分含量不低，却发挥不出来，产量不高。其对作物产生的不良影响主要有以下几点。

（一）盐分含量多，危害种子发芽及作物生长

肇东市盐碱土中含有多量可溶性的有害盐类，多为碳酸氢钠和碳酸钠，一般含量在0.12%左右。含盐量虽然不算很高，但随季节而变动，春季返盐季节，含盐量在0.1%~0.14%变动，对最不耐盐碱的小苗，构成严重威胁，常因干旱和小雨交替勾碱而死苗。一般土壤含盐量超过0.1%种子发芽即受到影响，全市春季墒情差，土壤返盐碱严重，不利作物出苗。墒情好时，抓苗较容易，故在墒情差时，坐水种与抗盐有密切关系。

盐分能影响作物正常发育，主要表现形式是：抑制根系水分的渗透。由于盐分使土壤溶液渗透压增加，影响作物吸水及作物体内的水分平衡，造成“生理干旱”。盐分可使作物体内的矿物质失调，由于土壤中有一定的盐类，使作物体内正常离子平衡遭到破坏，故使某些元素在作物体内过多或过少造成营养失调，影响作物的正常生长发育。另外，盐分中有毒性的离子在作物体内多量积累，可引起中毒症状。

（二）土壤质地黏重，透水性差

盐碱土所处地势低洼，地下水位高（1~3m）土壤长期受地表水及地下水的浸润，土壤黏粒不断沉积，使土壤逐渐变黏。土壤表层容重一般在1.20~1.26g/cm^3，孔隙度为

55.6%，毛管孔隙度为54.2%，非毛管孔隙只占28%。另外，土壤中代换性钠较多（占代换含量的30%以上），土质黏重，分散性大，吸水容易膨胀，结构性差，难于透水。由于通气透水条件不好，春季返浆迟缓，煞浆慢，地温低、冷浆、微生物活动弱，养分分解慢，苗期养分供应不足，小苗发锈不爱长。但到伏雨来后，地温升高，有效养分分解较多，作物生长趋于正常。群众所说的“不发小苗，发老苗”“没前劲，有后劲”就是这个道理。

（三）对有效养分有固定作用

盐碱土中含有的碳酸盐，对微量元素锌具有吸附固定作用，生成难溶于水的碳酸锌。碳酸锌只有在温度升高时，才能慢慢地分解释放。所以，在这些土壤上播种的作物，前期低温时表现小苗发锈叶色不正常，当温度升高时，叶的颜色才逐渐恢复为深绿色。除此之外，土壤中的碳酸盐和速效磷反应成难溶于水的磷酸钙，降低了肥效。

（四）不抗旱，不抗涝

肇东市气候干旱，特别是春季降水少，风大蒸发强烈，故土壤耕层水分消耗较多，尤其是盐碱土下部水又不易向上补充，加之土质黏重，理化性质不良，湿时泞，干时硬，耕作非常费劲，容易起大垡条、坷垃，不保墒、不抗旱、不保苗。另外，由于盐碱土所处地势低平，夏季雨水多时，地下水位较高，土壤透水又差，地面排水及土壤排水均不好，容易造成内涝。

二、土壤侵蚀问题

土壤侵蚀也称水土流失，包括水蚀和风蚀两种。肇东市水蚀面积很少，主要是风蚀，风蚀遍及全市，范围广，发生时期较长，几乎一年四季都有发生，因而它的危害很严重。它是土壤肥力减退，土壤生产能力低的主要原因之一。风蚀较严重的是西部高台地、平地和中北部平原区，南部岗头、黎明等黑土区有一定面积。风蚀成灾面积历年不等。1996年最大风蚀成灾面积7万hm^2，占全市总耕地面积的30.8%，这年毁种的面积就有4万hm^2，占全年总耕地面积的16.8%，刮走表土5~6cm。

风蚀是土壤的慢性病，往往引起不可逆转的生态性灾难，其后果是严重的，风蚀的直接后果是耕层由厚变薄，土色由黑变黄，地板由暄变硬，地力由肥变瘦。肇东市西部的“破皮黄”“破皮硬”土，并非原来如此，大都是由水土流失造成的。有的地块由于受风蚀灾害，重者被迫弃耕，轻者补种和毁种，肥料和种子遭到很大损失，还误了农时。

风蚀还有一个严重后果，就是表土剥蚀问题。这远比吹跑肥料、种子和小苗严重得多。表土的损失是难以恢复的。这次土壤调查，我们通过调查访问得知，表土剥蚀厚度轻者2~3cm，重者5~6cm，数字大得惊人。据一些专家分析，土壤表层上的1cm表土是最肥沃、最疏松、生产力最高的一层，它与当地农家肥质量基本相等，如果每年剥蚀掉表土1cm，则折每公顷损失105t肥土，相当于5~6t农家肥。若以全市平均公顷施农家肥15t（铺在666.7m^2地上才有0.15mm厚）标准算，则损失7年的施肥量。

肇东市风蚀的主要原因是气象因素、土地因素和人为因素，春季降雨少干旱，并且风多而猛，加之黑土、黑钙土所处地势高，多漫岗地形、土壤干而酥，耐蚀性低，这些都是发生风蚀的自然条件。另外，人对土壤侵蚀起主导作用，不适当毁草开荒，使自然植被遭到破坏，表土裸露，耕作粗放，森林覆被率低等都为土壤侵蚀创造了条件。

三、土壤肥力减退问题

土壤肥力是表明土壤生产性能的一个综合性指标，它是由各种自然因素和人为因素构成的。由于长期受水蚀和风蚀这个跑水、跑肥、跑土的慢性病影响及用地养地失调，广种薄收，剥削地力的不合理耕作，肇东市土壤的养分状况发生了很大变化，主要表现为有机质含量降低，氮、磷等养分也相应减少，土壤肥力逐年减退。

据土壤普查报告记载，黑龙江省松嫩平原开垦初期，土壤有机质含量为 60 ~ 80g/kg，全氮含量为 3 ~ 6g/kg，全磷量为 3 ~ 4g/kg。历经百余年的农事活动，肇东市现在的土壤养分状况如何呢？这次土壤调查中，我们对土壤耕层（0 ~ 20cm）农化样品进行了化验分析，结果表明，有机质保持一级（40g/kg）面积仅占 0.05%，有机质三级（30 ~ 35g/kg）面积占 26.7%，有机质四级（25 ~ 30g/kg）面积占 66.8%，有机质三级（25 ~ 30g/kg）和四级（20 ~ 30g/kg）占 93.5%，由级别的一级降为三级、四级，与开垦初期比，含量减少 50% ~ 75%。其他都为四级以下，含量为（10 ~ 20g/kg），有的不到 1%。20 世纪 80 年代后土壤有机质由 46 ~ 58g/kg 降为 25g/kg，平均每年减少 0.04%；全氮保持一级的（4g/kg 以上）面积仅占 0.1%，全氮二级（2% ~ 4%）面积占 45.8%，全氮含量绝大部分降到三级（1.5% ~ 2%），与开垦初期比降低 2/3；速效磷有所偏低，特别是中西部黑钙土地区，速效磷含量大都在 25mg/kg 以下，明显看出氮磷养分比例失调。养分含量的降低速度，在半干半湿的温暖气候条件下是相当高的，大致是以 2‰ ~ 4‰的速度减退，如果我们不重视用地养地的话，养分降低速度将更快。通过土壤调查深深感到，土壤这个最大的生态系统，一旦遭到破坏，作为农业生产基础的土壤肥力，一旦遭到削弱，就会导致生态性的灾难，瘠薄化、沙化、碱化和黏化等，必然导致农业生产量的下降。

四、土壤耕层浅、犁底层厚问题

通过土壤普查的剖面观察发现，肇东市耕地土壤普遍存在耕层浅、犁底层厚现象。对 1 255个剖面登记表统计结果表明，耕层在 10cm 以下占 9.7%，10 ~ 15cm 占 66.8%，大于 20cm 的占 23.5%，平均厚度仅有 16cm。犁底层在 3 ~ 5cm 占 47.3%，6 ~ 8cm 的占 39.4%，大于 10cm 的占 13.7%，平均厚度 8cm，最厚 10cm 以上。由于耕层浅，犁底层厚，给土壤造成很多不良性状，严重影响农业生产。

耕层薄、犁底层厚是人为长期不合理的生产活动所形成的，两者是息息相关的。通过调查，我市造成耕层浅、犁底层厚的主要原因是：为了适应干旱，采取保墒和引墒耕作，进行浅耕翻地，达不到深度要求，只在 15cm 左右，采取重耙耙地和压大石头磙子等措施，而使土壤压紧，形成了薄的耕作层和厚的犁底层。另外，西部地区因黑土层薄（10 ~ 15cm）当地群众怕把黄土翻上来而减产，不敢深耕，所以，多年习惯浅翻，使耕层始终保持相近深度水平上，下层土经常受犁底的压力，久而久之而形成坚硬的犁底层；翻、耙、耢、压不能连续作业，机车进地次数多，对土壤压实形成坚硬层次，部分土壤质地黏重、板结、土壤颗粒小，互相吸引力大，有的地块虽然进行了浅翻深松，但时间不长，由于降雨，土壤黏粒不断沉积又恢复原状。这也是形成耕层薄、犁底层厚的一个主要原因。耕作土壤构造大都有耕层、犁底层等层次，良好的耕作土壤要有一个深厚的耕作层（20cm）即可满足作物生长发育的需要。犁底层是耕作土壤必不可免的一个层次，如在一定的深度下（20cm 以下）形成很薄的犁底层，既不影响根系下扎，还能起托水托肥作用，这种犁底层不但不是障碍层次，而对作物生长发育还能起到有一定意义的作用。而我市大多数不是这种情况，大都是耕层薄、犁底层厚，有害而无利。耕层薄，犁底层厚主要有以下几点害处（表3－8）。

表3－8　耕层、犁底层物理性状测定平均结果表　（单位：g/cm^3、%）

层次	总孔隙度	毛管孔隙度	非毛管孔隙度	田间持水量	容重
耕层	51.6	44.7	6.3	35.7	1.18
犁底层	64.9	41	5.9	31.9	1.31

（一）通气透水性差

犁底层的容重大于耕层的容重，而孔隙度低于耕层的孔隙度。犁底层的总孔隙度、通气孔隙、毛管孔隙均低于耕层，另外犁底层质地黏重，片状结构，遇水膨胀很大，使总孔隙度变小，而在孔隙中几乎完全是毛管孔隙，形成了隔水层，影响通气透水，使耕作层与心土层之间的物质转移、交换和能量的传递受阻。由于通气透水性差，使微生物的活动减弱，影响有效养分的释放。

（二）易旱易涝

由于犁底层水分物理性质不好，在耕层下面形成一个隔水的不透水层，雨水多时渗到犁底层便不能下渗，而在犁底层上含着。一方面，既影响蓄墒，又易引起表涝，在岗地容易形成表径流而冲走养分；另一方面，久旱不雨，耕层里的水分很快就蒸发掉，而底墒由于犁底层容易造成表涝和表旱，并且因上下水气不能交换而减产。

（三）影响根系发育

一是耕层浅，作物不能充分吸收水分和养分；二是犁底层厚而硬，作物根系不能深扎，只能在浅的犁底层上盘结，不但不能充分吸收土壤的养分和水分，而且容易倒伏。使作物吃不饱，喝不足（详见专题调查报告）。

第二节　肇东市土壤改良的主要途径

肇东市土地资源丰富，土壤类型较多，生产潜力很大，对农、林、牧、副、渔各业的全面发展极为有利。但是，由于自然条件和人为等因素的影响，有些地方土壤利用不太合理，上面我们已经提到了全市土壤存在的一些问题，这些都是问题的主要方面。但目前多数土壤还存在着许多不被人们所重视的程度不同的限制因素，因此，我们要尽快采取有效措施，全面规划、改良、培肥土壤，为加速实现农业现代化打下良好的土壤基础。下面将土壤改良的主要途径分述如下。

一、大力植树造林建立优良的农田生态环境

植树造林乍听起来似乎与改良土壤关系不大，其实不然，人类开始农事活动的历史经验证明，森林是农业的保姆，林茂才能粮丰，是优良农田生态环境的集中表现形式。目前，肇东市的森林覆盖率和农田防护林的覆盖率很低，只有4.3%，基础太差，风灾年年发生，因

此，造林必须有个长足的大发展。为了驯服风沙、保持水土、为了涵养水源，调节气候，为生物排水（降低地下水位），解放秸秆，都必须造林。要造农田防护林、水土保持林、生物排水林、水源涵养林、堤防渠道林、薪炭林等抗灾、保收、增产多种作用的森林。要林网化，绿化三田、四傍，同时，搞好育苗，各乡镇都要拿出一定数量的土地作为育苗基地。本着我市的实际情况，在大力发展植树造林的基础上，结合筑路、治水建设三田工程，造林要紧紧跟上。在三五年内全市森林覆盖率要达到10%以上，农田防护林覆盖率达到5%以上，这样就会使全市林业发生很大变化，农田生态就会大改善，随之而来的将会出现一幅林茂粮丰的大好景象。

二、改革耕作制度实行抗旱耕法

肇东市地处松嫩平原西部，春季雨量少、风多、风大、蒸发强烈，土壤是“十春九旱”这是我市农业生产上的主要限制因素之一。而耕作又是对土壤水分影响最为频繁的措施。合理耕作会增加土壤的保水性，不合理的耕作能造成土壤水分大量散失，加剧土壤的干旱程度。因此，要紧紧围绕抗旱这个中心，实行以抗旱为主兼顾其他的耕作制度。

（一）翻、耙、松相结合整地

翻、耙、松相结合整地，有减少土壤风蚀，增强土壤蓄水保墒能力，提高地温，一次播种保全苗等作用。

翻地最好是伏翻，无条件的也可以进行秋翻，争取春季不翻土或少翻土。伏翻可接纳伏（秋）雨水，蓄在土壤里，有利蓄水保墒。春季必须翻整的地块，要安排在低洼保墒条件较好的地块，早春顶棱浅翻或顶浆起垅，再者抓住雨后抢翻，随翻随耙，随播随压，连续作业。

耙茬整地是抗旱耕作的一种好形式，我们要积极应用这一整地措施，耙茬整地不直接把表土翻开，有利保墒，又适于机械播种。

深松是整地的一项重要措施，能起到加深土壤耕作层，打破犁底层，疏松土壤，提高地温，增加土壤蓄水能力的效果。要想使作物吃饱、喝足、住得舒服，抗旱抗涝，风吹不倒，必须加厚活土层，尽量打破犁底层或加深犁底层的部位。为此，深松是完全必要的，是切实可行的。根据全市推广深松耕法的经验表明，90%以上的深松面积增产，其增产幅度约在20%。深松如果能与旱灌结合起来效果更好。尤其是全市西部破皮黄地区，更应积极应用深松耕法，改变土壤干、瘦、硬和耕层薄、犁底层厚的不良性状。低洼地区特别是含有盐碱的土壤，也应以深松、浅翻为主，降低地下水位，减少耕层盐分。

（二）积极推广应用机械播种

机械播种是抗春旱、保全苗的一项主要措施之一。肇东市地势平坦，土地连片，便于机械作业。根据现有条件，播种机械可采用多行播种机，其优点是封闭式开沟，使种子直接落入湿土中。此外，开沟、播种、施肥（化肥）、覆土、镇压一次完成，防止跑墒。机械播种还有播种适时、缩短播期、株距均匀、小苗生长一致等优点。据试验对比结果，平播谷子比垄上条播增产17%～23%，高粱比垄作增产12%～31%，大豆平播比垄作增产13%～20%，玉米平播后起垄比垄上人工播种增产24.3%。小麦、谷子、高粱、大豆等作物要实行平播平管，玉米等作物应实行平播垄管，便于中耕除草，抗旱保水，提高地温。

（三）因土种植，合理布局

根据肇东市土壤情况，南部沿江地区，应以玉米、水稻为主要种植作物，逐步扩大水稻面积，适当压缩低产作物面积。经济作物主要以芝麻、花生为主；中部地区，要以种植杂粮为主适当扩大大豆、甜菜等经济作物面积；西北部地区，粮食作物应以玉米、高粱为主，经济作物要以甜菜、葵花为主。在保证甜菜5年以上轮作的基础上建立起玉米、杂粮、经济作物轮作制，同时，要把种植绿肥纳入轮作制中；东北部地区，草原面积大，为半农半牧地区，粮食作物应以玉米、高粱为主，经济作物以甜菜、葵花为主，充分发挥草原优势，大力发展畜牧业，以牧养地，以地增产，农牧并举。同时，要极力控制开荒，做好退耕还草工作。靠近草原的边远地块要积极种植绿肥。

三、增加土壤有机质培肥土壤

土壤有机质是作物养料的重要给源，增加土壤有机质是改土肥田，提高土壤肥力的最好途径。不断地向土壤中增加新鲜有机质，能够改善土壤质地，增强土壤通气透水性能，提高地温，促进微生物活动，有利于速效养分的释放，满足作物生长发育的需要。

（一）提高农家肥质量

农家肥是我国的传统肥料，从目前肇东市生产情况看，农家肥是培肥地力、增加土壤有机质的最主要措施。但我市农家肥分布不均，西北部畜牧业发达乡镇有机肥数量大，质量高，而中南部乡镇相对偏少。

（二）种植绿肥

可起到用地养地、改良土壤、增加土壤有机质提高土壤肥力的作用。目前，肇东市耕地的土壤有机质含量低，肥力不高，保水保肥性能低，适耕性差，若不采取新的有效措施，从根本上提高土壤肥力，要继续提高产量是较难的。种植绿肥既可发展养殖业，增加有机肥料，又可直接增加土壤有机质和其他各种养分，是建设高产稳产农田的重要技术措施。据有关资料记载，翻压草木樨后耕层土壤有机质净增14.7g/kg，全氮增加3.1g/kg，全磷增加0.6g/kg，盐分下降0.01%。

绿肥作物是一种高蛋白的优质饲草，种植1hm^2绿肥作物当年可收鲜草15～22t，为养殖业提供了优质的饲草饲料，促进畜牧业的发展。草木樨喂奶牛产奶量可提高1/4～1/3，既节约草料，又增加了有机肥料，根茬还可肥田。因此，要建立一个以草养牧、农牧结合、全面发展的良性循环系统。

肇东市种植绿肥的适宜方式大体是：粮食产区，实行粮草间种或套种。农牧区应实行粮草轮作，每年有计划的拿出一部分耕地清种。全市的闲田隙地、沟边壕沿都应积极提倡种植绿肥。

（三）大力推行秸秆直接还田、造肥还田

秸秆还田是增加土壤有机质，提高土壤肥力的重要手段之一，它对土壤肥力的影响是多方面的，既可为作物提供各种营养，又可改善土壤理化性质。据试验秸秆还田一般可增产10%左右。当前农村烧柴过剩，可用于还田。把肇东市秸秆用作肥料，发挥更大作用，我们应积极发展机械秸秆还田技术，秋后将秸秆粉碎压在土壤里即可。秸秆还田后，最好结合每公顷增施氮肥55kg，磷肥35kg，以调节微生物活动的适宜碳氮比，加速秸秆的分解。目前，秸秆全部还田一时解决不了，秸秆造肥也有一定困难，但我们要把它作为农业基础建设的一项内容，和提高土壤有机质的一项重要措施来抓，为逐步实行秸秆还田创造条件。

四、合理施用化肥

施用化肥是提高粮食产量的一个重要措施。为了真正做到增施化肥，合理使用化肥，提高化肥利用率，增产增收，要做到以下几点。

1. 定适宜的氮磷钾比例，实行氮磷混施

根据近年来我们在全市不同土壤类型区进行氮磷钾比例试验结果证明，南部地区氮磷钾比以2：1：0.6或1.8：1：0.5为宜，中北部氮磷钾比以1.7：1或1.5：1：0.3为宜。

2. 底肥深施，种肥水施

多年试验和生产实践证明，化肥做底肥深施、种肥水施，省工省力，能大大提高肥料利用率，尤其是二铵做底肥、口肥效果更好。据试验，二铵作水肥的增产8%。与有机肥料混合施用效果更好。

五、改良盐碱土

盐碱土是含盐含碱的通称，包括盐土、碱土、盐化及碱化的土壤。我市耕地中的盐碱土主要有：碳酸盐草甸土、盐化草甸土、碱化草甸土等。就是农民所说的“轻碱土”。轻碱土所处地势低洼，地下水位高，土体中含有大量碳酸盐，质地黏重，结构不良，有效养分释放慢，作物前期生育受阻，后期生长旺盛，易贪青晚熟。目前，在肇东市是一种低产土壤。但从一些乡镇多年的生产实践看，只要合理改良利用，改变其不良属性，变不利为有利，轻碱土也会变成高产土壤的。特提出以下改良措施。

（一）增施农肥，种植绿肥

施用各种有机肥料，有抑制盐分上升，降低土壤碱性和肥田、增产的效果。经验证明，每公顷施高温造肥60～80t，可消除土壤碱性和返盐烧苗现象，每公顷施炉灰畜禽粪与堆肥混施60t以上，对于改碱和增产作用也较大。

种植绿肥改良盐碱土，具有肥分高、投资少、见效快的特点。草木樨和田菁等绿肥作物都有改土、肥田、增产的效果。可增加地面覆盖、减轻返盐、疏松土壤、加速洗盐。据有关资料记载，种植草木樨，当年可使耕层（0～20cm）总碱度降低1/8，代换性钠减少1/6。

（二）深松土壤

浅翻深松能打破碱化犁底层，给土壤创造一个深厚疏松的耕层又不打乱土层，切断毛细管，使盐分不易往上返。同时，深松还能增强透水性，使盐分能向下淋洗。深松最好在伏、秋季进行，春季播前松土，必须结合灌水才能充分发挥它的改土作用。

（三）积极采用化学改良方法

据试验每公顷撒施或埯施磷酸三钠渣子750～1 500kg，脱盐消碱效果好，而公顷施6～8t，改土、增产作用更大。施用糖厂淤泥改良盐碱土效果也很好，每公顷埯施淤泥350kg或结合畜禽粪深松施2.5t，改土和增产效果显著，淤泥还可与腐殖酸结合施用。

（四）搞好水利工程设施，采用灌溉排水改良轻碱土

灌溉不仅能抗旱保苗，还能洗盐脱盐，特别是井灌，能降低地下水位，控制盐分上返。但要注意掌握灌溉的时间和灌水量，过早灌溉会严重降低土壤温度影响幼苗生长。玉米、高粱和谷子在拔节期，甜菜在十叶期灌溉较为适宜。灌水量过低（每公顷120t）将造成返盐

减产，灌水量应以每公顷400t以上为宜。在地势低洼，排水不畅地块，必须建设排水系统，采取深挖排水沟，沟内再挖渗水坑的办法排出内涝，防止盐分上升到地表聚积。沿江乡镇要积极扩大水稻面积，种稻洗盐。

（五）种植耐盐碱作物

旱田要种植较耐盐碱的玉米、小麦、谷子等作物，有计划地扩大葵花籽、亚麻等经济作物，大豆要少种或不种，如种时要选择早熟品种，躲过返盐期。沿江要适当扩大水稻面积。

第三节　土壤改良利用分区的原则与分区方案

土壤改良利用分区是从区域性角度出发，对肇东市较复杂的土壤组合及其自然生态条件的分区划片。指出各区的土壤组合特点，生产问题，主改方向及改良利用的措施等，因地制宜地利用土壤资源，按自然规律和经济规律，全面规划，综合治理，为农林牧副渔业的合理布局提供科学的依据。

一、土壤改良利用分区的原则与依据

肇东市的土壤改良利用分区，主要依据土壤组合及其他自然条件的综合性分区，是在充分分析土壤普查各项成果的基础上，根据土壤组合、肥力属性及其与自然条件、农业经济的自然条件、农业经济自然条件的内在联系，综合编制而成的。

（一）以自然条件为基础

坚持自然条件与社会经济条件综合考虑，在自然条件中，以土壤条件为主，坚持土壤、地貌、气候和水文地质等条件综合分析。

（二）从综合治理出发

充分分析当地土壤和与土壤有关的农业生产问题，找出存在问题的原因，提出治理的途径。

（三）改良与利用紧密结合

在利用中加以改良，改良为利用，使用地与养地结合，建设高产稳产土壤。

（四）确定土壤改良利用方向和措施

坚持远近结合，以近为主，切合实际，服务当前。根据以上原则，肇东市土壤改良利用分区分两级，第一级为区，区下分亚区。区级划分依据，主要是根据同一自然景观单元内土壤的近似性和土壤改良利用方向的一致性。亚区划分主要是在同一区内根据土壤的组合、肥力状况及改良利用措施的一致性，并结合小地形、水分状况等特点划分土壤改良利用分区的命名。

（五）分区的命名

分区的命名是以该区主要土类为主辅以分区的地理位置而命名。例如，中部黑钙土、黑土区，其主要土壤类型是黑钙土和黑土，在肇东市中部地区。

亚区的命名是以主要土类亚类为主，辅以该亚区的地理位置而命名。而亚区的地理位置有两种命名法，一是以自然地理位置而命名，如岗头、沿江、中部、西北部等；二是以乡镇的名称而命名，如尚家草甸土亚区等。

二、土壤改良利用分区方案

根据上述土壤改良利用分区原则与依据，肇东市共划 5 个土区，12 个亚区，方案如表 3－9。

表 3－9　西北部碳酸盐黑钙土区

分区项目	西北部碳酸盐黑钙土区			
亚区	合计	安民亚区	洪河亚区	向阳亚区
分区面积（hm^2）	101 264.4	34 239.6	42 445.3	24 579.5
占总面积（%）	24.1	8.1	10.2	5.8

（一）西北部碳酸盐黑钙土区

（1）主要土壤类型。主要是碳酸盐黑钙土亚类，碳酸盐草甸黑钙土也有一定面积分布。

（2）主要生产问题。该区为平原岗地，气候干旱，风多少雨，春旱和风蚀严重，黑土层薄，耕层浅，犁底层厚，土壤含石灰多，地势低平地区有轻度盐渍化，不易保苗。

（3）发展方向。发展农业，生产粮、糖、油料。

（4）改良利用途径及主要措施。

① 大搞农田水利建设，积极发展井灌，蓄水抗旱，普及坐水种，彻底解决春旱问题。

② 增施农肥，种植绿肥，提高土壤有机质含量，增施磷肥。

③ 实行浅翻深松，加深耕作层，打破犁底层。

④ 营造农田防护林，风蚀严重地段，应加宽林带宽度。

（二）中部黑钙土、黑土区

（1）主要土壤类型。主要是黑钙土、碳酸盐黑钙土亚类。黑土亚类和碳酸盐草甸黑钙土亚类有一定面积分布（表 3－10）。

表 3－10　中部黑钙土、黑土区

分区	中部黑钙土、黑土区			
	合计	太平亚区	德昌亚区	岗头亚区
面积（hm^2）	113 667	42 869.9	45 462.5	45 334.6
占总（%）	27.1	10.2	6.1	10.8

（2）主要生产问题。该区多为坡岗地，地下水位低，春风大而次数多，春旱严重，水土流失（风蚀和水蚀）严重。黑土层薄、肥力不高的面积较大。

（3）发展方向。以粮豆生产为主，同时，发展糖料、油料生产。

（4）改良利用途径及主要措施。

① 结合农田基本建设，搞好水土保持，减少水土流失，营造农田防护林和水土保持林。

② 修渠打井，蓄水扩大水源，发展井灌与提水灌溉，扩大水浇地和坐水种面积。

③ 增施农肥，提高土壤有机质含量，积极推广秸秆还田，种植绿肥，农肥、化肥混施的施肥方法。

④ 加强耕作，改良土壤。结合施肥，采取松翻耙结合的耕作制度，疏松土壤，打破犁底层。

（三）中北部草甸土区

（1）主要土壤类型。主要是碳酸盐草甸土亚类。盐化草甸土亚类、碱化草甸土亚类、潜育草甸土亚类和盐土、碱土类呈复区分布（表 3－11）。

表 3－11　中北部草甸土区

分区	中部草甸土区			
	合计	宣化亚区	尚家亚区	昌五亚区
面积（hm^2）	131 526.3	74 991.9	42 303.9	14 230.5
占总（%）	31.1	17.6	10.1	3.4

（2）主要生产问题。该区大部分为低平碱甸子，其余为低平耕地，地势低洼，地下水位高，土壤质地黏重，土壤含有大量可溶性盐，碱性大，土壤瘦，用养失调，地力减退，春旱秋涝，耕地有次生盐渍化现象。

（3）发展方向。以发展畜牧业为主，牧农结合，同时，发展糖料、油料生产。

（4）改良利用途径及主要措施。

① 发挥本区天然草场优势，建立以草库伦为中心的高产草原和草场。对一些草质不好已退化的草原实行浅翻轻耙，人工种草进行更新。

② 根据本区特点，建立以黄牛、奶牛、细毛羊和奶山羊为重点的畜牧业生产基地。

③ 在耕地上种植耐碱作物，如甜菜、向日葵等。对一些黑土层薄、碱性大、墒情不好新开荒地应退耕还牧。

④ 修建排水系统，抗旱治碱。

表 3－12　坎下草甸土区

分区	坎下草甸土区		
	合　计	西部草甸土亚区	东部草甸土亚区
面积（hm^2）	131 526.3	15 584.8	37 482.9
占总面积（%）	31.1	3.7	8.9

（四）坎下草甸土区

（1）主要土壤类型。主要是平地草甸土亚类、碳酸盐草甸土亚类、泛滥地草甸土亚类、潜育草甸土亚类。黑土和沙土有一定面积分布。

（2）主要生产问题。该区地势低平，土质黏重，排水困难，有严重的内涝危害，春天化冻晚，土黏冷浆不发小苗，耕作较差。土壤潜在肥力较高，但有效性差。

（3）发展方向。以粮食生产为主，同时，发展油料生产。

（4）改良利用途径及主要措施。

① 水、田、林、路全面规划，重点搞好排灌水渠系的建设，低洼易涝地要改种水稻，扩大水稻面积。

② 加强耕作，松、翻、耙相结合，提高地温，疏松土壤，打破犁底层。

③ 增肥改土，改善土壤水、肥、气、热四性，增强土壤潜在肥力的有效性。

表 3－13　松花江泛滥土区

分　区	分区松花江泛滥土区
合　计	松花江泛滥土区
面积（hm^2）	21 208.3
占总面积（%）	5.1

（五）松花江泛滥土区

（1）主要土壤类型。主要是泛滥土类、草甸黑土亚类，沙土有零星分布。

（2）主要生产问题。该区地势低洼，历年洪水泛滥，泥沙淤积，有机质含量低，乱开乱垦严重，易造成沙化。

（3）发展主向。农、林、牧结合，促进生态平衡。

（4）改良利用途径及主要措施。

① 修筑防洪堤坝，防止洪水泛滥。

② 营造防风林、固沙林、种草固沙，防止破坏植被造成沙化。

③ 对已开垦为耕地的泛滥土应增施有机肥料和河泥、草炭，以提高有机质含量。

第四节　土壤改良利用分区概述

根据以上土壤改良利用分区方案，全市共划 5 个区，下分 12 个亚区。5 区是：西北部碳酸盐黑钙土区；中部黑钙土、黑土区；中北部草甸土区；坎下草甸土区；松花江泛滥土区。现分述如下。

一、西北部碳酸盐黑钙土区

本区位于肇东市西北部，主要分布在安民、明久、跃进、昌五、向阳等乡镇，洪河乡全部，宋站、宣化、尚家等乡镇地区。全区面积为 81 117.7hm^2，占总面积的 24.1%。该区属于平原岗地，地势大平小不平，坡降平缓，海拔最高为 230m，最低 143m。年平均气温 3°，无霜期 125～130 天，年平均降水量 400mm 左右。地下水顶板埋藏深度在 80～100m，成井困难，水利资源贫乏。本区主要种植作物有：玉米、谷子、向日葵等。

（1）本区主要土壤类型。多为碳酸盐黑钙土，碳酸盐草甸黑钙土有小面积分布，其土壤组成较简单。该区自然条件较差，土壤瘠薄，有机质平均含量 30.1g/kg、全氮 1.78g/kg、速效钾 240mg/kg、速效磷 26mg/kg、碱解氮 130mg/kg，土壤容重 1.21g/cm^3。

（2）本区农业生产中的主要土壤问题。地势多为平原岗地，气候干旱，地下水埋藏深；多风少雨，春旱和风蚀严重；黑土层薄，有“西北大片破皮黄土”之称；犁底层厚，土壤含石灰多；低势低平地区有轻度盐渍化，不易保苗。

（3）该区农业生产的主要特点是。

① 甜菜单产高，面积大，是本区的主要经济作物。

② 油料生产以葵花为主。

③ 农业机械化水平较高，特别是机械播种，洪河、安民都达60%以上。

（4）本区土壤改良利用的主要途径。加速机电井建设，以井灌为中心，建设一批高产稳产农田。大搞田间工程配套，提高单井效益，以乡镇为单位，连片打高质量新井和老井统一布局，逐步实现农田水利化，一块一块地治理低产田，建设高产田。

大力发展农家肥，种植绿肥，培肥地力，提高土壤有机质含量，同时，要增施磷肥。

加强耕作，实行浅翻深松耕法，疏松土壤，加深耕层，打破犁底层。

积极营造农田防护林，风蚀严重地段要加宽林带宽度，以减轻风灾对土壤剥蚀。

调整粮食作物品种，发挥耕作措施作用，适当调减玉米面积，扩大高粱面积。向日葵等经济作物面积要相应增加。

发挥以养殖业、种植业为主的多种经营。大力发展农业机械化。

根据本区土壤条件和生产问题又分为3个土壤亚区。

（一）安民碳酸盐黑钙土亚区

该区面积为27 263.6hm²，占总土壤面积的8.1%，包括宋站、宣化部分地区，安民和明久，地势平坦。

（1）主要土壤问题。黑土层薄，有机质含量低，平均为2.8%左右，土壤含石灰多，板结，大部地块有坚硬犁底层，影响作物根系发育。春旱风蚀严重，地下水贫乏。土壤类型多为碳酸盐黑钙土，有小面积碳酸盐草甸黑钙土。

（2）主要改良途径。

① 增施农肥，种植绿肥，千方百计提高土壤有机质含量，同时，适当增施磷肥。

② 抓好农田水利建设，以打井为中心，搞好水利工程配套，发展井灌。蓄水抗旱，普及坐水种，彻底解决春旱问题。

③ 改革耕作制度，翻耙松结合。加深耕作层，打破犁底层，给作物创造一个良好的土壤条件。主要分布在肇东镇、尚家镇、姜家镇、昌五镇、宋站镇、宣化乡、安民乡、名久乡这些乡镇。其中，尚家镇面积最大，占五级地总面积的31.2%，其次为宣化乡，占五级地总面积的29.3%。土壤类型主要为黑钙土、草甸土、沼泽土，其中，草甸土面积最大，14 749.6hm²，占总面积的54.1%，其次为黑钙土面积为12 489.5hm²，占总面积45.81%。

④ 营造农田防护林，增加防风措施，合理规划，节约用地。

（二）洪河碳酸盐黑钙土亚区

面积为34 332hm²，占总面积的10.2%，主要分布在昌五、跃进及洪河。该亚区地势较高，多为平岗地。土壤类型以碳酸盐黑钙土为主，有小面积是碳酸盐草甸黑钙土。

（1）土壤存在的主要问题。黑土层薄，一般在10～12cm，有效养分含量低，地下水埋藏深，春旱、风蚀严重。

（2）本亚区主要改良措施。改良耕作制度，实行浅翻深松、加深耕作层，打破犁底层，增施有机肥，合理配备化肥，提高土壤有机质和速效养分含量，加强水利工程建设，机电井配套，重点解决春旱问题，营造农田防护林，增强防风措施。

（三）向阳碳酸盐黑钙土亚区

面积为20 102.1hm²，占总土壤面积的5.8%，主要包括向阳（除巨胜、宏业），尚家的福山、红光等村。本亚区为平岗地，土壤类型以碳酸盐黑钙土为主，并有小面积碳酸盐草甸黑钙土零星分布。本区土壤黑土层较一亚区、二亚区稍厚一些，其他问题相差不多，但地势低平地块较多，有轻度盐渍化现象，曹家岗一带坡度较陡，水土流失严重，加之用养失调，土壤肥力明显下降。所以，在改良土壤途径上应增肥、保水、固土、防旱、改良轻碱地，在措施上增施农肥，种植绿肥，营造农田防护林，发展井灌，要翻耙松结合，改良土壤耕性。作物种植比例应以玉米、谷子为主，适当种植一些经济作物。

二、中部黑钙土、黑土区

本区位于肇东市中部，呈长方形地带，海拔140m左右。地势特点是西高东低，北高南低，坡降平缓。包括太平、肇东镇、德昌、姜家、四站、五站、西八里大部，黎明、里木店、五里明。面积为91 215.3hm^2，占总土壤面积的27.1%。本区热量、降水处于全市中间状态。年平均气温3.1°，无霜期136天左右，年平均降水量435mm。由于二级渠道渗漏，本区一些地域的田间持水量较高。适宜各种作物生长发育。

（1）本区的主要土壤类型。普通黑钙土、黑土，碳酸盐草甸黑钙土也有零星分布，土壤组成较简单。该区土壤较肥沃，熟化度较高，物理性质较好，土壤有机质含量平均在30.7g/kg，全氮1.86g/kg，速效磷35mg/kg、速效钾255mg/kg、碱解氮120mg/kg，土壤容重1.17g/cm^{3}左右，适宜发展农业，是肇东市的主要粮食产区之一。该区发展方向，应以粮豆生产为主，同时，发展糖、油料生产。

（2）本区农业生产中主要土壤问题。地势多为坡岗地，水土流失（风蚀及水蚀）严重，有较大面积土壤黑土层不厚，土壤肥力为中等，长期耕作，出现障碍的犁底层，影响作物根系正常生长，地下水位低，春风大而次数多，春旱严重。

（3）改良利用途径及主要措施。应以保持水土和改良土壤并重。即结合农田基本建设，营造农田防护林和水土保持林，搞好水土保持，减少水土流失。修渠打井，蓄水抗旱，扩大水源，发展井灌与提水灌溉，扩大水浇地和坐水种面积。增施农肥，提高土壤有机质含量，营造薪炭林，把秸秆替换下来用作还田。积极种植绿肥，采用农肥、化肥混施的方法。改革耕作制度，采取翻松耙结合的耕作法，疏松土壤，改良土壤耕性，加强耕层，打破犁底层。作物种植以玉米、谷子、小麦为主，适当种植一些经济作物。

根据生产问题及改良利用方向措施，将该区划分为3个亚区。

（一）太平碳酸盐黑钙土亚区

面积为34 331.9hm^2，占总土壤面积的10.2%，包括姜家、里木店、黎明的部分村，太平、先进。该区主要分布在上岗的下部，土壤为碳酸盐黑钙土。

（1）本区的主要特点。春旱严重，黑土层薄，土壤肥力不高的面积较大，个别地区土壤潜在肥力大，但有效性低，氮磷比例失调，大部分村缺乏水利工程措施，仅先进的水灌条件较好。

（2）本亚区改良途径。应加强农田基本建设，用地养地结合，防旱防风，培肥地力。在措施上合理耕作，增施农肥，间种绿肥，巧施化肥，营造农田防护林，打井灌溉发展旱灌区。

（二）德昌碳酸盐黑钙土亚区

面积为20 531.8hm^2，占总土壤面积的6.1%，包括德昌、五里明、西八里3个乡镇平岗地上的部分村。其他内容同一亚区。

（三）岗头黑钙土、黑土亚区

面积为36 351.5hm²，占总土壤面积的10.8%，包括五里明、黎明、四站、五站等乡镇岗上的部分村。

本区处于一级、二级阶地交错的岗上，土壤类型为普通黑钙土和黑土，是肇东市的主要产粮区。但由于坡度陡，水土流失严重，加之用养失调，土壤肥力明显下降。所以，在改良途径上应是培肥、保水固土、防旱。在措施上增施农肥，间种绿肥，营造农田防护林和水保林，修筑地中埂，提倡大垄栽培，发展井灌与提水灌溉。

三、中北部草甸土区

本区位于肇东市中北部，大部分为低平碱甸子，其余为低平耕地。面积为104 678.8hm²，占总土壤面积的31.1%。

（1）该区主要土壤类型。为碳酸盐草甸土、盐化草甸土、碱化草甸土、潜育草甸及盐土、碱土呈复区分布，都是碱性的。

（2）主要土壤问题。地势低洼，排水不良，汇集地表各种径流，地下水位高，土壤季节性过施，质地黏重、冷浆、耕性差，土壤中含有大量可溶性盐，碱性大，对作物生长有抑制作用，土壤潜在肥力较高，但有效性差，加之用养失调，肥力明显减退，作物生育后期徒长、晚熟受霜害，春旱秋涝，耕地中有次生盐渍化。

（3）改良利用途径。增肥改土，排灌治碱，洗盐，浅翻深松，种植绿肥，培肥育草，建设高产稳产草原和草场。在治理措施上要发挥本区天然草场优势，建立以草库伦为中心的高产稳产草原和草场，对一些草质不好的已退化的草原实行浅翻轻耙，人工种草更新草原，据本区特点，建立以黄牛、奶牛、细毛羊和奶山羊为重点的畜牧业生产基地。耕地以种植粮食作物为主，小麦间种绿肥及有计划的种植一定比例的适合在轻碱性土壤上生长的向日葵等经济作物。对一些黑土层薄、碱性大、墒情不好的新开荒地，应退耕还牧。在水利建设上，应积极发展井灌，开挖池塘、水坑、井坑结合，蓄水抗旱，普及坐水种，北部宣化二村一带的涝碱灾害应同时治理。在灌溉布局和方法上，从长远观点出发，以省水为原则，发展喷灌、滴灌和浸润灌溉是非常必要的。

根据土壤条件、生产问题、自然优势及地理位置，将该区划分3个亚区。

（一）宣化草甸土亚区

面积为59 239.5hm²，占总土壤面积的17.6%，包括宣化、宋站等乡镇的部分村。

该区大部分村为低平原碱甸子，其余为低平耕地，面积很小。土壤类型为碳酸盐草甸土、盐化草甸土、潜育草甸土和盐土、碱土呈复区分布。碱性大，土壤瘦，粮食作物产量低，适宜发展牧业，牧农结合。在改良途径上应培肥改土，排涝治碱，培肥育草，大力建设高产草田和草场。在措施上建立灌排水系统，抗旱治碱，对碱性重、土壤瘠薄的耕地应退耕还牧。

（二）尚家草甸土亚区

该区面积为33 995.4hm²，占总土壤面积的10.1%，包括尚家、海城等乡镇的部分村。其他内容与一亚区同。

(三) 昌五草甸土亚区

该区面积为 11 444.0hm^2，占总土壤面积的 3.4%。包括昌五、向阳、德昌等乡镇的大部分村。其他内容与一亚区同。

四、坎下草甸土区

本区位于松花江北岸，上岗南部，松花江阶地上。主要分布在涝洲、西八里、四站等乡镇的部分村，全区面积为 42 410.0hm^2，占总土壤面积的 12.6%。该区属松花江阶地及河谷低地，地势低平，气候温暖，年平均气温 3.2°，无霜期 140 多天，年降水量 448mm，略高于其他地区，在全市有小气候之称。

(1) 该区主要土壤类型。平地草甸土亚类、碳酸盐草甸土亚类、泛滥地草甸土亚类。黑土和沙土类也有一定面积分布。该区土壤较为肥沃，熟化度较高，土壤有机质含量平均在 32g/kg、全氮 1.62g/kg、速效磷 22.9mg/kg、速效钾 322mg/kg、碱解氮 113.7mg/kg，土壤容重 1.20g/cm^3 左右。适宜发展农业。发展方向应，以粮食生产为主，同时，发展水稻生产。

(2) 本区农业生产中的主要土壤问题。地势低平，土质黏重，排水困难，有严重的内涝危害。春天化冻晚，土黏冷浆，不发小苗，耕性较差，土壤潜在肥力高，但有效性差。改

(3) 良利用途径及措施。水、田、林、路全面规划，重点搞好排灌渠系的建设，低洼易涝地要该种水稻，扩大水稻面积。改革耕作制度，翻松耙结合，提高地温，疏松土壤，打破犁底层，增肥改土，改善土壤水、肥、气、热四性，充分发挥土壤的潜在肥力，提高土壤养分的有效性。

根据本地区的土壤条件和生产问题又分为 2 个土壤亚区。

(一) 坎下西部草甸土亚区

面积为 19185.5hm^2，占总土壤面积的 5.7%，包括西八里、四站、德昌等乡镇坎下部分村的低平地。

(1) 土壤类型。以平地草甸土为主，并有碳酸盐草甸土、泛滥地草甸土等零星分布，土壤水分充足，土质黏重，低温冷凉，主要种植玉米、大豆等作物。

(2) 本亚区的主要生产问题。地下水位高，土壤冷浆，潜在肥力大，但有效性低，耕作较差，氮磷比例失调，缺乏水利工程措施，局部地块易涝。

(3) 主要改良措施。加强农田基本建设，增修排水渠道，降低地下水位，提高地温，发挥潜在肥力，增施有机肥料和磷肥，促进氮磷钾比例均衡、协调，对局部低洼地块掺沙或施用炉灰等改土。

(二) 坎下东部草甸土亚区

面积为 29 956.3hm^2，占总面积的 8.9%，主要分布在涝洲、东发等乡镇坎下的低平地上。

(1) 土壤类型。以平地草甸土为主，泛滥地草甸土、潜育草甸土、黑土、沙土有小面积分布。

(2) 本亚区的特点。地势低洼，汇集地表各种径流，地下水位高，土壤季节性过湿，易受河水泛滥影响。

(3) 生产中的主要问题。土壤显得湿黏冷，耕性差，潜在肥力大，有效性差。

（4）主要改良措施。应修水利工程，建立排灌系统，降低地下水位，防洪治湿，掺沙治黏，增施热性肥料，高台垅作治冷，改革耕作制度，加强耕作，提高地温，疏松土壤。水源充足地方要发展水田。

五、松花江泛滥土区

本区位于肇东市最南部，松花江沿岸的洪泛地带，主要分布在沿江乡镇的江套里，全区面积为 17 166. 0hm^2，占总土壤面积的 5. 1%。

（1）该区属于河套地类型。地势低洼，气候温暖，年平均气温 3. 2°，无霜期 140 天，年降雨量 450mm 以上。

（2）本区主要土壤类型。以泛滥土类为主，黑土、沙土有小面积零星分布。土壤肥力低，熟化度差，质地轻，有机质含量平均 26. 3g/kg、全氮 1. 49g/kg、速效磷 30. 9mg/kg、速效钾 218. 7mg/kg，碱解氮 108. 6mg/kg、土壤容重 1. 12g/cm^3。该区发展方向，以农林牧结合，促进生态平衡。

（3）本区的特点。地势低平，雨量充沛，气候温暖，湿润，江河水系纵横，泡塘遍布。水源充足，地下水位高，土壤质地轻，透性强，易受河水泛滥影响。

（4）主要生产问题。土壤属幼年土壤，质地轻，含沙量大，漏水漏肥；土壤瘠薄，有机质含量低；盲目乱开乱垦，易造成沙化；地下水位高，土壤季节或长期过湿，熟化度差，洪水泛滥，泥沙覆盖，生产没保证，生态遭到破坏。

（5）本区改良利用措施。修筑防洪堤坝，防止洪水泛滥，营造防风林、护堤林、固沙林等，种植牧草，增加地表覆盖固沙，严禁破坏植被造成沙化；对已垦的耕地增施河泥、草炭，提高土壤有机质含量；挖排水沟、顺水壕，降低地下水位，提高地温，促进水、肥、气、热四性协调；充分利用自然水面，发展渔业生产；抚育现已破坏的草原、荒地，发展牧业生产。

第五节　耕层薄犁底层厚问题的调查

通过这次土壤普查，我们对 354 个土壤剖面坑的层次详细观察，发现肇东市耕地土壤普遍存在耕层薄、犁底层厚的问题。调查表明，耕层在 10cm 以下的占 9. 7%，15 ~ 25cm 占 66. 8%，大于 20cm 的占 23. 5%，平均厚度仅有 16cm。犁底层在 3 ~ 5cm 的占 47. 3%，6 ~ 8cm 的占 39. 4%，大于 10cm 的占 13. 7%，平均厚度 8cm，最厚的达 10cm 以上。由于耕层薄、犁底层厚，给土壤造成很多不良性状，严重影响农业生产。随着近几年大兴农机具深松面积加大，这一问题得到了极大改善。

一、造成耕层薄、犁底层厚的主要原因

耕层薄、犁底层厚是人为长期不合理的生产活动形成的，两者是息息相关的。通过调查，肇东市造成耕层薄、犁底层厚的主要原因如下。

（一）整地质量低标准

由于适应干旱，为了保墒和引墒而进行浅耕，翻地达不到深度要求，只在 15cm 左右。

采取重耙耢地和压大石头磙子等措施，使土壤压紧、压实，这样易形成薄的耕作层和厚的犁底层。

（二）耕层浅薄

肇东市西部地区因土壤黑土层薄（10～15cm），当地群众怕把黄土翻上来而减产，不敢深耕。所以，多年习惯浅翻，使耕层始终保持相近深度水平，上层土经常受犁底的压力，久而久之，便形成厚而坚硬的犁底层和薄的耕作层。

（三）翻、耙、耢、压不能连续作业

机车进地次数多，把土壤压实，形成坚硬层次，部分土壤质地黏重、板结、土壤颗粒小，互相吸引力大，有的地块虽然进行了浅翻深松，但时间不长，由于降雨，土壤黏粒不断沉积，又恢复原状。

另外，由于肇东市春风多且强，也是造成耕层薄的一个主要原因。

二、耕层薄、犁底层厚的危害

耕作土壤构造大都有耕层、犁底层等层次。良好的耕作土壤要有一个深厚的耕作层（20cm），即可满足作物生长发育的需要。犁底层是耕作土壤必不可免的一个层次，如在一定的深度下（20cm）以下形成很薄的犁底层，既不影响根系下扎，还能起到托水托肥的作用。这种犁底层不但不是障碍层次，而对作物生长发育还能起到一定意义的作用。而肇东市现在大都不是这种情况，多是耕层薄、犁底层厚，有害而无利。

耕层薄、犁底层厚主要有以下几点害处。

（一）通气透水性差

犁底层的容重大于耕层的容重，而孔隙度低于耕层的孔隙度。犁底层的总孔隙度、通气孔隙、毛管孔隙均低于耕层。另外，犁底层质地黏重，片状结构遇水膨胀很大，使总孔隙度变小，而在孔隙中完全是毛孔隙，形成隔水层。影响通气透水，使耕作层与心土层之间的物质转移、交换和能量的传递受阻。由于通气透水性差，使微生物的活动减弱，影响有效养分的释放（表3－14）。

表3－14　物理性状测定平均结果

层次	总孔隙度（%）	毛管孔隙度（%）	非毛管孔隙度（%）	田间持水量（%）	容重（g/cm^3）
耕层	51.6	44.7	6.3	35.7	1.18
犁底层	46.9	41.0	5.9	31.9	1.31

（二）易旱易涝

由于犁底层水分物理性质不好，一方面，在耕层下面形成一个隔水的不透水层，雨水多时渗到犁底层便不能下渗而在犁底层含着，这样既影响蓄墒，又易引起表涝，在岗地容易形成地表径流而冲走养分；另一方面，久旱不雨，耕层里的水分很快就蒸发掉，而底墒由于犁底层之隔而引不出来，造成土壤表层干旱。因此，犁底层厚易造成表涝和表旱，且因上下水气不能交换而减产。

（三）影响根系的正常发育

一是耕层薄，作物不能充分吸收水分和养分；二是犁底层厚而硬，作物根系不能深扎，只能在浅的犁底层上盘结，不但不能充分吸收土壤的养分和水分，而且易倒伏，使作物吃不饱、喝不足，住得不舒服。

三、加深耕作层、打破犁底层

（一）建立以深松为主，翻松耙结合的耕作制度

由于土壤阻力大，现有机具又达不到逐年加深耕层的要求，因此，要靠翻地加深耕层有一定困难。必须大力提倡少翻深松、浅翻深松，才能加深耕作层、打破犁底层，还能保持原来的土层，不能把底土翻上来。尤其是西部地区更要大力提倡这种整地方法。坚持每年深松2~3次，采用不同部位轮换深松（垄台、垄沟、垄帮）3年翻1次，翻耙压连续作业，减少机车进地次数。

（二）集中深施优质农肥

结合深松集中深施底肥，2~3年轮施一遍，这样既可提高肥效，增加土壤有机质含量，又可改变犁底层的片状结构，缓和其理化性状。另外，种植绿肥也可使犁底层的物理性质得到改变，绿肥的大量根系能穿透犁底层，使犁底层土壤疏松，增加孔隙度和通透性。

（三）黏重土壤要施热性肥料

大量施沙，施草炭和一些热性肥料，改变土壤质地，增加土壤通透性，使土壤松软发垣，上松下实的耕层构造，长期保留深松后的状态。

第六节　盐碱土的改良利用意见

盐碱土是含盐含碱土壤的通称，包括盐土、碱土、盐化草甸土及碱化草甸土。肇东市耕地中的盐碱土主要有：碳酸盐草甸土、盐化草甸土和碱化草甸土，就是农民所说的“轻碱土”。

通过土壤普查查出，肇东市的盐碱土分布广泛，面积较大。主要分布在中北部的尚家、宋站、宣化、海城、姜家、德昌等乡镇。南部沿江的东发、西八里、涝洲也有零星分布。据普查计算，全市土壤中呈碱性反应的面积为238 977.5hm^2，占总土壤面积的71%，其中，耕地面积141 367.0hm^2，占总土壤面积的42%。

盐碱土所处地势低洼，地下水位高，土体中含有一定量的碳酸盐类，个别地段地表有碱斑，返盐霜，通体有强烈的盐酸反应，经测定pH值为7.5~8.5，高者达9以上。因而使土壤呈碱性反应，危害程度较大。另外，因为土壤中还含有以小苏打为主的盐碱，这种盐碱除危害作物外，还能恶化土壤性质。所以，造成了土壤质地黏朽，干时硬，湿时泞，冷浆，既怕旱，又怕涝等许多不良性状。尽管养分含量不低，也发挥不出来，产量不高。现将盐碱土的低产原因及改良利用意见简述如下。

一、盐碱土的低产原因

（一）盐分多，危害种子发芽及作物生长发育

肇东市盐碱土中含有多量可溶性的有害盐类，多为碳酸氢钠和碳酸钠，一般含量在0.1%~0.2%，含盐量虽不高，但随季节而变动，春季返盐季节，含盐量在0.1%~

0.14%，对最不耐盐碱的小苗构成严重威胁，常因旱和小雨勾碱而死苗。一般土壤含盐量超过0.1%，种子发芽即受到影响，肇东市春季墒情差，土壤返盐碱严重，不利作物出苗。土壤墒情好时出苗较易，故在墒情差时，坐水种与抗盐有密切关系。

盐分能影响作物正常生长发育，主要表现形式：抑制根系水分的渗透。由于盐分使土壤溶液渗透压增加，影响作物吸水及作物体内水分平衡，造成"生理干旱"；盐分可使作物体内的矿物质失调，由于土壤中有一定的盐类，使作物体内正常的离子平衡遭到破坏，故使某些元素在作物体内过多或过少，造成营养失调，影响作物的正常生长发育；另外，盐分中有毒性的离子，在作物体内过量积累，可引起作物中毒症状。

（二）土壤质地黏重，透水性差

盐碱土所处地势洼，地下水位高（1～3m）土壤长期受地下水及地表水的浸润，土壤黏粒不断沉积，使土壤逐渐变黏。土壤表层容重一般在1.20～1.26g/cm^3，孔隙度为55.6%左右，毛管孔隙度为54.2%左右，非毛管孔隙度占28%左右。另外，盐碱土壤中代换性钠较多（占代换含量的30%以上），土质黏重，分散性大，吸水容易膨胀，结构性差，难于透水。由于通气透水条件不好，春季返浆迟缓、煞浆慢、地温低、冷浆、微生物活动弱，养分分解慢，苗期养分供应不足，小苗发锈不爱长。但到伏雨来之后，地温升高，有效养分分解较多，作物生长趋于正常。农民所说的"不发小苗，发老苗""没前劲，有后劲"，就是这个原因。

（三）对有效养分有固定作用

盐碱土中含有的碳酸盐，对微量元素锌有吸附固定作用，生成难溶于水的碳酸锌。碳酸锌只有在温度升高时，才能慢慢地分解释放。所以，在这些土壤上播种的作物，前期低温时小苗发锈叶色不正常，当温度升高时，叶的颜色才逐渐恢复为深绿色。除此之外，土壤中的碳酸盐和速效磷反应生成难溶于水的磷酸钙，降低了肥效。

（四）不抗旱，不抗涝

肇东市气候干旱，特别是春季降雨少，风大蒸发强烈，耕层水分消耗较多，而下部水又不易向上补充。加之土质黏重，理化性状不良，湿时泞，平时硬，耕作非常费劲，容易起大垡条、坷垃，不保墒、不抗旱、不保苗。另外，由于盐碱土所处地势低平，夏季雨水多时，地下水位较高，土壤透水又差，地面排水及土壤排水均不好，容易造成内涝。

二、盐碱土的改良利用意见

（一）增施粪肥，种植绿肥

施用各种有机肥料，有抑制盐分上升，降低土壤碱性和肥田、增产的效果。经验证明，每公顷施畜禽粪7 500～15 000kg，可消除土壤碱性和返盐烧苗现象；每公顷施腐殖酸或沸石300kg与有机肥配合使用，对改盐和增产作用十分明显。

种植绿肥改良盐碱土，具有肥分高、投资小、见效快的特点。草木樨、豌豆和田菁等绿肥作物都有改土、肥田、增产的效果。种植绿肥可以增加地面覆盖，减轻返盐、疏松土壤，加速洗盐。据有关资料记载，种植草木樨，当年可使耕层（0～20cm）总盐度降低1/8，代换性钠减少1/6。

（二）深松土壤。浅翻深松打破碱化犁底层

给土壤创造一个深厚而疏松的耕层又不乱土层，切断毛管使盐分不易往上返；同时，深松还能增强透水性，使盐分能向下淋洗。松深最好在伏、秋季进行，春季播前深松必须结合灌水才能充分发挥它的改土作用。

（三）积极采用化学改良方法

据试验，每公顷滤施或埯施磷酸三钠或糠醛渣子 750 ~ 1 500kg，脱 盐消碱效果较好。施用糖厂滤泥改良盐碱土效果也很好，每公顷埯施滤泥 750 ~ 1 500kg 或结合深松滤施滤泥 750 ~ 1 500kg，改土和增产效果显著。滤泥还可与腐殖酸肥料结合施用改良盐碱土。

（四）搞好水利工程设施

采用灌溉排水改良盐碱土。灌溉不仅能抗旱保苗，还能洗盐脱盐。特别是井溉，能降低地下水位，控制盐分上返。但是要注意掌握灌溉的时间和灌水量，过早灌溉会严重降低土壤温度影响幼苗生长。玉米、高粱和谷子在拔节期，甜菜在十叶期较宜；灌水量过低（每公顷 120t）将造成返盐减产。灌水量以每公顷 400t 为宜。在地势低洼，排水不畅地块，必须建设排水系统，采取深挖排水沟，沟内再挖渗水坑的办法排除内涝，防止盐分上升到地表聚积。沿江公社要积极扩大水稻面积，种稻洗盐。

（五）种植耐盐碱作物

旱田要种植玉米、小麦、谷子等耐盐碱作物，有计划扩大甜菜、葵花、亚麻等经济作物，大豆要少种或不种，如种时，要选择早熟品种，躲过返盐期。沿江要适当扩大水稻面积。

第三章　黑土退化成因分析

肇东市是黑龙江省黑土分布较集中的县市之一，黑土耕地面积占全市总耕地面积的48.0%。自开垦以来，只有100年的时间。改革开放30多年，由于对土地的过度垦殖和不合理利用，黑土区耕地退化速度十分惊人。出现了土壤侵蚀严重、土地生产力下降、农田污染、自然灾害加剧等生态环境问题。据我们这次调查结果看，肇东市水土流失面积达40 259 hm^2，占土地总面积的17.6%，水土流失又导致了黑土层变薄、耕层变浅和土壤肥力下降等。黑土资源的生态危机严重影响了土地生产力的发挥和提高，制约了当地农业和农村经济的发展，成为限制肇东市农业持续发展的主要因素。因此，通过在肇东市开展耕地地力调查与质量评价工作，探讨黑土退化的原因，找出"病根"，贯彻"在保护中开发，在开发中保护"具有极其重要的现实意义和深远的历史意义。

第一节　农业生态系统失衡是黑土退化的根本原因

土壤、森林、草原、内陆水域是农业生态系统的主要组成部分。耕地既是农业生产的自然物质基础，又是人类为达到一定经济目的而变革的自然场地。人类对自然的这一变革是以提高土壤肥力为中心，提高农作物产量为目标。应根据生态平衡和经济平衡相统一的原则，去实践各项耕作制度对于农田生态系统的影响以及这种影响与农业经济再生产之间的关系。只有协调好这种关系，才能使以黑土为主的诸多资源合理配置，走上可持续发展的道路。

一、过度垦荒导致农田生态系统失衡

肇东市辖区面积4 332km^2。按照国土资源局2012年统计数字，各类土地面积及构成，如表3－15。

表3－15　肇东各类土地面积及构成

序号	土地利用类型	面积（hm^2）	占总面积（%）
1	耕地	271 655.7	62.84
2	园地	292.7	0.07
3	林地	21 847.7	5.05
4	牧草地	60 249.8	13.94
5	居工用地	25 248.4	5.84
6	交通用地	10 544.7	2.44
7	水域	30 768.2	7.12
8	未利用地	11 704.79	2.71
	合计	432 312	

从表 3-15 说明，肇东市耕地面积已占总土地面积的 62.8%，而其他各类用地仅占总土地面积的 37.16%。其中，作为农业生态系统主体的林地和草地仅占 19.0%。按东北地区黑土带农田生态系统合理规划方案要求是不尽合理的。基于这种现状，反馈到黑土利用率高达 94.8%，垦殖率达到 80.7%。又由于宏观调控和微观管理不到位，供给与需求失衡，荒地面积、中低产田面积在扩大，已占耕地面积的 68.24%。在荒地和中低产田中，绝大多数是长满绿草植被开垦后演变而来的。据统计全市耕地面积为 370 828hm^2，从 1903 年开始开垦，其耕地植被演替过程是：顶级群落→次生植被→杂草类群落→荒芜不毛之地。植被演替改变了生态环境状况进而出现了水土流失、土壤退化。土壤退化演替过程主要表现在黑土层的厚度，由厚层黑土到薄层黑土，生产力水平逐渐下降。

二、土壤肥力失衡进一步加剧了黑土退化

（一）热量失衡

热量是农作物生长、发育，即产量形成过程中起重要作用的因子。农田生态系统内，生物群落在一定时间里输入和输出的热（能）量保持平衡状态，是进行农业自然再生产的必要条件。实现热量平衡的手段主要是，必须采用能够扩大作物光照面，延长光照时间耕作法。例如，实行间作，通过不同品种和种类的作物搭配，使农作物在既定的无霜期内，充分地利用日照时间和光照，提高土地生产率。然而，肇东市从 20 世纪 90 年代末粮豆作物面积仍然稳定在 86% 以上，其中，玉米播种面积占农作物播种面积的 68%，大豆面积下降到 10% 左右。为图省工、省事，又多局限于单种玉米、大豆，而不实行间混套作。特别是玉米作物，其生物质的 70% ~90% 被收获时带走。如果没有大量有机肥作补充，黑土农田热量平衡则大大减弱，使有机质失衡。

（二）水分失衡

作物从农田环境中摄取量最多的物质是水分。水的蒸发、凝缩和流动的无限循环，使农田生物群落体得以进行正常的生命活动。其主要途径是大气降水，则通过土壤转化供给植物生存。肇东市以黑土为核心的农田生态系统中水分失衡的主要表现在：一是以玉米、大豆占绝对优势的作物，均属耗水作物。二是以这两种作物为主的耕作制度（翻耕、打垄、灭茬、中耕铲趟），特别是 20 世纪 80 年代以后，由于分田到户，连片的耕地被分割成一条一块，很难实行大型机械翻、松、耙作业，一度出现了大面积的小铧穿，造成土壤板结、通透性不良、保墒保水性能急剧下降。大量降水很难形成“土壤水”。三是耕地裸露时间长，仅靠作物覆盖，而未有一定的农田保水、蓄水工程，加之长达半年之久的冬、春季，农田基本裸露在风吹日晒之下，雨季坡耕地留不住水，从而使土壤水分平衡失去了支撑，向恶性循环发展。

（三）营养失衡

农田系统内的农作物与环境之间的物质交换，必须保持质和量的相对稳定。农作物产量及品质在很大程度上取决于各种营养元素的供给。农作物所需营养元素，一部分须从水、空气和土壤的原有肥力中攫取，但主要还是通过有目的性的各种农田施肥制度来不断补充。如实行耕地休闲制，恢复地力；种植豆科绿肥作物、进行生物固氮，对保持氮素的供给起到重要作用。据国外估计，全世界每年的生物固氮量相当于人工合成工业氮的 4 倍。据测定，紫花苜蓿的固氮量可达每公顷 200kg，花生和大豆的固氮量为每公顷 50kg 左右；农家肥与化肥

相结合的施肥法，能够使土壤中不同质的营养元素之间保持适度比例，以满足作物对养分的全面需要。纵观肇东市从 20 世纪 80 年代开始，耕地施肥是以化肥为主约占播种作物面积的 90% 以上；农家肥（有机肥）很少被农民问津；至于土地休闲、轮耕根本不存在；增加种植绿肥固氮作物和豆科牧草所占比例亦很少。这势必造成了土壤中化肥过量而有机肥贫瘠的现象，从补偿肥力和生态平衡的观点看，这 2 种不同性质的肥料是缺一不可的。否则，土壤有机质下降、土层变薄、容重增加、孔隙度减少、地板冷硬、肥力减退等一系列弊端都出现了，土壤退化也就成必然。

第二节　干旱、多风、降雨不均是造成黑土退化的自然因素

从这次调查分析看，黑土退化的自然因素当中，气候干旱亦是决定性因素。多风或大风更加剧了干旱，两者有相辅相成的趋势；而降水不均，特别是黑土区近 20 多年来春季降水减少的趋势，明显增加。三者叠加成为黑土退化动力因素。

一、干旱

干旱与降水息息相关。由于季风影响，降水主要集中在 6 月、7 月、8 月，降水量为 339.4mm，占全年降水量的 66%，4—9 月降水量为 409.9mm，占全年降水量的 89%，雨热同季，适宜作物生长。

通过分析：由于季风影响，降水主要集中在 6 月、7 月、8 月，降水量为 339.4mm，占全年降水量的 66%，4—9 月降水量为 409.9mm，占全年降水量的 89%，雨热同季，适宜作物生长。降水量的减少加剧了干旱程度，也势必导致土壤水的降低以及地下水的补给，使土壤处于急渴状态。引起了土壤理化性质的衰变，加之不良的耕作措施进一步加大了土壤退化的速度。

二、风与干旱

全年大于或等于 6 级大风平均 16 次，最多年份 27 次（1986 年），最少年份 6 次（1979 年）。4—5 月大风次数约占全年 55.6% 以上（表 3 - 16）。

表 3 - 16　历年各月大风次数

月份	1	2	3	4	5	6	7	8	9	10	11	12	年平均
风次（6 级）	0.5	0.4	2.5	4.7	4.2	0.7	0.3	0.3	0.4	0.6	0.8	0.6	16

风多、风大的破坏作用主要表现在 2 个方面：一是加大了空气的蒸发量。如肇东市年蒸发量是降水量的 3.3 倍。二是引起土地沙化风蚀。由于东北地区的气候以夏季温热多雨，春季干燥多风为主要特征。全年 70% 的降水多集中在 6 月、7 月、8 月，肇东市 3—5 月降水量仅有 70.6mm，占全年降水量的 15.8%，加之春季土地升温快、蒸发强，加重了土壤表层的干燥。又由于近代传统耕作方式造成农田长达 6 ~ 7 个月裸露，在风的作用下发生大面积风蚀现象。据肇东市多年气象资料显示：春季各月平均风速在 4.7m/s，而 4—5 月高达

5.1m/s，并含月瞬时风速≥16～18m/s的大风日16天之多。据测定，粒度在0.10～0.25mm为主的干燥裸露沙壤质地表形成风能流的风力需4～5m/s的风速。可见，肇东市农田风蚀现象严重的自然因素是极其严重的。

第三节　现行耕作制度是导致黑土退化的人为因素

从20世纪80年代初开始，随着农村的农业机械由集体所有向个体农户所有、农机具由以大型农业机械为主向小型农业机械为主的转变，黑土区土壤耕作制度也发生了很大变化。传统的用大功率拖拉机进行深翻、整地作业，以畜力为主要动力实施各种田间作业的传统耕作制度，逐步被以小四轮拖拉机为主要动力进行灭茬、整地、施肥、播种、镇压及中耕作业的耕作制度所替代。据调查，肇东市除极少数乡村外，黑土区玉米、谷子等几乎均用小四轮拖拉机为主要动力的耕作制度，大型农机具的田间作业次数大幅减少。与此同时，小型农机具的田间作业次数增加，在玉米栽培过程中，从整地到秋收，小四轮拖拉机在田间的作业次数多达10余次。因此，对土壤的压实作用明显强于畜力作业的强度。土壤剖面构型、耕层土壤物理性质发生了质的变化。

一、现行耕作制度对黑土水分的影响

由于小型农机械进地次数多，对土壤形成压实，土壤的固相、气相比失调，团粒结构下降，毛细孔比率下降，导致土壤保水、纳水能力下降。

二、现行耕作制度对黑土肥力退化的影响

大机械整地犁底层构造剖面的耕层深厚，有效土壤量多，土壤向作物供应养分和水分的能力强，土壤接纳大气降水能力强，春季墒情好，苗齐苗状，夏季肥力平稳，土壤和作物的抗逆性强，作物产量也相对较高。小机械整地梨底层构造剖面的有效土壤量少，土壤向作物供应养分和水分的能力有限，加之犁底层坚硬，作物根系下扎受阻，土壤接纳大量降水能力弱，当降水集中且降水量大时，易形成垄沟径流，造成水土流失，而在作物旺长时期，降雨频度和降雨量较小时，作物易因缺水而使生长受到抑制。因此，在生产上表现出春季易旱，夏季土壤抗逆性减弱，秋季易脱水、脱肥等肥力退化现象，此乃系黑土区现行耕作制度下，使用小四轮拖拉机为主要动力带来的严重后果，亦是黑土退化的最主要因素之一。

第四节　现行种植、施肥制度加剧黑土退化

据资料显示，肇东市20世纪90年代以来，主要以种植玉米为主，玉米播种面积一直占总播种面积的80%以上，大豆仅占5%左右，水稻稳定在8%左右。传统的轮作倒茬制度早已被玉米连作所取代，且连作20年左右的现象极为普遍，甚至达到30年之久。土壤的施肥制度经历了“有机肥为主→有机肥和化肥混施→化肥为主→单施化肥”的演变过程。截至今天，肇东市大多耕地已有20年以上没施用有机肥，主要靠施化肥补充养分。其化肥施用

量每公顷一般为磷酸二铵225kg，尿素225kg。其中，磷酸二铵作底肥一次施入，尿素30%作底肥，70%作追肥。一些农户为了减免追肥作业，常采用“一炮轰”施肥，即把所有肥料于播种时一次性作底肥全部施入；钾肥施用历时较短，施入量亦少，一般每公顷不超过100kg，相当数量的农户未施用过钾肥，即或有也是通过三元素复混肥中的钾施入。

为了整地播种、遏制土壤有机质下降的势头，肇东市普遍推广了玉米根茬还田技术，其做法是用小四轮拖拉机配上小型灭茬机，将玉米根茬打碎还田，但还田深度一般仅有10～15cm。还田质量很低。

一、玉米连作及施肥制度对土壤有机质的影响

（一）黑土的有机质平衡状况

众所周知，土壤有机质是土壤肥力的主要物质基础，在一定范围内有机质含量与土壤肥力间有着密切相关性。所以，长期以来，人们一提到肥力退化，就认为有机肥施用减少，有机质含量下降，且认为有机质是随时间呈直线关系下降的，这是一种误解（表3－17）。

表3－17　乡镇耕层土壤有机质含量变化　（单位：cm、g/kg）

行政区域	有机质含量	
	耕层厚度	按乡（镇）平均
五里明	0～18	25.2
四站镇	0～17	21.0
黎明镇	0～16	22.4
太平乡	0～17	24.2
肇东镇	0～15	24.8
里木店	0～18	24.4
姜家镇	0～15	22.6
尚家镇	0～16	29.1
向阳乡	0～15	29.1
昌五镇	0～16	28.7
跃进乡	0～30	27.4
洪河乡	0～18	26.1
海城乡	0～16	27.8
明久乡	0～18	26.3
安民乡	0～20	29.0
宣化乡	0～17	35.2
宋站镇	0～19	30.4
德昌乡	0～30	28.6

研究表明，土壤有机质下降是从荒地开垦为耕地后的必然过程。事实上，有机质下降是随时间的增长而逐渐趋缓慢的过程。在长期的耕地利用过程中，如果适当投入一定量的有机质，则会明显遏制有机质下降历程。重要的是我们应该知道土壤有机质下降所处的阶段，从

而采用科学合理的措施加以调控。

表3－17是2012年秋季采集的肇东市黑土耕层土壤有机质含量的分析统计资料。玉米带黑土耕层土壤有机质含量平均为26.9g/kg，从不同乡镇的平均值来看，四站含量较低为21.0g/kg，宣化、宋站相对较高，分别为35.2g/kg、30.4g/kg。

从南向北土壤有机质含量有增加的趋势，南端的四站与北端的宣化间的有机质含量相差14.2g/kg。差值与事实说明，土壤有机质具有明显的地带性。也说明，耕层厚度决定有机质的总储量。

（二）根茬还田与土壤有机质的平衡

研究表明，土壤中施用有机物料后能否提高土壤有机质的数量，一方面取决于有机物料的施入量和腐殖化系数；另一方面还与土壤中有机质的矿化率有关。当施入的有机物的腐殖化系数与矿化率相等时，土壤有机质含量才能保持平衡状态。如前者大于后者含量则可使土壤有机质含量增加，反之则下降。已有研究和实践证明，土壤有机质含量既受地带性规律制约，又与土壤耕作、施肥等管理水平有关，也可以说，一个地区的土壤有机质含量是与该地区所处的气候条件及耕作施肥水平相适应的，对于耕作土壤来说，要长期维持高于平衡水平很多的有机质含量是非常困难的，也是不必要和不可能的。

为了明确东北黑土有机质含量到底处在一个什么样的平衡点上，现行的玉米连作及根茬还田制度，对维持土壤有机质平衡到底有多大作用，我们将2008年黑龙江玉米带黑土有机质含量的测定结果与25年前黑龙江省第二次土壤普查资料进行了对比分析，并且对现行施肥制度下黑土区土壤的有机质来源进行了详细调查测定的基础上，通过计算机分析了现行施肥制度对土壤有机质平衡的影响。结果表明，黑土现行施肥制度中，由于有机肥的施用量很少或无，因此，黑土区玉米田土壤有机质的主要来源是玉米根茬和根系分泌物。根茬量和根系分泌物约占玉米产量的1/3，如按玉米公顷平均产量7 500kg计，根系分泌物的腐殖化系数平均按0.4计，则每公顷土地的根茬和根系分泌物还田量为2 500kg，分解矿化后可形成腐殖质1 000kg/hm^2。另据测定，黑土区土壤有机质的目前含量条件下矿化率一般约为2.5%，若假定每公顷耕层土壤有225万kg，以目前土壤有机质的平均含量为28.7g/kg计，一年后，每公顷耕层土壤有机质的平均矿化量为：25.7g/kg × 2 250 000kg/hm^2 × 2.5% = 1 445.6（kg/hm^2），由1 445.6kg/hm^2 − 1 000kg/hm^2 = 445.6 kg/hm^2，可见，现行施肥制度会造成黑土有机质每年亏缺。

这一计算结果，大体上可反映现行的玉米长期连作条件下，根茬还田措施，可在很大程度上遏制因矿化作用造成的黑土有机质下降的势头。

二、玉米连作及施肥制度对土壤养分含量的影响

表3－18系2006年秋季采集的肇东市玉米黑土层土壤全量和速效氮、磷、钾等肥力指标的分析结果。与20年前第二次土壤普查等已有资料相比，各项肥力指标及性质的变化有如下几个特点。

（一）全氮、全磷的变化

玉米带黑土全氮含量在1.36～2.92g/kg，全市平均1.85g/kg。由表3－18可见，与20年前的资料相比，全氮含量的上限约高出0.05个百分点。全磷含量在0.5～0.67g/kg，全市平均为0.54g/kg，与20年前资料比尚未发现明显的规律。

表 3-18　主要乡镇黑土养分状况　(单位：mg/kg、g/kg)

序号	采样地点	pH 值	全氮	全磷	碱解氮	有效磷	速效钾
1	涝洲镇	6.70	0.67	0.67	151.4	20.2	166.5
2	四站镇	6.80	2.75	0.52	146.1	19.3	126.0
3	西八里	7.4	2.07	0.60	155.8	21.0	119.5
4	黎明镇	7.60	1.89	0.60	113.8	35.6	120.0
5	五站镇	7.5	1.69	0.53	133.9	15.7	176.5
6	里木店	7.20	1.89	0.51	103.3	24.1	160.5
7	德昌乡	7.60	1.53	0.50	117.2	12.4	108.5
8	太平乡	7. 5	1.59	0.50	110.2	17.6	85.5
9	五站镇	6.9	1.56	0.55	107.6	31.1	102.5
	平均值		1.85	0.55	125.6	25.7	125.9

(二) 速效态养分的变化

黑土碱解氮含量在 97.1～158.4mg/kg，全市平均为 130.1mg/kg。由表 3-18 可见，肇东市土壤碱解氮含量在 103.3～155.8mg/kg，平均含量为 125.6mg/kg。与 20 年前资料相比碱解氮含量的上限有所提高，平均含量要高出 28.5mg/kg，与全氮含量高相一致。

有效磷含量变幅在 15.7～45.6mg/kg，平均含量为 21.8mg/kg。全市在 12～35.60mg/kg。即与 20 年前资料相比，变化不大。

速效钾含量变幅在 85.5～176.5mg/kg，平均含量 125.9mg/kg。全市在 77.5～265.5mg/kg。与 20 年前资料比，速效钾减少了 98mg/kg。

上述分析结果表明，肇东市玉米黑土带在现行的施肥制度和长期玉米连作的条件下，使土壤碱解氮、有效磷呈增加的趋势，而速效钾减少，碱解氮和速效磷含量增加的比率分别接近 10%，速效钾减少比率达到 88.2%。显然，黑土的土壤养分状况是大量施用氮肥和磷肥，而不重钾肥而造成。

(三) 土壤酸碱度和交换性能的变化

从黑龙江省第二次土壤普查资料看，黑龙江省玉米黑土带耕层土壤 pH 值（水浸液）平均值为 7.45，属中性或偏碱性。肇东市 2008 年 339 个典型样点化验分析 pH 值变幅在 6. 5～7.80。平均为 7.5。按《中国土壤》的酸碱度分级标准（pH 值 5.0～6.5 为酸性，6.5～7.0 为中性，7.1～8.5 为碱性）来衡量。肇东市黑土为中性偏碱，而属于中性土壤的仅占 20%。pH 值变化不大的原因是水田面积逐年增加所致。已有研究表明，黑土的质地一般较为黏重，黏粒含量较高，黏粒矿物组成以高电荷蒙脱石为主，阳离子交换量均较高，属高保肥性土壤。其次，土壤的矿物组成属较为稳定的土壤性状，一般的施肥、耕作和栽培措施在短时间内很难使其发生显著变化。肇东市玉米黑土的阳离子交换量变幅在 18.0～34.7cmol/kg，平均为 23.9cmol/kg，且与邻近黑土区土壤阳离子交换量相比差异也不大，说明这里的黑土仍属保肥性土壤。

第五节　水土流失加速了黑土退化进程

一、水土流失使坡耕地黑土层变薄

肇东市土壤侵蚀类型可分为水蚀、风蚀和重力侵蚀。但还是以水蚀和风蚀较为普遍。肇东市黑土水土流失按其侵蚀类型划分为主要是面蚀和沟蚀较为严重。面蚀的强度可划分为三级：①轻度，即黑土层少部分被剥蚀。②中度，黑土层大部分被侵蚀心土层尚未裸露。③强度，黑土层全被侵蚀掉，心土或底土已裸露并开始受侵蚀。肇东市黑土区又多发生沟蚀。其强度可分为四级：①细沟，形成宽、深小于 0.5m 的小沟，经耕作可平复。②切沟，已形成宽、深约 0.5 ~ 2m 的倒三角（▽）形沟槽，不易平复。③冲沟，已形成跌水和侧向侵蚀，沟壁两侧坍塌。④坳沟，已发展成干谷，侵蚀现象逐渐衰退。

肇东市亦属于黑龙江省水土流失重灾区之一。据资料分析，水土流失面积在不断扩大，目前已有 2 158hm^2 被不同程度的侵蚀。尽管加大了水土流失治理措施，但水土流失的态势仍很严峻。究其原因，是自然因素和人为因素共同叠加的结果。前者是其发生发展的潜在条件，后者对其发生发展起了促进作用。从自然因素分析，第一是风多、风大，加之春季干旱，疏松的土壤表层（特别是秋季打茬后裸露的黑土）在风力作用下，产生了极为严重风蚀。据多年观测：没有遮挡的耕地每年 4—5 月平均风速达 4.5m/s 时，每次风蚀过后要有 0.5 ~ 1.5mm 的土壤表层被剥走。第二是降水因素。此乃肇东市水土流失又一灾害。据测 1h 降水量 10mm 或 24h 降水达 30mm，就能产生径流和冲刷。这样的降水强度在这里每年都要发生 3 ~ 7 次，势必造成对土壤的冲刷和破坏；第三是地形因子，黑土区多处在漫岗地，在雨季降水集中期，极易发生地表径流，产生不同程度的面蚀和沟蚀。尤其是漫岗平原耕地，径流的冲刷能力增强。目前，肇东市的漫岗平原耕地有 40 259 hm^2 占全市耕地面积的 17.6%。第四是土壤，黑土区土壤的成土母质多为黄土状堆积物，质地一般较为黏重，并有季节性冻层存在。土壤透水性、抗蚀性、抗冲性都很弱，容易遭受水力侵蚀；第五是植被因子，原始草甸植被遭到破坏，植被变得稀疏，形成了许多光秃的平岗；第六是冻融作用造成水土流失。肇东市土壤结冻时间 6 个月，冻融交替，使土体变得疏松、抗蚀、抗冲能力低，春季融雪沿岗坡地流，易形成地表径流。另外，冬季土壤形成很多裂缝。融冻后裂缝土体疏松，在降雨径流冲刷作用下，很容易发生侵蚀沟。

人类不合理的经济活动是造成该区域水土流失加剧的主导因素。黑土农田生态系统仅有 100 ~ 120 年的历史，垦殖初期是自然草甸植被生态系统。由于人口的不断增加，大肆毁草开荒，最后留下裸地一片，水土流失加剧。陡坡开荒、顺坡耕作、掠夺经营、单一粮食生产、广种薄收是水土流失的重要原因。

由于以上分析自然因素和人为因素作用产生的水土流失，致使黑土区黑土层变薄，土壤有机质和各种养分含量也随之明显下降，从而形成肥力较低的“薄层黑土”“破皮黄黑土”及“露黄黑土”。自然黑土层的厚度一般在 60 ~ 80cm，厚的可达 1m 以上。但第二次土壤普查资料显示，由于土壤侵蚀的作用，全市心土层出露地表的露黄黑土面积占黑土面积的 0.4%，腐殖质层厚度小于 10cm 的破皮黄黑土占 0.65%，腐殖质层厚度在 20 ~ 30cm 的薄层黑土占5.4%，三者之和已达6.09%。据测算，坡耕地土壤表层每年的流失厚度约为0.6～1cm；沟头侵蚀速度每年平均1m左右，每年平均流失有机质约为3.9t/hm^2，全氮0.28t/hm^2，全磷0.13 t/hm^2。

目前，肇东市坡耕地沟蚀现象十分普遍。细沟、浅沟、切沟、冲沟造成土地切割，道路中断，低产耕地增加，农民种粮的经济效益下降。

二、农田基础设施建设和管理滞后加剧了黑土退化进程

调查表明，黑土区农田基础设施建设和管理滞后是造成黑土质量退化和水土流失发生的重要原因。

第一，农田防护林建设有待加强。肇东市的森林覆盖面积仅有498hm^2，已有的三北防护林树龄普遍偏大，死亡、暴雨、大风刮倒等损失较重，防风功能减弱，又由于黑土区地势较开阔，春季少雨多风，致使黑土区土壤风蚀现象十分普遍。一些开阔地带的岗地黑土往往成为沙尘的供给源，这一点已从沙尘的黏粒矿物组成得到证实。

第二，黑土区农田水利设施发展极为滞后，绝大部分农田不具备灌排能力。长期以来，黑土区农业一直靠天吃饭，加之地下水和地表水源不足；忽视农田水利建设的同时，在种植结构调整中，一些高附加值的种植因缺乏水利条件而难以实现，严重制约了农村经济的发展。又诸如玉米连作，也是因黑土区缺少水利建设有直接关系。

第三，过度开荒，不合理耕作，是黑土水土流失得不到根本治理的重要原因。近些年来，随着人口的不断增加，对耕地的压力越来越大，为了扩大耕地面积，毁林开荒、毁草开荒现象十分普遍，防护林带与耕地之间零距离，一些养殖户把林带当成了放牧场，牛羊啃树皮，致使防护林木死亡退化、功能锐减。在这里不论坡度多大的黑土均已被开垦为农田，进一步加剧了水土流失。

第四，在耕作方面。如前所述，黑龙江省黑土区目前仍采用以小四轮拖拉机为主要动力的玉米根茬还田等传统耕作制度，适合于东北地区农村经济发展水平，有区域特色的保护性耕作制度尚未建立，防止水土流失的小流域治理及耕作模式尚未大面积推广。

第五，土地管理制度建设滞后，是导致黑土肥力退化的人为因素之一。目前，该市土地用养制度很不健全，农民对土地重用轻养的习惯没有得到有效遏制，不少村社长期采用掠夺式经营，造成有机质下降，防护林带破损，土壤肥力下降，使原本肥力很高的土壤变成劣质低产土壤。事实上目前黑土区盛行的不施有机肥的做法，就是一种典型只用不养的掠夺是经营方式。

第六，有法不依，乱占耕地现象依然存在。随着经济的发展和农民生活水平的提高，农民建房用地、城镇建房用地、公路建设用地以及各类开发区及农产品市场用地等各种非农用地的面积呈增加趋势，应该说这些用地是经济社会发展的必然。但缺乏合理规划，少用多占的及滥占滥用的现象依然比较严重，应引起有关部门的高度重视。

第四部分

肇东市（县）区域耕地地力评价系统应用报告

第一章　作物适宜性评价

第一节　玉米适应性评价

玉米是肇东市的主要粮食作物，面积常年保持在 22 万 hm^2 以上，玉米适应性较广，肇东市全境都可种植。玉米对 pH 值比较敏感，在中性土上表现较好，不同的土质上表现不一样，差异明显，因此，将土壤 pH 值评价指标进行调整，其余评价指标与地力评价指标一样。

一、评价指标的标准化

pH 值

（一）专家评价（表 4－1）

表 4－1　玉米 pH 值隶属度评估

pH 值	5.5	6	6.5	7	7.5	8	8.5	9	9.5
隶属度	0.75	0.88	0.93	0.97	1	0.97	0.93	0.88	0.82

（二）建立隶属函数（图 4－1）

$Y = 1/(1 + 0.066803 * (X - 7.587174)^2)$

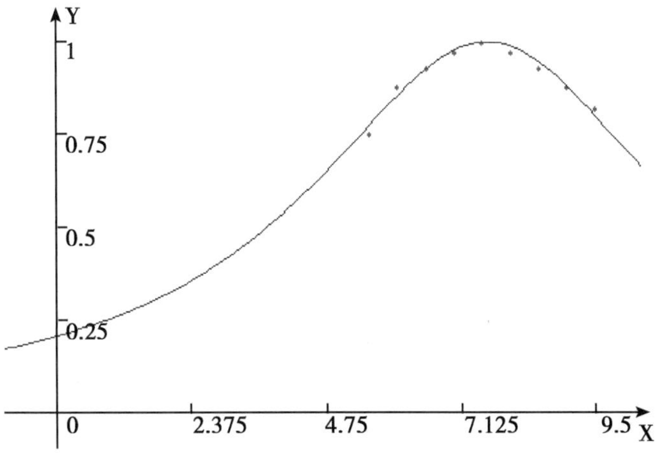

图 4－1　玉米 pH 值隶属函数曲线图（峰型）

二、确定指标权重

采用层次分析法确定每一个评价因素对耕地综合地力的贡献大小。

（一）构造评价指标层次结构图

根据各个评价因素间的关系，构造了以下层次结构表。

每个层次包含不同的评价指标，见表4-2。

表4-2　层次分析构造矩阵

耕地地力							
土壤养分			管理措施		理化性状		
有效锌	有效磷	速效钾	排涝能力	耕层厚度	pH值	质地	有机质

（二）建立层判断矩阵

采用专家评估法，比较同一层次各因素对上一层次的相对重要性，给出数量化的评估。专家评估的初步结果经合适的数学处理后（包括实际计算的最终结果—组合权重）反馈给专家，请专家重新修改或确认。经多轮反复形成最终的判断矩阵。

（三）确定各评价因素的综合权重（表4-3，图4-2）

表4-3　评价指标的专家评估及权重值

层次1	管理措施	土壤养分	理化性状	层次2	有效锌	速效钾	有效磷
管理措施	1	0.25	0.5	有效锌	1	0.25	0.25
土壤养分	4	1	2	速效钾	4	1	0.333
理化性状	2	0.5	1	有效磷	4	3	1
层次3	pH值	质地	有机质	层次4		排涝能力	耕层厚度
pH	1	8	2	排涝能力		1	0.25
质地	0.125	1	2	耕层厚度		4	1
有机质	0.5	0.5	1				

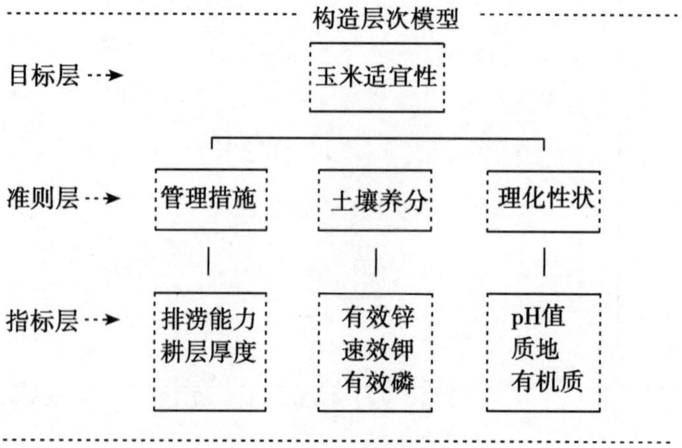

图4-2　构造层次模型图

层次分析结果，见表4－4，图4－3。

表4－4　层次分析结果

层次 A	层次 C			
	管理措施	土壤养分	理化性状	组合权重
	0. 1429	0. 5714	0. 2857	∑CiAi
排涝能力	0. 1000			0. 0143
耕层厚度	0. 9000			0. 1286
有效锌		0. 1373		0. 0785
速效钾		0. 2395		0. 1368
有效磷		0. 6232		0. 3561
pH 值			0. 7273	0. 2078
质地			0. 1818	0. 0519
有机质			0. 0909	0. 0260

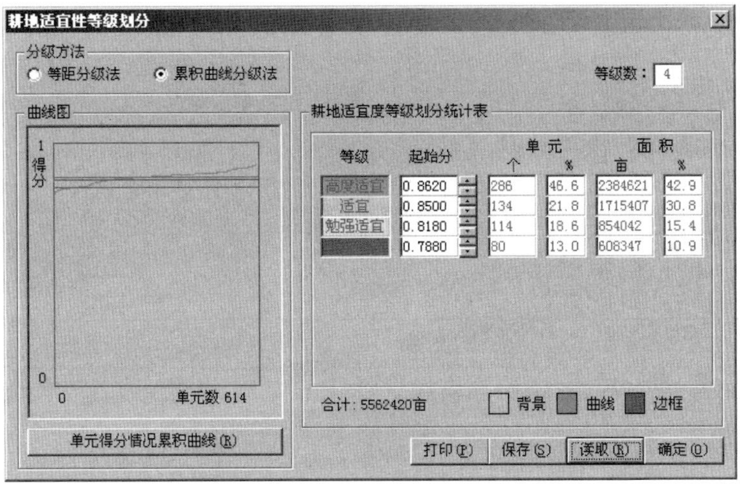

图4－3　玉米耕地适宜性等级划分图

利用层次分析计算方法确定每一个评价因素的综合评价权重。综合评价权重由多名专家共同打分进行加权平均（表4－5）。

表4－5　玉米适宜性指数分级

地力分级	地力综合指数分级（IFI）
高度适宜	＞0. 862
适宜	0. 85～0. 862
勉强适宜	0. 818～0. 85
不适宜	＜0. 788

三、评价结果与分析

这次玉米适宜性评价将全市耕地划分为4个等级：高度适宜耕地116 377.6hm^2，占全市耕地总面积的42.9%；适宜耕地83 533.1hm^2，占全市耕地总面积30.8%；勉强适宜耕地41 505.3hm^2，占全市耕地总面积的15.4%；不适宜耕地29 569.1hm^2，占全市耕地总面积10.9%（表4－6）。

表4－6　玉米不同适宜性耕地地块数及面积统计　（单位：hm^2、%）

适宜性	地块个数	面积	占总面积
高度适宜	915	116 377.6	42.9
适　　宜	655	83 533.1	30.8
勉强适宜	328	41 505.3	15.4
不适宜	231	29 569.1	10.9
合　　计	2 129	2 712 765	100

从玉米不同适宜性耕地的分布特点来看，适宜性等级的高低与地形部位、土壤类型及土壤质地密切相关。高中产土壤主要集中在中南部，行政区域包括黎明、五里明、里木店、五站、四站等乡镇，这一地区土壤类型以黑土、黑钙土为主，地势较缓，低产土壤则主要分布在中北部的盐碱性较大的地区和pH值较大的地区以及沿江和西北部低洼地块。行政区域包括宣化、尚家、海城等乡镇。土壤类型主要是草甸土为主，地势低平，坡度一般小于1°（表4－7）。

表4－7　玉米不同适宜性耕地相关属性平均值　（单位：mg/kg、g/kg）

适宜性	有效锌	速效钾	有效磷	有机质	pH值
高度适宜	3.04	135.29	18.98	28.2	7.64
适　　宜	2.89	135.62	16.86	28.9	8.13
勉强适宜	2.93	131.96	17.21	28.0	8.09
不适宜	3.11	140.62	15.15	29.6	8.46

（一）高度适宜

全市玉米高度适宜耕地总面积116 377.6hm^2，占全市耕地总面积的42.9%；行政区域包括姜家镇、涝洲镇、黎明镇、里木店镇、四站镇、宋站镇、太平乡、五里明镇、五站镇、西八里乡、向阳乡、宣化乡、跃进乡、肇东镇这些乡镇，这一地区土壤类型以黑土、草甸土、黑钙土为主（表4－8）。

表4－8　玉米高度适宜耕地相关指标统计　（单位：mg/kg、g/kg）

养分含量	平均	最大	最小
有效锌	3.04	5.10	1.35
速效钾	135.29	162.57	94.93

（续表）

养分含量	平 均	最 大	最 小
有效磷	18.98	29.56	10.19
有机质	28.2	36.3	20.3
pH 值	7.64	8.90	6.50

玉米高度适宜地块所处地形平缓，侵蚀和障碍因素很小，耕层土壤各项养分含量高。结构较好，多为粒状或小团粒状结构。土壤大都呈中性，pH 值在 6.5 ~ 8.9。养分含量丰富，有效锌平均 3.04mg/kg，有效磷平均 18.98mg/kg，速效钾平均 135.29mg/kg。保肥性能较好，有一定的排涝能力。该级地适于种植玉米，产量水平高。

（二）适宜

全市玉米适宜耕地总面积 83 533.1hm²，占全市耕地总面积的 30.8%，主要分布在洪河乡、姜家镇、涝洲镇、黎明镇、四方山军马场、里木店镇、四站镇、宋站镇、太平乡、五里明镇、五站镇、向阳乡、宣化乡、跃进乡、肇东镇。土壤类型以黑土、草甸土、黑钙土为主（表 4 - 9）。

表 4 - 9　玉米适宜耕地相关指标统计　（单位：mg/kg、g/kg）

养　分	平均	最大	最小
有效锌	2.89	4.45	1.38
速效钾	135.62	161.29	95.26
有效磷	16.86	30.30	8.35
有机质	28.9	34.4	20.4
pH 值	8.13	8.90	6.50

玉米适宜地块所处地形较平缓，侵蚀和障碍因素很小。各项养分含量较高。土壤大都呈中性至微碱性，pH 值在 6.5 ~ 8.9。养分含量较丰富，有效锌平均 2.89mg/kg，有效磷平均 16.89mg/kg，速效钾平均 135.62mg/kg。保肥性能好，该级地适于种植玉米，产量水平较高。

（三）勉强适宜

全市玉米勉强适宜耕地总面积 41 505.3hm²，占全市耕地总面积的 15.4%；主要分布在安民乡、昌五镇、德昌乡、海城乡、姜家镇、四方山军马场、尚家镇、四站镇、宋站镇、太平乡、五站镇、向阳乡、宣化乡、跃进乡、肇东镇乡镇。土壤类型以黑钙土、草甸土为主（表 4 - 10）。

表 4 - 10　玉米勉强适宜耕地相关指标统计　（单位：mg/kg、g/kg）

养分	平均	最大	最小
有效锌	2.93	4.42	1.36
速效钾	131.96	160.05	97.94
有效磷	17.21	25.44	8.04
有机质	28.0	32.2	20.2
pH 值	8.09	8.90	6.50

玉米勉强适宜地块所处地形低洼，主要分布在南部地区，坡度一般较大或较小，侵蚀和障碍因素大。各项养分含量偏低。质地较差，一般为重壤土或沙壤土。土壤呈微酸性至微碱性，pH 值在 6.5 ~8.9。养分含量较低，有效锌平均 2.93mg/kg，有效磷平均 17.21mg/kg，速效钾平均 131.96mg/kg。该级地勉强适于种植玉米，产量水平较低。

（四）不适宜

全市玉米不适宜耕地总面积 29 569.1hm^2，占全市耕地总面积的 10.9%；主要分布在安民乡、德昌乡、海城乡、明久乡、尚家镇、四方山军马场、宋站镇、太平乡、向阳乡、宣化乡、肇东镇。土壤类型以草甸土为主（表 -11）。

表 4-11　玉米不适宜耕地相关指标统计　（单位：mg/kg、g/kg）

养　分	平均	最大	最小
有效锌	3.11	4.86	1.67
速效钾	140.62	159.85	100.36
有效磷	15.15	27.32	9.10
有机质	29.6	32.9	26.3
pH 值	8.46	8.90	6.60

玉米不适宜地块所处地形低洼地区，侵蚀和障碍因素大。各项养分含量低，土壤大都偏碱性，pH 值在 6.6 ~8.9。养分含量较低，有效锌平均为 3.11mg/kg，有效磷平均为 15.15mg/kg，速效钾平均为 140.62mg/kg。该级地不适于种植玉米，产量水平低。

第二节　大豆适宜性评价

大豆是肇东市的轮作作物，面积保持在 2 554hm^2 左右，大豆适应性广，耐阴耐瘠薄。大豆在不同的土壤上表现不一样，差异明显，因此，适宜性评价时将土壤 pH 值的差异加大，其余指标与地力评价指标相同。

一、评价指标的标准化

pH 值

（一）专家评价（表 4-12）

表 4-12　大豆 pH 值隶属度评估

pH 值	4.5	5.5	6	6.5	7	7.5	8	8.5	9	9.5
隶属度	0.75	0.88	0.93	0.97	1	0.97	0.93	0.88	0.82	0.75

（二）建立隶属函数（图 4-4）

$Y = 1/(1 + 0.055918 * (X - 7.003366)^2)$

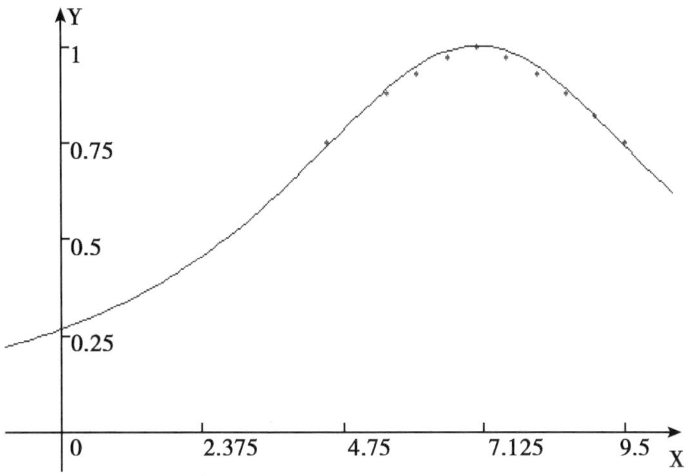

图 4－4　大豆 pH 值隶属函数曲线图

二、确定指标权重

采用层次分析法确定每一个评价因素对耕地综合地力的贡献大小。

（一）构造评价指标层次结构图

根据各个评价因素间的关系，构造了以下层次结构表 4－13。

表 4－13　层次分析构造矩阵图

耕地地力							
土壤养分			管理措施		理化性状		
有效锌	有效磷	速效钾	排涝能力	耕层厚度	pH 值	质地	有机质

（二）建立判断矩阵

采用专家评估法，比较同一层次各因素对上一层次的相对重要性，给出数量化的评估。专家评估的初步结果经合适的数学处理后（包括实际计算的最终结果—组合权重）反馈给专家，请专家重新修改或确认。经多轮反复形成最终的判断矩阵。

（三）确定各评价因素的综合权重

利用层次分析计算方法确定每一个评价因素的综合评价权重。综合评价权重有多名专家共同打分进行加权平均（表 4－14，图 4－5）。

表 4－14　评价指标的专家评估及权重值

层次 1	管理措施	土壤养分	理化性状	层次 2	有效锌	速效钾	有效磷
管理措施	1	0. 333	0. 25	有效锌	1	0. 5	0. 25
土壤养分	3	1	2	速效钾	2	1	0. 333
理化性状	4	0. 5	1	有效磷	4	3	1

（续表）

层次 3	pH 值	质地	有机质	层次 4	排涝能力	耕层厚度
pH 值	1	4	8	排涝能力	1	0.25
质地	0.25	1	2	耕层厚度	8	1
有机质	0.125	0.5	1			

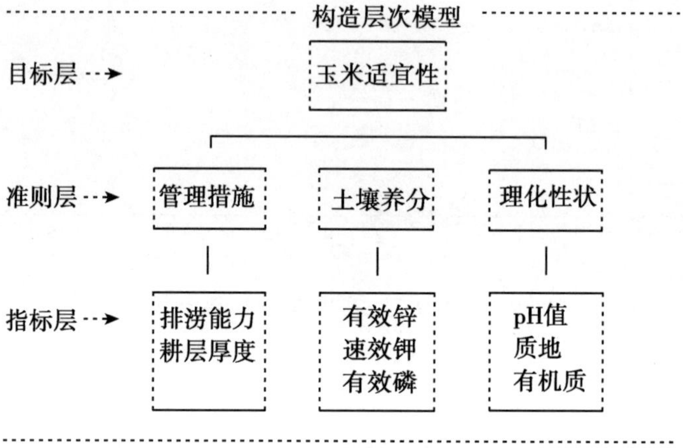

图 4－5　构造层次模型图

层次分析结果，见表 4－15、表 4－16，图 4－6。

表 4－15　层次分析结果

层次 A	层次 C			
	管理措施 0.1429	土壤养分 0.5714	理化性状 0.2857	组合权重 ∑CiAi
排涝能力	0.1000			0.0143
耕层厚度	0.9000			0.1286
有效锌		0.1373		0.0785
速效钾		0.2395		0.1368
有效磷		0.6232		0.3561
pH 值			0.7273	0.2078
质地			0.1818	0.0519
有机质			0.0909	0.0260

表 4－16　大豆适宜性指数分级

地力分级	地力综合指数分级（IFI）
高度适宜	>0.8270
适　　宜	0.7950～0.8270
勉强适宜	0.7862～0.7950
不 适 宜	<0.7862

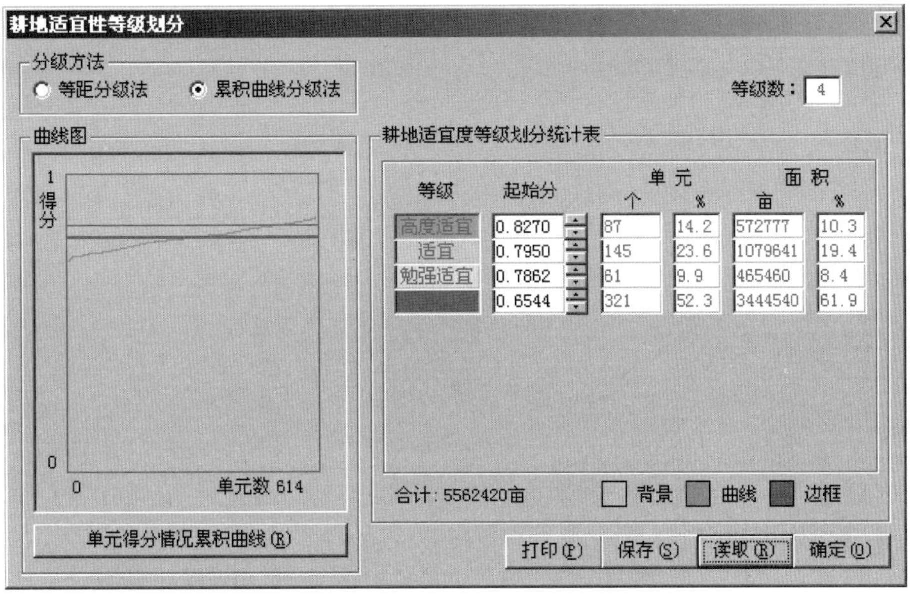

图 4-6　大豆耕地适宜性等级划分图

三、评价结果与分析

这次大豆适宜性评价将全市耕地划分为 4 个等级：高度适宜耕地 27 941.5hm²，占全市耕地总面积的 10.3%；适宜耕地 52 627.6hm²，占全市耕地总面积 19.4%；勉强适宜耕地 22 787.2hm²，占全市耕地总面积的 8.4%；不适宜耕地 167 920.2hm²，占全市耕地总面积 61.9%。从大豆不同适宜性耕地的地力等级的分布特征来看，耕地等级的高低与地形部位、土壤类型及土壤质地密切相关。高中产耕地从行政区域看，主要分布在松花江北岸 7 个乡镇，这一地区土壤类型以黑土、草甸土、沼泽土，新积土为主，地势较平缓低洼，坡度一般不超过 1°；低产土壤则主要分布在中北部的盐碱性较大的地区和 pH 值较大地区，行政区域包括向阳、昌五、洪河等乡镇，土壤类型主要是黑钙土和草甸土，地势起伏较大或者低洼（表 4-17、表 4-18）。

表 4-17　大豆不同适宜性耕地地块数及面积统计　（单位：hm²、%）

适应性	地块个数	面积	所占比例
高度适宜	219	27 941.5	10.3
适　宜	413	52 627.6	19.4
勉强适宜	179	22 787.2	8.4
不适宜	1 318	167 920.2	61.9
合　计	2 129	271 276.5	100.00

表 4－18　大豆不同适宜性耕地相关指标平均值　（单位：mg/kg）

适宜性	有效锌	速效钾	有效磷	有机质	pH 值
高度适宜	3.01	136.79	17.77	2.81	7.24
适　宜	2.71	129.73	19.67	2.74	7.23
勉强适宜	3.05	138.06	17.66	2.80	7.89
不适宜	3.11	137.15	16.78	2.92	8.45

（一）高度适宜

全市大豆高度适宜耕地总面积 27 941.5hm^2，占全市耕地总面积的 10.3%，主要分布在涝洲镇、四站镇、五里明镇、西八里乡、五站镇等乡镇。土壤类型以黑土、黑钙土、草甸土为主。

大豆高度适宜耕地所处地形平缓，侵蚀和障碍因素很小。耕层各项养分含量高。土壤结构较好，质地适宜，一般为壤土或壤质黏土。容重适中，土壤大都呈中性，pH 值在 6.8～7.5。养分含量丰富，有效锌 3.01mg/kg，有效磷平均 17.77mg/kg，速效钾平均 136.79mg/kg。保水保肥性能较好，有一定的排涝能力。该级地适于种植大豆，产量水平高（表 4－19）。

表 4－19　大豆高度适宜耕地相关指标统计　（单位：mg/kg、g/kg）

养　分	平均	最大	最小
有效锌	3.01	5.10	1.66
速效钾	136.79	158.62	112.55
有效磷	17.77	25.91	12.33
有机质	28.1	36.3	22.1
pH 值	7.24	7.50	6.8

（二）适宜

全市大豆适宜耕地总面积 52 627.6hm^2，占肇东市耕地总面积的 19.4%，主要分布在涝洲镇、西八里乡、黎明镇、五站镇、五里明镇等乡镇。土壤类型以黑土、新积土、草甸土、黑钙土为主（表 4－20）。

表 4－20　大豆适宜耕地相关指标统计　（单位：mg/kg、g/kg）

养　分	平均	最大	最小
有效锌	2.71	4.82	1.35
速效钾	129.73	162.03	94.93
有效磷	19.67	28.25	10.58
有机质	27.4	36.3	20.3
pH 值	7.23	8.50	6.00

大豆适宜地块所处地形平缓，侵蚀和障碍因素小。各项养分含量较高。质地适宜，一般为壤土或壤质黏土。容重适中，土壤大都呈中性至微酸性，pH 值在 6.5～8.5。养分含量较

丰富，有效锌平均2.71mg/kg，有效磷平均19.67mg/kg，速效钾平均129.73mg/kg。保肥性能好，该级地适于种植大豆，产量水平较高。

（三）勉强适宜

全市大豆勉强适宜耕地总面积22 787.2hm^2，占全市耕地总面积的8.4%，主要分布在尚家镇、宋站镇、宣化乡、肇东镇等乡镇。土壤类型以草甸土、黑钙土为主（表4-21）。

表4-21　大豆勉强适宜耕地相关指标统计　（单位：mg/kg、g/kg）

养　分	平均	最大	最小
有效锌	3.05	4.62	1.36
速效钾	138.06	161.62	101.49
有效磷	17.66	24.84	11.57
有机质	2.80	3.41	2.02
pH值	7.6	7.80	6.60

大豆勉强适宜地块所处地形低洼，侵蚀和障碍因素大。各项养分含量偏低。质地较差，一般为重壤土或沙壤土。土壤呈碱性，pH值在6.6～7.8。养分含量较低，有效锌平均3.05mg/kg，有效磷平均17.66mg/kg，速效钾平均138.06mg/kg。该级地勉强适于种植大豆，产量水平较低。

（四）不适宜

全市大豆不适宜耕地总面积167 920.2hm^2，占全市耕地总面积的61.9%；主要分布在安民乡、德昌乡、昌五镇、海城乡、洪河乡、黎明镇、明久乡、尚家镇、向阳乡、宣化乡等乡镇。土壤类型以草甸土为主（表4-22）。

表4-22　大豆不适宜耕地相关指标统计　（单位：mg/kg、g/kg）

养　分	平均	最大	最小
有效锌	3.11	4.88	1.43
速效钾	137.15	162.57	95.26
有效磷	16.78	30.30	8.04
有机质	29.2	34.6	21.7
pH值	8.45	8.90	6.60

大豆不适宜地块所处地形低洼地区，侵蚀和障碍因素大。各项养分含量低。土壤大都偏碱性或微酸性，pH值在6.6～8.9。养分含量较低，有效锌平均3.11mg/kg，有效磷平均16.78mg/kg，速效钾平均137.15mg/kg。该级地不适于种植大豆，产量水平低。

第三节　甜菜适应性评价

甜菜是肇东市20世纪80年代主要经济作物，面积常年保持在5万～8万hm^{2}以上，但由于糖业市场逐年萎缩，导致甜菜种植面积逐年减小。现如今糖业产业逐年回升，甜菜种植面积也逐渐加大，甜菜适应性较差，肇东市全境只有少部分乡镇可种植。甜菜对 pH 值比较敏感，在中性土上表现较好，不同的土质上表现不一样，差异明显，因此，将土壤 pH 值评价指标进行调整，其余评价指标与地力评价指标一样。

一、评价指标的标准化

pH 值

（一）专家评价（表 4-23）

表 4-23 甜菜 pH 值隶属度评估

pH 值	5.5	6	6.5	7	7.5	8	8.5	9	9.5
隶属度	0.68	0.75	0.87	0.93	0.97	1	0.97	0.93	0.88

（二）建立隶属函数（图 4-7）

$$Y = 1/(1 + 0.072345 * (X - 8.050144)^2)$$

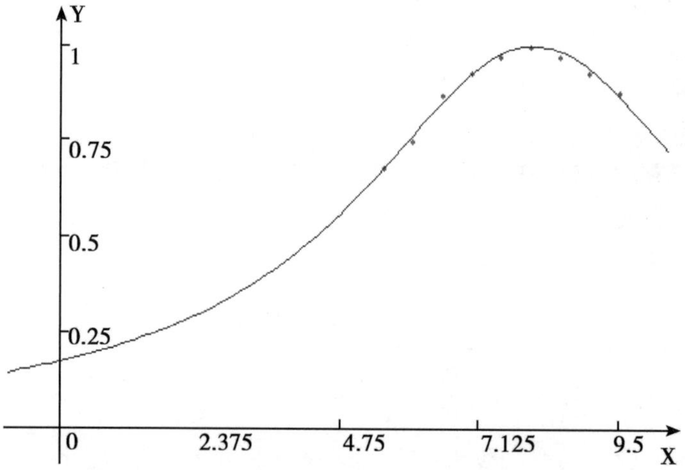

图 4-7 甜菜 pH 值隶属函数曲线图（峰型）

二、确定指标权重

采用层次分析法确定每一个评价因素对耕地综合地力的贡献大小。

（一）构造评价指标层次结构图

根据各个评价因素间的关系，构造了以下层次结构表 4-24。

表 4-24 层次分析构造矩阵

耕地地力							
土壤养分			管理措施		理化性状		
有效锌	有效磷	速效钾	排涝能力	耕层厚度	pH 值	质地	有机质

（二）建立层判断矩阵

采用专家评估法，比较同一层次各因素对上一层次的相对重要性，给出数量化的评估。专家评估的初步结果经合适的数学处理后（包括实际计算的最终结果—组合权重）反馈给专家，请专家重新修改或确认。经多轮反复形成最终的判断矩阵。

（三）确定各评价因素的综合权重

利用层次分析计算方法确定每一个评价因素的综合评价权重。

综合评价权重有多名专家共同打分进行加权平均。双向倒数打分，进行自动校验（表4－25至表4－27，图4－8、图4－9）。

表4－25　评价指标的专家评估及权重值

层次1	管理措施	土壤养分	理化性状	层次2	有效锌	速效钾	有效磷
管理措施	1	0.25	0.5	有效锌	1	0.5	0.25
土壤养分	4	1	2	速效钾	2	1	0.333
理化性状	2	0.5	1	有效磷	4	3	1
层次3	pH值	质地	有机质	层次4		排涝能力	耕层厚度
pH值	1	4	8	排涝能力		1	0.1111
质地	1.25	1	2	耕层厚度		9	1
有机质	0.125	0.5	1				

表4－26　层次分析结果

层次A	层次C			
	管理措施 0.1429	土壤养分 0.5714	理化性状 0.2857	组合权重 ∑CiAi
排涝能力	0.1000			0.0143
耕层厚度	0.9000			0.1286
有效锌		0.1373		0.0785
速效钾		0.2395		0.1368
有效磷		0.6232		0.3561
pH值			0.7273	0.2078
质地			0.1818	0.0519
有机质			0.0909	0.0260

表4－27　甜菜适宜性指数分级

地力分级	地力综合指数分级（IFI）
高度适宜	>0.87
适　宜	0.8645～0.87
勉强适宜	0.8630～0.8645
不适宜	<0.8630

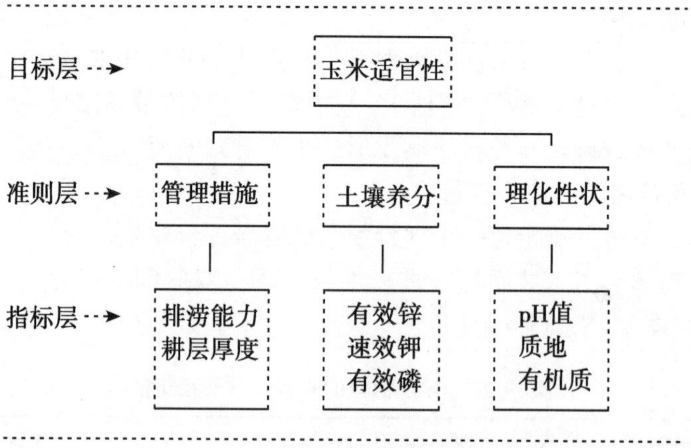

图 4-8　构造层次模型图

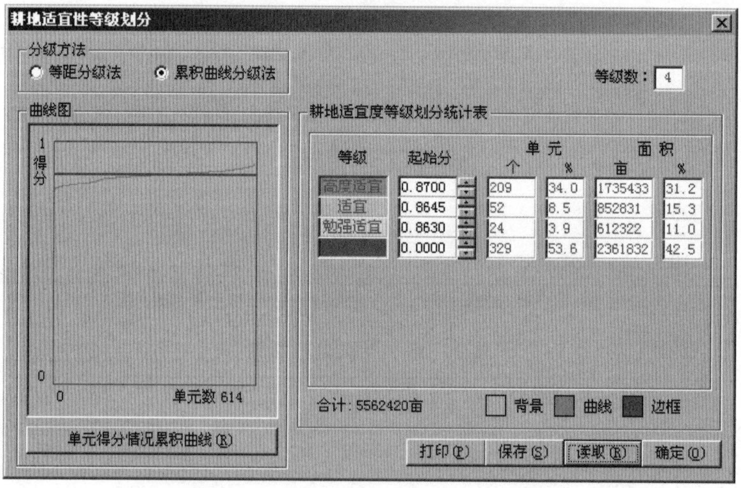

图 4-9　甜菜耕地适宜性等级划分图

三、评价结果与分析

这次甜菜适宜性评价将全市耕地划分为 4 个等级：高度适宜耕地 84 638.3hm²，占全市耕地总面积的 31.2%；适宜耕地 41 505.3hm²，占全市耕地总面积 15.3%；勉强适宜耕地 29 840.4hm²，占全市耕地总面积的 11%；不适宜耕地 115 292.5hm²，占全市耕地总面积 42.5%（表 4-28）。

表 4-28　甜菜不同适宜性耕地地块数及面积统计　（单位：hm²、%）

适宜性	地块个数	面积	占总面积
高度适宜	665	84 638.3	31.2
适　　宜	325	41 505.3	15.3
勉强适宜	235	29 840.4	11
不适宜	904	115 292.5	42.5
合　　计	2 129	271 276.5	100

从甜菜不同适宜性耕地的分布特点来看，适宜性等级的高低与地形部位、土壤类型及土壤质地密切相关。高中产土壤主要集中在中南部，行政区域包括黎明、五里明、里木店、五站、四站等乡镇，这一地区土壤类型以黑土、黑钙土为主，地势较缓，低产土壤则主要分布在中北部的盐碱性较大的地区和 pH 值较大的地区以及沿江和西北部低洼地块。行政区域包括宣化、尚家、海城等乡镇。土壤类型主要是草甸土为主，地势低平，坡度一般小于 1°（表 4－29）。

表 4－29　甜菜不同适宜性耕地相关属性平均值　（单位：mg/kg、g/kg）

适宜性	有效锌	速效钾	有效磷	有机质	pH 值
高度适宜	3.22	138.94	18.42	28.2	7.93
适　　宜	3.12	137.88	17.94	29.0	8.35
勉强适宜	3.22	138.11	16.87	29.6	8.34
不适宜	2.82	132.63	17.25	28.5	7.84

（一）高度适宜

全市甜菜高度适宜耕地总面积 84 638.3hm²，占全市耕地总面积的 31.2%；行政区域包括昌五镇、德昌乡、海城乡、洪河乡、姜家镇、涝洲镇、黎明镇、里木店镇、明久乡、尚家镇、四站镇、宋站镇、太平乡、五里明镇、五站镇、西八里乡、向阳乡、宣化乡、跃进乡、肇东镇这些乡镇，这一地区土壤类型以黑土、草甸土、黑钙土为主（表 4－30）。

表 4－30　甜菜高度适宜耕地相关指标统计　（单位：mg/kg、g/kg）

养　分	平均	最大	最小
有效锌	3.22	5.10	1.43
速效钾	138.94	162.57	98.94
有效磷	18.42	29.56	10.81
有机质	28.2	34.6	21.8
pH 值	7.93	8.90	6.50

甜菜高度适宜地块所处地形平缓，侵蚀和障碍因素很小，耕层土壤各项养分含量高。结构较好，多为粒状或小团粒状结构。土壤大都呈中性，pH 值在 6.5～8.9。养分含量丰富，有效锌平均 3.22mg/kg，有效磷平均 18.42mg/kg，速效钾平均 138.94mg/kg。保肥性能较好，有一定的排涝能力。该级地适于种植甜菜，产量水平高。

（二）适宜

全市甜菜适宜耕地总面积 41 505.3hm²，占全市耕地总面积的 15.3%，主要分布在安民乡、昌五镇、德昌乡、海城乡、洪河乡、黎明镇、四方山军马场、里木店镇、尚家镇、太平乡、五里明镇、五站镇、向阳乡、宣化乡、肇东镇。土壤类型以黑土、草甸土、黑钙土为主（表 4－31）。

表 4－31　甜菜适宜耕地相关指标统计　（单位：mg/kg、g/kg）

项　目	平均	最大	最小
有效锌	3.12	4.85	1.97
速效钾	137.88	161.29	96.49
有效磷	17.94	26.34	10.19
有机质	29.0	33.0	22.5
pH 值	8.35	8.90	6.80

甜菜适宜地块所处地形较平缓，侵蚀和障碍因素很小。各项养分含量较高。土壤大都呈中性至微碱性，pH 值在 6.8～8.9。养分含量较丰富，有效锌平均 3.12mg/kg，有效磷平均 17.94mg/kg，速效钾平均 137.88mg/kg。保肥性能好，该级地适于种植甜菜，产量水平较高。

（三）勉强适宜

全市甜菜勉强适宜耕地总面积 29 840.4hm^2，占全市耕地总面积的 11%；主要分布在安民乡、德昌乡、海城乡、姜家镇、四方山军马场、里木店镇、尚家镇、向阳乡、宣化乡、肇东镇等乡镇。土壤类型以黑钙土、草甸土为主。

甜菜勉强适宜地块所处地形低洼，主要分布在南部地区，坡度一般较大或较小，侵蚀和障碍因素大。各项养分含量偏低。质地较差，一般为重壤土或沙壤土。土壤呈微酸性至微碱性，pH 值在 6.8～8.9。养分含量较低，有效锌平均 3.22mg/kg，有效磷平均 16.87mg/kg，速效钾平均 138.11mg/kg。该级地勉强适于种植甜菜，产量水平较低（表 4－32）。

表 4－32　甜菜勉强适宜耕地相关指标统计　（单位：mgkg、g/kg）

养　分	平均	最大	最小
有效锌	3.22	4.45	2.24
速效钾	138.11	157.20	99.00
有效磷	16.87	27.56	10.19
有机质	29.6	36.3	24.8
pH 值	8.34	8.90	6.80

（四）不适宜

全市甜菜不适宜耕地总面积 115 292.5hm^2，占全市耕地总面积的 42.5%（表 4－33）。

表 4－33　甜菜不适宜耕地相关指标统计　（单位：mg/kg、g/kg）

养　分	平均	最大	最小
有效锌	2.82	4.86	1.35
速效钾	132.63	160.05	94.93
有效磷	17.25	30.30	8.04
有机质	28.5	36.3	20.2
pH 值	7.84	8.90	7.5

主要分布在安民乡、德昌乡、海城乡、明久乡、尚家镇、四方山军马场、宋站镇、太平乡、向阳乡、宣化乡、肇东镇。土壤类型以草甸土为主，土壤含盐量过高，pH 值超过 8.6 以上的盐化、碱化耕地甜菜产量较低。

甜菜不适宜地块所处地形低洼地区，侵蚀和障碍因素大。各项养分含量低，土壤大都偏碱性，pH 值在 7.5～8.9。养分含量较低，有效锌平均为 2.82mg/kg，有效磷平均为 17.25mg/kg，速效钾平均为 132.63mg/kg。该级地不适于种植甜菜，产量水平低。

第二章　肇东市耕地地力信息图及行政区养分查询

第一节　肇东市耕地地力评价数字化地理信息图件

肇东市耕地地力评价数字化地理信息查询统计，见图 4－10 至图 4－23。

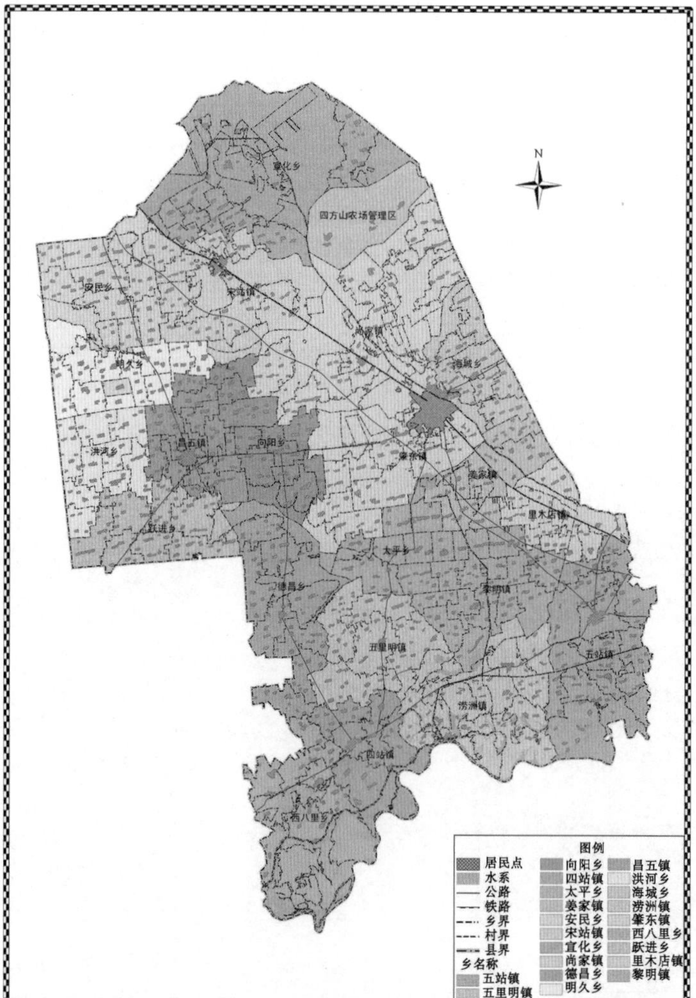

本图采用北京1954坐标系　　比例尺：1:500000　　哈尔滨万图信息技术开发有限公司

图 4－10　肇东市行政区划图

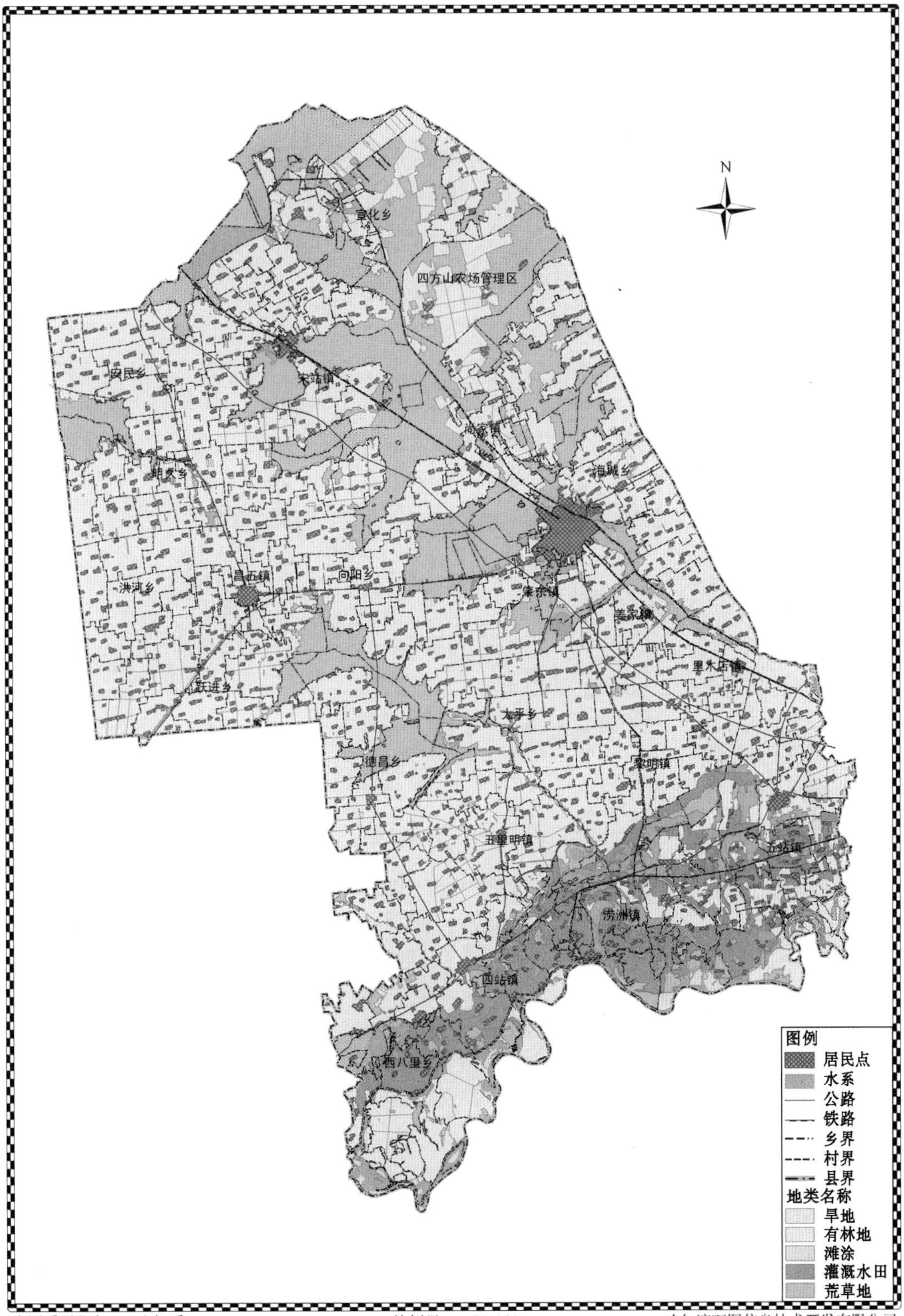

本图采用北京1954坐标系　　比例尺：1:500000　　哈尔滨万图信息技术开发有限公司

图 4－11　肇东市土地利用现状图

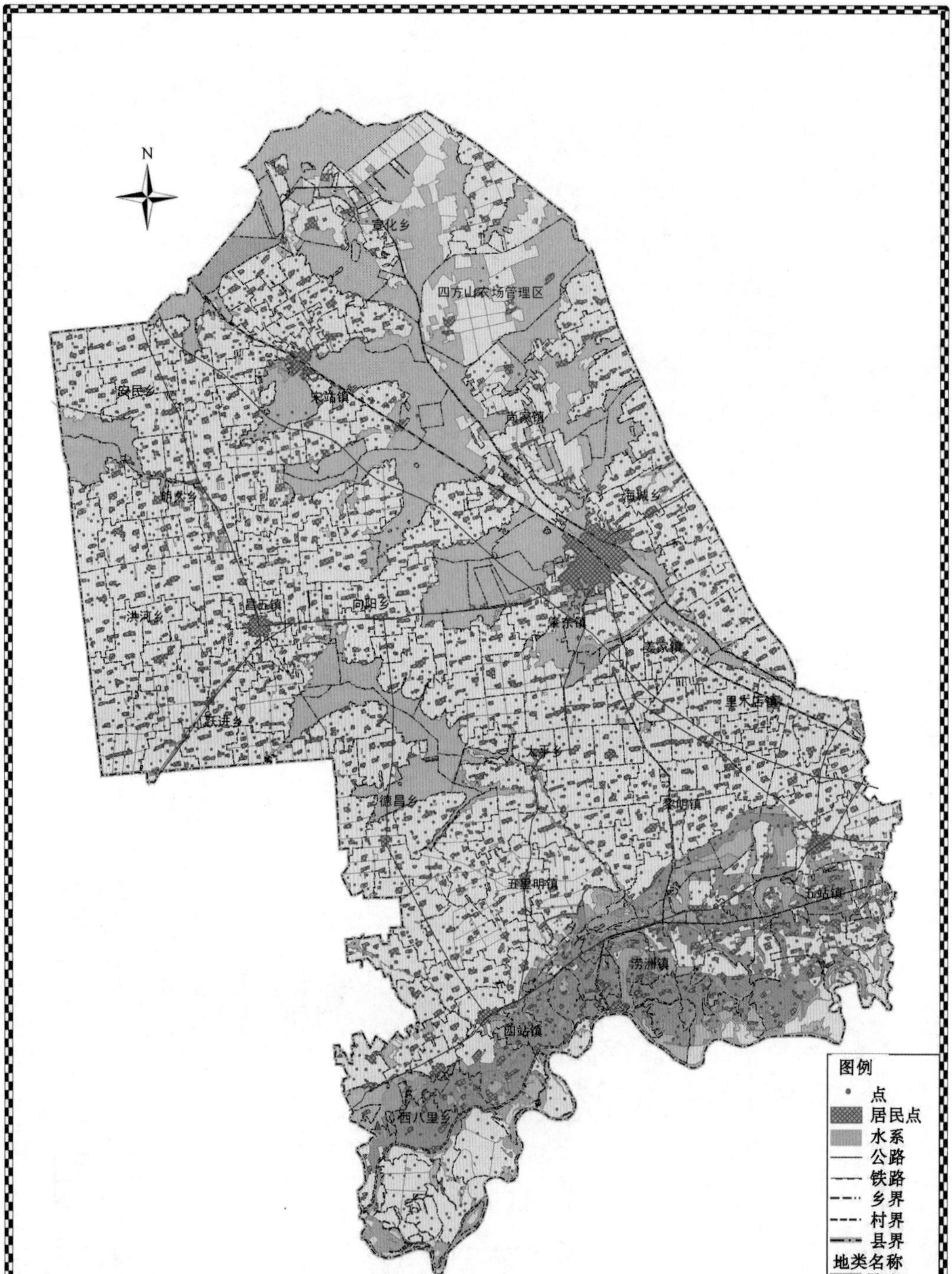

本图采用北京1954坐标系　　比例尺：1:500000　　哈尔滨万图信息技术开发有限公司

图 4－12　肇东市耕地地力调查点点位图

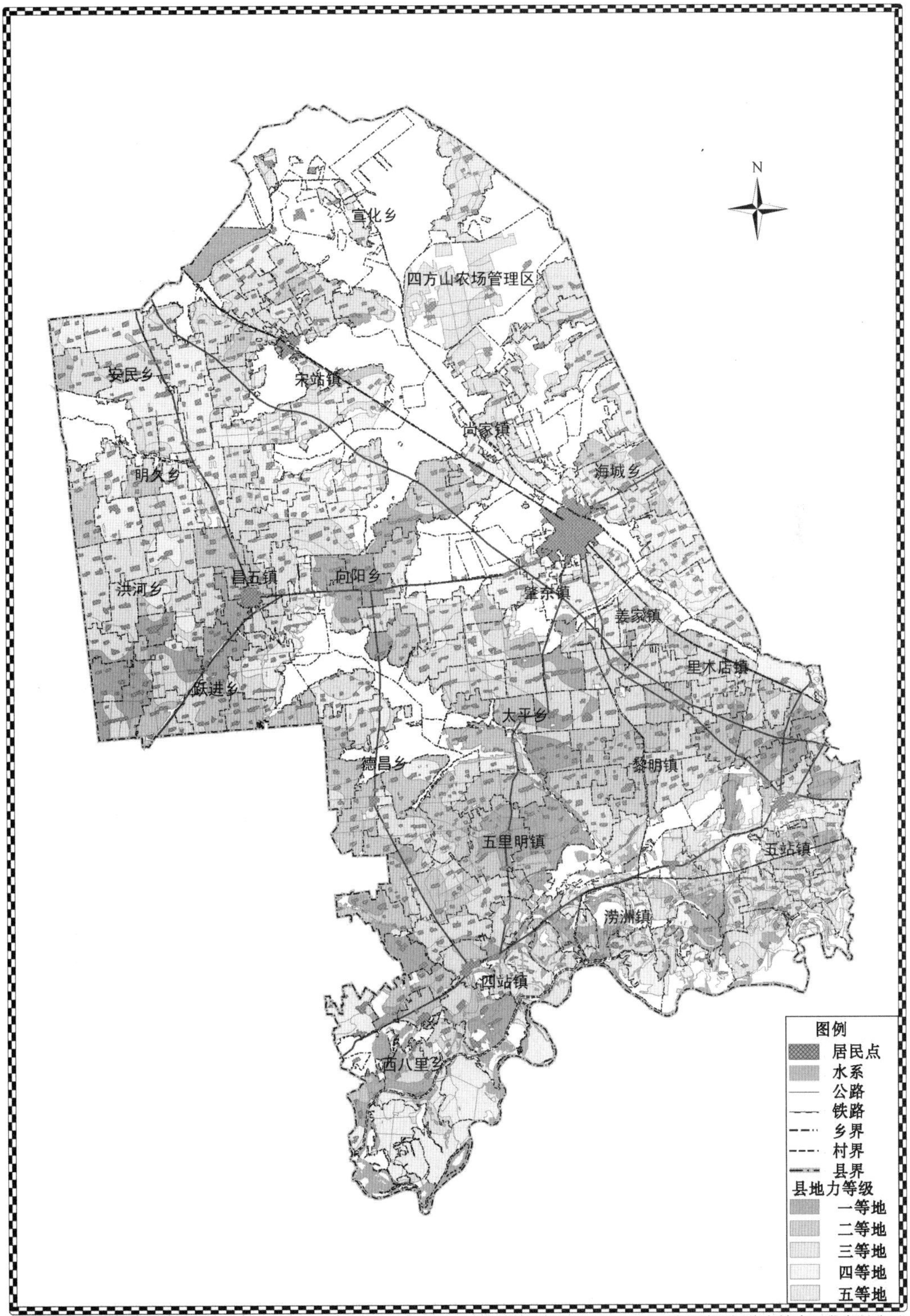

本图采用北京1954坐标系　　比例尺：1:500000　　哈尔滨万图信息技术开发有限公司

图4－13　肇东市耕地地力等级图

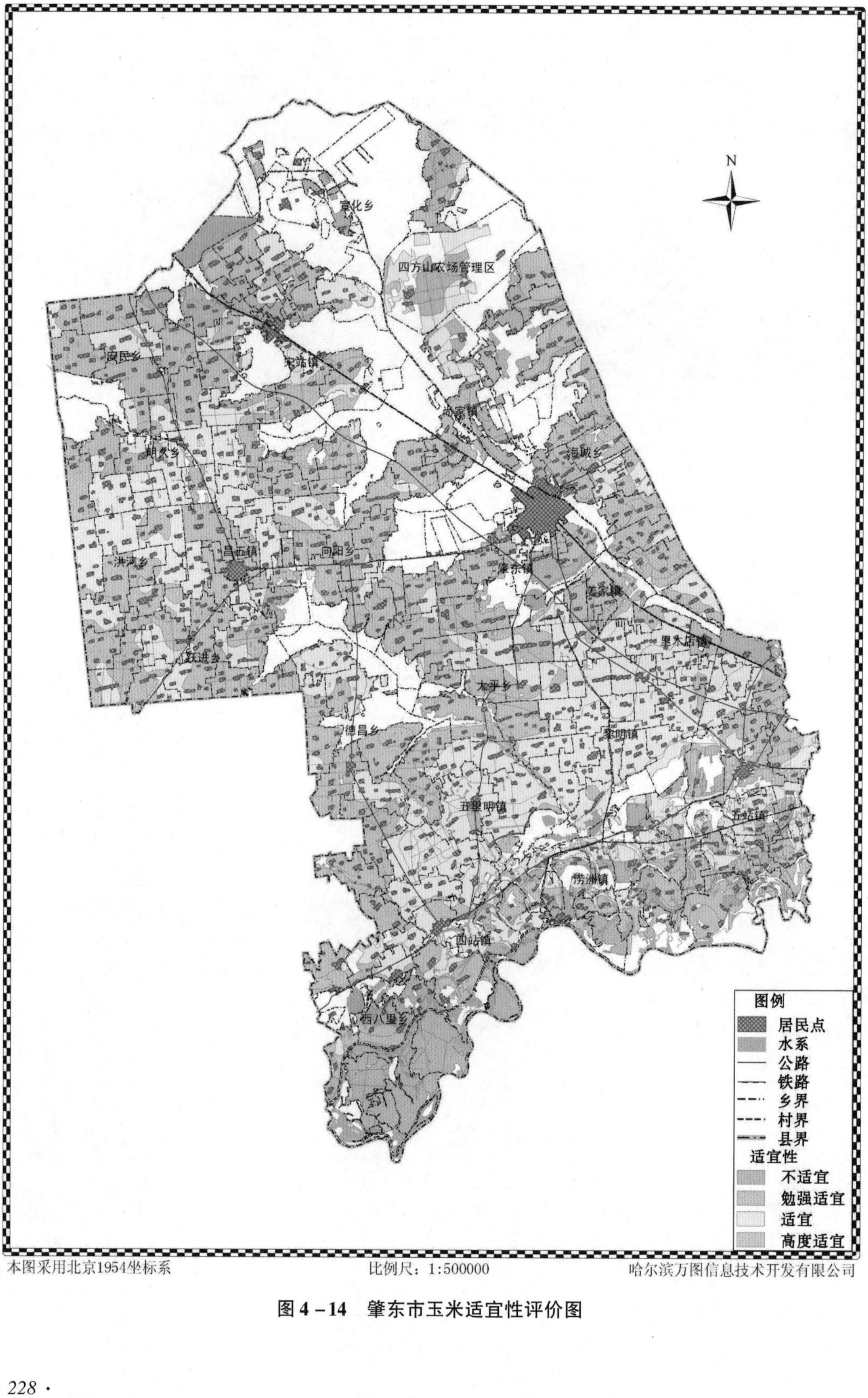

本图采用北京1954坐标系　　比例尺：1:500000　　哈尔滨万图信息技术开发有限公司

图 4－14　肇东市玉米适宜性评价图

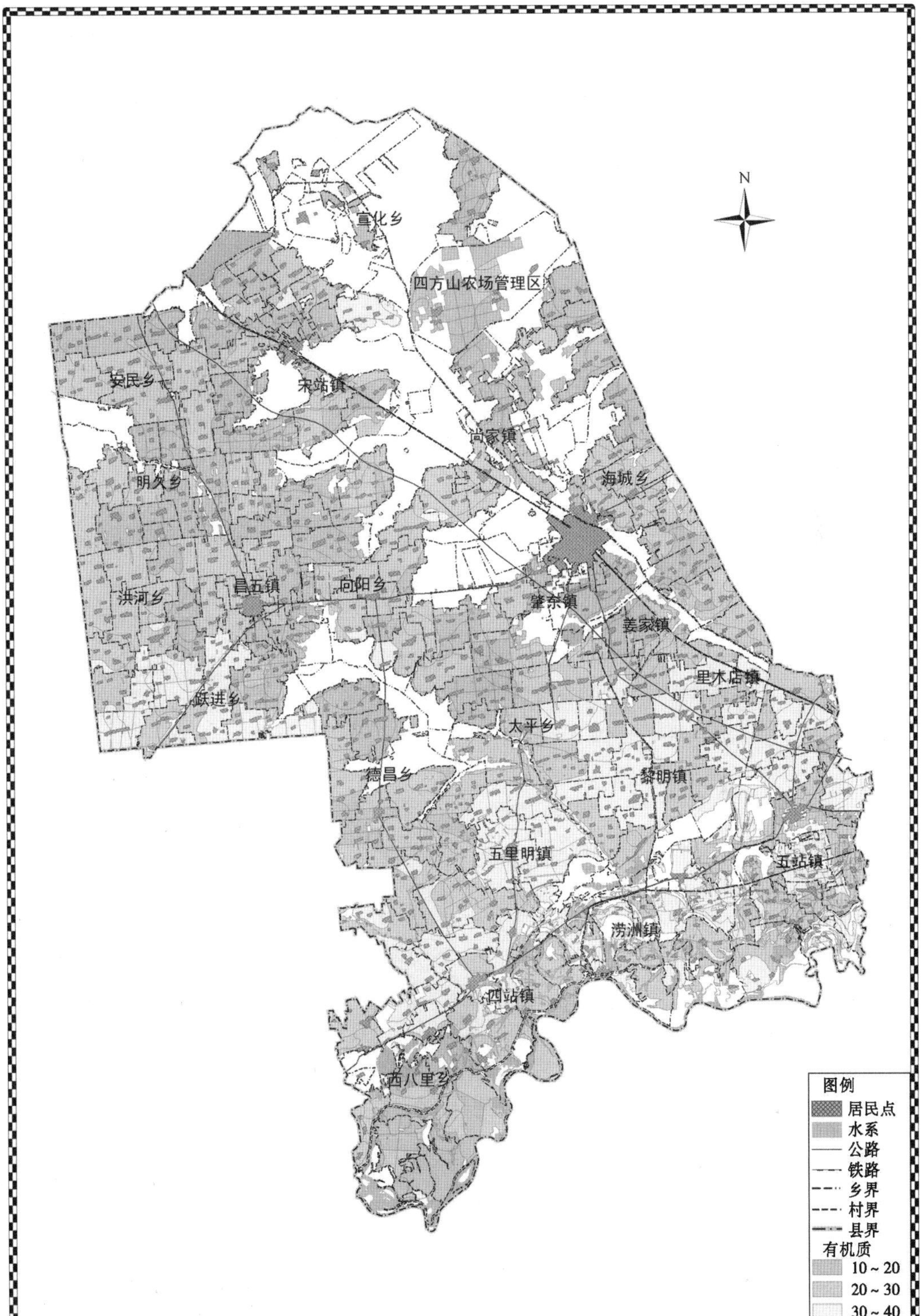

图 4－15　肇东市耕地土壤有机质图

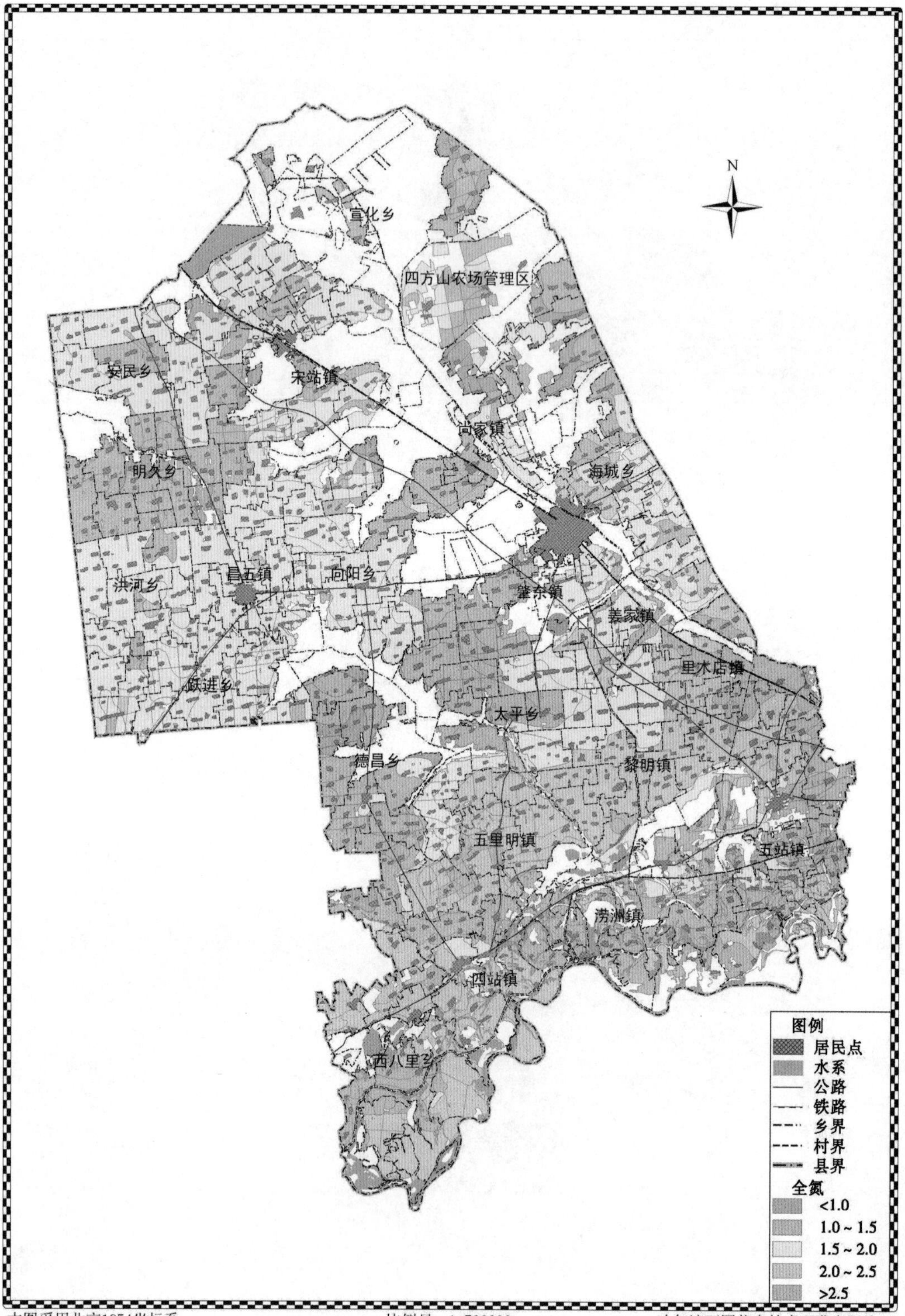

图 4 – 16　肇东市耕地土壤全氮分级图

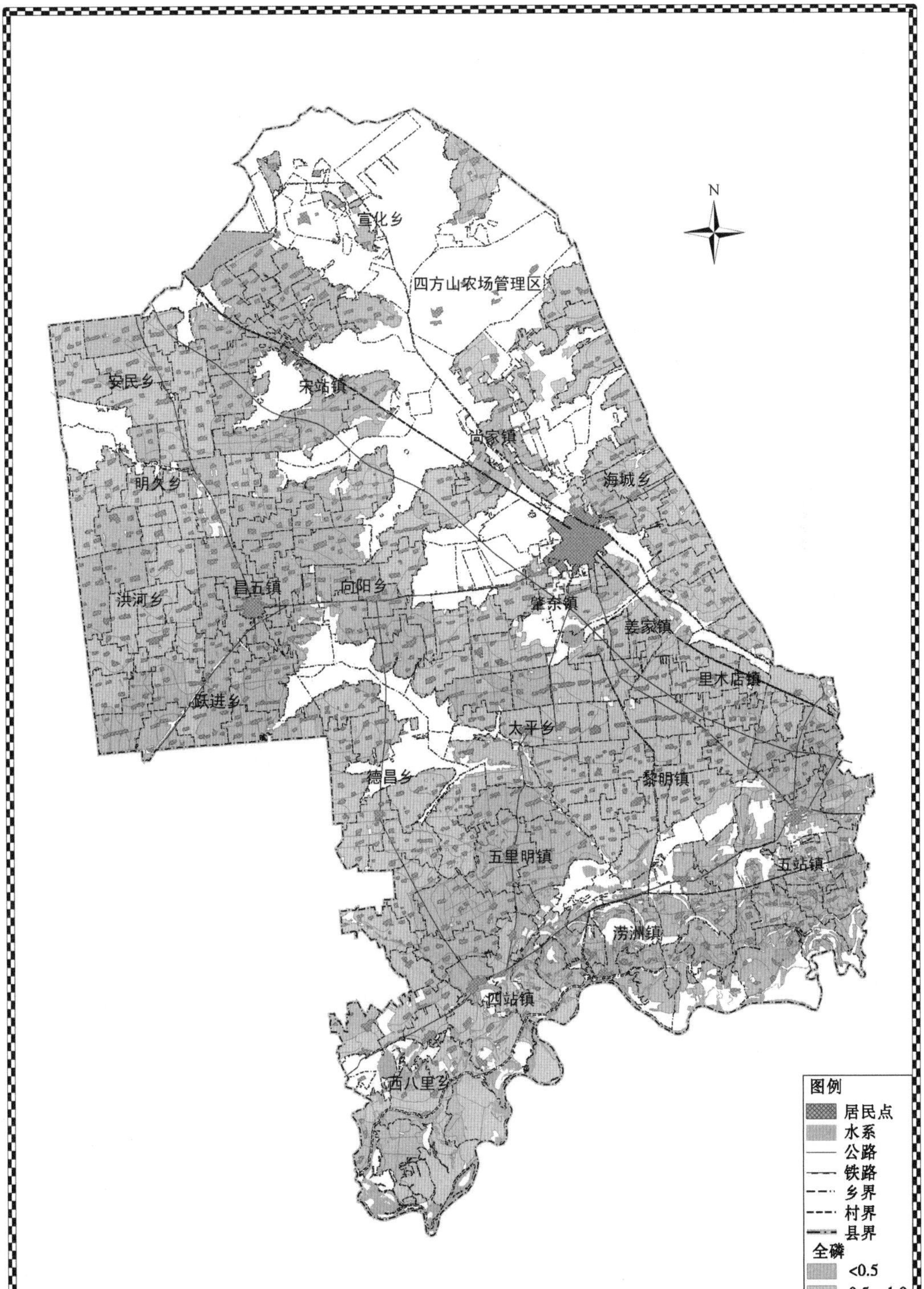

图 4－17　肇东市耕地土壤全磷分级图

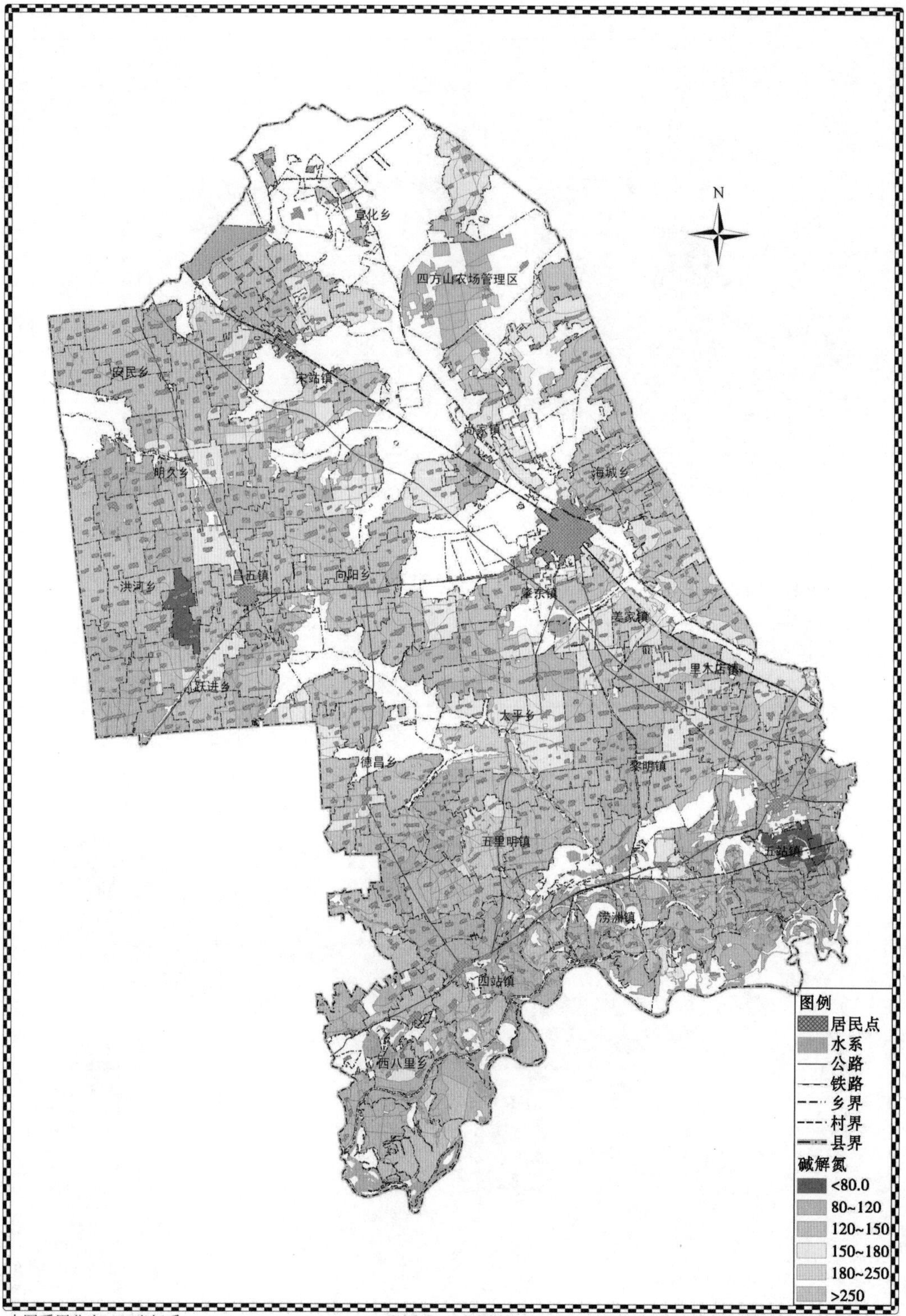

本图采用北京1954坐标系　　比例尺：1:500000　　哈尔滨万图信息技术开发有限公司

图 4－18　肇东市耕地土壤碱解氮分级图

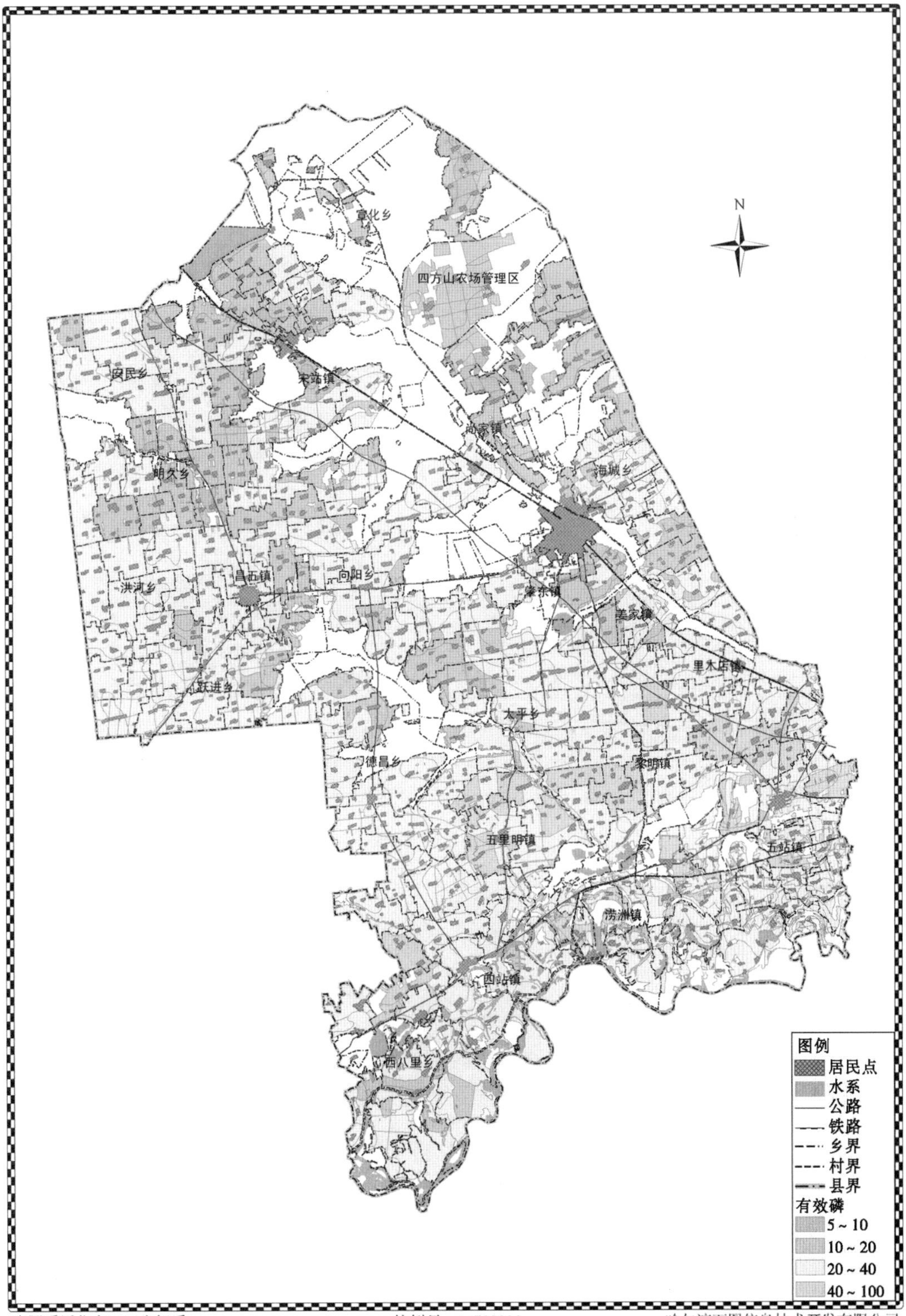

本图采用北京1954坐标系　　比例尺：1:500000　　哈尔滨万图信息技术开发有限公司

图 4-19　肇东市耕地土壤有效磷分级图

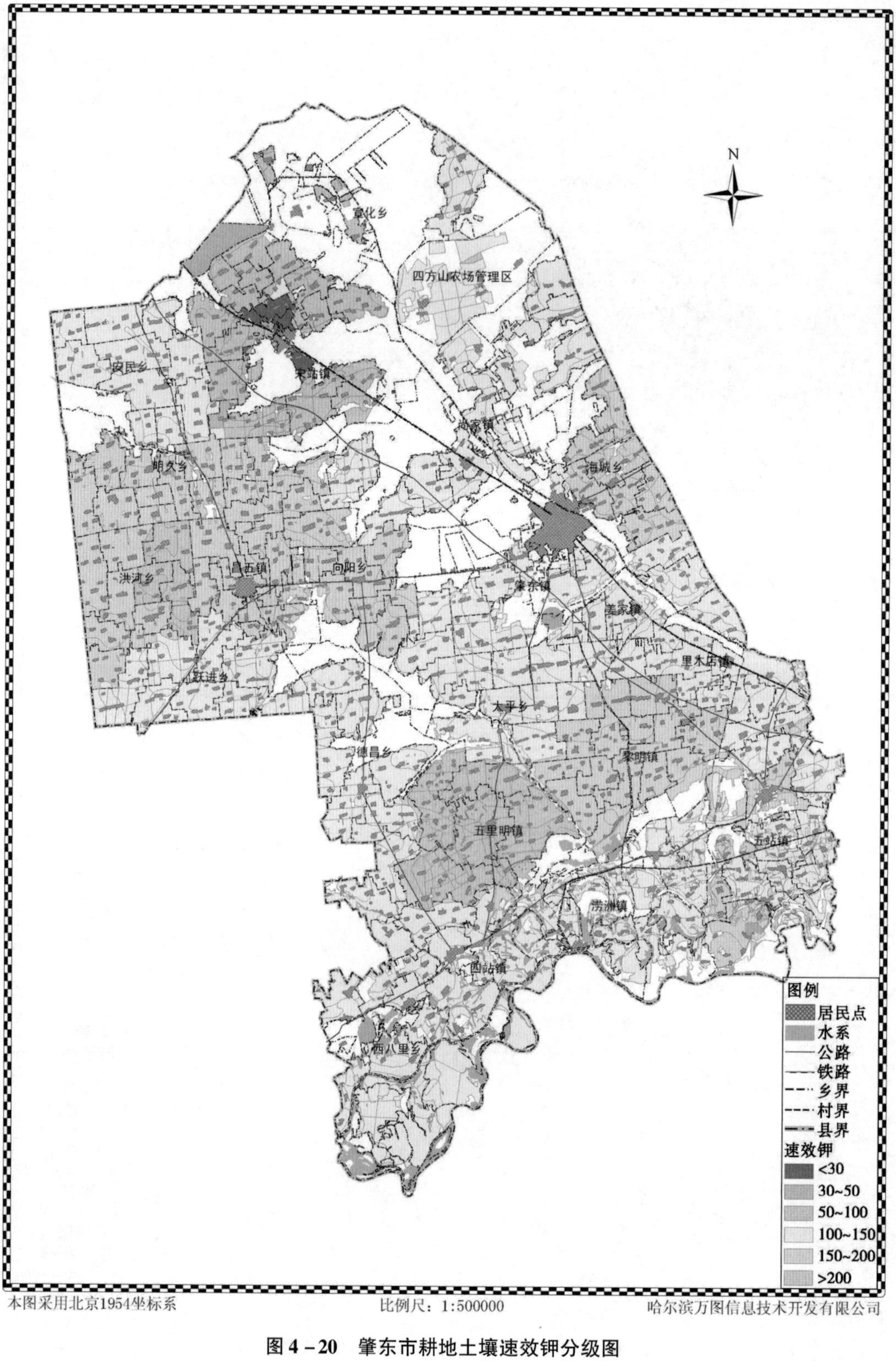

本图采用北京1954坐标系　　比例尺：1:500000　　哈尔滨万图信息技术开发有限公司

图 4－20　肇东市耕地土壤速效钾分级图

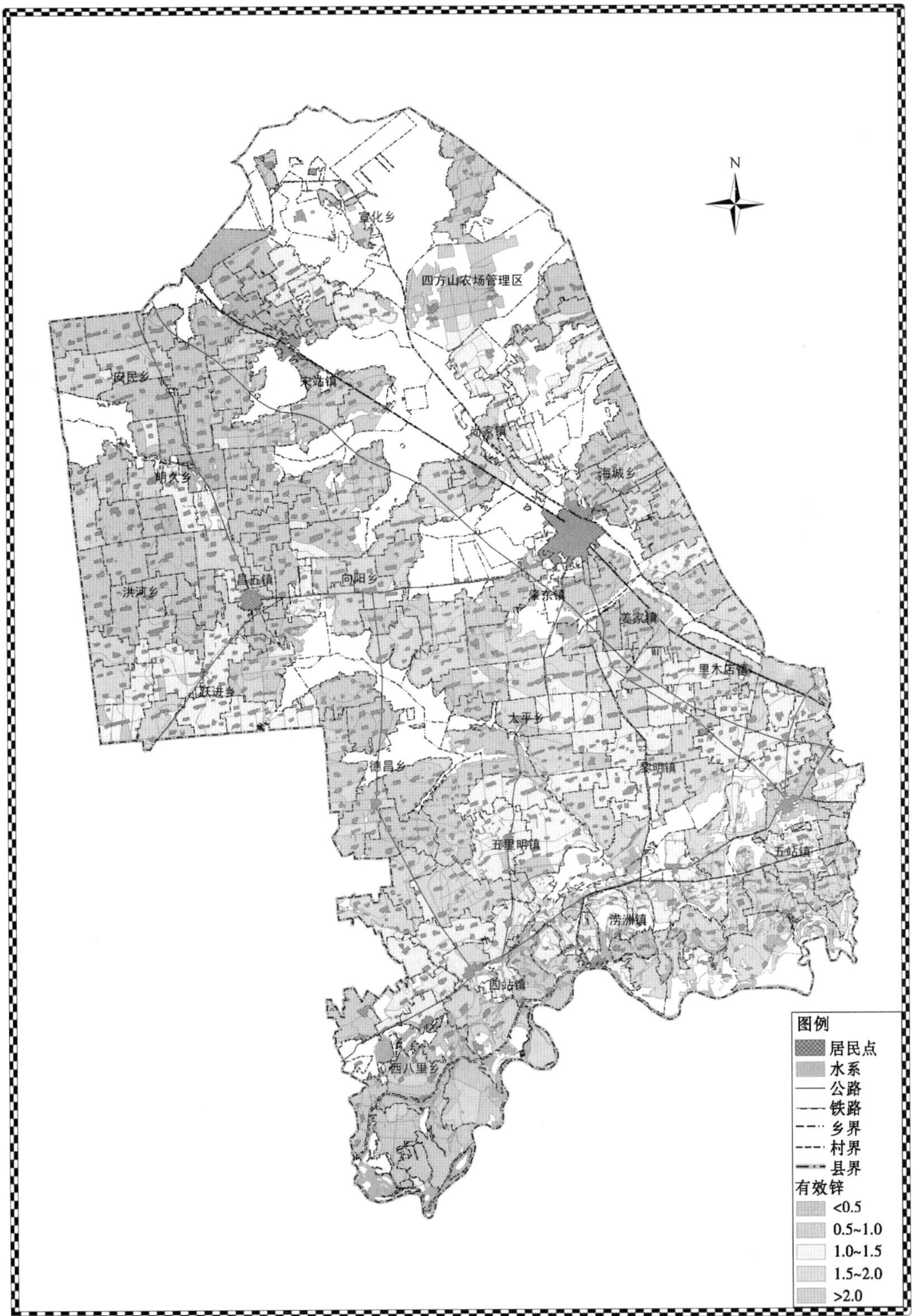

本图采用北京1954坐标系　　比例尺：1:500000　　哈尔滨万图信息技术开发有限公司

图 4－21　肇东市耕地土壤有效锌分级图

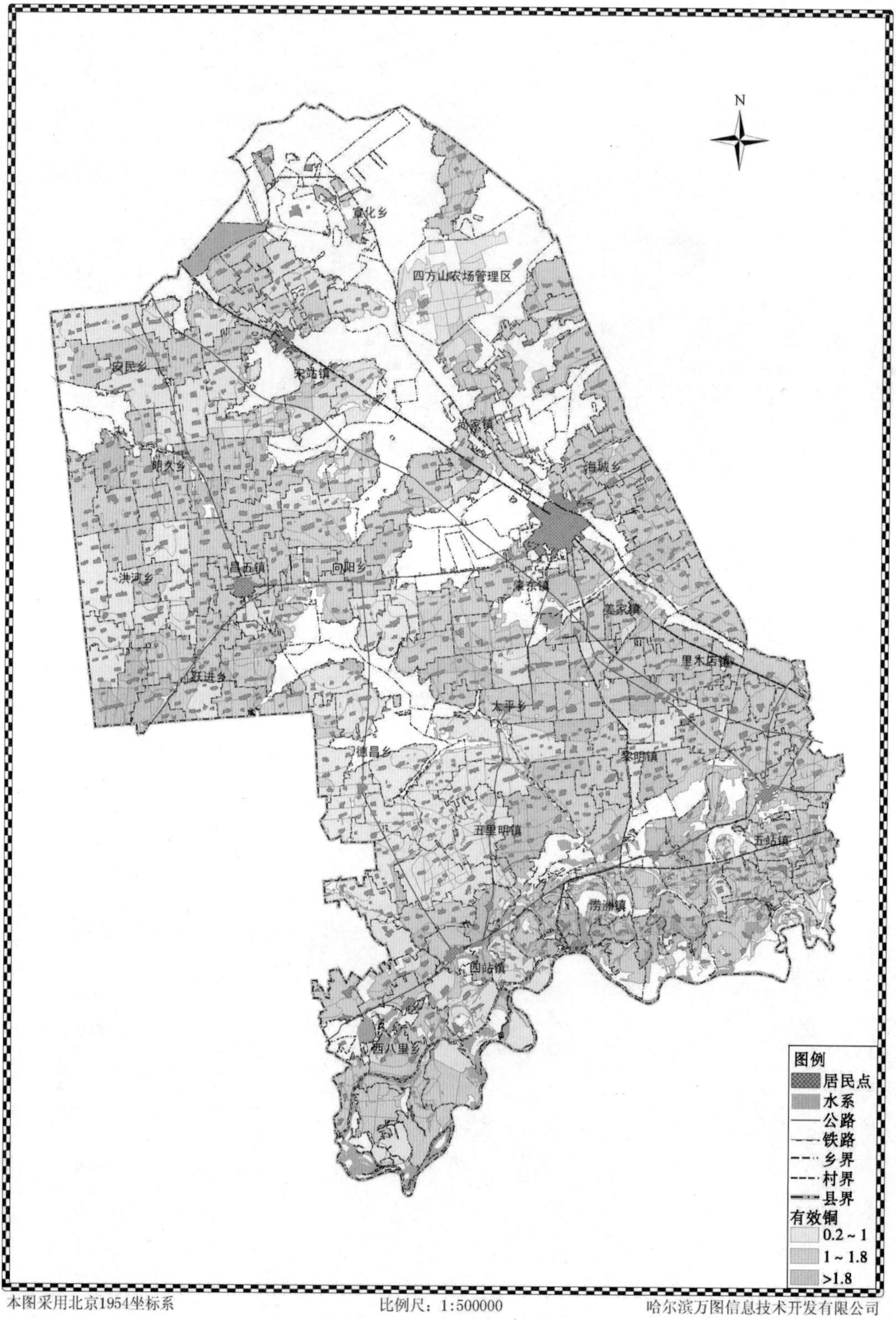

本图采用北京1954坐标系　　比例尺：1:500000　　哈尔滨万图信息技术开发有限公司

图 4－22　肇东市耕地土壤有效铜分级图

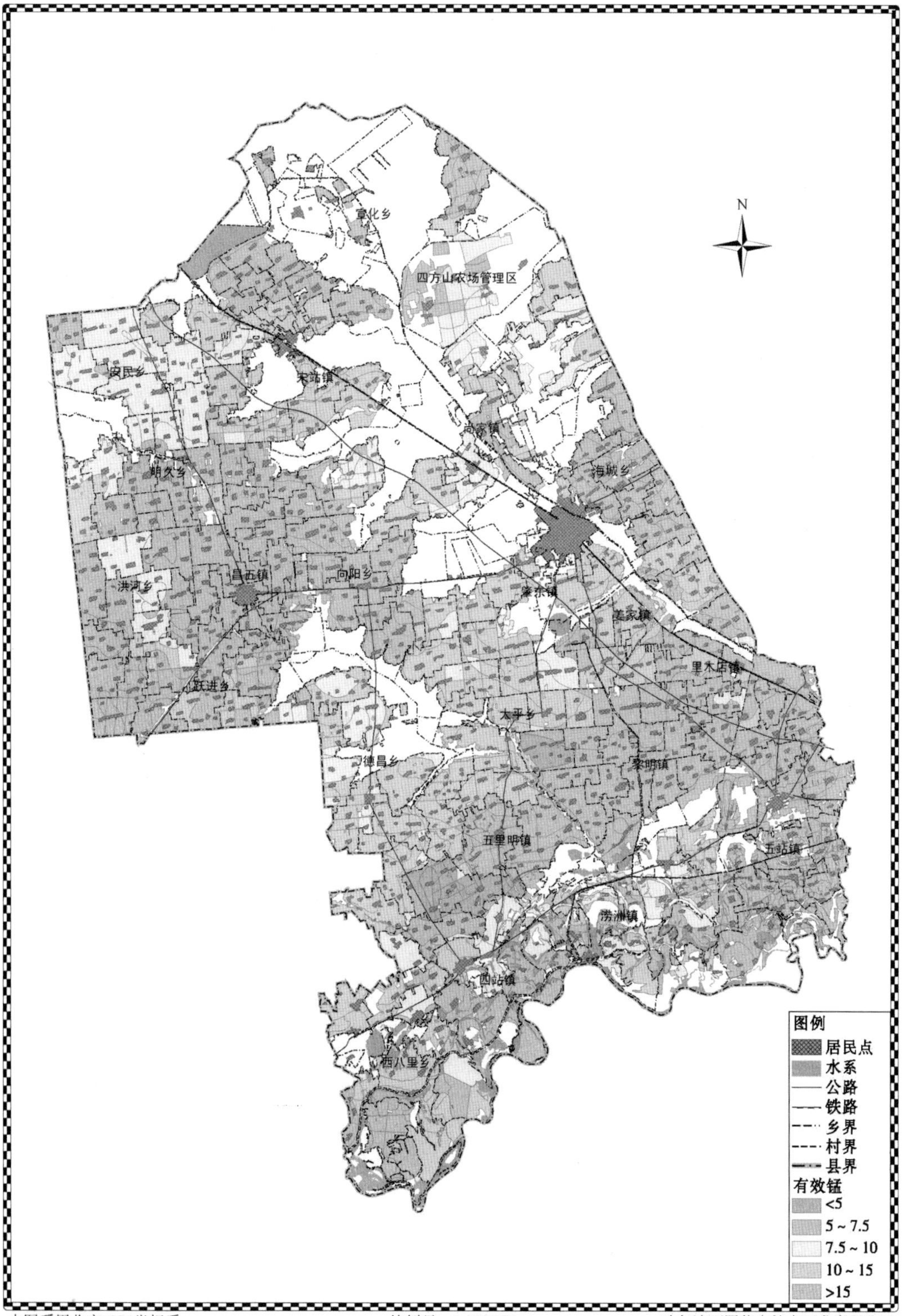

本图采用北京1954坐标系 比例尺：1:500000 哈尔滨万图信息技术开发有限公司

图 4－23 肇东市耕地土壤有效锰分级图

第二节　肇东市乡镇耕地土壤养分含量、物理性状查询统计表

肇东市乡镇耕地土壤养分含量、物理性状查询统计，见表 4－34。

表 4－34　肇东市乡镇耕地土壤养分含量、物理性状查询统计

（单位：mg/kg、g/kg）

养　分	pH 值					有机质					有效磷				
乡　镇	平均值	最小值	最大值	标准差	变异 k	平均值	最小值	最大值	标准差	变异 k	平均值	最小值	最大值	标准差	变异 k
四站镇	7.2	6.6	8	0.4	5.0	28.9	19	38	5.3	18.4	33.5	19	40.3	5.2	15.5
西八里	7.2	6.7	7.8	0.2	2.7	23.1	18	37.4	5.1	22.3	29.6	20	47.5	6.8	22.8
海城乡	7.5	7	7.9	0.2	3.1	22.8	13	30.5	5.6	24.7	23.0	12	33	4.6	20.0
宣化乡	7.9	7.2	8.6	0.3	4.3	22.7	13.5	38	6.4	28.2	16.8	6	30	7.1	42.0
肇东镇	7.6	7.2	7.9	0.2	2.1	17.8	12	26	3.2	17.7	19.9	5	30	4.0	19.9
里木店	7.3	6.6	7.9	0.4	5.0	27.8	13.9	36.3	4.9	17.7	28.6	17.9	37.1	3.9	13.5
向阳乡	7.6	7	8	0.2	3.0	21.6	12	32.5	5.8	27.0	24.9	14	32.8	5.0	19.9
明久乡	8.0	7.3	8.9	0.4	5.4	20.1	13	32	4.7	23.2	18.2	6	31.1	5.7	31.1
洪河乡	7.5	7	7.8	0.2	2.9	21.9	12.3	33.2	5.8	26.5	25.7	14	36	5.5	21.6
姜家镇	7.5	7	8.3	0.3	3.4	22.4	13.8	31	4.7	21.0	26.3	14	40	6.3	23.7
五站镇	7.2	6.1	7.9	0.2	3.0	29.7	18	38	3.4	11.4	37.9	20	55	4.6	12.2
宋站镇	8.0	7.2	8.8	0.4	4.8	20.0	12	32.7	3.8	19.0	18.7	8	30	4.5	24.3
跃进乡	7.2	6.7	7.7	0.3	3.7	28.8	16.3	36	5.5	19.0	26.8	15	32.8	4.0	14.9
五里明	7.2	6.9	7.8	0.2	2.3	29.6	18	38	4.8	16.2	36.5	20	55	5.8	15.9
尚家镇	7.7	7	8.6	0.3	3.5	19.3	12	34	5.3	27.3	16.4	6	32	7.5	46.1
安民乡	7.8	7	8.2	0.3	3.3	20.6	14.3	32.5	4.6	22.4	19.5	10	29	5.9	30.1
涝洲镇	7.0	6	7.8	0.3	3.7	30.5	18	38	3.9	12.8	39.0	19	55	5.0	12.9
德昌乡	7.4	6.7	7.9	0.2	3.3	22.0	12	36	5.6	25.3	26.6	16	40	4.5	17.0
黎明镇	7.2	6.9	7.5	0.1	1.8	31.3	27.3	36.3	2.2	7.1	38.2	32.8	50	3.2	8.2
太平乡	7.3	6.6	7.8	0.3	3.4	24.6	15.8	34.4	4.8	19.6	24.9	15	36.3	4.8	19.4
昌五镇	7.7	7.1	8.3	0.3	3.7	18.7	13.1	30	5.3	28.3	23.3	12	32.1	4.6	19.9

（续表）

养分	速效钾					全氮					全磷				
乡镇	平均值	最小值	最大值	标准差	变异 k	平均值	最小值	最大值	标准差	变异 k	平均值	最小值	最大值	标准差	变异 k
四站镇	131	123	198	11.9	9.1	2.7	1.5	5.7	0.8	31.2	0.6	0.3	0.8	0.1	20.0
西八里	135	129	136	1.0	0.8	2.7	1.1	5.9	1.1	40.2	0.5	0.2	0.8	0.2	36.3
海城乡	176	122	181	12.1	6.9	1.7	1.2	2.3	0.3	17.3	0.6	0.3	0.9	0.1	19.1
宣化乡	98	85	107	3.4	3.4	1.2	0.5	1.7	0.4	30.3	0.4	0.3	0.6	0.1	20.0
肇东镇	124	118	142	2.7	2.2	1.4	1.0	2.3	0.2	14.2	0.6	0.3	0.8	0.1	15.2
里木店	133	109	187	8.5	6.4	3.4	1.0	5.6	1.1	31.9	0.7	0.4	1.1	0.1	17.7
向阳乡	153	87	163	12.1	7.9	1.6	1.1	2.0	0.2	9.8	0.5	0.3	0.6	0.1	15.3
明久乡	185	160	196	6.8	3.7	1.0	0.5	1.9	0.3	27.9	0.6	0.3	0.9	0.2	27.1
洪河乡	198	145	208	11.4	5.8	1.6	1.2	2.3	0.2	12.3	0.7	0.5	0.8	0.1	14.3
姜家镇	108	102	154	8.4	7.8	1.7	1.0	2.5	0.3	17.4	0.6	0.5	0.7	0.0	7.4
五站镇	148	133	177	4.1	2.8	2.5	1.0	6.0	1.1	43.6	0.4	0.3	0.8	0.1	26.7
宋站镇	71	20	119	19.7	27.9	1.5	0.6	1.9	0.3	17.5	0.3	0.0	0.5	0.1	24.2
跃进乡	124	119	178	11.0	8.8	1.6	1.2	2.1	0.1	6.5	0.4	0.0	0.7	0.1	25.8
五里明	247	130	364	44.2	17.9	2.6	1.3	5.3	0.8	32.2	0.4	0.2	0.7	0.1	28.6
尚家镇	114	101	146	3.5	3.1	1.4	0.3	2.2	0.3	23.1	0.6	0.4	0.7	0.1	10.0
安民乡	118	106	150	5.8	4.9	1.5	1.0	1.7	0.2	12.4	0.6	0.3	0.7	0.1	17.5
涝洲镇	143	136	261	10.9	7.6	3.4	1.5	6.0	1.1	32.1	0.4	0.2	0.8	0.1	20.9
德昌乡	117	107	257	24.2	20.7	1.3	0.5	2.2	0.3	22.1	0.6	0.5	0.8	0.1	8.5
黎明镇	171	115	213	12.2	7.1	2.3	1.6	4.7	0.7	29.1	0.7	0.5	0.9	0.1	10.5
太平乡	131	112	204	9.6	7.3	1.6	1.1	2.3	0.3	18.4	0.6	0.3	1.0	0.1	17.9
昌五镇	166	154	196	5.1	3.1	1.8	1.2	2.5	0.2	9.9	0.5	0.4	0.6	0.0	10.3

（续表）

养　分	缓效钾					有效锌					有效铜				
乡　镇	平均值	最小值	最大值	标准差	变异 k	平均值	最小值	最大值	标准差	变异 k	平均值	最小值	最大值	标准差	变异 k
四站镇	10.9	7.0	14.0	1.8	16.2	1.6	1.0	2.2	0.3	18.7	1.3	0.6	3.1	0.6	42.8
西八里	8.4	8.0	10.0	0.5	6.3	2.0	1.1	2.5	0.3	16.5	1.1	0.7	1.4	0.2	15.5
海城乡	9.6	8.0	12.0	0.7	7.3	1.7	0.6	2.4	0.5	28.6	1.4	1.1	2.2	0.2	17.6
宣化乡	6.6	6.0	10.0	0.7	11.1	0.9	0.4	1.4	0.2	26.5	1.2	0.7	2.0	0.3	25.4
肇东镇	9.1	8.0	12.0	0.8	8.2	1.5	0.6	2.4	0.6	38.5	1.3	1.0	3.3	0.4	29.9
里木店	12.5	10.0	15.0	1.0	8.0	1.7	0.6	2.3	0.4	21.2	1.5	1.1	1.8	0.1	9.1
向阳乡	9.2	7.0	11.0	0.9	9.8	1.4	0.5	2.4	0.5	37.2	1.2	0.8	2.6	0.3	24.8
明久乡	10.3	9.0	11.0	0.7	6.9	1.3	0.4	2.2	0.6	43.2	1.7	1.2	2.4	0.4	21.1
洪河乡	13.1	10.0	18.0	2.9	22.4	1.6	0.6	2.4	0.6	35.1	1.0	0.8	1.7	0.2	18.4
姜家镇	9.7	7.0	13.0	1.1	11.6	1.7	0.7	2.5	0.4	22.5	1.6	0.8	8.4	0.9	55.3
五站镇	10.9	6.0	22.0	2.5	22.8	1.6	1.0	2.4	0.3	15.9	1.2	0.5	2.5	0.3	21.7
宋站镇	9.0	7.0	10.0	0.9	9.8	1.2	0.4	2.5	0.6	55.0	1.0	0.7	1.5	0.1	12.5
跃进乡	11.9	9.0	15.0	1.1	9.1	1.5	0.9	2.4	0.3	22.8	1.6	0.9	2.6	0.4	25.7
五里明	10.4	7.0	14.0	1.8	17.3	1.5	1.0	2.4	0.3	22.6	1.3	0.5	3.9	1.2	85.9
尚家镇	13.8	10.0	16.0	0.9	6.5	1.5	0.6	2.5	0.5	30.2	1.2	0.8	2.6	0.3	22.1
安民乡	12.0	10.0	15.0	1.7	13.9	1.4	0.6	2.2	0.5	37.6	1.0	0.9	1.6	0.1	12.1
涝洲镇	13.9	10.0	18.0	1.8	12.7	1.5	1.0	2.4	0.3	20.5	2.0	1.1	3.7	0.6	31.5
德昌乡	6.6	6.0	9.0	0.8	11.9	1.7	0.7	2.5	0.5	27.5	0.8	0.5	2.1	0.3	34.2
黎明镇	9.4	5.0	14.0	1.7	18.3	1.5	1.0	1.8	0.2	15.6	1.3	0.3	3.4	0.5	36.1
太平乡	12.2	10.0	16.0	1.6	12.8	1.8	1.1	2.4	0.3	18.1	1.2	0.9	2.5	0.3	24.0
昌五镇	9.0	8.0	18.0	1.6	18.2	1.3	0.7	2.3	0.5	34.4	1.1	0.8	1.8	0.2	18.1

（续表）

养　分	耕层厚度					有效锰					容重				
乡　镇	平均值	最小值	最大值	标准差	变异 k	平均值	最小值	最大值	标准差	变异 k	平均值	最小值	最大值	标准差	变异 k
四站镇	28.6	26.0	32.0	1.2	4.1	12.6	2.1	32.9	5.9	47.2	1.1	1.0	1.2	0.1	4.7
西八里	27.2	22.0	30.0	1.8	6.7	12.8	6.0	17.9	2.7	20.9	1.1	1.0	1.3	0.0	4.1
海城乡	26.1	20.0	32.0	2.9	11.1	33.2	10.5	49.9	7.9	23.7	1.2	1.1	1.3	0.0	3.3
宣化乡	20.7	14.0	29.0	4.7	22.6	18.6	12.6	23.8	2.0	11.0	1.3	1.2	1.4	0.1	4.2
肇东镇	23.0	17.0	30.0	2.3	9.8	11.1	8.4	15.7	1.1	9.7	1.2	1.1	1.3	0.0	2.3
里木店	26.9	23.0	30.0	1.5	5.5	23.5	6.3	37.7	7.8	33.2	1.1	1.0	1.3	0.1	6.7
向阳乡	24.8	21.0	31.0	2.4	9.8	22.2	13.5	33.3	5.6	25.0	1.2	1.2	1.3	0.0	1.9
明久乡	20.6	13.0	29.0	4.5	21.6	15.5	6.2	31.3	5.2	33.8	1.3	1.2	1.4	0.0	3.4
洪河乡	26.0	20.0	32.0	2.3	8.9	8.8	6.5	16.7	2.5	28.8	1.2	1.1	1.3	0.0	2.2
姜家镇	25.0	17.0	31.0	3.1	12.3	15.1	9.5	30.1	3.9	26.0	1.2	1.1	1.3	0.0	2.8
五站镇	28.8	22.0	32.0	1.5	5.1	49.3	8.2	57.8	8.7	17.8	1.1	0.9	1.3	0.1	8.0
宋站镇	21.6	14.0	30.0	4.5	20.8	11.8	9.6	15.4	1.3	11.1	1.2	1.2	1.4	0.0	3.2
跃进乡	26.8	20.0	31.0	2.3	8.6	16.9	7.8	31.7	3.9	22.9	1.2	1.2	1.3	0.0	1.2
五里明	28.5	24.0	32.0	1.5	5.3	17.5	1.0	39.0	11.7	66.6	1.1	0.9	1.3	0.1	6.4
尚家镇	21.3	15.0	30.0	4.4	20.8	10.8	7.0	18.5	2.4	22.6	1.3	1.1	1.4	0.1	4.6
安民乡	22.2	15.0	30.0	4.0	18.2	8.8	6.5	11.4	1.3	14.9	1.2	1.2	1.3	0.0	2.3
涝洲镇	28.9	23.0	36.0	2.5	8.8	15.3	7.1	37.4	7.2	46.9	1.1	0.9	1.2	0.1	7.4
德昌乡	25.0	20.0	30.0	2.4	9.6	10.7	7.3	15.1	1.2	10.8	1.3	1.1	1.4	0.0	3.2
黎明镇	29.3	28.0	36.0	1.3	4.4	38.3	19.5	53.7	8.4	21.9	1.1	0.9	1.2	0.1	5.0
太平乡	26.9	23.0	31.0	1.8	6.7	12.1	3.9	34.2	3.2	26.5	1.2	1.1	1.3	0.0	3.2
昌五镇	23.3	15.0	29.0	3.4	14.4	30.9	12.5	39.0	5.1	16.6	1.2	1.1	1.2	0.0	1.7

第三节　肇东市行政村耕地土壤主要养分含量查询统计表

肇东市行政村耕地土壤主要养分含量查询统计，见表4－35。

表4－35　肇东市行政村耕地土壤主要养分含量查询统计　（单位：mg/kg、g/kg）

养　分	碱解氮				有效磷				速效钾				pH值				有机质			
村名称	平均值	最小值	最大值	标准差	平均值	最小值	最大值	标准差	平均值	最小值	最大值	标准差	平均值	最小值	最大值	标准差	平均值	最小值	最大值	标准差
莱元子	124.1	98.0	147.0	17.9	35.7	25.0	40.0	4.6	127.4	126.0	133.0	2.2	7.2	6.9	7.5	0.1	29.2	22.0	36.0	3.6
飞跃村	123.1	95.0	166.2	16.1	37.5	21.7	47.5	6.6	135.0	132.0	136.0	0.9	7.1	6.8	7.8	0.2	29.3	20.0	36.8	5.6
长兴村	141.8	126.1	155.3	9.1	21.6	18.0	25.4	2.8	157.4	122.0	180.0	22.1	7.4	7.3	7.5	0.1	19.3	13.0	25.8	4.2
靠山村	126.7	119.5	133.3	4.9	25.6	22.0	28.2	2.0	180.1	180.0	181.0	0.4	7.3	7.0	7.4	0.1	29.0	27.7	30.5	1.0
四　村	139.0	131.0	157.3	6.9	14.2	8.0	21.4	3.3	96.1	94.0	101.0	1.4	8.1	7.7	8.5	0.3	20.7	18.0	25.1	1.5
东跃村	150.0	143.2	168.0	7.8	18.1	13.8	20.0	2.2	122.3	118.0	126.0	2.3	7.5	7.3	7.8	0.1	15.0	13.0	17.3	1.7
展望村	147.3	121.3	168.0	17.3	18.3	5.0	23.0	4.6	124.4	122.0	126.0	1.1	7.6	7.4	7.9	0.1	16.6	13.3	20.2	2.4
石坚村	145.4	136.9	168.0	9.7	18.5	14.9	21.0	1.9	123.4	123.0	126.0	0.9	7.5	7.2	7.8	0.2	14.6	13.8	15.5	0.5
里木店	144.4	131.0	157.5	9.2	29.8	26.0	31.9	1.9	131.9	131.0	132.0	0.4	7.2	6.9	7.5	0.2	29.7	25.0	34.0	2.8
向阳村	144.8	127.6	146.5	5.4	30.7	25.0	31.8	1.9	158.2	142.0	160.0	5.1	7.3	7.2	7.4	0.1	28.6	24.2	30.5	1.9
巨成村	141.6	134.4	145.4	3.2	24.9	15.0	30.0	5.0	154.1	145.0	159.0	3.7	7.6	7.4	7.8	0.2	22.5	18.0	26.5	3.1
明久村	124.6	122.5	126.0	1.7	22.2	19.3	24.0	1.6	191.2	188.0	196.0	3.9	7.7	7.6	7.8	0.1	14.6	13.0	16.3	1.4
八井村	137.4	131.3	143.5	8.7	23.9	23.4	24.4	0.7	201.0	200.0	202.0	1.4	7.5	7.4	7.5	0.1	20.7	20.1	21.2	0.8
姜家村	157.8	149.0	169.6	4.1	25.6	19.0	31.0	3.1	105.8	104.0	123.0	3.7	7.5	7.2	7.8	0.1	21.9	19.5	28.0	2.4
长江村	137.4	133.0	146.7	5.6	29.9	27.0	32.0	1.6	132.2	120.0	134.0	4.1	7.1	6.9	7.3	0.1	29.1	25.0	33.0	2.3
双安村	146.3	139.3	151.7	4.4	34.3	28.8	38.0	3.6	102.8	102.0	104.0	1.0	7.4	7.3	7.6	0.1	27.7	25.2	30.0	1.4
新安村	136.7	123.8	139.8	5.2	23.3	22.0	29.0	2.0	179.7	179.0	180.0	0.5	7.5	7.3	7.8	0.1	22.7	22.0	24.8	0.7

（续表）

养 分	碱解氮				有效磷				速效钾				pH 值				有机质			
村名称	平均值	最小值	最大值	标准差	平均值	最小值	最大值	标准差	平均值	最小值	最大值	标准差	平均值	最小值	最大值	标准差	平均值	最小值	最大值	标准差
一心村	130.4	113.6	147.6	5.9	39.0	36.4	40.0	1.0	149.0	141.0	152.0	3.2	7.2	6.1	7.5	0.3	29.4	25.0	34.7	2.2
五湖村	98.6	91.0	124.6	7.4	37.6	30.0	40.0	2.3	147.1	145.0	152.0	2.2	7.4	7.0	7.6	0.1	29.2	25.0	31.0	1.4
乐业村	170.7	133.0	209.0	26.1	20.9	15.0	28.0	3.6	74.9	68.0	86.0	3.4	7.8	7.7	8.1	0.1	21.2	18.0	25.0	1.6
新立村	129.2	126.1	134.3	3.0	17.1	12.0	24.0	4.1	179.3	178.0	180.0	0.9	7.8	7.5	7.9	0.1	15.1	13.0	22.0	2.5
海城村	127.6	115.9	144.5	9.2	27.6	22.0	33.0	3.7	180.0	180.0	180.0	0.0	7.3	7.0	7.5	0.2	27.5	23.1	30.0	2.1
长井村	152.4	126.9	188.0	24.3	21.4	18.0	26.1	3.0	174.1	143.0	181.0	13.2	7.5	7.3	7.7	0.1	20.7	18.0	26.4	2.5
友好村	98.0	98.0	98.0	0.0	31.1	31.0	31.1	0.1	168.5	145.0	192.0	33.2	7.1	7.0	7.2	0.1	31.0	28.7	33.2	3.2
宏伟村	100.6	98.0	120.4	6.8	29.6	26.0	32.0	1.5	123.7	120.0	145.0	7.0	6.9	6.7	7.2	0.1	33.4	29.3	36.0	1.5
黑山村	89.7	61.0	133.2	18.8	39.6	27.5	55.0	4.6	146.1	145.0	152.0	2.2	7.1	6.9	7.5	0.2	32.8	24.3	38.0	3.4
青山村	90.1	42.0	118.7	26.3	37.9	26.5	40.0	2.6	145.1	145.0	148.0	0.4	7.2	7.0	7.5	0.1	29.4	23.0	35.0	1.6
榛柴村	133.1	122.5	161.0	6.5	36.9	30.0	40.0	2.6	219.2	160.0	296.0	30.0	7.2	6.9	7.6	0.2	29.3	25.0	32.5	1.9
五里明	173.9	138.5	189.0	17.9	39.8	32.5	55.0	4.1	248.9	224.0	294.0	11.2	7.2	7.0	7.4	0.1	32.8	26.7	38.0	2.8
利民村	123.3	112.0	163.3	16.3	30.5	23.5	36.9	3.2	258.5	184.0	291.0	27.4	7.3	7.1	7.5	0.1	23.4	19.0	29.5	3.5
平房村	145.5	131.0	166.0	10.4	22.2	15.0	28.0	3.6	115.5	101.0	136.0	6.0	7.6	7.4	7.9	0.2	21.4	15.5	25.7	2.4
福山村	148.2	126.0	165.0	11.9	27.3	21.8	31.0	2.8	117.1	114.0	146.0	8.4	7.3	7.0	7.6	0.2	26.8	18.6	32.0	4.3
四站村	110.8	105.0	137.0	10.3	37.2	33.4	40.0	2.3	128.6	126.0	131.0	1.2	7.1	7.0	7.2	0.1	31.5	29.4	36.0	1.8
巨林村	119.4	108.1	139.7	10.0	33.4	30.0	37.9	2.2	137.6	123.0	198.0	22.6	7.0	6.8	7.6	0.2	32.3	23.4	35.5	2.7
太平山	127.0	98.0	175.0	16.2	26.2	20.0	33.5	4.5	135.3	135.0	136.0	0.4	7.2	7.0	7.6	0.1	20.7	18.0	25.7	1.3
西北岔	108.6	98.0	143.8	13.7	27.3	20.0	33.1	4.2	135.7	135.0	136.0	0.5	7.3	7.0	7.8	0.2	20.4	18.0	25.4	1.4

（续表）

养分	碱解氮				有效磷				速效钾				pH值				有机质			
村名称	平均值	最小值	最大值	标准差	平均值	最小值	最大值	标准差	平均值	最小值	最大值	标准差	平均值	最小值	最大值	标准差	平均值	最小值	最大值	标准差
五间村	159	171	154	5.6	10.1	8	13.3	2.4	113	113	113	0	7.7	7.6	7.8	0.1	18.6	16	20	1.7
合居村	145.6	176	120	17.5	42.4	35.5	52.5	4.5	145.1	143	163	5.4	6.8	6.5	7.3	0.2	33	28	36.5	1.7
富强村	124.2	153.3	120	8.2	38.1	35	40.9	1.9	146.8	143	176	7.5	7.2	6.9	7.5	0.2	30	25	33.5	2
三星村	126	159.9	92	8.6	43.7	38	55	4.9	145.9	138	255	21.9	6.9	6.7	7.3	0.1	32.3	25.3	36	2.8
安业村	118.6	187	107	6.2	34.5	27	44.3	5.1	147.4	138	261	26.8	7.3	6.9	7.6	0.2	24.5	18	34.9	6.1
岔宝村	119.4	157.4	102	12.9	42.8	35.3	55	5.8	142.2	142	143	0.4	7	6.8	7.5	0.2	32.3	28	35	1.8
松江村	114	130.7	102	8.3	39.6	30.7	45	2.9	138.3	137	141	1.1	6.9	6.7	7.5	0.2	33.3	21.7	38	3.1
安全村	130.7	160.2	106.7	8.2	37.4	33.6	43.8	2.6	142.7	138	152	2.2	7.1	6.9	7.5	0.1	29.7	25	35.3	2.1
育民村	135.3	151.9	119	9.5	33.2	28	40	2.8	116.6	108	136	9.5	7.1	6.7	7.5	0.2	30.4	27	36	2.4
红庆村	147.2	162.3	115.5	9.3	10.2	6	16	2	113.9	113	118	1.2	7.9	7.6	8.3	0.1	15.4	12	19.6	2.2
兴国村	163.6	188.9	145	7.4	15.7	12.4	20	2.2	182.7	182	186	1.3	8.7	8.2	8.9	0.2	20.8	18.6	22	1.2
迎春村	130	154.4	122.5	12.1	17.2	12.4	26.6	6.6	184.3	170	190	9.5	7.8	7.5	8	0.2	21	16.6	26.1	4.4
长发村	125.8	157	119	11.5	13.6	6	31.1	6.4	187.8	163	192	8.3	8	7.4	8.3	0.2	17.4	13.7	28.7	4
太合村	138.6	168	126.6	4.4	36.7	35	38.5	1.4	175.1	165	177	3.4	7.2	7.1	7.5	0.2	29.4	28	31.3	1
新兴村	127.2	166.5	104.4	11.9	27.5	19	36.1	4.4	138.9	138	140	0.6	7.4	6.9	7.8	0.2	22.7	19	32.4	3.2
宋站村	138.6	163	114.5	15.1	17.2	10	27	3.9	58.9	20	95	28.1	8.3	7.2	8.8	0.4	22	18.4	32.7	3.9
铁西村	147.2	162.7	122.3	11.8	14	11.4	16	1.4	82.6	77	87	2.9	8.7	8.6	8.7	0	20.1	19.1	22	0.9
长乐村	107.6	143.8	98	11.6	19.8	17.4	25	2.6	128	124	142	6.5	7.5	7.4	7.6	0.1	21.1	19.8	24.2	1.5
增产村	159.8	178.4	144.6	8.5	21.4	15	27.5	4.4	124.6	123	131	3.6	7.5	7.5	7.6	0	19.6	18	21.5	1.4

（续表）

养　分	碱解氮				有效磷				速效钾				pH 值				有机质			
村名称	平均值	最小值	最大值	标准差	平均值	最小值	最大值	标准差	平均值	最小值	最大值	标准差	平均值	最小值	最大值	标准差	平均值	最小值	最大值	标准差
万有村	142.0	119.4	171.0	11.9	21.7	15.0	30.0	3.8	123.7	122.0	127.0	1.4	7.6	7.3	7.8	0.1	20.5	16.0	26.0	2.3
七道海	122.1	102.3	146.0	12.8	26.7	20.0	33.0	3.5	134.8	131.0	136.0	1.0	7.3	7.1	7.4	0.1	20.8	18.5	27.6	1.9
兴隆村	142.6	132.3	153.3	7.7	25.7	19.0	32.0	4.9	107.1	106.0	114.0	2.0	7.6	7.2	8.2	0.3	20.6	16.0	25.0	2.0
万发村	141.1	125.3	159.9	10.5	12.2	8.0	16.5	2.8	87.6	69.0	92.0	7.2	8.0	7.7	8.3	0.2	18.3	16.8	19.7	0.9
共荣村	145.9	112.0	187.0	17.6	19.6	10.0	26.0	4.0	68.8	48.0	119.0	15.8	7.9	7.7	8.3	0.1	16.6	12.0	21.1	2.9
卫东村	142.0	120.9	157.4	13.0	28.1	26.8	29.8	1.0	124.9	120.0	159.0	13.8	7.2	6.9	7.6	0.2	29.9	21.6	34.8	4.8
三合村	116.8	93.0	130.7	13.2	32.0	25.0	39.5	4.6	135.0	135.0	135.0	0.0	7.2	7.0	7.4	0.1	22.9	18.7	29.7	3.9
宏业村	129.8	119.8	140.2	7.0	20.1	14.0	25.0	2.6	141.7	87.0	160.0	23.5	7.9	7.8	8.0	0.1	15.9	12.0	20.3	2.7
德昌村	140.0	125.3	151.9	9.1	25.6	22.0	29.5	2.0	110.8	110.0	111.0	0.4	7.4	7.2	7.6	0.1	20.5	18.0	24.0	1.9
群力村	137.0	126.5	142.3	5.9	30.1	27.7	32.7	2.1	129.2	128.0	130.0	0.8	6.8	6.6	7.1	0.2	32.2	30.8	33.7	1.2
东合村	153.7	147.8	158.9	4.5	30.1	26.2	33.7	3.3	133.0	130.0	140.0	4.7	6.9	6.7	7.2	0.2	32.6	28.9	34.4	2.6
复兴村	132.2	129.9	134.4	2.0	29.6	25.3	32.5	3.3	156.3	154.0	161.0	3.3	7.3	7.1	7.6	0.2	26.1	23.4	28.8	2.8
东发村	96.3	89.4	107.0	4.3	37.6	30.0	41.5	2.9	145.4	145.0	148.0	0.9	7.3	7.1	7.5	0.1	29.5	25.0	33.1	1.8
安乐村	140.3	112.0	168.0	14.6	37.1	34.7	42.1	1.8	141.1	140.0	146.0	1.4	7.3	7.1	7.6	0.1	29.0	25.0	34.0	1.9
新江村	135.0	112.5	166.5	14.9	38.1	35.0	41.3	1.9	140.9	140.0	142.0	0.4	7.2	6.5	7.5	0.2	29.9	25.0	34.0	2.0
解放村	131.8	129.5	133.0	2.0	26.2	23.1	31.0	4.2	198.7	198.0	200.0	1.2	7.5	7.4	7.5	0.1	22.2	21.0	23.0	1.1
古城村	63.8	56.0	102.7	19.1	18.3	14.0	22.3	3.3	207.2	204.0	208.0	1.6	7.8	7.7	7.8	0.1	14.9	12.3	19.6	2.5
富裕村	134.8	109.1	143.8	17.1	29.0	28.3	29.8	0.8	120.0	120.0	120.0	0.0	7.4	7.2	7.5	0.1	30.4	28.4	31.1	1.3
福龙村	102.4	98.0	128.4	11.5	29.5	27.0	31.0	1.2	120.1	120.0	121.0	0.4	7.3	7.0	7.6	0.2	29.6	29.0	30.5	0.5

（续表）

养分	碱解氮				有效磷				速效钾				pH 值				有机质			
村名称	平均值	最小值	最大值	标准差	平均值	最小值	最大值	标准差	平均值	最小值	最大值	标准差	平均值	最小值	最大值	标准差	平均值	最小值	最大值	标准差
红岩村	135.6	115.0	147.0	10.9	25.5	21.7	30.0	2.3	114.9	107.0	149.0	14.2	7.4	7.3	7.6	0.1	19.9	16.0	21.4	1.9
发展村	128.8	112.0	144.3	8.4	26.9	24.3	30.5	1.7	136.9	107.0	257.0	46.5	7.4	7.2	7.7	0.1	22.3	20.1	32.0	2.6
西八里	131.4	124.0	143.7	6.9	29.2	21.1	42.9	7.3	134.0	129.0	136.0	2.9	7.3	6.9	7.5	0.2	26.6	20.4	35.0	5.4
安民村	132.0	110.3	139.7	10.6	20.8	12.8	24.6	4.1	117.4	116.0	119.0	1.0	7.7	7.4	7.8	0.1	21.6	17.0	28.0	3.4
先进村	126.8	119.0	140.0	7.2	19.1	10.0	28.0	3.7	124.8	124.0	125.0	0.4	7.8	7.7	7.9	0.1	14.1	12.0	17.2	1.5
庆丰村	145.3	128.3	154.0	7.6	27.4	21.8	32.5	4.0	129.3	126.0	131.0	2.0	7.3	7.1	7.8	0.2	24.8	15.8	30.0	4.8
四方村	150.3	143.3	155.0	4.3	31.7	27.5	37.1	3.9	124.3	109.0	131.0	10.4	6.9	6.6	7.4	0.3	31.6	27.5	35.0	3.0
锋原村	162.0	153.3	182.0	9.5	11.8	6.0	21.0	4.4	101.3	101.0	107.0	1.0	8.0	7.7	8.3	0.1	19.0	16.0	21.3	1.3
双兴村	137.1	134.3	141.6	3.3	30.7	29.0	33.2	1.8	134.8	131.0	145.0	6.8	7.3	7.1	7.4	0.1	30.7	29.0	32.7	1.8
永久村	139.1	137.0	143.1	2.4	36.6	32.8	41.4	3.4	163.8	150.0	174.0	11.8	7.2	7.1	7.3	0.1	31.8	30.7	33.3	1.0
曲乡村	134.1	115.9	154.7	12.2	39.0	22.7	44.4	6.4	148.5	133.0	163.0	7.6	7.1	6.9	7.9	0.3	31.7	20.2	33.7	4.2
永丰村	135.6	135.0	136.3	0.7	33.8	32.0	35.5	1.8	131.0	131.0	131.0	0.0	6.8	6.7	6.8	0.1	32.9	32.3	33.5	0.6
勤俭村	167.5	143.3	192.5	18.0	27.9	24.0	35.0	4.2	134.4	129.0	155.0	11.5	7.4	7.2	7.5	0.1	28.7	25.0	31.7	2.5
胜平村	149.3	119.0	201.3	27.7	34.1	23.0	47.5	6.4	213.9	130.0	270.0	45.7	7.2	7.0	7.4	0.1	27.8	23.0	35.0	4.0
奋斗村	152.1	137.0	167.0	8.2	32.9	26.3	40.0	3.6	105.4	102.0	120.0	4.6	7.2	7.0	7.5	0.1	28.1	21.3	31.0	2.6
东生村	133.5	133.0	134.8	0.8	22.5	20.0	28.0	3.7	176.8	157.0	192.0	18.0	7.8	7.8	7.8	0.0	19.6	18.0	21.0	1.6
巨胜村	127.8	117.7	143.5	8.4	22.7	20.0	25.3	1.7	155.2	147.0	163.0	4.7	7.6	7.4	7.8	0.1	16.5	12.0	21.3	3.2
五星村	126.6	122.6	129.1	3.5	19.2	18.0	20.7	1.4	160.7	160.0	162.0	1.2	7.6	7.5	7.7	0.1	16.2	15.6	16.5	0.5
仲山村	152.4	145.1	162.7	5.8	20.9	14.0	27.8	3.1	115.9	105.0	154.0	16.8	7.8	7.5	8.3	0.2	18.3	16.0	20.6	1.4

（续表）

养　分	碱解氮				有效磷				速效钾				pH 值				有机质			
村名称	平均值	最小值	最大值	标准差	平均值	最小值	最大值	标准差	平均值	最小值	最大值	标准差	平均值	最小值	最大值	标准差	平均值	最小值	最大值	标准差
金山村	153.5	133.0	166.0	10.1	27.9	17.9	30.0	3.8	137.8	126.0	187.0	18.6	7.2	7.0	7.5	0.2	26.2	13.9	29.3	4.7
光远村	130.0	119.0	149.7	11.7	30.1	26.0	33.0	2.3	126.7	112.0	131.0	7.7	7.2	7.1	7.5	0.1	29.5	28.3	32.0	1.3
胜安村	139.1	135.5	140.0	2.0	28.2	25.4	29.0	1.5	117.8	117.0	118.0	0.4	7.2	7.0	7.3	0.1	29.6	28.5	32.5	1.7
合发村	139.5	137.5	141.6	2.9	22.5	19.0	26.0	4.9	117.0	117.0	117.0	0.0	7.9	7.8	7.9	0.1	17.8	17.5	18.0	0.4
奋发村	134.4	131.0	136.8	2.5	26.7	22.0	28.8	3.2	116.0	116.0	116.0	0.0	7.4	7.3	7.5	0.1	29.4	28.6	30.0	0.6
八撮村	155.6	142.9	163.0	11.1	23.7	22.0	26.0	2.1	117.0	117.0	117.0	0.0	7.7	7.6	7.7	0.1	20.0	18.0	21.1	1.8
日新村	123.9	120.6	126.4	2.3	30.4	28.0	32.8	1.8	154.4	153.0	156.0	1.1	7.3	7.0	7.4	0.2	29.5	28.0	32.5	1.9
五井村	134.7	131.3	139.7	4.5	26.4	24.5	30.0	3.1	163.3	162.0	164.0	1.2	7.5	7.5	7.5	0.0	20.9	20.0	21.6	0.8
富饶村	121.5	102.0	146.4	15.6	22.6	15.0	30.0	4.3	124.6	120.0	155.0	9.7	7.5	7.2	7.7	0.1	20.6	16.3	27.9	2.5
洪河村	122.9	82.3	140.0	27.2	30.7	21.8	35.5	6.5	194.8	192.0	203.0	5.5	7.3	7.2	7.6	0.2	28.0	20.0	32.0	5.4
昌平村	106.2	77.8	134.6	40.1	21.6	18.1	25.0	4.9	179.0	162.0	196.0	24.0	7.7	7.6	7.7	0.1	19.2	17.0	21.4	3.1
昌盛村	133.8	130.1	139.3	3.0	20.8	19.7	22.1	1.0	165.4	162.0	167.0	1.8	7.8	7.7	8.0	0.1	15.7	13.1	17.4	1.3
向前村	135.1	132.2	136.3	1.6	20.6	18.0	24.4	2.4	167.8	166.0	169.0	1.0	8.0	7.9	8.3	0.1	17.4	14.8	19.0	1.3
富江村	113.9	110.0	132.6	7.6	28.8	19.0	40.0	5.5	129.5	127.0	139.0	4.3	7.7	6.8	8.0	0.4	22.7	19.0	36.0	5.6
东升村	136.3	124.6	189.0	13.5	40.2	34.1	55.0	4.5	292.2	172.0	364.0	48.0	7.2	7.1	7.4	0.1	33.7	29.4	36.0	1.9
跃进村	132.9	95.3	165.0	21.3	29.2	24.4	32.8	2.2	131.0	120.0	178.0	19.2	7.0	6.8	7.4	0.2	31.7	22.9	36.0	3.4
六合村	147.4	131.0	166.0	10.7	24.7	20.4	30.0	3.1	108.9	108.0	113.0	1.3	7.5	7.2	7.7	0.1	19.8	15.7	25.0	2.6
长青村	120.3	89.1	168.0	26.9	12.9	10.0	17.1	2.1	121.8	119.0	150.0	9.3	7.8	7.7	7.9	0.0	17.2	16.0	19.1	0.7
红光村	158.5	154.4	168.0	5.5	28.6	27.0	32.0	1.6	115.4	115.0	116.0	0.5	7.1	7.1	7.2	0.1	29.5	26.9	34.0	2.1

（续表）

养分	碱解氮				有效磷				速效钾				pH值				有机质			
村名称	平均值	最小值	最大值	标准差	平均值	最小值	最大值	标准差	平均值	最小值	最大值	标准差	平均值	最小值	最大值	标准差	平均值	最小值	最大值	标准差
龙庄村	128.6	102.0	166.0	23.8	25.2	20.6	32.0	3.1	121.3	119.0	130.0	3.4	7.2	7.0	7.4	0.2	30.7	26.4	34.0	2.3
康岗村	156.2	154.7	165.4	3.6	23.9	22.7	32.6	3.1	133.4	133.0	137.0	1.1	7.8	7.3	7.9	0.2	21.6	20.2	29.9	3.4
日光村	122.9	110.7	126.0	6.8	27.2	21.7	31.0	3.7	202.8	202.0	204.0	0.8	7.5	7.4	7.7	0.1	22.1	21.3	23.3	0.7
黎明村	138.8	132.6	142.8	4.1	36.4	34.5	37.5	1.1	149.4	115.0	172.0	24.2	7.3	7.0	7.4	0.2	29.5	27.3	31.3	1.4
托　公	132.7	127.2	136.0	2.6	36.4	35.0	38.3	1.0	168.2	159.0	173.0	5.0	7.3	7.1	7.5	0.1	29.1	28.0	31.0	1.1
建华村	136.4	105.0	161.2	14.1	22.6	19.6	26.0	1.8	125.6	123.0	137.0	3.6	7.5	7.4	7.6	0.1	19.9	17.5	22.0	1.0
荣兴村	187.3	141.2	211.6	21.8	27.5	22.7	30.0	1.8	97.8	97.0	100.0	0.9	7.6	7.2	7.6	0.1	36.9	28.0	38.0	2.8
治山村	137.3	116.5	152.0	15.5	41.9	38.9	44.8	2.5	135.0	134.0	136.0	0.7	6.8	6.7	6.8	0.1	36.0	35.2	37.4	0.8
四街村	126.2	121.7	130.7	6.4	30.0	30.0	30.0	0.0	162.5	162.0	163.0	0.7	7.3	7.2	7.3	0.1	27.4	25.3	29.5	3.0
克宝村	116.0	109.7	133.3	7.2	33.0	21.8	40.3	4.7	135.5	126.0	176.0	16.7	7.1	6.6	7.7	0.3	31.5	23.5	38.0	4.4
同合村	199.4	158.7	210.0	15.8	21.4	15.0	36.3	4.2	133.8	129.0	204.0	14.2	7.4	7.2	7.7	0.1	21.7	19.0	27.3	2.2
红日村	155.4	147.1	161.0	4.3	15.6	5.0	20.0	4.3	122.8	122.0	124.0	0.6	7.5	7.2	7.7	0.2	15.5	14.8	16.5	0.5
红旗村	160.4	139.0	184.0	16.0	19.4	16.0	25.7	2.8	110.1	104.0	123.0	6.5	7.4	7.2	7.6	0.1	17.9	14.0	22.5	3.2
奉安村	124.4	112.0	133.8	9.1	22.3	18.3	26.0	3.2	118.0	118.0	118.0	0.0	7.7	7.5	7.8	0.1	20.9	18.9	24.7	2.6
金安村	150.0	144.5	155.4	7.7	28.4	25.6	31.1	3.9	167.5	163.0	172.0	6.4	7.5	7.4	7.6	0.1	26.9	25.1	28.7	2.5
一街村	134.0	129.2	141.7	4.5	26.3	21.8	30.8	3.5	163.2	160.0	166.0	2.9	7.6	7.1	7.8	0.3	19.5	14.8	29.1	5.2
二街村	140.4	131.9	148.8	12.0	31.8	31.5	32.1	0.4	161.5	161.0	162.0	0.7	7.2	7.1	7.3	0.1	29.0	28.8	29.1	0.2
三街村	133.7	112.8	143.8	14.5	29.4	26.0	31.5	2.5	162.0	162.0	162.0	0.0	7.2	7.1	7.4	0.1	28.7	26.2	30.0	1.7
泰山村	130.5	127.8	133.8	2.6	15.5	12.4	17.0	2.1	92.3	87.0	94.0	3.5	8.0	7.8	8.3	0.2	17.9	16.4	19.6	1.3

（续表）

养　分	碱解氮				有效磷				速效钾				pH 值				有机质			
村名称	平均值	最小值	最大值	标准差	平均值	最小值	最大值	标准差	平均值	最小值	最大值	标准差	平均值	最小值	最大值	标准差	平均值	最小值	最大值	标准差
合胜村	138.3	115.0	157.0	15.2	16.1	10.0	21.6	4.0	60.3	20.0	96.0	29.3	8.3	7.7	8.7	0.4	19.8	18.0	23.9	1.8
晓光村	142.6	132.3	153.3	6.8	24.0	18.6	30.0	4.0	84.3	68.0	90.0	8.2	7.6	7.2	8.2	0.4	26.8	23.5	30.0	2.3
民主村	141.2	128.4	152.5	10.1	39.9	38.0	40.9	1.3	173.0	172.0	174.0	1.2	7.2	7.1	7.3	0.1	31.0	28.8	32.5	1.6
民兴村	105.3	81.8	118.4	12.5	40.3	37.3	42.0	1.7	172.3	170.0	174.0	2.0	7.1	7.0	7.2	0.1	32.4	31.5	35.0	1.3
长富村	131.8	119.3	146.5	10.3	41.8	37.7	50.0	4.8	176.9	174.0	178.0	2.0	7.2	7.1	7.3	0.1	33.8	29.9	36.0	2.7
尚家村	150.9	142.2	155.6	3.9	21.2	11.0	28.7	7.5	114.1	111.0	115.0	1.0	7.5	7.2	7.8	0.3	22.1	13.0	28.9	6.8
长安村	150.6	144.6	164.5	7.7	15.4	10.2	19.1	3.3	112.3	112.0	113.0	0.5	7.9	7.8	8.1	0.1	14.6	13.1	18.0	1.7
光明村	142.1	133.0	147.8	5.2	20.4	18.0	22.1	1.4	110.0	109.0	113.0	1.6	7.8	7.8	7.9	0.0	14.0	13.0	14.8	0.6
银山村	138.5	122.1	148.6	11.4	37.6	34.3	42.5	3.5	175.5	150.0	196.0	19.6	7.2	7.0	7.3	0.1	31.9	30.7	32.6	0.8
宣化村	131.0	121.5	141.4	8.8	21.7	17.5	26.6	3.9	97.0	95.0	99.0	1.6	7.5	7.4	7.8	0.2	19.0	13.5	25.7	5.5
前进村	153.9	148.7	166.0	7.0	9.4	8.7	11.3	1.1	113.2	113.0	114.0	0.4	8.0	7.8	8.6	0.3	17.7	16.3	20.7	1.7
永兴村	126.7	119.0	129.0	2.8	37.8	32.7	41.8	2.1	139.6	136.0	140.0	1.2	7.3	7.2	7.4	0.1	27.6	25.3	28.7	0.9
自力村	154.5	153.6	155.5	1.0	18.9	18.0	20.5	1.4	106.0	104.0	110.0	3.5	7.6	7.5	7.7	0.1	14.6	13.8	15.1	0.7
中兴村	103.9	103.9	103.9	0.0	38.8	37.5	40.0	1.8	170.0	170.0	170.0	0.0	7.2	7.0	7.3	0.2	33.7	33.0	34.3	0.9
兴华村	127.8	126.0	129.5	2.5	19.9	19.6	20.1	0.4	192.0	192.0	192.0	0.0	7.8	7.8	7.8	0.0	20.3	20.1	20.5	0.3
巨宝村	119.1	119.1	119.1	0.1	18.0	17.0	19.0	1.4	165.5	165.0	166.0	0.7	7.8	7.8	7.8	0.0	14.3	14.0	14.6	0.4
红明村	136.8	114.5	155.6	13.2	23.7	20.5	27.0	1.8	114.1	114.0	115.0	0.2	7.6	7.2	7.8	0.2	23.9	21.5	28.7	2.0
瑞光村	140.5	137.5	146.2	2.7	20.5	15.0	24.0	2.4	75.1	58.0	88.0	13.1	8.0	7.4	8.5	0.4	19.7	18.0	21.5	0.9
新跃村	138.8	132.0	144.7	4.8	21.3	16.0	26.0	3.7	111.0	109.0	114.0	2.0	7.8	7.6	7.9	0.1	14.0	12.0	17.5	2.1

（续表）

养分	碱解氮				有效磷				速效钾				pH 值				有机质			
村名称	平均值	最小值	最大值	标准差	平均值	最小值	最大值	标准差	平均值	最小值	最大值	标准差	平均值	最小值	最大值	标准差	平均值	最小值	最大值	标准差
九井村	112.0	102.1	129.8	15.4	24.8	23.0	27.6	2.5	183.3	183.0	184.0	0.6	7.6	7.4	7.7	0.2	26.4	24.7	29.6	2.7
民强村	166.2	148.7	184.0	17.7	29.0	27.3	30.0	1.5	132.7	132.0	133.0	0.6	7.2	7.1	7.3	0.1	28.6	25.0	31.0	3.2
幸福村	116.3	108.4	119.0	5.3	26.0	22.0	29.0	3.0	185.3	184.0	186.0	1.0	7.4	7.3	7.5	0.1	29.1	26.6	32.0	2.2
中心村	125.7	121.4	133.9	5.6	25.5	22.0	27.7	2.5	150.8	142.0	155.0	5.9	7.3	7.2	7.4	0.1	25.9	22.1	29.1	3.3
四井村	126.2	118.9	144.0	8.0	20.4	12.0	26.0	3.3	166.3	154.0	168.0	3.6	7.8	7.7	7.9	0.1	14.2	13.2	17.8	1.3
光荣村	134.0	134.0	134.0	0.0	25.5	24.9	26.0	0.8	194.0	193.0	195.0	1.4	7.4	7.2	7.5	0.2	20.6	20.2	21.0	0.6
富荣村	142.5	118.7	157.0	13.1	27.2	25.0	29.8	1.6	99.7	98.0	101.0	1.0	7.4	7.4	7.5	0.0	28.1	23.7	31.0	2.5
胜水村	96.2	87.1	109.3	10.3	21.1	20.2	23.5	1.3	178.8	160.0	184.0	9.3	7.8	7.6	7.9	0.1	22.4	21.7	24.1	0.9
四合村	138.2	124.0	147.7	7.7	10.5	6.0	12.4	2.1	113.1	113.0	114.0	0.4	8.1	8.0	8.1	0.0	17.8	17.2	18.0	0.3
五站村	102.8	66.0	125.2	11.8	31.0	20.0	44.8	5.6	150.9	145.0	152.0	1.9	7.3	7.0	7.6	0.2	24.6	18.0	36.0	4.6
广发村	129.9	115.9	135.7	4.9	40.4	36.7	46.7	2.3	141.4	141.0	143.0	0.7	6.7	6.0	7.0	0.3	33.1	30.0	35.0	1.5
高卜村	120.0	108.9	138.9	7.4	39.4	30.0	55.0	5.8	147.8	146.0	151.0	2.1	7.2	6.9	7.7	0.3	29.5	18.0	36.0	6.1
华西村	122.7	121.4	125.3	2.3	30.3	21.0	34.9	8.0	148.0	147.0	150.0	1.7	7.4	7.2	7.8	0.3	25.1	18.0	28.6	6.1
百合村	148.3	114.2	178.6	22.0	21.7	18.0	26.0	2.8	156.3	156.0	157.0	0.5	7.7	7.6	7.7	0.1	18.7	15.7	20.6	2.0
榆林村	93.9	84.0	110.1	12.7	13.0	10.0	15.9	2.0	115.9	109.0	118.0	3.8	8.1	7.9	8.2	0.1	17.7	16.4	19.3	1.0
卧龙村	102.3	95.4	112.0	8.6	17.9	16.4	19.0	1.3	183.3	183.0	184.0	0.6	7.9	7.9	7.9	0.0	17.1	13.9	19.4	2.9
志远村	105.0	105.0	105.0	0.0	31.9	28.0	36.0	4.0	192.0	192.0	192.0	0.0	7.3	7.3	7.4	0.1	29.8	28.0	32.0	2.0
福利村	125.1	118.5	131.6	9.2	27.4	26.0	28.7	1.9	166.0	166.0	166.0	0.0	7.3	7.2	7.3	0.1	20.2	20.0	20.3	0.2
新富村	128.3	128.3	128.3	V/0!	18.0	18.0	18.0	I/0!	96.0	96.0	96.0	#/!	7.9	7.9	7.9	#0!	16.3	16.3	16.3	#0!

（续表）

养　分	碱解氮				有效磷				速效钾				pH 值				有机质			
村名称	平均值	最小值	最大值	标准差	平均值	最小值	最大值	标准差	平均值	最小值	最大值	标准差	平均值	最小值	最大值	标准差	平均值	最小值	最大值	标准差
六撮村	121.3	108.2	133.0	12.5	12.7	11.8	13.7	1.0	89.0	85.0	93.0	4.0	8.5	8.5	8.6	0.1	20.5	20.3	20.6	0.2
正义村	174.5	151.9	202.5	25.7	30.4	29.4	31.0	0.9	132.0	132.0	132.0	0.0	7.2	7.1	7.3	0.1	34.5	32.8	36.3	1.8
四兴村	137.0	127.1	145.4	8.2	36.1	33.0	39.3	2.8	163.0	150.0	172.0	10.9	7.3	7.1	7.3	0.1	34.5	33.1	36.3	1.4
巨发村	126.1	124.6	128.8	2.0	37.6	37.2	37.9	0.3	182.3	172.0	213.0	20.5	7.4	7.3	7.4	0.1	30.1	29.4	31.6	1.1
春光村	136.1	136.1	136.1	V/0!	42.7	42.7	42.7	#/0!	170.0	170.0	170.0	V/0!	6.9	6.9	6.9	V/0!	33.6	33.6	33.6	V/0!
珊树村	197.5	124.8	342.5	125.5	43.0	39.0	46.7	3.9	174.0	174.0	174.0	0.0	7.2	7.1	7.3	0.1	33.4	33.3	33.5	0.1
民安村	137.8	136.5	139.4	1.2	38.8	37.2	42.4	2.4	175.0	174.0	176.0	0.8	7.1	7.1	7.2	0.1	30.9	29.9	32.4	1.1
太平村	167.6	146.5	196.0	17.4	23.5	20.0	28.0	1.8	129.7	128.0	131.0	0.8	7.5	7.2	7.8	0.1	21.8	17.1	28.4	3.0
长胜村	149.6	141.2	167.3	10.9	23.8	17.1	30.0	4.4	99.1	94.0	100.0	2.3	7.4	7.2	7.9	0.3	27.0	21.2	28.5	2.6
永发村	124.8	113.0	133.1	7.1	29.6	25.9	35.0	3.3	108.6	107.0	111.0	1.7	7.4	7.0	7.6	0.2	27.1	23.8	32.0	2.8
平原村	108.7	79.6	128.6	19.9	23.4	22.3	25.2	1.2	198.4	186.0	206.0	8.2	7.6	7.4	7.7	0.1	17.7	15.2	20.5	2.0
永红村	143.8	133.0	155.2	12.5	16.8	13.7	21.0	3.3	124.3	119.0	140.0	10.5	7.9	7.8	8.1	0.1	15.8	14.3	17.2	1.2
东安村	122.8	105.7	142.3	7.4	40.4	20.0	55.0	7.8	152.7	147.0	177.0	7.5	7.1	6.9	7.6	0.2	30.8	19.5	36.0	3.7
大户村	133.5	127.4	148.8	7.0	26.4	25.5	29.0	1.2	180.5	180.0	181.0	0.5	7.3	7.2	7.5	0.1	29.1	26.7	29.9	1.1
二龙村	146.0	141.0	155.0	4.2	21.6	19.4	23.5	1.3	115.6	106.0	117.0	3.9	7.9	7.8	8.1	0.1	20.4	18.0	21.1	1.1
同发村	107.0	99.9	150.4	10.3	35.9	32.0	39.0	2.2	151.0	142.0	152.0	2.4	7.3	7.0	7.5	0.1	29.9	28.6	31.4	0.7

说明：1. 土壤化验数据具有一定的时效性。不同年份、不同季节、不同采样地块都会有偏差，但是总体趋势是不会变的。仅供实际运用中参考

2. 地力评价数据库是专用系统软件（带加密狗），内涵县域耕地资源管理系统、县域耕地质量监测系统、县域耕地测土配方施肥管理系统

参考文献

肇东市市委办公室. 2005. 肇东市志［M］. 肇东.

肇东市土壤普查办公室. 1984. 肇东土壤［M］. 肇东.

孟庆喜. 1986. 田间试验与统计分析［M］. 哈尔滨：黑龙江朝鲜民族出版社.

张福锁，陈新平. 2009. 中国主要作物施肥指南［M］. 北京：中国农业大学出版社.

南京农业大学. 1994. 土壤农化分析［M］. 北京：中国农业出版社.

张福锁，等. 2005. 测土配方施肥技术要览［M］. 北京：中国农业大学出版社.

肇东市统计局. 2014. 2005—2014 年统计年鉴［M］. 肇东.

黄绍文. 2001. 土壤养分空间变异与分区管理技术研究［D］. 中国农业科学院博士学位论文.

鲁如坤，刘鸿翔，闻大中，等. 1996. 我国典型地区农业生态系统养分循环和平衡研究 IV. 农田养分平衡的评价方法和原则［J］. 土壤通报，27（5）：197－199.

张炳宁，彭世琪，张月平. 2008. 县域耕地资源管理信息字典［S］. 北京：中国农业出版社.

肇东市志编纂委员会. 2008. 肇东市志［M］. 肇东.

胡瑞轩. 2007. 黑龙江省测土配方施肥补贴项目资料汇编［S］. 哈尔滨.

黑龙江省土肥管理站. 黑龙江省耕地地力与质量评价技术规程［S］. 哈尔滨.

全国农业技术推广服务中心. 2006. 耕地地力评价指南［M］. 北京：中国农业科学技术出版社.

附　　图

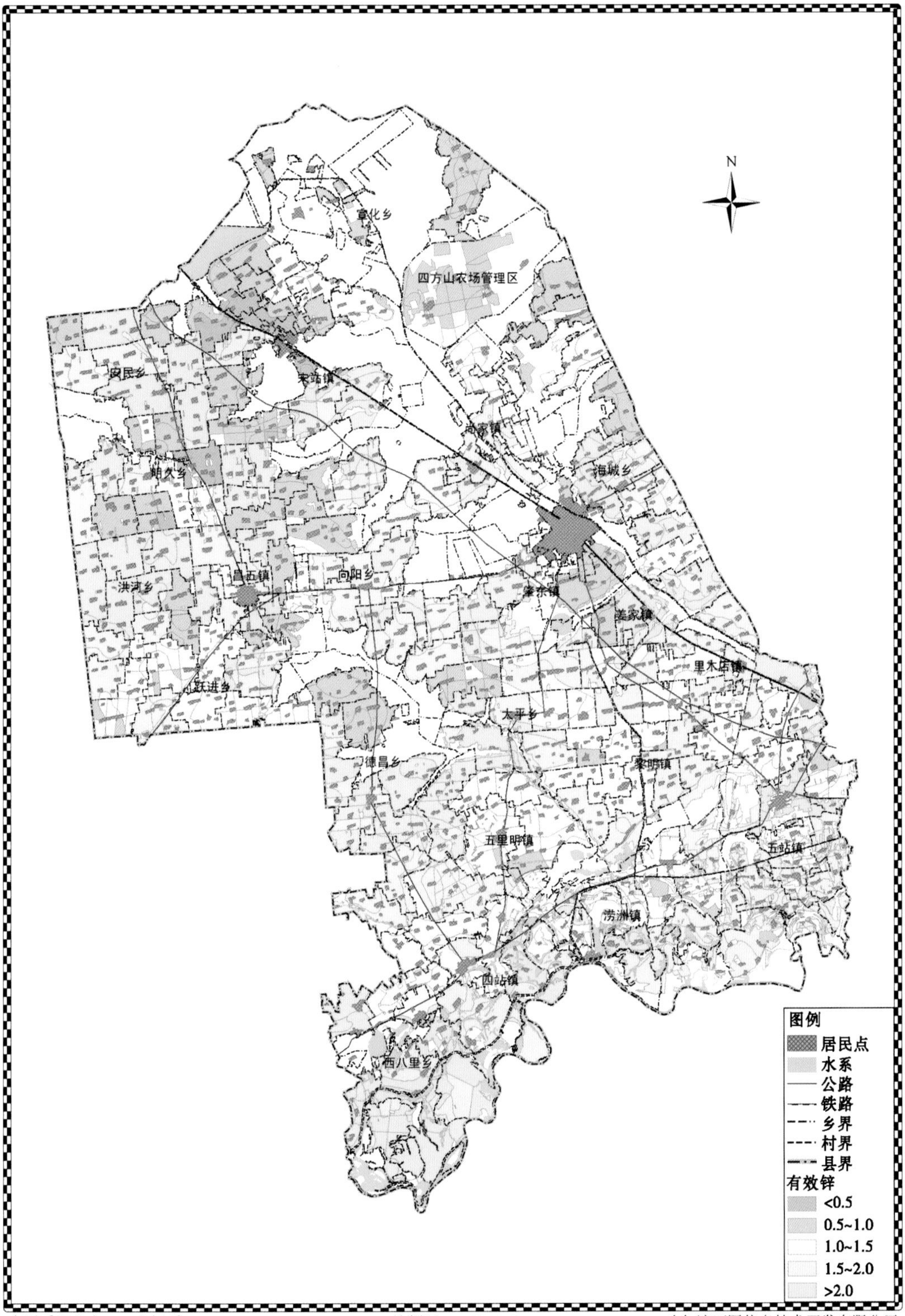

本图采用北京1954坐标系　　比例尺：1:500000　　哈尔滨万图信息技术开发有限公司

附图 1　肇东市耕地土壤有效锌分级图

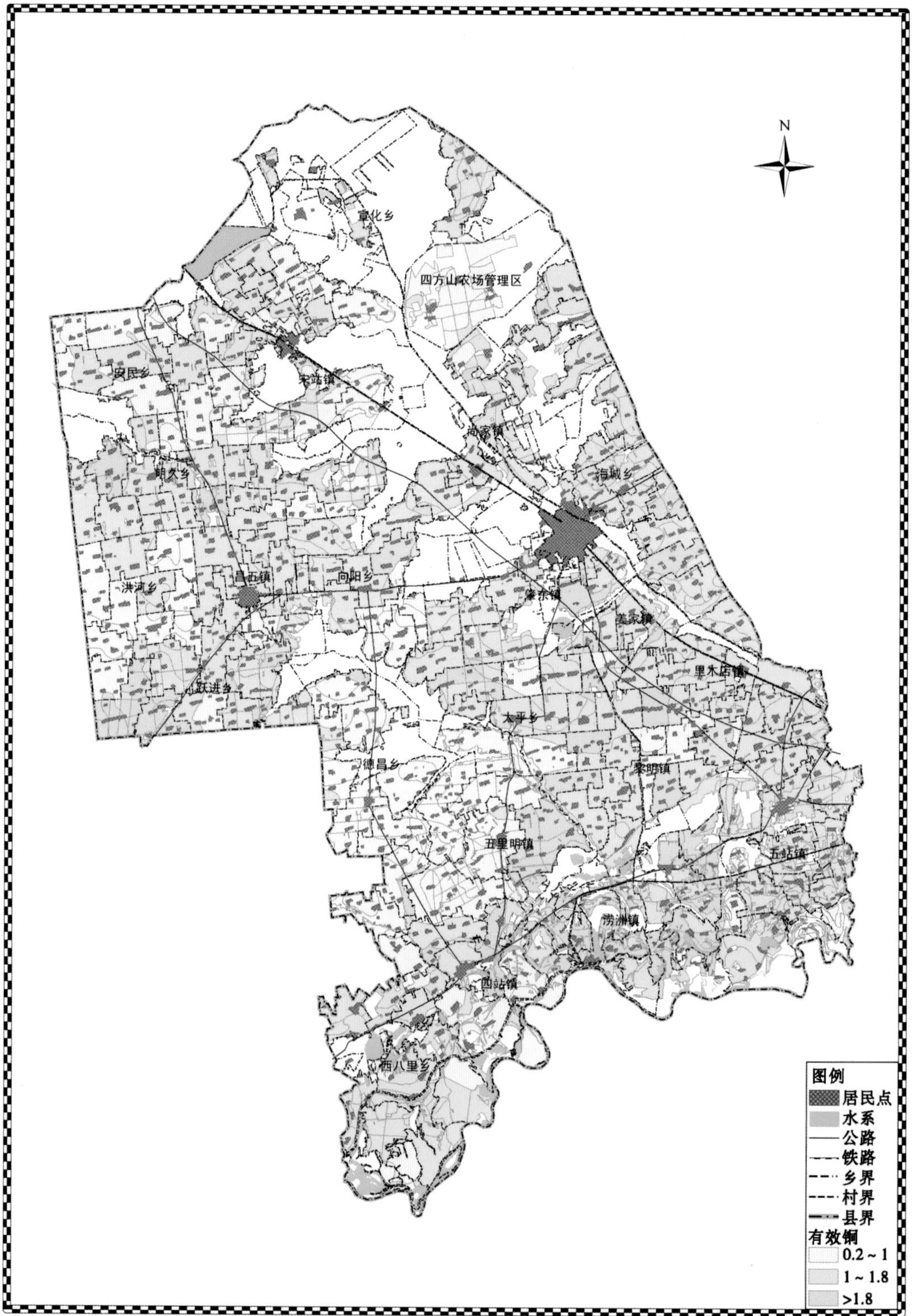

本图采用北京1954坐标系　　比例尺：1:500000　　哈尔滨万图信息技术开发有限公司

附图 2　肇东市耕地土壤有效铜分级图

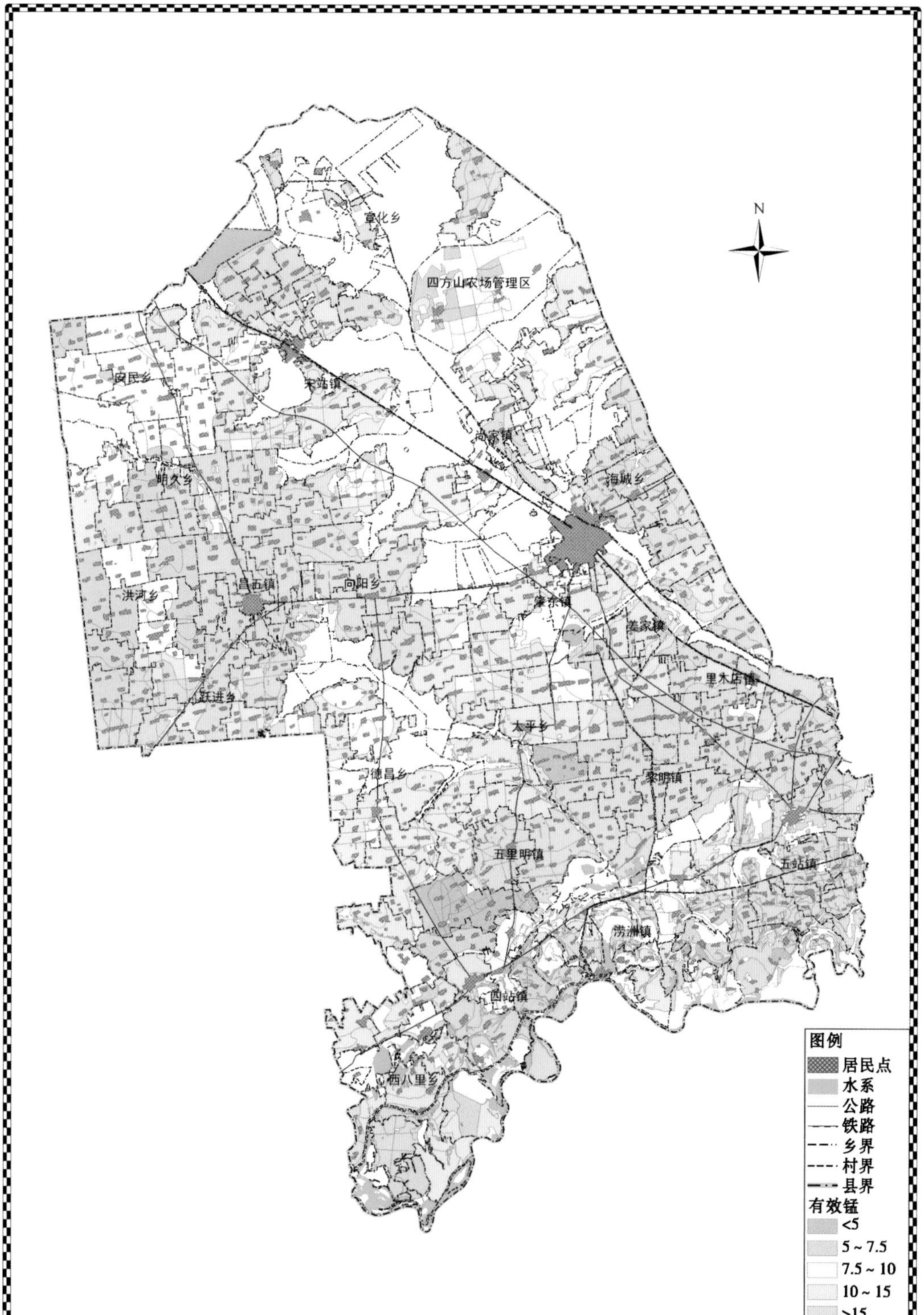

本图采用北京1954坐标系　　比例尺：1:500000　　哈尔滨万图信息技术开发有限公司

附图3　肇东市耕地土壤有效锰分级图

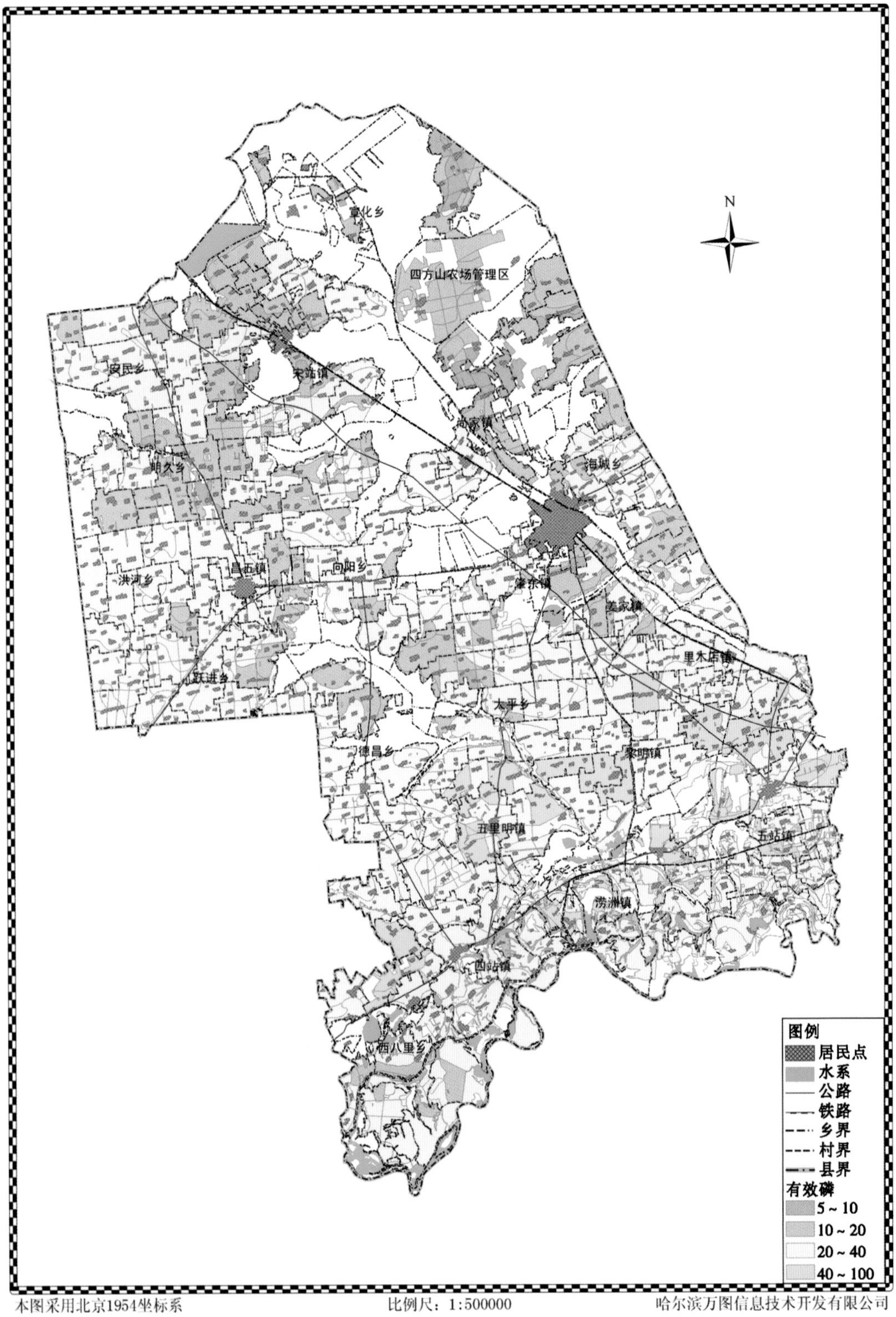

附图 4　肇东市耕地土壤有效磷分级图

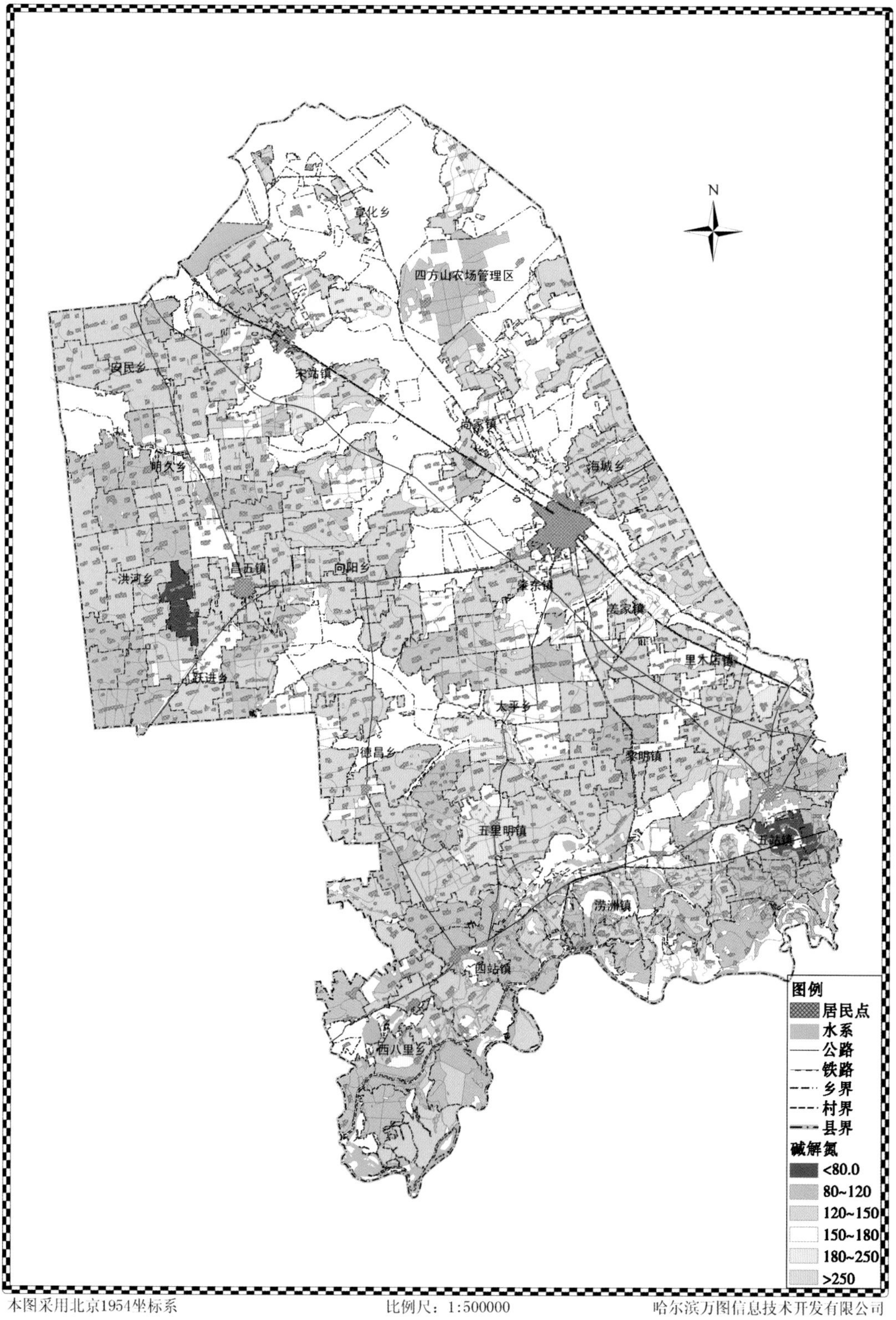

本图采用北京1954坐标系　　　　比例尺：1:500000　　　　哈尔滨万图信息技术开发有限公司

附图5　肇东市耕地土壤碱解氮分级图

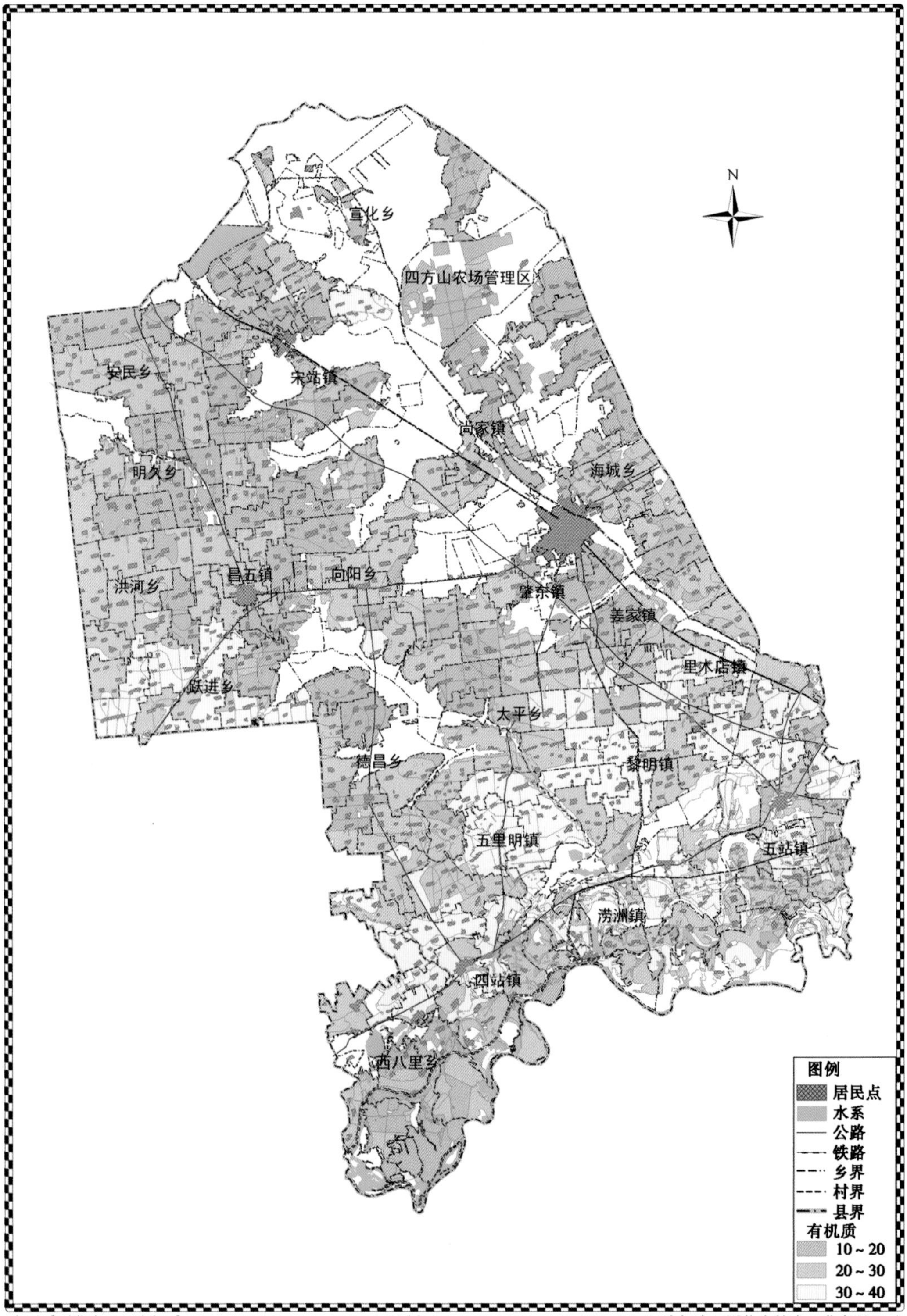

本图采用北京1954坐标系　　比例尺：1:500000　　哈尔滨万图信息技术开发有限公司

附图6　肇东市耕地土壤有机质分级图

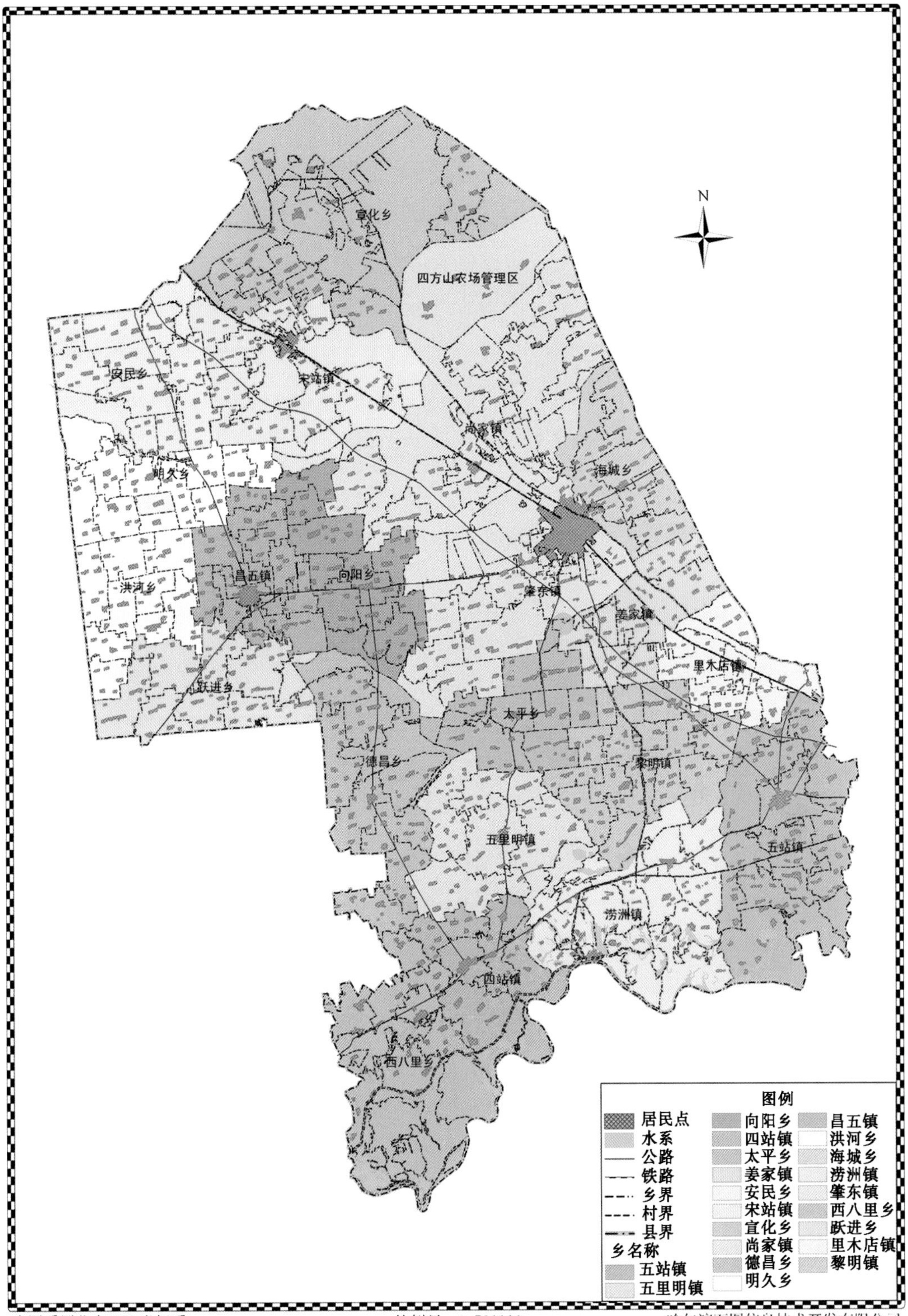

本图采用北京1954坐标系　　比例尺：1:500000　　哈尔滨万图信息技术开发有限公司

附图 7　肇东市行政区划图

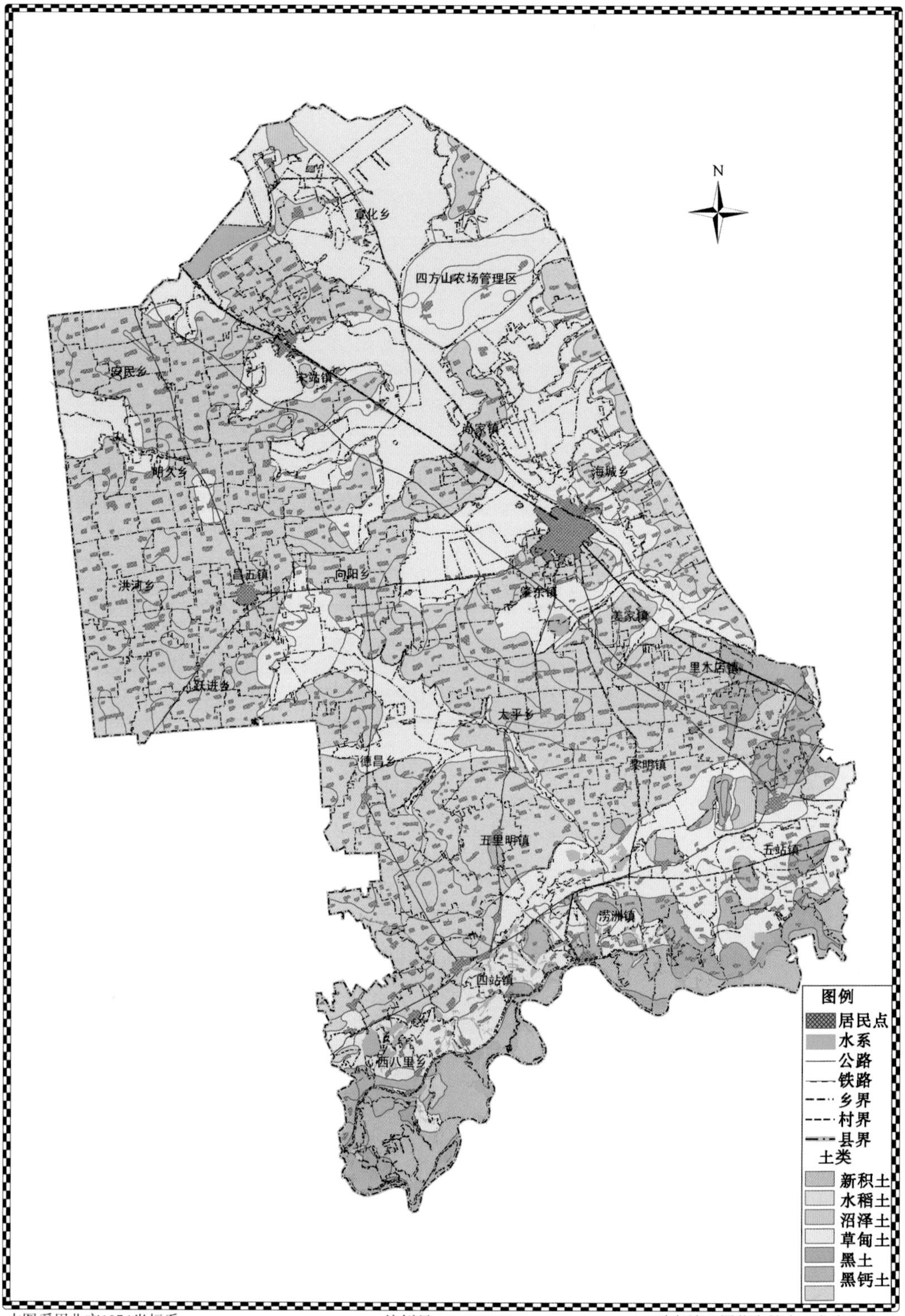

本图采用北京1954坐标系　　比例尺：1:500000　　哈尔滨万图信息技术开发有限公司

附图 8　肇东市土壤图

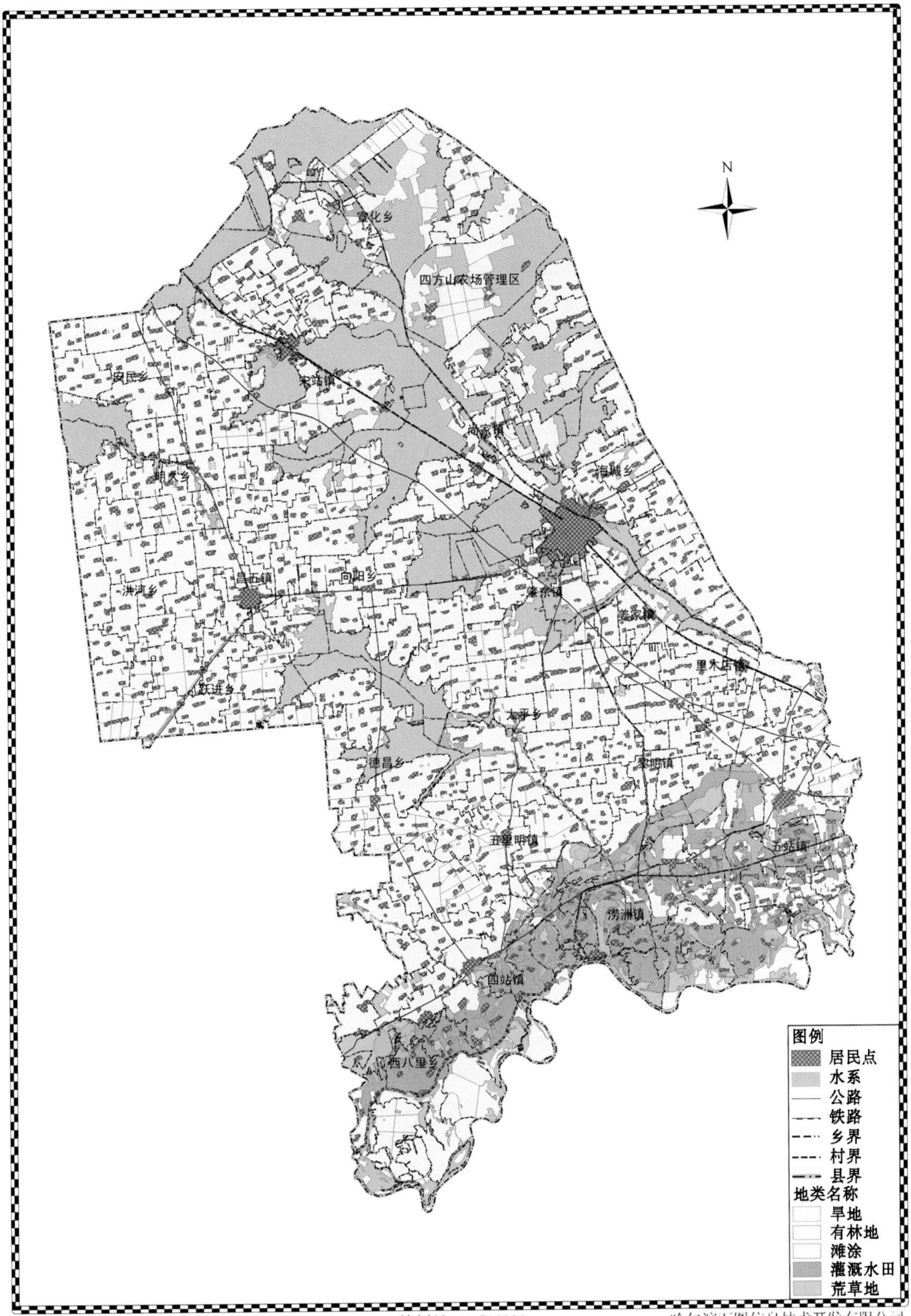

本图采用北京1954坐标系　　比例尺：1:500000　　哈尔滨万图信息技术开发有限公司

附图9　肇东市土地利用现状图

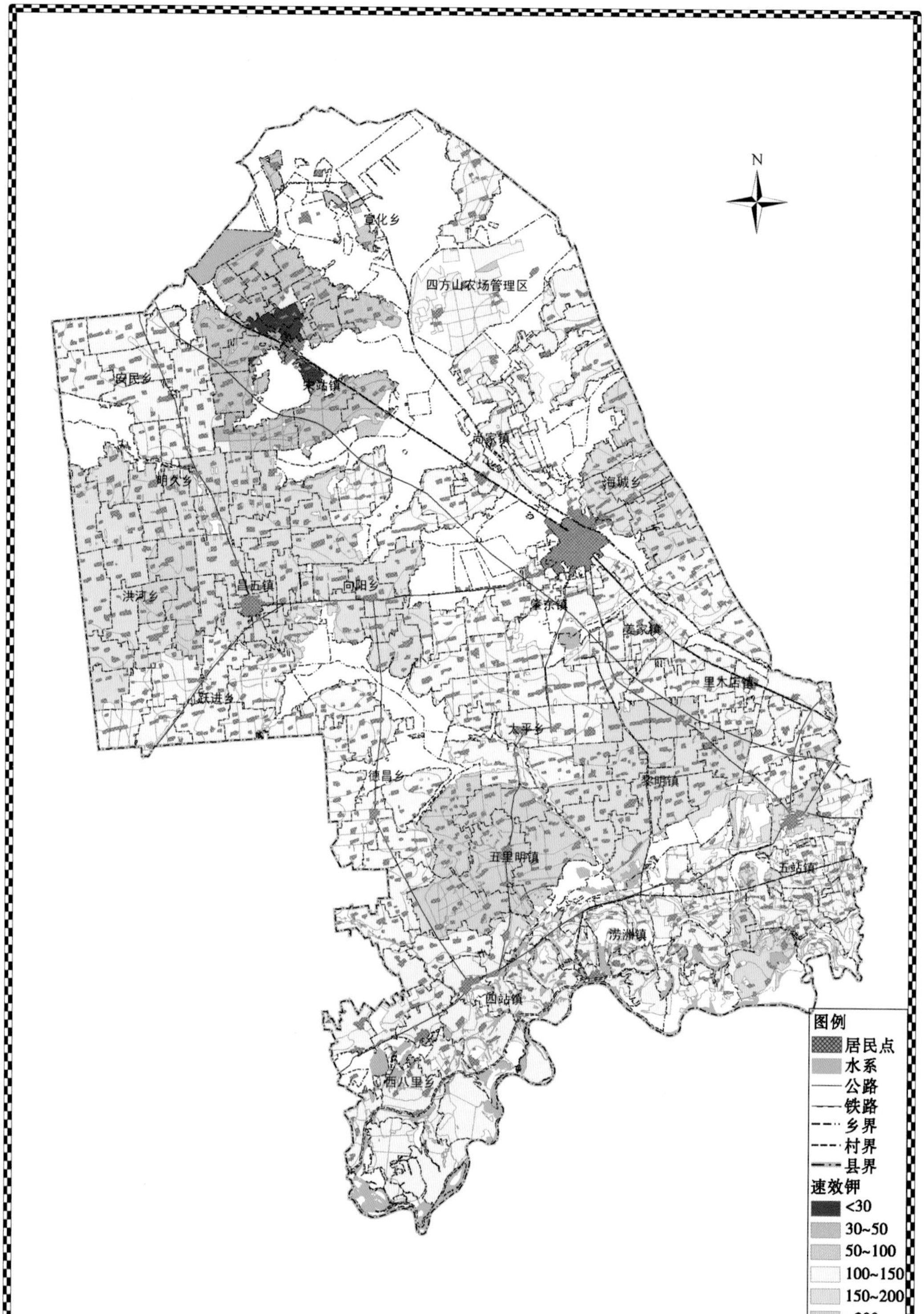

附图 10　肇东市耕地土壤速效钾分级图

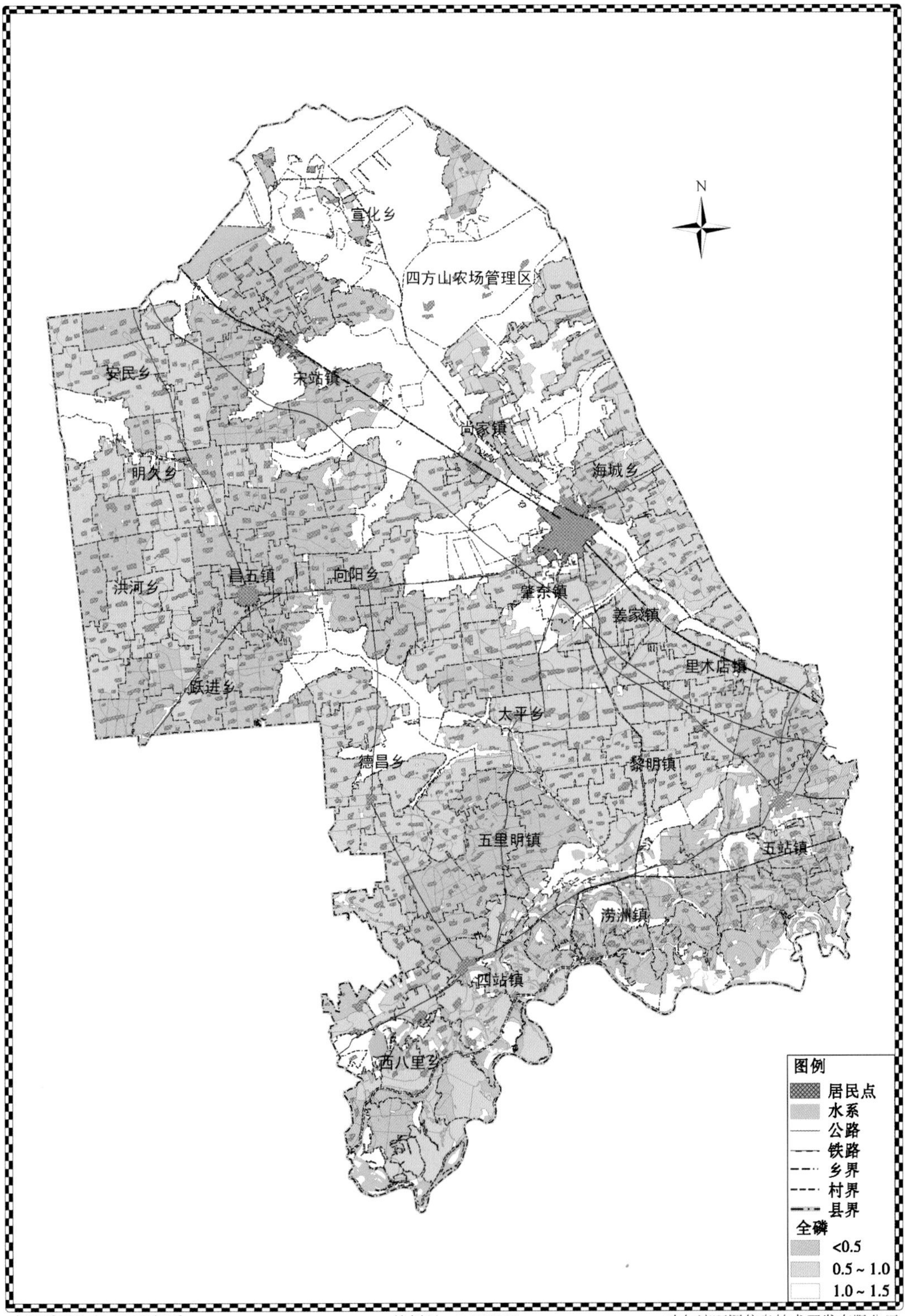

本图采用北京1954坐标系　比例尺：1:500000　哈尔滨万图信息技术开发有限公司

附图 11　肇东市耕地土壤全磷分级图

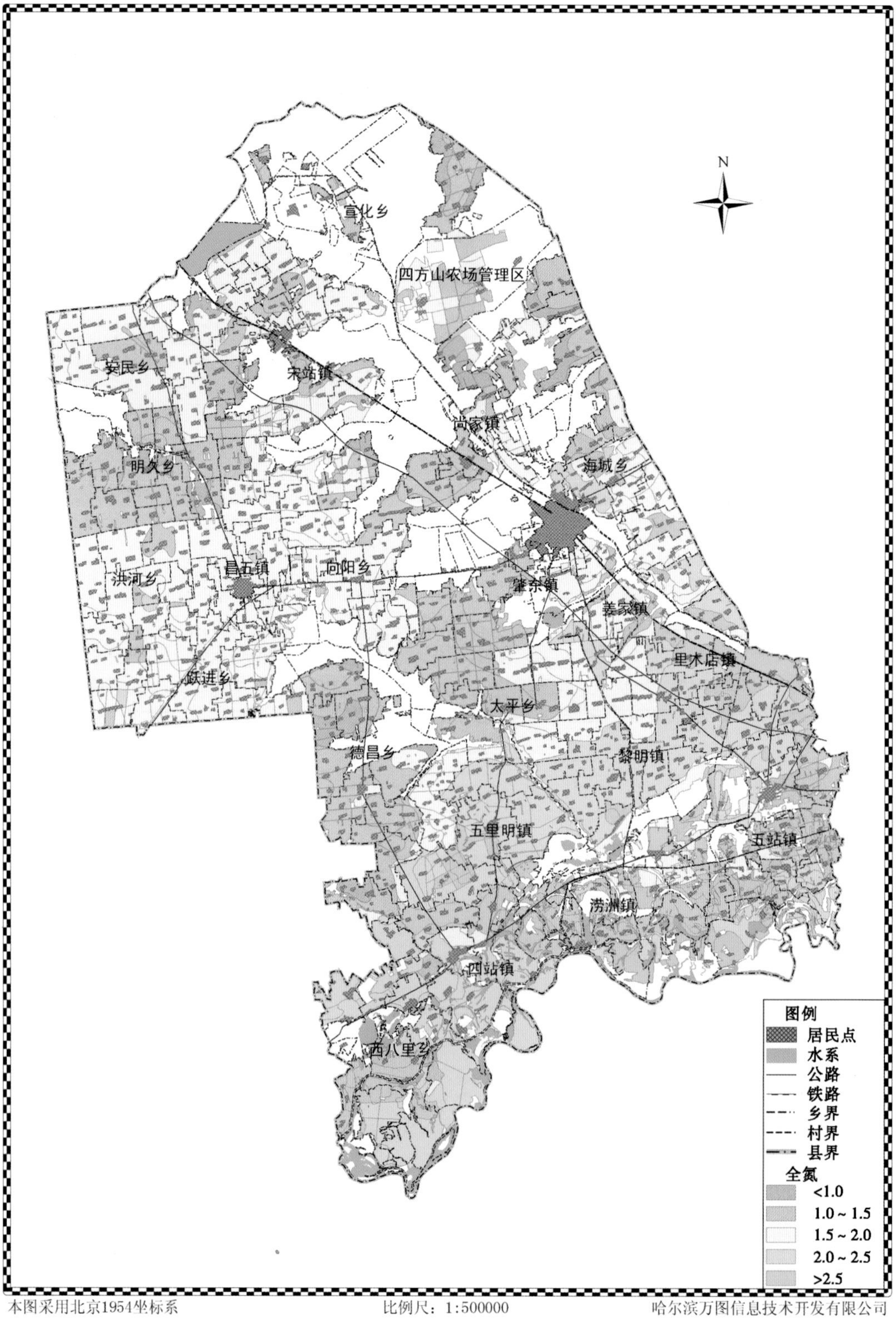

附图 12　肇东市耕地土壤全氮分级图

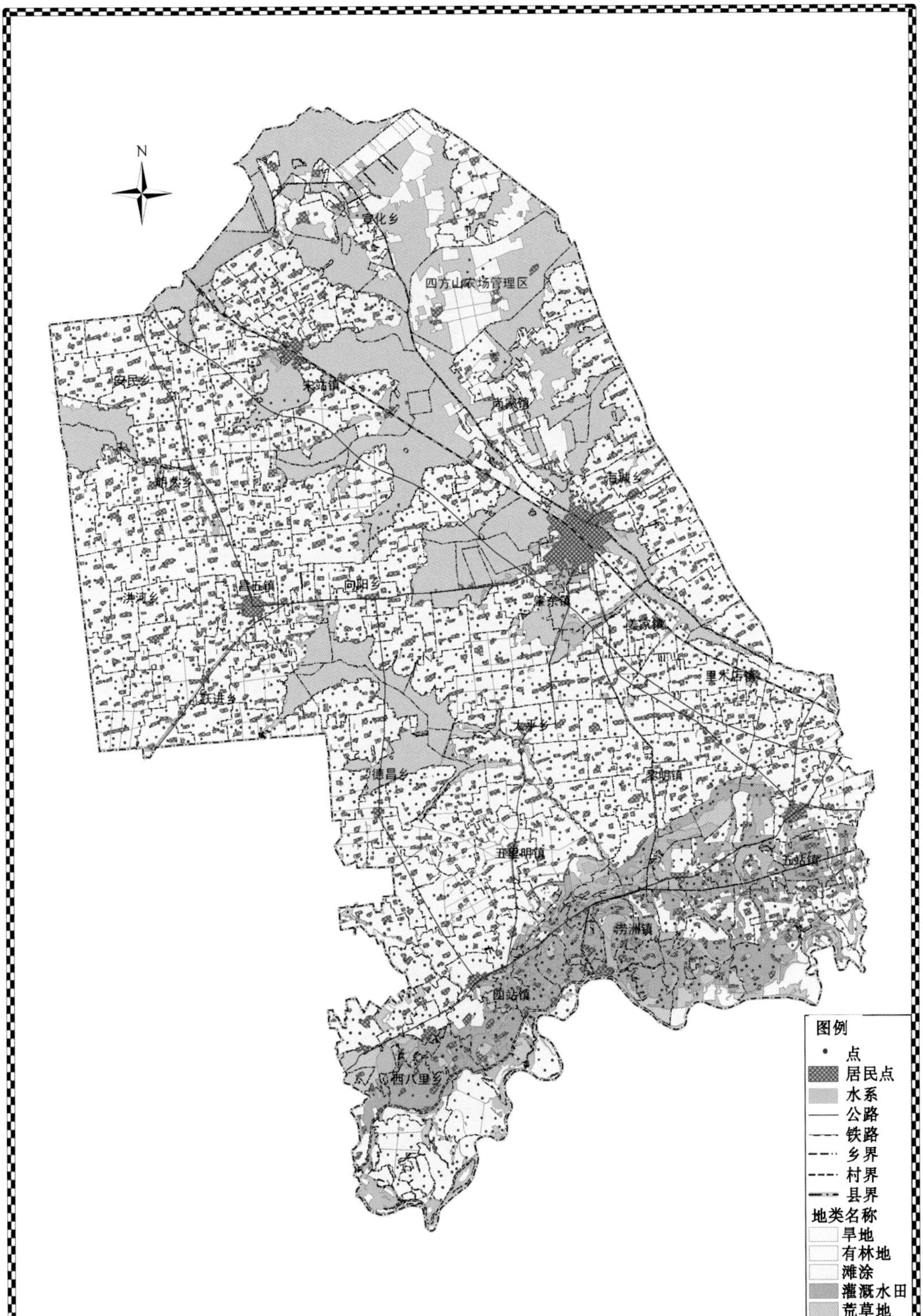

本图采用北京1954坐标系　　比例尺：1:500000　　哈尔滨万图信息技术开发有限公司

附图 13　肇东市耕地地力调查点点位图

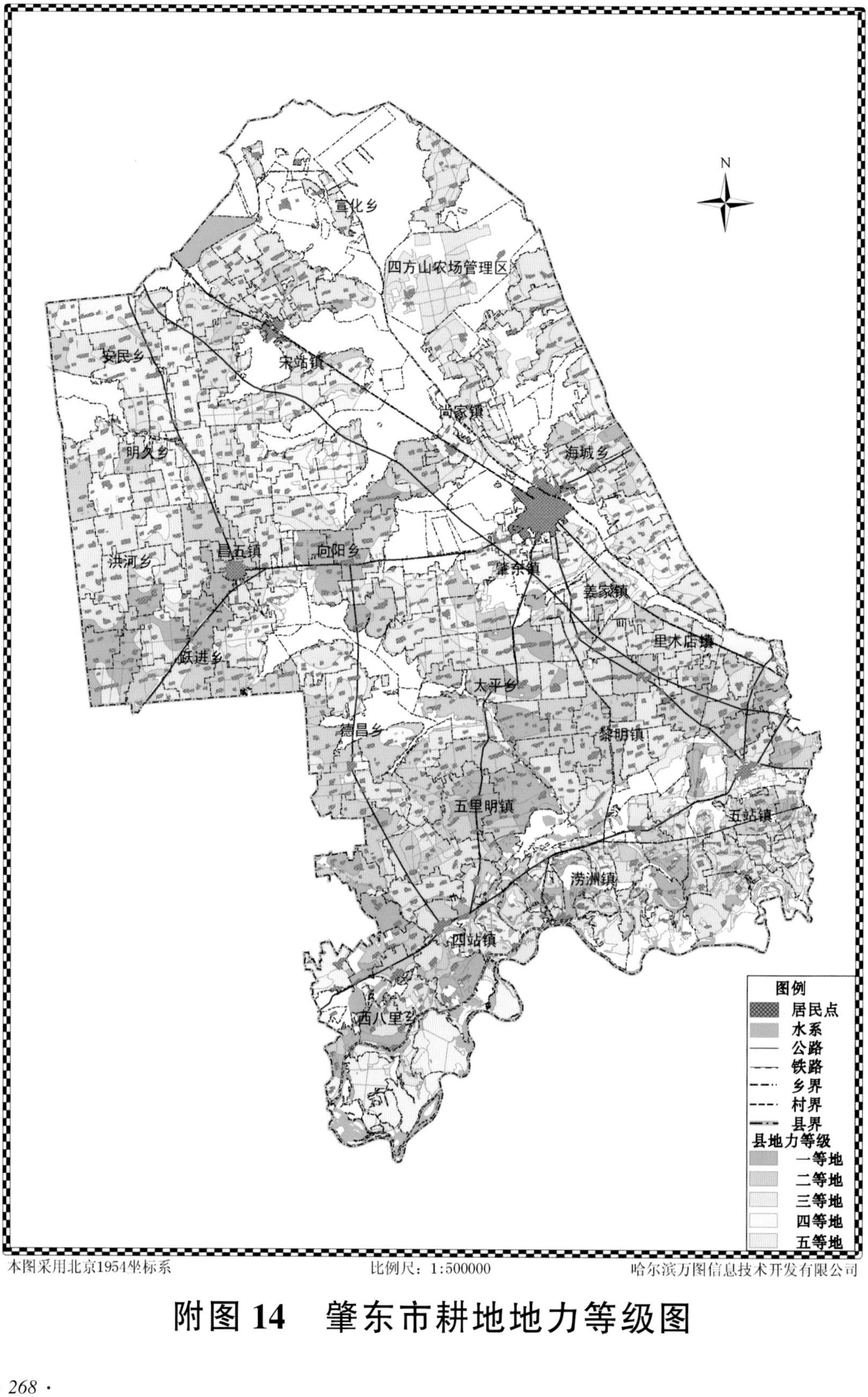

本图采用北京1954坐标系 比例尺：1:500000 哈尔滨万图信息技术开发有限公司

附图 14 肇东市耕地地力等级图

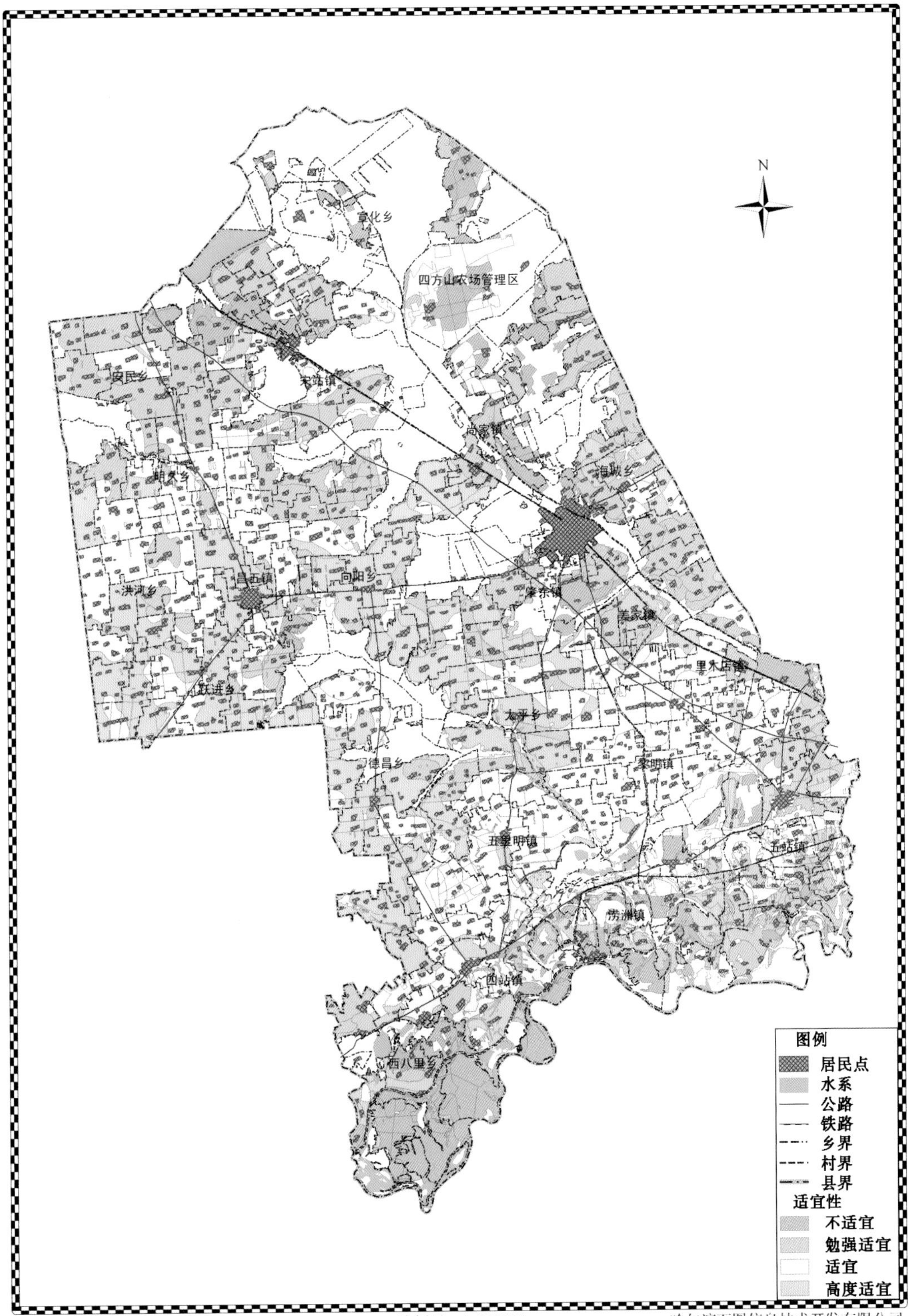

本图采用北京1954坐标系　　比例尺：1:500000　　哈尔滨万图信息技术开发有限公司

附图 15　肇东市玉米适宜性评价图

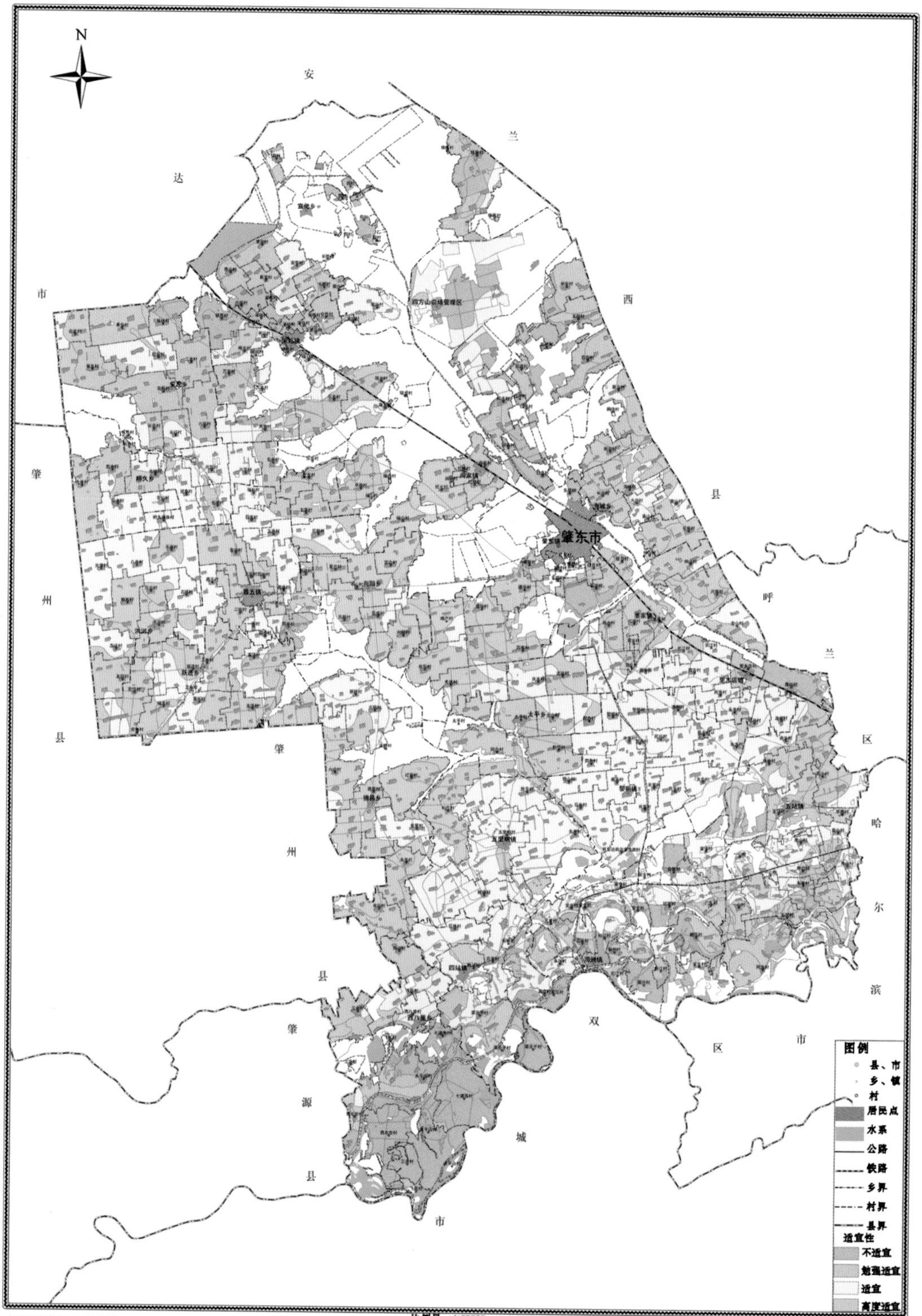
N
安 达 市
兰 西 县
呼 兰 区
哈 尔 滨 市
双 城 区
肇 州 县
肇 州 县
肇 源 县
城 市
肇东市
四方山农场管理区
图例
县、市
乡、镇
村
居民点
水系
公路
铁路
乡界
村界
县界
适宜性
不适宜
勉强适宜
适宜
高度适宜
本图采用北京1954坐标系
比例尺：1:50000
图上1cm相当于实地500米
制图软件:ARCGIS 9.2 制图时间:2011年11月 制图单位哈尔滨万图信息技术开发有限公司

附图 16 肇东市玉米适宜性评价图

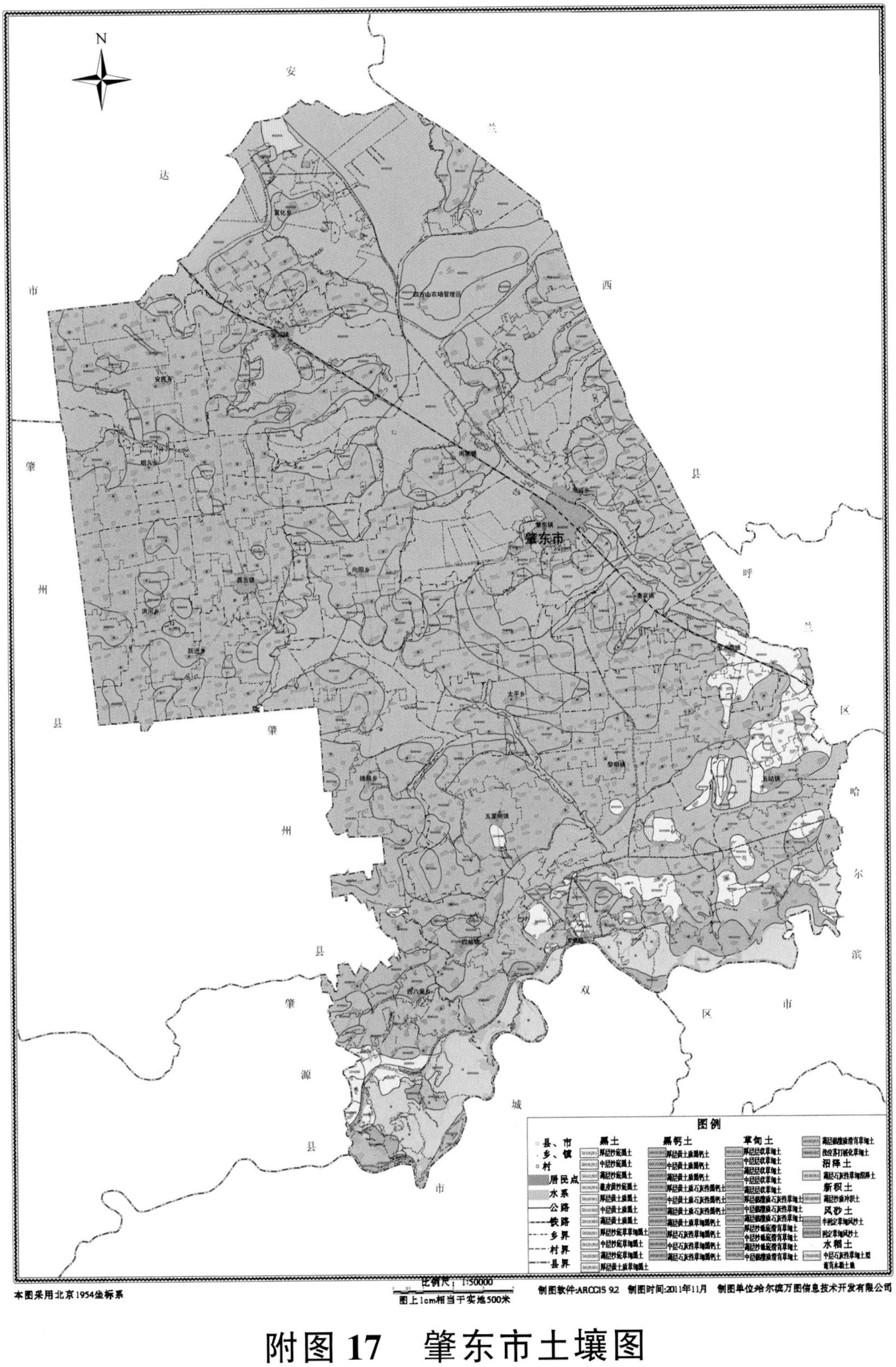

本图采用北京1954坐标系　比例尺：1:50000　图上1cm相当于实地500米　制图软件:ARCGIS 9.2　制图时间:2011年11月　制图单位:哈尔滨万图信息技术开发有限公司

附图 17　肇东市土壤图

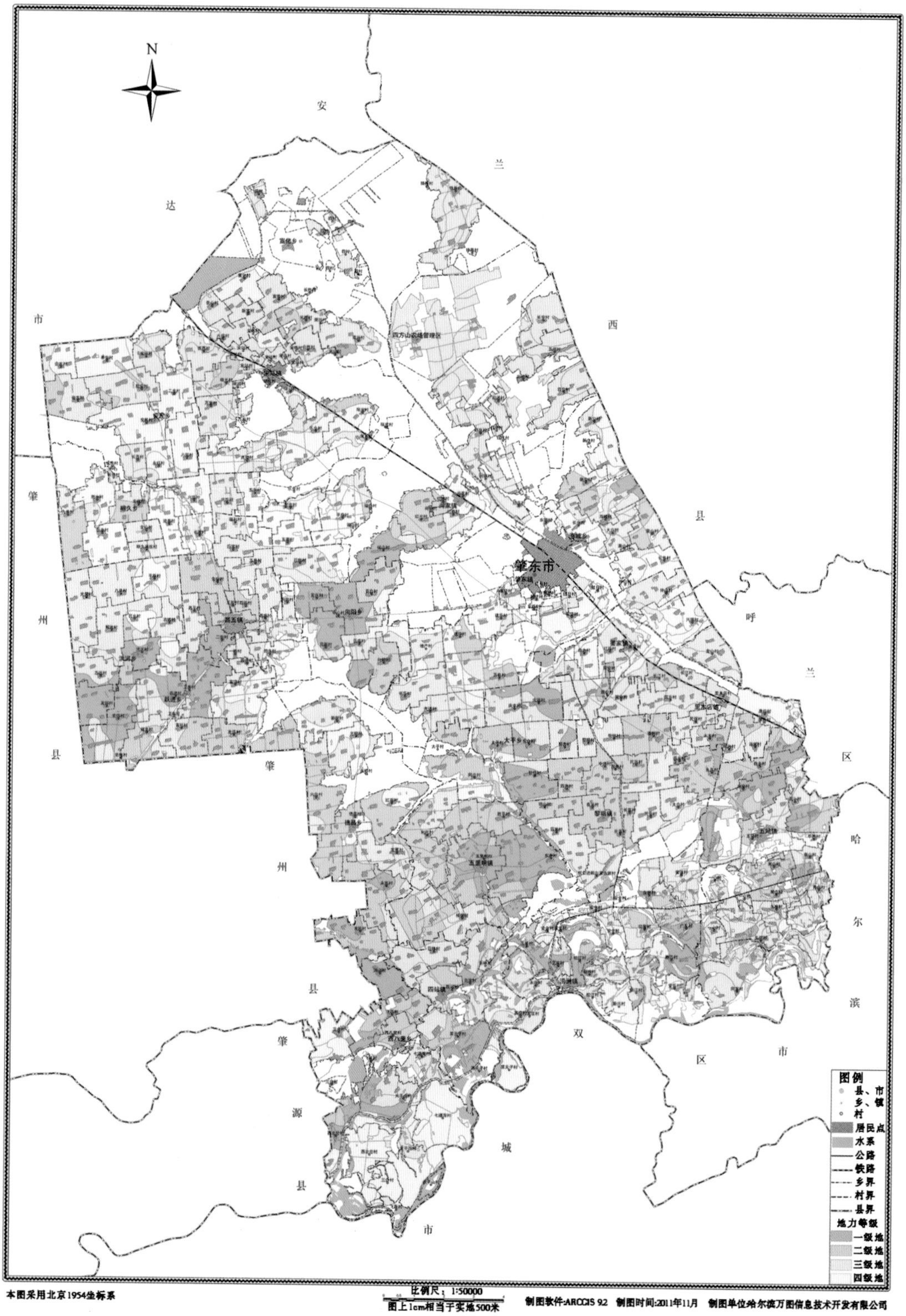

附图 18　饶河县耕地地力等级图（县等级体系）